全国高等职业教育计算机类规划教材·实例与实训教程系列

路由器/交换机项目实训教程（第2版）

褚建立 邵慧莹 主编

张 静 李 军 钱孟杰 副主编

电子工业出版社
Publishing House of Electronics Industry
北京·BEIJING

内 容 简 介

本书作者总结了多年的计算机网络工程实践及高职教学的经验，根据网络工程实际工作过程中所需要的知识和技能抽象出 8 个教学模块，共分为 18 个项目。本书按照学习领域的课程教学改革思路进行教材的编写，以工作过程为导向，按照项目的实际实施过程来完成，是为高职院校学生量身定做的网络技术专业课程教材。

本书通过完成组建交换式小型局域网、组建安全隔离的小型局域网、组建链路冗余的局域网、路由器的路由选择功能、构建互连互通的单位局域网、构建跨区域互连网络、局域网接入 Internet、管理网络环境 8 个模块中的 18 个项目，来完成中小型网络中网络设备互连技术的职业能力训练。

本书既可以作为高职院校网络技术、通信技术、计算机应用技术等专业理论与实践一体化教材使用，也可以作为社会培训教材，还可以作为网络技术实训指导书。

未经许可，不得以任何方式复制或抄袭本书之部分或全部内容。
版权所有，侵权必究。

图书在版编目（CIP）数据

路由器/交换机项目实训教程 / 褚建立，邵慧莹主编. —2 版. —北京：电子工业出版社，2013.9
全国高等职业教育计算机类规划教材. 实例与实训教程系列
ISBN 978-7-121-21442-4

Ⅰ. ①路… Ⅱ. ①褚… ②邵… Ⅲ. ①计算机网络－路由选择－高等职业教育－教材②计算机网络－信息交换机－高等职业教育－教材 Ⅳ. ①TN915.05

中国版本图书馆 CIP 数据核字(2013)第 213327 号

策划编辑：左　雅
责任编辑：左　雅　　特约编辑：朱英兰
印　　刷：北京盛通商印快线网络科技有限公司
装　　订：北京盛通商印快线网络科技有限公司
出版发行：电子工业出版社
　　　　　北京市海淀区万寿路 173 信箱　邮编　100036
开　　本：787×1 092　1/16　印张：21.25　字数：544 千字
版　　次：2009 年 1 月第 1 版
　　　　　2013 年 9 月第 2 版
印　　次：2023 年 7 月第 11 次印刷
定　　价：42.00 元

凡所购买电子工业出版社图书有缺损问题，请向购买书店调换。若书店售缺，请与本社发行部联系，联系及邮购电话：(010) 88254888，88258888。
质量投诉请发邮件至 zlts@phei.com.cn，盗版侵权举报请发邮件至 dbqq@phei.com.cn。
本书咨询联系方式：(010) 88254580　zuoya@phei.com.cn。

前　　言

随着 21 世纪的到来，人类已步入信息社会，信息产业正成为全球经济的主导产业，网络技术更是信息社会发展的推动力，随着互联网技术的普及和推广，人们日常学习和工作越来越依赖于网络。在这种情况下，各行业都处在全面网络化和信息化建设进程中，对网络技能型人才的需求也日益剧增，计算机网络行业已成为技术人才稀缺的行业之一。

各企事业单位在组建自己的内部网络的过程中，对网络技能型人才的需求中尤其需要掌握中小型网络中网络互连设备即交换机和路由器的配置与管理能力。

本书作者曾亲自规划设计、参与建设并维护管理学院的双出口校园网，并邀请河北三佳电子总工张瑞生一起进行项目设计。本教材总结了作者多年的计算机网络工程实践及高职教学的经验，根据网络工程实际工作过程所需要的知识和技能抽象出若干个教学项目，较复杂的项目还包括几个工作任务，形成了为高职院校学生量身定做的网络技术专业课程教材——路由器/交换机项目实训教程。

本书共分 8 个教学模块，18 个项目，建议教学课时数不少于 72 课时，具体安排如下。

学 习 模 块	项 目 内 容	学时分配
模块一　组建交换式小型局域网（8 学时）	项目 1　交换机的基本配置	4
	项目 2　构建小型交换式局域网	4
模块二　组建安全隔离的小型局域网（8 学时）	项目 3　在交换机上构建安全隔离的部门间网络	4
	项目 4　构建基于 VLAN 中继协议隔离的局域网	4
模块三　组建链路冗余的局域网（8 学时）	项目 5　交换机之间的链路聚合	4
	项目 6　交换机之间的冗余链路	4
模块四　路由器的路由选择功能（16 学时）	项目 7　路由器的 IP 协议配置	4
	项目 8　实现静态路由选择	4
	项目 9　动态路由协议 RIP 的配置	4
	项目 10　动态路由协议 OSPF 的配置	4
模块五　构建互连互通的单位局域网（8 学时）	项目 11　使用三层交换机实现 VLAN 间路由	4
	项目 12　构建基于静态路由的多层交换网络	4
模块六　构建跨区域互连网络（8 学时）	项目 13　广域网 PPP 协议封装	4
	项目 14　广域网帧中继连接	4
模块七　局域网接入 Internet（8 学时）	项目 15　使用访问控制列表管理数据流	4
	项目 16　私有局域网接入 Internet	4
模块八　管理网络环境（8 学时）	项目 17　网络设备的安全保护	4
	项目 18　管理网络设备的 IOS 映像和配置文件	4

本书特色如下：

在指导思想上，始终本着"做中学"、"项目导向"、"任务驱动"的指导思想，强调通过动手、通过总结来提高综合能力。

在组织方式上，按照学习领域的课程改革思路进行教材的组织编写，以工作过程为导向，按照项目的实际实施过程来完成。全书共划分8个模块，分解了18个项目。在每个教学项目中，先提出工作任务，然后提供完成工作任务所应掌握的相关知识和操作技能，在学习知识的前提下进行方案分析，从而实施完成任务并进行测试。

在目标上，以适应高职高专教学改革的需要为目标，充分体现高职特色，有所创新和突破，全书的18个项目均来自企业工程实践。

在内容选取上，坚持集先进性、科学性和实用性为一体，尽可能选取最新、最实用的技术，与当前企业实际需要的网络技术接轨。

在教材内容深浅程度上，把握理论够用、侧重实践、由浅入深的原则，以使学生分层分步骤掌握所学的知识。

在项目实施上，既可以采用真实的网络设备组建网络来完成，也可以采用思科公司Packet Tracer模拟软件来实现，使得实践教学条件不足的学校也能按照教材完成教学内容，锻炼学生的专业职业能力。

在实际的网络工程中，如作者所管理的校园网，所使用的网络设备包含了思科、H3C、锐捷等厂商的设备，这就要求网络工程师必须掌握主流的网络设备厂商的交换机或路由器的配置方法。本书介绍了目前最主流的思科交换机和路由器的配置方法，并且全部项目能够在网络实训设备不足的学校，采用Packet Tracer模拟软件进行教学。

本书由邢台职业技术学院褚建立组织编写及统稿，由褚建立、邵慧莹任主编，张静、李军、钱孟杰任副主编。其中项目1～6由褚建立组织编写，项目7、项目8由邵慧莹编写，项目9、项目10由赵英杰编写，项目11由董会国编写，项目12、项目15由张静编写，项目13由马雪松编写，项目14由钱孟杰编写，项目16由李军编写，项目17由河北三佳电子张瑞生编写，项目18由邢台光正计算机有限公司的曹新鸿编写。本书的编写得到了思科（系统）中国网络技术有限公司的大力支持，在此表示深深的谢意。

由于时间仓促，加上作者水平有限，书中难免有不妥和错误之处，恳请广大读者指正。

作　者

目 录
CONTENTS

模块一　组建交换式小型局域网 /1

项目 1　交换机的基本配置 /1
1.1　用户需求　/1
1.2　相关知识　/1
   1.2.1　交换机的组成　/1
   1.2.2　交换机的访问方法　/3
   1.2.3　配置文件　/3
   1.2.4　Cisco IOS CLI 的功能　/4
   1.2.5　IOS 检查命令　/7
   1.2.6　交换机的 IOS 启动　/8
   1.2.7　交换机的基本配置　/9
   1.2.8　管理配置文件　/12
1.3　方案设计　/14
1.4　项目实施　/14
   1.4.1　项目目标　/14
   1.4.2　实训任务　/15
   1.4.3　设备清单　/15
   1.4.4　实施过程　/15
习题　/19

项目 2　构建小型交换式局域网　/20
2.1　用户需求　/20
2.2　相关知识　/20
   2.2.1　交换机端口类型　/20
   2.2.2　选择要配置的交换机端口　/22
   2.2.3　交换机端口的基本配置　/25
   2.2.4　双工模式和速度的自动协商　/27
   2.2.5　排除端口连接故障　/27
   2.2.6　配置交换机远程管理 IP 地址　/28
2.3　方案设计　/30
2.4　项目实施　/30
习题　/35

模块二　组建安全隔离的小型局域网　/37

项目 3　在交换机上构建安全隔离的部门间网络　/37
3.1　用户需求　/37
3.2　相关知识　/37
   3.2.1　VLAN 简介　/38
   3.2.2　静态 VLAN 配置　/40
   3.2.3　部署 VLAN　/42
   3.2.4　VLAN 中继　/42
   3.2.5　标识 VLAN 帧　/43
   3.2.6　VLAN 数据帧的传输　/45
   3.2.7　配置 VLAN 中继　/46
3.3　方案设计　/48
3.4　项目实施　/49
习题　/56

项目 4　构建基于 VLAN 中继协议隔离的局域网　/59
4.1　用户需求　/59
4.2　相关知识　/59
   4.2.1　VLAN 中继协议（VTP）　/59
   4.2.2　VTP 配置　/61
   4.2.3　VTP 配置故障排除　/63
4.3　方案设计　/63

4.4 项目实施	/63	
习题	/69	

模块三 组建链路冗余的局域网 /72

项目 5 交换机之间的链路聚合 /72
5.1 用户需求 /72
5.2 相关知识 /72
 5.2.1 以太信道（EtherChannel）概念 /73
 5.2.2 以太信道的帧分配和负载均衡 /74
 5.2.3 以太信道协商协议 /75
 5.2.4 以太信道配置 /75
 5.2.5 以太信道故障排除 /77
5.3 方案设计 /77
5.4 项目实施 /77
习题 /81

项目 6 交换机之间的冗余链路 /83
6.1 用户需求 /83
6.2 相关知识 /83
 6.2.1 生成树协议产生的原因 /83
 6.2.2 生成树协议的概念 /84
 6.2.3 生成树协议的工作原理 /84
 6.2.4 生成树协议的工作过程 /86
 6.2.5 根网桥的位置 /88
 6.2.6 生成树协议的配置 /89
 6.2.7 快速生成树协议 /92
6.3 方案设计 /96
6.4 项目实施 /96
习题 /106

模块四 路由器的路由选择功能 /109

项目 7 路由器的 IP 协议配置 /109
7.1 用户需求 /109
7.2 相关知识 /109
 7.2.1 路由器的功能 /109
 7.2.2 路由器的端口和接口 /110
 7.2.3 路由器的接口编号方式 /112
 7.2.4 路由器的连接 /114
 7.2.5 路由器接口 IP 协议配置原则 /116
 7.2.6 配置以太网接口 /116
 7.2.7 配置广域网接口 /118
 7.2.8 Cisco IOS 的 ping 和 traceroute 命令 /119
7.3 方案设计 /119
7.4 项目实施 /120
习题 /124

项目 8 实现静态路由选择 /126
8.1 用户需求 /126
8.2 相关知识 /126
 8.2.1 路由器和网络层 /126
 8.2.2 路由基础 /127
 8.2.3 构建路由表 /129
 8.2.4 静态路由 /131
 8.2.5 汇总静态路由 /132
 8.2.6 默认路由 /134
8.3 方案设计 /135
8.4 项目实施 /135
8.5 拓展训练：浮动静态路由配置 /141
习题 /141

项目 9 动态路由协议 RIP 的配置 /144
9.1 用户需求 /144
9.2 相关知识 /144
 9.2.1 动态路由协议的工作原理 /144
 9.2.2 动态路由协议的基础 /146
 9.2.3 有类路由和无类路由 /149
 9.2.4 距离矢量路由协议 /155
 9.2.5 路由信息协议 /157
9.3 方案设计 /160
9.4 项目实施 /160
9.5 拓展训练 /165
 9.5.1 拓展训练 1：配置单播更新（Unicast Update） /165

目 录

  9.5.2 拓展训练2：RIPv2 路由配置 /165
  9.5.3 拓展训练3：RIPv1 和 RIPv2 混合配置 /166
 习题 /167

项目 10 动态路由协议 OSPF 的配置 /169
 10.1 用户需求 /169
 10.2 相关知识 /169
  10.2.1 链路状态路由选择协议 /169
  10.2.2 OSPF 路由协议概述 /177
  10.2.3 OSPF 协议配置 /184
 10.3 方案设计 /187
 10.4 项目实施 /187
 习题 /192

模块五 构建互连互通的单位局域网 /195

项目 11 使用三层交换机实现 VLAN 间路由 /195
 11.1 用户需求 /195
 11.2 相关知识 /195
  11.2.1 VLAN 路由简介 /195
  11.2.2 单臂路由器配置 /200
  11.2.3 使用第三层交换机进行 VLAN 间路由 /200
 11.3 方案设计 /203
 11.4 项目实施 /204
 习题 /208

项目 12 构建基于静态路由的多层交换网络 /211
 12.1 用户需求 /211
 12.2 相关知识 /211
  12.2.1 配置静态路由 /211
  12.2.2 配置三层 EtherChannel 接口 /212
 12.3 方案设计 /212
 12.4 项目实施 /212
 12.5 扩展知识：多层交换中的路由器冗余 /219
  12.5.1 热备份路由器协议（HSRP） /219
  12.5.2 虚拟路由器冗余协议（VRRP） /223
 习题 /224

模块六 构建跨区域互连网络 /226

项目 13 广域网 PPP 协议封装 /226
 13.1 用户需求 /226
 13.2 相关知识 /226
  13.2.1 广域网简介 /226
  13.2.2 点对点连接（PPP） /230
 13.3 方案设计 /238
 13.4 项目实施 /238
 习题 /244

项目 14 广域网帧中继连接 /247
 14.1 用户需求 /247
 14.2 相关知识 /247
  14.2.1 帧中继简介 /247
  14.2.2 虚电路和 DLCI /249
  14.2.3 帧中继中的帧 /250
  14.2.4 帧中继拓扑 /251
  14.2.5 帧中继地址映射 /252
  14.2.6 帧中继配置 /254
  14.2.7 帧中继子接口 /257
 14.3 方案设计 /259
 14.4 项目实施 /259
 习题 /267

模块七 局域网接入 Internet /270

项目 15 使用访问控制列表管理数据流 /270
 15.1 用户需求 /270
 15.2 相关知识 /270
  15.2.1 ACL 概述 /270
  15.2.2 通配符掩码位 /274
  15.2.3 ACL 的配置 /275
 15.3 方案设计 /277
 15.4 项目实施 /277

VII

15.5　扩展知识：命名 ACL　　/282
　　　　15.5.1　命名 IP ACL 的特性　　/283
　　　　15.5.2　命名标准 ACL 配置　　/283
　　15.6　拓展训练　　/283
　　　　15.6.1　拓展训练 1：应用 ACL
　　　　　　　控制远程登录路由设备　　/283
　　　　15.6.2　拓展训练 2：应用 ACL
　　　　　　　实现单方向访问　　/284
　　习题　　/285
项目 16　私有局域网接入 Internet　　/289
　　16.1　用户需求　　/289
　　16.2　相关知识　　/289
　　　　16.2.1　NAT 技术的产生原理　　/289
　　　　16.2.2　NAT 技术的术语　　/290
　　　　16.2.3　NAT 类型　　/291
　　　　16.2.4　NAT 配置　　/292
　　　　16.2.5　查看和删除 NAT 配置　　/294
　　16.3　方案设计　　/295
　　16.4　项目实施　　/295
　　16.5　拓展训练　　/303
　　　　16.5.1　拓展训练 1：通过静态
　　　　　　　NAT 技术提供企业内指
　　　　　　　定子网上网　　/303
　　　　16.5.2　拓展训练 2：通过 Port NAT
　　　　　　　提供企业内多台主机上网　/303
　　习题　　/304

模块八　管理网络环境　　/307

项目 17　网络设备的安全保护　　/307
　　17.1　用户需求　　/307
　　17.2　相关知识　　/307
　　　　17.2.1　路由器的安全问题　　/307
　　　　17.2.2　将 Cisco IOS 安全功能应
　　　　　　　用于路由器　　/308
　　　　17.2.3　交换机安全　　/313
　　17.3　项目实施　　/313
　　习题　　/315

项目 18　管理网络设备的 IOS 映像和
　　　　配置文件　　/316
　　18.1　用户需求　　/316
　　18.2　相关知识　　/316
　　　　18.2.1　Cisco IOS 文件系统　　/316
　　　　18.2.2　管理 Cisco IOS 映像　　/319
　　　　18.2.3　恢复 Cisco IOS 软件映像　/321
　　　　18.2.4　口令恢复　　/324
　　18.3　方案设计　　/326
　　18.4　项目实施　　/326
　　　　18.4.1　项目目标　　/326
　　　　18.4.2　实训任务　　/326
　　　　18.4.3　设备清单　　/327
　　　　18.4.4　任务 1：设备连通调试　　/327
　　　　18.4.5　任务 2：Cisco IOS 映像
　　　　　　　备份到 TFTP 服务器并从
　　　　　　　TFTP 服务器恢复　　/327
　　　　18.4.6　任务 3：备份配置文件然
　　　　　　　后从 TFTP 服务器恢复　　/329
　　　　18.4.7　任务 4：捕获备份配置　　/330
　　习题　　/331

参考文献　　/332

模块一　组建交换式小型局域网

现在交换机已经成为大多数网络的基本组成部分。交换机可以将 LAN 细分为多个单独的冲突域，其每个端口都代表一个单独的冲突域，为该端口连接的节点提供完全的介质带宽。由于每个冲突域中的节点减少了，各个节点可用的平均带宽就增多了，冲突也随之减少了。在这种情况下，各企事业单位纷纷升级自己的局域网，用交换机替代集线器，并通过在交换机上划分 VLAN 来提高网络的安全性。

下面通过两个项目的实施，来学习交换机的工作原理，掌握如何对交换机进行基本配置和管理。

项目1：交换机的基本配置
项目2：构建小型交换式局域网

项目 1　交换机的基本配置

1.1　用户需求

随着学院信息化建设的发展，校园网的规模也越来越大，为了有效地对校园网进行管理和维护，保证网络的连通性，学校采用了许多交换机设备，为了接入因特网采用了路由器设备。那么对这些交换机和路由器等网络设备如何进行管理呢？

1.2　相关知识

1.2.1　交换机的组成

和个人计算机类似，交换机也是由硬件和软件系统构成的综合体，只不过它没有键盘、鼠标和显示器等外设。

1. 交换机的硬件构成

尽管交换机的类型和型号多种多样，但每台交换机都具有相同的通用硬件组件。与 PC 一样，交换机也包含 CPU、RAM、ROM、闪存、NVRAM 等通用硬件。根据型号的不同，这些组件在交换机内部的位置有所差异。

（1）CPU（中央处理单元）。CPU 提供控制和管理交换的功能，控制和管理所有网络通信的运行。在交换机中，CPU 的作用并没有在 PC 中那么重要。

（2）RAM（随机存储内存）。RAM 用来保存运行的 Cisco IOS 软件及它所需要的工作内存，包括运行配置文件（running-config）、MAC 表、快速交换（Fast Switching）缓存，以及数据包的排队缓冲，这些数据包等待被接口转发。RAM 中的内容在断电或重启时会丢失。

（3）ROM（只读内存）。ROM 保存着交换机的引导（启动）软件，这是交换机运行时的第一个软件，负责让交换机进入正常工作状态，包括加电自检（Power-On Self-Test，POST）、启动程序（Bootstrap Program）和一个可选的缩小版本的 IOS 软件。ROM 通常做在一个或多个芯片上，焊接在交换机的主机板上。交换机中的 ROM 是不能被擦除的，并且只能通过更换 ROM 芯片来升级，但 ROM 中的内容不会因断电而丢失。

（4）Flash（闪存）。闪存是非易失性计算机存储器，可以以电子的方式存储和擦除。闪存用做操作系统 Cisco IOS 的永久性存储器。在大多数 Cisco 交换机中，IOS 是永久性存储在闪存中的，在启动过程中才复制到 RAM，然后再由 CPU 执行。闪存由 SIMM 卡或 PCMCIA 卡担当，可以通过升级这些卡来增加闪存的容量。如果交换机断电或重启，闪存中的内容不会丢失。

（5）NVRAM（非易失性 RAM）。NVRAM 在电源关闭后不会丢失信息。这与大多数普通 RAM（如 DRAM）不同，后者需要持续的电源才能保持信息。NVRAM 被 Cisco IOS 用做存储启动配置文件（startup-config）的永久性存储器。所有配置更改都存储于 RAM 的 running-config 文件中（有几个特例除外），并由 IOS 立即执行。要保存这些更改以防交换机重启或断电，必须将 running-config 复制到 NVRAM，并在其中存储为 startup-config 文件。

2. Cisco IOS 软件

与任何计算机一样，交换机也需要操作系统才能运行。如果没有操作系统，硬件就只是一个物理硬件。Cisco IOS（Internetwork Operating System）就是为 Cisco 设备配备的系统软件，称为 Cisco 网络操作系统，或者 Cisco IOS 软件。它是 Cisco 的一项核心技术，应用于 Cisco 的大多数产品线，这些 Cisco 设备，无论其大小和种类如何，都离不开 Cisco IOS，如路由器（Router）、交换机（Switch）、PIX、ASA、AP 等。

IOS 文件本身大小为几兆字节，它存储在闪存中。通过使用闪存，可以将 IOS 升级到新版本或为其添加新功能。

Cisco IOS 可以为交换机提供下列网络服务：
- 基本的路由和交换功能；
- 安全可靠地访问网络资源；
- 网络可扩展性。

Cisco IOS 提供的服务通常通过命令行界面（CLI）来访问，可通过 CLI 访问的功能取决于 IOS 版本和网络设备的类型。

1.2.2 交换机的访问方法

访问交换机 CLI 环境的方法有很多种，最常用的方法有控制台、Telnet 或 SSH、辅助端口等。

▶ 1. 通过控制台端口访问

通过控制台端口（Console 口）配置交换机主要用做初次配置交换机、远程访问不可行时进行灾难恢复、故障排除和口令恢复等。

通过交换机随机的反转线将计算机的 COM 口和交换机的 Console 口连接起来，然后，在计算机上通过终端软件就可以配置交换机了。

▶ 2. 通过 Telnet 和 SSH 访问交换机

计算机可以通过 Telnet 会话远程访问交换机，该交换机必须至少具有一个活动接口，且该接口必须配置第三层地址，并且该接口与要访问远程主机之间网络连通。

交换机的 IOS 配有一个 Telnet 服务进程，该进程在设备启动时启动，同时还包含一个 Telnet 客户端。运行 Telnet 客户端的主机可以访问交换机上运行的虚拟接口（VTY）会话。从安全角度考虑，IOS 要求 Telnet 会话使用口令。

安全外壳（SSH）协议是一种更安全的远程设备访问方法，在后面项目中将进行详细介绍。

在以上两种管理交换机的方式中，第二种方式需要连接网络，会占用网络带宽，又称带内管理。另外两种方式又称带外管理（Out of Band）。

1.2.3 配置文件

交换机只有依靠操作系统（IOS）和配置文件才能运行。配置文件包含 Cisco IOS 软件命令，这些命令用于自定义交换机的功能。网络管理员通过创建配置文件来定义所需的交换机功能。配置文件的典型大小为几百到几千字节。

每台 Cisco 交换机包含以下两个配置文件。
- 运行配置文件：用于交换机的当前工作过程中。
- 启动配置文件：用做备份配置，在交换机启动时加载。

配置文件还可以存储在远程服务器上以进行备份。运行配置文件和启动配置文件均以 ASCII 文本格式显示，能够很方便地阅读和操作。如图 1.1 所示显示了两个配置文件之间的关系。

（1）启动配置文件。启动配置文件（即 startup-config 文件）存储在非易失性 RAM（NVRAM）中，用于在系统启动过程中配置交换机。因为 NVRAM 具有非易失性，所以当交换机关闭后，文件仍保持完好。每次交换机启动或重新加载时，都会将 startup-config 文件加载到内存中。该配置文件一旦被加载到内存中，就被视为运行配置（即 running-config）。

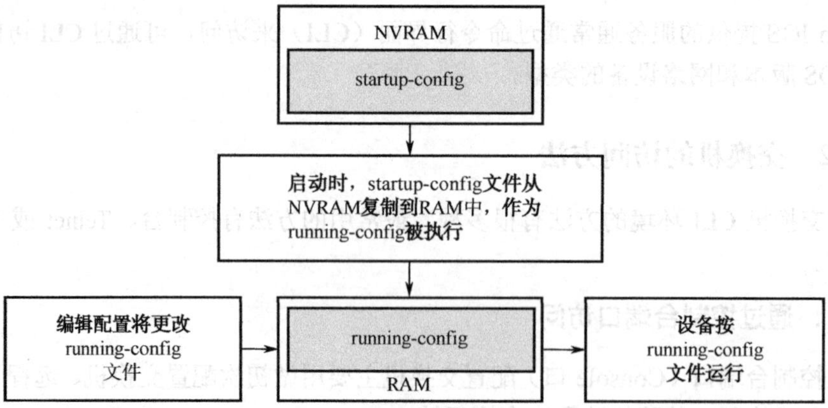

```
                    NVRAM
                startup-config

    启动时，startup-config文件从
    NVRAM复制到RAM中，作为
       running-config被执行

编辑配置将更改                              设备按
  running-config  →  running-config  →  running-config
     文件              RAM                  文件运行
```

图 1.1　配置文件

（2）运行配置文件。此配置文件一旦被加载到内存中，即被用于操作交换机。当网络管理员配置交换机时，运行配置文件即被修改。修改运行配置文件会立即影响 Cisco 交换机的运行。修改之后，管理员可以选择将更改保存到 startup-config 文件中，下次重启交换机时将会使用修改后的配置。

因为运行配置文件存储在内存中，所以当关闭交换机电源或重启交换机时，该配置文件会丢失。如果在交换机关闭前，没有把对 running-config 文件的更改保存到 startup-config 文件中，那些更改也将会丢失。

1.2.4　Cisco IOS CLI 的功能

为访问交换机，通过控制台端口或 Telnet 可连接到 CLI，要将命令输入到 CLI，可在多种控制台命令模式下输入或粘贴。每种配置模式都使用独特的提示符表示，用户按下回车键后，设备将分析并执行命令。Cisco IOS 软件使用一个配置模式层次结构，每种命令模式都支持一组与某种操作相关的 Cisco IOS 命令。

作为一种安全功能，Cisco IOS 软件将 Exec 会话分为下面两种权限。

（1）用户 Exec 模式：只允许用户使用有限的基本监视命令。用户使用用户名和密码登录设备（如果设备被配置成通过 Con、AUX 或 VTY 连接时必须登录），将进入用户 Exec 模式。默认提示符为：switch>。要关闭会话，可输入 exit。

（2）特权 Exec 模式：允许用户使用所有的设备命令，如用于配置和管理设备的命令等，可通过设备密码只允许获得授权的用户进入这种模式。要从用户 Exec 模式切换到特权 Exec 模式，可在提示符下输入 enable。如果配置了特权密码或特权加密码，将提示输入口令。默认提示符为：switch#。要从特权 Exec 模式返回用户 Exec 模式，可输入 exit 或 disable。

▶ 1. Cisco IOS 软件的配置模式

根据要使用的功能，可进入 Cisco IOS 软件的不同配置模式，如图 1.2 所示说明了交换机各种 Cisco IOS 配置模式。

配置 Cisco 设备的初始方法是设置程序，它让用户能够创建基本的初始配置。要进行更复杂、更具体的配置，可通过 CLI 进入终端配置模式。

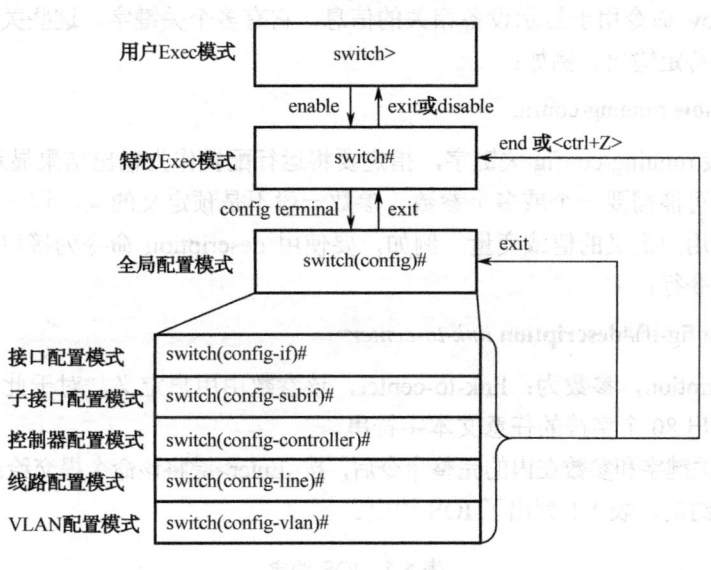

图 1.2　交换机配置模式

在特权 Exec 模式下，可通过执行命令 config terminal 进入全局配置模式。在全局配置模式下，可切换到具体的配置模式，常用的模式有以下几种。

（1）接口配置模式：可执行对具体接口进行配置的命令。
（2）子接口配置模式：可执行对位于同一个物理接口上的多个虚拟接口进行配置的命令。
（3）控制器配置模式：可执行配置控制器（如 T1 和 E1 控制器）的命令。
（4）线路配置模式：可执行配置线路（如控制台端口或 VTY 端口）的命令。
（5）VLAN 配置模式：可执行对 VLAN 进行配置的命令。

如果输入命令 exit，将返回上一级。输入 end 或按<Ctrl+Z>组合键将完全退出配置模式，返回到特权 Exec 模式。

影响整台设备的命令被称为全局命令，如 hostname、enable password 等都属于全局命令。

2. 基本 Cisco IOS 命令结构

（1）基本 IOS 命令结构。每个 IOS 命令都具有特定的格式或语法，并在相应的提示符下执行。命令是在命令行中输入的初始字词，不区分大小写；命令后接一个或多个关键字和参数；关键字和参数可提供额外功能，关键字用于向命令解释程序描述特定参数。如图 1.3 所示为基本 IOS 命令结构。

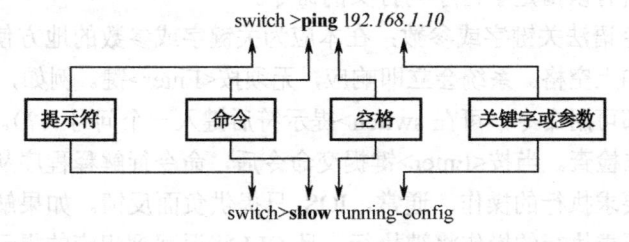

图 1.3　基本 IOS 命令结构

例如，show 命令用于显示设备相关的信息，它有多个关键字，这些关键字可以用于定义要显示的特定输出。例如：

> switch#**show** running-config

show 命令后接 running-config 关键字，指定要将运行配置作为输出结果显示。

一条命令可能需要一个或多个参数。参数一般不是预定义的词，这一点与关键字不同。参数是由用户定义的值或变量。例如，要使用 description 命令为接口应用描述，可输入下列的命令行：

> switch(config-if)#**description** *link-to-center*

命令为：description，参数为：link-to-center，该参数由用户定义。对于此命令，参数可以是长度不超出 80 个字符的任意文本字符串。

输入包括关键字和参数在内的完整命令后，按<Enter>键将该命令提交给命令解释程序。

（2）IOS 约定。表 1.1 列出了 IOS 约定。

表 1.1 IOS 约定

约定	说明
黑体字	表示命令，精确显示输入内容
斜体字	表示参数由用户输入值
[x]	方括号中包含可选内容（关键字或参数）
|	表示在可选的或必填的关键字或参数中进行选择
[x|y]	方括号中以垂直线分割关键字或参数表示可选的内容
{x|y}	大括号中以垂直线分割关键字或参数表示必填的内容

例如，ping 命令：

格式：switch>**ping** *IP 地址*

带有值的例子：switch>**ping** 10.10.10.5

此例中命令为 ping，参数则为 IP 地址。

3. 在 CLI 中获取帮助信息

Cisco IOS 软件提供了广泛的有关命令行输入的帮助工具，主要包括以下几种。

（1）对上下文的帮助。在当前模式下的上下文范围内提供一个命令列表，该列表有一系列命令及其相关参数。Cisco IOS 提供了上下文相关单词帮助和命令语法帮助。

- 要获取单词帮助：可在一个或多个字符后面输入问号（?），将显示一个命令列表，其中包含所有以指定字符序列打头的命令。
- 要获取命令语法关键字或参数：在本应为关键字或参数的地方使用问号（?），并在其前面加上空格。系统会立即响应，无须按<Enter>键。例如，要列出用户 Exec 模式下全部可用命令，可在 switch>提示符后键入一个问号（?）。

（2）命令语法检查。当按<Enter>键提交命令后，命令行解释程序从左向右解析该命令，以确定用户要求执行的操作。通常，IOS 只提供负面反馈。如果解释程序可以理解该命令，则用户要求执行的操作将被执行，且 CLI 将返回到相应的提示符。然而，如果解释程序无法理解用户输入的命令，它将提供反馈，说明该命令存在的问题。

（3）热键和快捷方式。IOS CLI 提供热键和快捷方式，以便配置、监控和排除故障。以下列出几个常用的热键和快捷方式。

- Tab：填写命令或关键字的剩下部分；
- Ctrl+Z：退出配置模式并返回到执行模式；
- 向下箭头：用于在前面用过的命令的列表中向前滚动；
- 向上箭头：用于在前面用过的命令的列表中向后滚动；
- Ctrl+C：放弃当前命令并退出配置模式。

例如，在输入命令时，可以输入只属于该命令的起始字符串，然后按 Tab 键，这样系统就会完成命令行。

4. 访问命令历史记录

如果要在交换机上配置类似的命令，使用 Cisco IOS 命令历史记录缓冲区可以节省重复输入命令的时间。该缓冲区存储了用户最后输入的多个命令。对于重复调用较长或较复杂的命令或输入项时特别有用。

默认情况下，启用命令历史记录功能，系统会在其历史记录缓冲区中记录最新输入的 10 条命令。

5. 缩写命令或缩写参数

命令和关键字可缩写为可唯一确定该命令或关键字的最短字符数。例如，configure 命令可缩写为 conf，因为 configure 是唯一一个以 conf 开头的命令；不能缩写为 con，因为以 con 开头的命令不止一个。关键字也可缩写。

又如，show interfaces 可以缩写为：

```
switch#show int
```

还可以同时缩写命令和关键字，例如：

```
switch#conf t
```

在本教材中，为了便于理解命令的含义，不使用缩写。在实际配置过程中，可以使用缩写提高效率。

1.2.5 IOS 检查命令

在网络调试的过程中，经常需要验证网络是否正常工作并排除故障，因此必须检查交换机的工作情况。交换机的类型不同，show 命令的条目也不同，可以使用 show ? 命令来获得可在当前上下文或模式下使用的命令的列表。

```
switch#show ?
  access-lists       List access lists
  arp                Arp table
  ……
  version            System hardware and software status
  vlan               VTP VLAN status
  vtp                VTP information
switch#
```

下面介绍两个最常用的 show 命令。

（1）show interfaces 命令。show interfaces 用于显示交换机上所有接口的统计信息。要查看某个具体接口的统计信息，输入 show interfaces 命令后接具体的接口插槽号/端口号。例如：

switch#**show** interfaces *FastEthernet0/1*

（2）show version 命令。show version 命令用于显示与当前加载的软件版本，以及硬件和设备相关的信息。此命令显示的部分信息如下。

- 软件版本：IOS 软件版本（存储在闪存中）；
- Bootstrap 版本：Bootstrap 版本（存储在引导 ROM 中）；
- 系统持续运行时间：自上次重启以来的时间；
- 系统重启信息：重启方法（例如，重新通电或崩溃）；
- 软件映像名称：存储在闪存中的 IOS 文件名；
- 交换机类型和处理器类型：型号和处理器类型；
- 存储器类型和分配情况（共享/主）：主处理器内存和共享数据包输入/输出缓冲区；
- 软件功能：支持的协议/功能集；
- 硬件接口：交换机上提供的接口；
- 配置寄存器：用于确定启动规范、控制台速度设置和相关参数。

1.2.6 交换机的 IOS 启动

交换机通电后将开始启动，启动结束后，用户可配置初始软件。交换机要在网络中正常运行，必须成功地启动并有默认配置。

1. Cisco IOS 启动源

Cisco 交换机的 IOS 启动源有 Flash 存储器、TFTP 服务器和 ROM（不完整的 IOS 软件）三种。

Cisco IOS 中默认的启动源要视硬件平台而定。交换机使用两种方式决定它从哪里得到要运行的 IOS 软件包：第一种方式是基于配置寄存器中启动字段的值，这是 Cisco 为交换机开发的 16 位的软件寄存器；第二种方式是使用保存在 NVRAM 中的 boot system 命令。

可以在全局模式下使用 boot system 命令指定 IOS 启动源的查找顺序。用 copy running-config startup-config 命令将所做的配置存入 NVRAM，下次启动时便能生效。交换机启动时，会根据需要依次使用 boot system 命令。如果 NVRAM 中没有 boot system 命令供交换机使用，系统就会首先使用 Flash 中默认的 Cisco IOS；如果 Flash 是空的，交换机便尝试从 TFTP 服务器获得 IOS。

2. 交换机的启动过程

Cisco IOS 启动过程的目标是使交换机开始运行。交换机在运行过程中必须根据配置文件为所连接的用户网络提供可靠的服务。交换机通电后，会进行自检（POST）。在自检过程中，交换机执行 ROM 内的诊断程序，对所有的硬件模块进行检查。这些诊断程序检查 CPU、内存和网络接口的情况。确定了硬件都能正常工作，接下来交换机便进入了软件初始化过程。启动过程如图 1.4 所示。

（1）在 CPU 中，执行 ROM 中的引导程序加载器（Bootstrap Loader）。引导程序（Bootstrap）是一个简单操作，根据事先的规定加载一组指令，这些指令又将其他的指令装入内存或者使得交换机进入其他的配置模式。

（2）操作系统（Cisco IOS）存放的具体的位置是由配置寄存器（Configuration Register）的启动字段（Boot Field）指定的。如果启动字段指明从 Flash 或网络（TFTP 服务器）加载 IOS，那么在配置文件中 boot system 命令就具体指明了映像（Image）的确切位置。

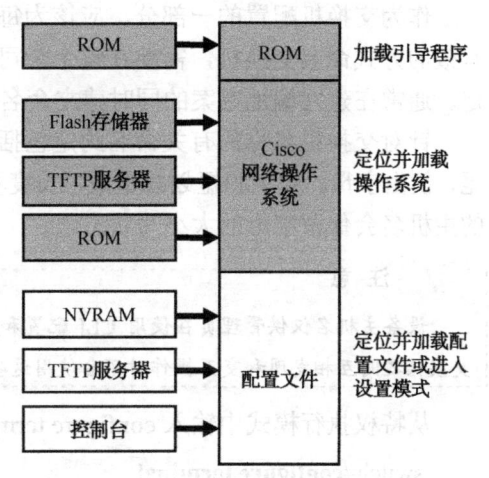

图 1.4 交换机的启动过程

（3）加载操作系统映像。映像加载并运行后，操作系统就开始查找硬件和软件，并通过控制台终端（Console Terminal）显示出查找的结果。

（4）将保存在 NVRAM 中的配置文件加载入主内存中，并以每次执行一行的方式运行。这些配置命令将启动路由进程，为每个接口分配地址，设置介质特性等。

（5）如果在 NVRAM 中不存在有效的配置文件，操作系统将执行一个以问题为驱动（Question-driven）的初始化配置过程，称为系统配置对话（System Configuration Dialog），也称设置（Setup）模式。

3. Cisco IOS 软件的运行模式

使用 Cisco IOS 软件的设备有三种不同的运行环境（或称为模式）。

（1）ROMMonitor。ROMMonitor 完成自举过程，并提供低级别的功能和诊断。ROMMonitor 用于系统故障恢复或口令恢复。只能通过控制台端口会话访问 ROMMonitor，不能通过其他的任何网络接口访问。

（2）BootROM。当交换机运行在 BootROM 模式时，只能使用 Cisco IOS 软件功能的一个有限子集。BootROM 允许对 Flash 存储器执行写操作，主要用于替换 Flash 中存储的 Cisco IOS 软件映像。

（3）Cisco IOS。交换机的正常运行，需要使用 Flash 存储器中的完整的 Cisco IOS 软件映像。

交换机的启动程序通常会被加载到 RAM 中，并在上述三种运行环境之一工作。系统管理员可以通过配置寄存器来控制交换机使用哪种模式进行装载。

1.2.7 交换机的基本配置

1. 命名交换机

CLI 提示符中会使用主机名。如果未明确配置主机名，则交换机会使用出厂时默认的主机名"switch"。

作为交换机配置的一部分，应该为每台交换机配置一个独有的主机名。要采用一致有效的方式命名交换机，需要在整个公司（或至少在整个局域网内）建立统一的命名约定。通常在建立编址方案的同时建立命名约定，以在整个组织内保持良好的可续性。

针对交换机名称的有关命名约定包括：以字母开头，不包含空格，以字母或数字结尾，仅由字母、数字和短划线组成，长度不超过 63 个字符。使用 IOS 软件的设备中所用的主机名会保留字母的大小写状态。

> **注意**
> 设备主机名仅供管理员在使用 CLI 配置和监控交换机时使用。在没有明确配置的情况下，各个交换机之间互相发现和交互操作时不会使用这些名称。

从特权执行模式中输入 configure terminal 命令访问全局配置模式：

```
switch#configure terminal
switch(config)#hostname center
center(config)#exit
center#
```

> **注意**
> 要消除命令的影响，在该命令前面添加 no 关键字。

例如，要删除某设备的名称，请使用：

```
center(config)#no hostname
switch(config)#
```

2. 限制交换机访问：配置口令和标语

IOS 可以通过不同的口令来提供不同的交换机访问权限。口令是防范未经授权的人员访问交换机的主要手段，必须从本地为每台交换机配置口令以限制访问。

交换机的口令有以下几种。
- 控制台口令：用于限制人员通过控制台连接访问交换机。
- 特权口令：用于限制人员访问特权执行模式。
- 特权加密口令：经加密，用于限制人员访问特权执行模式。
- VTY 口令：用于限制人员通过 Telnet 访问交换机。

通常情况下应该为这些权限级别分别设置不同的身份验证口令。尽管使用多个不同的口令登录不太方便，但这是防范未经授权的人员访问交换机的必要预防措施。

此外，要使用不容易猜得到的强口令。若使用弱口令或容易猜得到的口令会存在安全隐患。

当交换机提示用户输入口令时，不会将用户输入的口令显示出来。换句话说，键入口令时，口令字符不会出现。这么做是出于安全考虑，很多口令都是因遭偷窥而泄露的。

（1）控制台口令。Cisco IOS 设备的控制台端口具有特别权限。作为最低限度的安全措施，必须为所有交换机的控制台端口配置强口令。可以使用下列命令来为控制台设置口令。

```
switch(config)#line console 0      // line console 0 命令用于从全局配置模式进入控制台线路配置模式。零(0)代表交换机的第一个（而且在大多数情况下是唯一的一个）控制台端口
```

```
switch(config-line)#password password      // password password 命令用于为一条线路指
定口令
switch(config-line)#login                  //login 命令用于将交换机配置为在用户登录
时要求身份验证。当启用了登录且设置了口令后，交换机将提示用户输入口令
```

一旦这三个命令执行完成后，每次用户尝试访问控制台端口时，都会出现要求输入口令的提示。

（2）特权口令和特权加密口令。为提供更好的安全性，可使用 enable password 命令或 enable secret 命令来设置特权口令和特权加密口令。这两个口令都可用于在用户访问特权执行模式（使能模式）前进行身份验证。

enable secret 命令可提供更强的安全性，因为使用此命令设置的口令会被加密。

```
switch(config)#enable password password
switch(config)#enable secret password
```

> **注意**
> 如果特权口令或特权加密口令均未设置，则 IOS 将不允许用户通过 Telnet 会话访问特权执行模式。

若未设置特权口令，Telnet 会话将做出如下响应：

```
switch>enable
%No password set
switch>
```

如果只设置了其中一个口令（enable password 或 enable secret），交换机 IOS 期待用户输入的就是在那个命令中设置的口令；如果两个口令都设置了，交换机 IOS 期待用户输入的是在 enable secret 命令中设置的口令，也就是说交换机将忽略 enable password 中设置的口令；如果这两个命令 enable password 和 enable secret 都没有设置，情况会有所不同。如果用户是在控制台端口，交换机则自动允许进入特权模式，如果不是在控制台端口，交换机则拒绝用户进入特权模式。

（3）VTY 口令。VTY 线路使用户可通过 Telnet 访问交换机。许多 Cisco 设备默认支持 5 条 VTY 线路，这些线路编号为 0～4。所有可用的 VTY 线路均需要设置口令，可为所有连接设置同一个口令。通常为其中的一条线路设置不同的口令，这样可以为管理员提供一条保留通道，当其他连接均被使用时，管理员可以通过此保留通道访问交换机以进行管理工作。

下列命令用于为 VTY 线路设置口令：

```
switch(config)#line vty 0 4
switch(config-line)#password password
switch(config-line)#login
```

在默认情况下，IOS 自动为 VTY 线路执行了 login 命令。这可防止交换机在用户通过 Telnet 访问设备时不事先要求其进行身份验证。如果用户错误地使用了 no login 命令，则会取消身份验证要求，这样未经授权的人员就可通过 Telnet 连接到该线路。

（4）设置空闲时间。如果用户登录到一台交换机以后，没有进行任何键盘操作或者空闲超过 10 分钟，交换机则自动注销此次登录，这就是空闲时间。默认空闲时间是 10 分钟，该值可以通过控制台端口命令进行修改。

switch(config)#**line console** *0*
switch(config-line)#**exec-timeout** *minutes*   // minutes 的值为 0～35791，默认值为 10 分钟

（5）加密显示口令。为防止显示配置文件时将口令显示为明文，可使用如下命令：

switch(config)#**service password-encryption**

它可在用户配置口令后使口令加密显示。此命令的用途在于防止未经授权的人员查看配置文件中的口令。

（6）标语消息。当控告某人侵入交换机时，标语可在诉讼程序中起到重要作用。某些法律体系规定，若不事先通知用户，则不允许起诉该用户，甚至连对该用户进行监控都不允许。

IOS 提供多种类型的标语，当日消息（MOTD）就是其中常用的一种。要配置 MOTD，则要从全局配置模式输入 banner motd 命令：

switch(config)#**banner motd** #message#

如在交换机配置为显示 MOTD 标语"Device maintenance will be occurring on Friday!"：

switch(config)#**banner motd** "Device maintenance will be occurring on Friday!"

要移除 MOTD 标语，则要在全局配置模式下输入此命令的 no 格式，如：

switch(config)#**no banner motd**

1.2.8　管理配置文件

修改运行配置文件会立即影响交换机的运行。更改该配置后，可考虑选择下列后续步骤：

- 使更改后的配置成为新的启动配置；
- 使交换机恢复为其原始配置；
- 删除交换机中的所有配置；
- 通过文本捕获备份配置文件；
- 恢复文本配置。

▶1. 使更改后的配置成为新的启动配置

因为运行配置文件存储在内存中，所以它仅临时在 Cisco 交换机运行（保持通电）期间活动。如果交换机断电或重启，所有未保存的配置更改都会丢失。通过将运行配置保存到 NVRAM 内的启动配置文件中，可将配置更改存入新的启动配置，通常有以下两种方法。

（1）在特权模式下执行 copy running-config startup-config 命令：

switch#**copy** running-config startup-config

运行配置文件就会取代启动配置文件。

如果想在交换机上保留多个不同的 startup-config 文件，则可以使用 copy startup-config flash:命令将配置文件复制到不同文件名的多个文件中。存储多个 startup-config 版本可用于在配置出现问题时回滚到某个时间点。

（2）可以在特权模式下执行 write 命令：

switch#**write**

▶2．使交换机恢复为其原始配置

如果更改运行配置未能实现预期的效果，可能有必要将交换机恢复到之前的配置。假设尚未使用更改覆盖启动配置，则可使用启动配置来取代运行配置。这最好通过重启交换机来完成，要重启，则要在特权执行模式提示符后使用 reload 命令。

switch#**reload**

当开始重新加载时，IOS 会检测到用户对运行配置的更改尚未保存到启动配置中，因此，它将显示一则提示消息，询问用户是否保存所做的更改。若要放弃更改，只要输入 n 或 no 即可。

也可以恢复以前保存的配置文件，只要用已存配置文件覆盖当前配置文件即可。例如，如果有名为 config.bak1 的已存配置文件，则输入 Cisco IOS 命令 copy flash:config.bak1 startup-config 即可覆盖现有 startup-config，并恢复 config.bak1 的配置。当配置恢复到 startup-config 中后，可在特权执行模式下使用 reload 命令重启交换机，以使其重新加载新的启动配置。

▶3．删除交换机中的所有配置

如果将不理想的更改保存到了启动配置中，可能有必要清除所有配置。这就需要删除启动配置并重启交换机。

要删除启动配置文件，在特权模式下使用 erase NVRAM:startup-config 或 erase startup-config 命令：

switch#**erase** startup-config

提交命令后，交换机将提示确认：

Erasing the nvram filesystem will remove all configuration files! Continue?[confirm]

confirm 是默认回答。要确认并删除启动配置文件，请按<Enter>键。若按其他任何键将中止该过程。

> **注意**
> 使用删除命令时要小心。此命令可用于删除交换机上的任何文件。错误使用此命令可删除 IOS 自身或其他重要文件。

从 NVRAM 中删除启动配置后，重新加载交换机以从内存中清除当前的运行配置文件。然后，交换机会将出厂默认的启动配置加载到运行配置中。

▶4．通过文本捕获备份配置文件

这需要在超级终端上完成，在 Packet Tracer 模拟软件中无法模拟。终端模拟器能让模拟器捕获输出的所有文本并将输出保存到一个文件中。模拟器也可以让文本文件的内容发送到窗口中，就像在窗口中输入文本一样。

使用超级终端模拟器的文本捕获功能备份运行配置文件的过程如下：

（1）在超级终端的窗口中，选择"传送→捕获文字"菜单命令。

（2）指定捕获配置的文本文件名。
（3）单击"启动"按钮，开始捕获文本。
（4）通过输入 show running-config 命令来将配置显示在屏幕上。
（5）每当"--more--"提示出现时按空格键，使其继续显示直到结束。
（6）当全部配置显示完成后，选择"传送→捕获文字→停止"菜单命令。

捕获的文本需要编辑后才能在需要的时候复制回交换机。已捕获的文本文件中可能存在粘贴回交换机时并不需要的条目，这时需要使用类似记事本的工具进行编辑，删除额外的文本。

▶ 5. 恢复文本配置

在实际工程应用中，交换机的配置文件一般保存为文本文件，通常使用记事本打开。通过在记事本和交换机配置模式之间使用复制粘贴功能可以更方便地进行交换机的配置。

为了实现将交换机配置文件从交换机上复制粘贴，使用简单的文本编辑器（记事本）就足够了。

工程师可以使用记事本输入配置命令，然后，可以选择并复制文本。当 PC 将文本编辑器屏幕中的文本复制之后，用户就可以将这些文本粘贴到其他的窗口中，如终端模拟器。将文本粘贴到窗口中就像有人将完全一样的文本手工输入一样。

可将配置文件从存储器复制到交换机。在复制到终端后，IOS 会将配置文本的每一行作为一个命令执行。这意味着需要对该文件进行编辑，以确保将加密的口令转换为明文，还应删除诸如"--more--"之类的非命令文本及 IOS 消息。

此外，还必须在 CLI 中将交换机设置为全局配置模式，以接收来自正被复制的文本文件的命令。

1.3 方案设计

对交换机进行第一次配置时，必须通过控制台端口进行，通过反转线将交换机的控制台端口和计算机的串口连接起来，在计算机上启动超级终端，然后就可以对交换机进行各种配置了。

1.4 项目实施

1.4.1 项目目标

通过本项目的完成，可以使学生掌握以下技能：
（1）能够通过控制台端口对交换机进行初始配置；
（2）能够更改交换机的名称；
（3）能够配置交换机的各种口令；
（4）能够删除交换机的各种口令；
（5）能够利用 show 命令查看交换机的各种状态信息。

1.4.2 实训任务

为了实现本项目，构建如图 1.5 所示的网络实训环境或在 Packet Tracer 中模拟。通过反转线将交换机的 Console 口和 PC1 的 COM 口连接起来，并完成以下任务。

（1）配置交换机的名称；
（2）配置交换机的口令；
（3）清除交换机的口令；
（4）查看交换机的各种状态；
（5）清除交换机配置。

图 1.5 交换机的初始配置

1.4.3 设备清单

为了搭建如图 1.5 所示的网络环境，需要如下设备：

（1）Cisco Catalyst 2960 交换机 1 台；
（2）PC 1 台；
（3）反转电缆 1 根。

1.4.4 实施过程

步骤 1：规划设计

规划要配置的交换机的名称、各种口令如表 1.2 所示。

表 1.2 规划表

交换机	名称	xm1	Conosle 口令	cisco
	enable secret 口令	cisco	VTY 口令	cisco
	标语	Hello		

步骤 2：硬件连接

按照图 1.5 所示通过反转线将交换机的 Console 口和计算机的 COM 口连接起来。

步骤 3：使用超级终端

如准备用来进行 IOS 配置的终端就是一台 PC，那么必须运行终端仿真软件，以便键入 IOS 命令，并观看 IOS 信息。终端仿真软件包括 HyperTerminal（HHgraeve 公司制作）、Procomm Plus（DataStorm Technologies 公司制作）及 Tera Term 等。

下面就以 Microsoft 操作系统中自带的终端应用程序"超级终端"来连接到终端服务器的控制台端口。

（1）从开始菜单选择"开始→程序→附件→通讯→超级终端"命令，弹出"连接描述"对话框。设置新连接的名称，如 cisco。

单击"确定"按钮，弹出"连接到"对话框。在"连接时使用"列表框中，选择终端 PC 的连接接口，本例中，连接到 COM1。

单击"确定"按钮，弹出"COM1 属性"对话框，通常交换机出厂时，波特率为 9600bps，单击"还原为默认值"按钮设置超级终端的通信参数，再单击"确定"按钮，看看超级终端窗口上是否出现交换机提示符或其他字符,如果出现提示符或者其他字符则说明计算机已经连接到交换机上了,这时就可以开始配置交换机了。

(2) 关闭交换机电源,稍后重新打开电源,观察交换机的开机过程,如下:

C2960 Boot Loader (C2960-HBOOT-M) Version 12.2(25r)FX, RELEASE SOFTWARE (fc4)
Cisco WS-C2960-24TT (RC32300) processor (revision C0) with 21039K bytes of memory.
2960-24TT starting...
Base ethernet MAC Address: 0060.2F14.3ACC
Xmodem file system is available.
Initializing Flash...
flashfs[0]: 1 files, 0 directories
flashfs[0]: 0 orphaned files, 0 orphaned directories
flashfs[0]: Total bytes: 64016384
flashfs[0]: Bytes used: 4414921
flashfs[0]: Bytes available: 59601463
flashfs[0]: flashfs fsck took 1 seconds.
...done Initializing Flash.
Boot Sector Filesystem (bs:) installed, fsid: 3
Parameter Block Filesystem (pb:) installed, fsid: 4
Loading "flash:/c2960-lanbase-mz.122-25.FX.bin"...
[OK]
……
Cisco WS-C2960-24TT (RC32300) processor (revision C0) with 21039K bytes of memory.
24 FastEthernet/IEEE 802.3 interface(s)
2 Gigabit Ethernet/IEEE 802.3 interface(s)
63488K bytes of flash-simulated non-volatile configuration memory.
……
Cisco IOS Software, C2960 Software (C2960-LANBASE-M), Version 12.2(25)FX, RELEASE SOFTWARE (fc1)
Copyright (c) 1986-2005 by Cisco Systems, Inc.
Compiled Wed 12-Oct-05 22:05 by pt_team
Press RETURN to get started!

在交换机初始启动阶段,如果发现 POST 故障,将在控制台显示相应的消息;如果 POST 顺利完成,用户便可配置交换机。

步骤 4:更改交换机的主机名

switch>**enable**
switch#**config terminal**
Enter configuration commands, one per line.   End with CNTL/Z.
switch(config)#**hostname** *xm1*

步骤 5:设置交换机的登录口令

在下面每一步执行前后,都退回到特权模式下,使用 show running-config 命令查看交换机配置文件,观察其区别。

(1) 设置交换机的控制台保护口令。

xm1(config)#**line console** *0*
xm1(config-line)#**password** *cisco*

```
xm1(config-line)#login
xm1(config-line)#exit
```

（2）设置交换机远程终端访问口令。

```
xm1(config)#line vty 0 4
xm1(config-line)#password cisco
xm1(config-line)#login
xm1(config-line)#exit
```

（3）设置交换机的特权口令。

```
xm1(config)#enable password cisco123
xm1(config)#exit
```

（4）设置交换机的特权加密口令。

```
xm1(config)#enable secret cisco
xm1(config)#exit
xm1#
```

（5）设置控制台的空闲时间。

```
xm1(config)#line console 0
xm1(config-line)#exec-timeout 10
xm1(config-line)#login
xm1(config-line)#
```

（6）配置加密口令。

```
xm1(config)#service password-encryption
xm1(config)#exit
xm1#write
```

步骤6：取消交换机的登录口令

（1）交换机重启。

```
xm1#reload
```

重新使用超级终端登录交换机，使用刚刚配置的口令登录到交换机特权模式。

（2）取消交换机的控制台口令。

```
xm1(config)#line console 0
xm1(config-line)#no password cisco
xm1(config-line)#end
xm1#exit
```

（3）取消交换机的特权口令。

```
xm1(config)#no enable password
xm1(config)#exit
```

（4）取消交换机的特权加密口令。

```
xm1(config)#no enable secret
xm1(config)#exit
xm1#
```

（5）取消交换机远程终端访问口令。

```
xm1(config)#line vty 0 4
xm1(config-line)#no password cisco
xm1(config-line)#end
xm1#exit
```

步骤 7：设置和取消交换机的登录标语

```
xm1(config)#banner motd "Device maintenance will be occurring on Friday!"
xm1(config)#
```

步骤 8：查看交换机的状态信息

```
xm1#show version
xm1#show startup-config
xm1#show clock
xm1#show flash:
xm1#show processes
xm1#show running-config
xm1#show sessions
```

步骤 9：保存交换机的配置文件

保存交换机的配置文件通常有两种方法。

（1）在全局配置模式下输入 write 命令：

```
xm1#write
Building configuration...
[OK]
```

（2）在全局配置模式下输入 copy running-config startup-config 命令：

```
xm1#copy running-config startup-config
Destination filename [startup-config]?
Building configuration...
[OK]
xm1#
```

步骤 10：备份和恢复交换机的配置文件

```
xm1#copy startup-config flash:
Destination filename [startup-config]?201326
1010 bytes copied in 0.416 secs (2427 bytes/sec)
xm1#
xm1#copy flash: startup-config
Source filename []?201326
Destination filename [startup-config]?
[OK]
1010 bytes copied in 0.416 secs (2427 bytes/sec)
xm1#
```

步骤 11：备份交换机的配置文件到文本文件

（1）在特权模式下执行 show running-config 命令，用鼠标拖动选中。

（2）右键单击鼠标，在弹出的快捷菜单中选择"copy"（复制）命令。

（3）打开 Windows 系统自带的记事本，在窗口中右键单击鼠标，在弹出的快捷菜单中选择"粘贴"命令，然后保存文件。

步骤 12：清除交换机配置

```
xm1#erase startup-config
Erasing the nvram filesystem will remove all configuration files! Continue? [confirm]
[OK]
Erase of nvram: complete
%SYS-7-NV_BLOCK_INIT: Initialized the geometry of nvram
xm1#reload
Proceed with reload? [confirm]
%SYS-5-RELOAD: Reload requested by console. Reload Reason: Reload Command…
……
Press RETURN to get started!
switch>
```

习　　题

一、选择题

1. 访问一台新的交换机可以（　　）进行访问。
   A. 通过计算机的串口连接交换机的控制台端口
   B. 通过 Telnet 程序远程访问交换机
   C. 通过浏览器访问指定 IP 地址的交换机
   D. 通过运行 SNMP 协议的网管软件访问交换机

2. 通过以下命令输出可得出什么结论？（　　）

```
switch>show version
Cisco IOS Software, C2960 Software (C2960-LANBASE-M), Version 12.2(25)FX, RELEASE SOFTWARE (fc1)
Copyright (c) 1986-2005 by Cisco Systems, Inc.
Compiled Wed 12-Oct-05 22:05 by pt_team
ROM: C2960 Boot Loader (C2960-HBOOT-M) Version 12.2(25r)FX, RELEASE SOFTWARE (fc4)
System returned to ROM by power-on
Cisco WS-C2960-24TT (RC32300) processor (revision C0) with 21039K bytes of memory.
24 FastEthernet/IEEE 802.3 interface(s)
2 Gigabit Ethernet/IEEE 802.3 interface(s)
63488K bytes of flash-simulated non-volatile configuration memory.
```

   A. 系统具有 32KB 的 NVRAM
   B. 交换机只有 24 个 10/100Mbps 端口
   C. 系统上次重启的时间是 2005 年 10 月 21 日
   D. 交换机的型号是 WS-C2960-24TS

二、简答题

1. 交换机的硬件通常由哪几部分组成？
2. 访问交换机的 CLI 环境，通常有哪几种方法？
3. 交换机的配置文件有哪两种？它们有何区别？
4. 交换机的 IOS 启动源有哪些？
5. 交换机的 IOS 运行模式有哪几种？

项目 2
构建小型交换式局域网

2.1 用户需求

在学院信息化建设过程中,校园网中使用了越来越多的可网管交换机,需要对这些交换机的接口及接口之间的连接进行配置。

2.2 相关知识

局域网交换机是一种中间设备,用于为网络中各个网段提供互连。交换机接口有二层和三层之分。所谓二层接口就是仅工作在 OSI/RM 模型第二层(数据链路层)的接口,也称交换端口(Switch Port),是最基本的交换机的接口类型。三层接口就是可以工作在 OSI/RM 模型第三层(网络层)的接口,也称为可路由端口,是可实现数据包路由转发的端口。

2.2.1 交换机端口类型

由于交换机连接的网络设备、终端设备多种多样,所以交换机的端口也多种多样,通常有双绞线端口、光纤端口、GBIC 插槽、SFP 插槽和 10GE 插槽等。

1. 双绞线端口

这种端口是现在最常见、应用最广泛、最廉价的端口类型,在交换机上通常为 RJ-45 端口,将双绞线电缆的 RJ-45 插头插入双绞线端口。

根据交换机速率不同,双绞线端口通常有 10/100Mbps 自适应(100Base-TX)双绞线端口、10/100/1000Mbps(1000Base-T)双绞线端口和 10GBase-T 双绞线端口。这三种双绞线端口在外观上没有区别,必须借助交换机上的端口标记才能区别。

2. 光纤端口

光纤端口在交换机中根据技术的发展,经历了不同的阶段,主要表现为:

(1)100Base-FX 端口,可以实现 100Mbps 的远程连接,适用于 62.5um/125um 或 50um/125um 多模光纤。

(2)1000Base-SX 端口,可以实现 1000Mbps 的远程连接,适用于 62.5um/125um 或 50um/125um 多模光纤。

3. GBIC 模块和插槽

GBIC（GigaStack Gigabit Interface Converter）是一个通用的、低成本的千兆位以太网模块，可提供 Cisco 交换机间的高速（1000Mbps）连接。借助不同的 GBIC 模块，既可建立高密度端口的堆叠，又可实现与服务器或千兆位主干的高速连接，如图 2.1 所示。

图 2.1　GBIC 插槽

GBIC 模块分为两大类，一类是普通级联用的 GBIC 模块，实现与其他交换机的普通连接；另一类是堆叠专用的 GBIC 模块，实现与其他交换机的冗余连接。

（1）级联 GBIC 模块。级联使用的 GBIC 模块分为下列几种。
- 1000Base-T GBIC 模块：适用于超 5 类或 6 类双绞线，最长传输距离为 100m。
- 1000Base-SX GBIC 模块：适用于多模光纤（MMF），最长传输距离为 500m。
- 1000Base-LX/LH GBIC 模块：适用于单模光纤（SMF），最长传输距离为 10km。
- 1000Base-ZX GBIC 模块：适用于长波多模光纤（MMF），最长传输距离为 70~100km。

由此可见，只需更换 GBIC 模块，交换机就可以适用于各种传输介质和网络环境，为用户提供高速连接和应用。

（2）堆叠 GBIC 模块。堆叠 GBIC 模块用于实现交换机之间的廉价千兆连接，使得交换机的管理更简单，连接更加高效和稳定，适用于 Catalyst 交换机的 GigaStack GBIC 模块。

4. SFP 模块与插槽

SFP（Small Form-factor Pluggables）可以简单地理解为 GBIC 的升级版本，同样能够提供高达 1000Mbps 的连接。SFP 插槽（如图 2.2 所示）所占用的位置比 GBIC 插槽减少一半，可以在相同面板上配置多出一倍以上的端口数量。目前，SFP 已经取代 GBIC 成为新的千兆接口标准。由于 SFP 模块在功能上与 GBIC 基本一致，因此，也被有些交换机厂商称为小型化 GBIC（Mini-GBIC）。

SFP 模块的类型与 GBIC 非常相似，也可分别应用于双绞线（称为 1000Base-T SFP 模块）、多模光纤（称为 1000Base-SX SFP 模块，如图 2.3 所示）和单模光纤（称为 1000Base-LX SFP 模块，或 1000Base-ZX SFP 模块，如图 2.4 所示）。从而使网络连接变得更加灵活，适应更为复杂的网络环境。

图 2.2　SFP 插槽 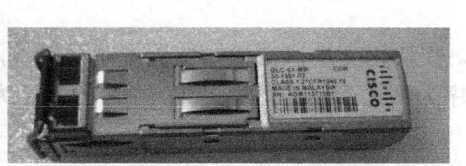　　　　图 2.3　1000Base-SX SFP 模块 　　　　图 2.4　1000Base-ZX SFP 模块

5. 10GE 模块与插槽

10Gbps 端口是当今速度最快、价格最昂贵的端口，通常用于实现分布层交换机和核心层交换机之间的连接。10Gbps 端口通常借助于不同标准的插槽和模块实现。

6. 复用端口

有些级联端口虽然是独立、类型不同的两个端口，但是这两个端口中只能使用其中的一个，不能同时用于连接设备，这类端口称之为复用端口，其目的是为了提高网络设备的可用性。

如图 2.5 所示为 Cisco Catalyst 2960 的 1000Base-T 与 1000Base-X SFP 复用端口。当采用双绞线与其他交换机进行连接时，可以直接使用 1000Base-T 端口。若要实现与汇聚层交换机或核心交换机的远程连接时，则插入相应的 SFP 模块即可。

图 2.5　1000Base-T 与 1000Base-X SFP 复用端口

7. TwinGig 转换模块

TwinGig 转换模块用于 Cisco Catalyst 3560/3750-E 系列交换机。借助 TwinGig 转换模块可以将 10 Gigabit Ethernet 插槽转换成两个 SFP 插槽，实现双 1000Mbps 端口连接。

8. Console 端口

可网管交换机上都有一个 Console 端口，它是专门用于对交换机进行配置和管理的端口。早期的交换机采用串口作为控制台端口，目前已基本不用。

2.2.2　选择要配置的交换机端口

在配置交换机端口之前，首先需要选择要配置的端口。

1. 选择单个交换机端口

要选择单个交换机端口，在全局配置模式下输入如下命令：

switch(config)#**interface** *type mod/num*

其中 type 为端口类型。交换机端口类型主要包括 Ethernet（10Mbps 端口）、FastEthernet（100Mbps 端口）、GigabitEthernet（1000Mbps 端口）、TenGigabitEthernet（10Gbps 端口或 VLAN 端口）。

mod/num：模块号/端口号。不同类型的交换机，模块号/端口号的表示不同，通常有以下几种类型。

（1）模块化交换机。模块化交换机在插槽位置标明插槽号，并在模块上标明端口号。通常情况下，模块的排序为从上到下，顶端为 1；端口的排序为从左到右，左侧为 1，如图 2.6 所示。

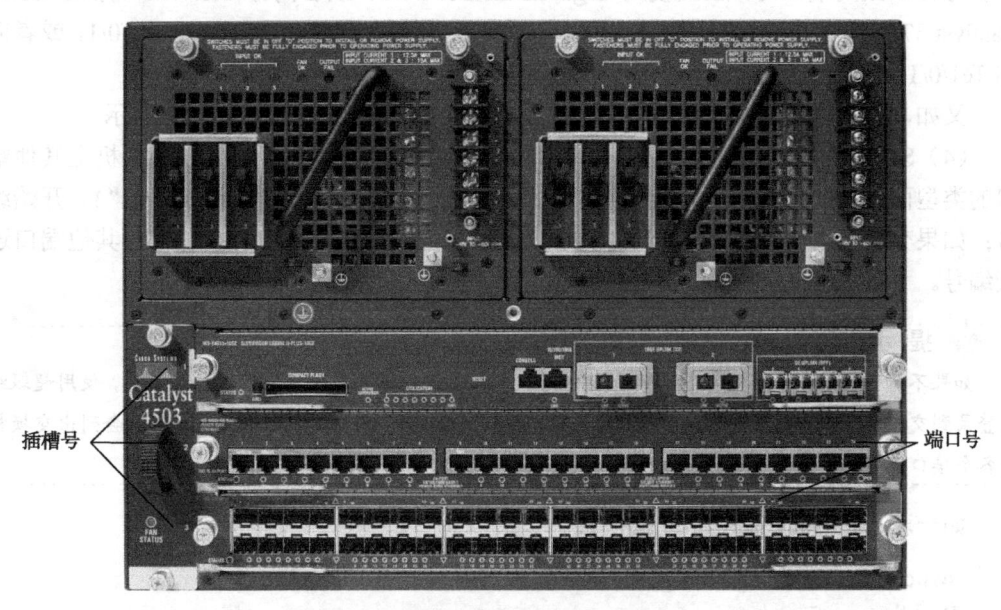

图 2.6　模块化交换机的端口标识

位于 Cisco Catalyst 4503 交换机第 1 插槽中选择的模块如果是 WS-X4013+10GE，则拥有的端口为 2 个 10GE（X2）端口和 4 个 1GE（SFP）端口，当描述该模块第 2 个 10GE 端口时，应当使用 TenGigabitEthernet1/2，简写为 Te1/2。当描述该模块第 1 个 1GE 端口时，应当使用 GigabitEthernet 1/1，简写为 Gi1/1。

位于 Cisco Catalyst 4503 交换机第 2 插槽中选择的模块如果是 WS-X4124-RJ45，则拥有 24 个 10/100Base-T（RJ-45）端口，当描述该模块第 20 个端口时，应当使用 FastEthernet 2/20，简写为 Fa2/20。

又如，位于 Cisco Catalyst 4503 交换机第 3 插槽中选择的模块如果是 WS-X4548-GB-RJ45，则拥有 48 个 10/100/1000Base-T（RJ-45）端口，当描述该模块第 20 个端口时，应当使用 GigabitEthernet 3/20，简写为 Gi3/20。

（2）固定端口交换机。固定端口交换机也标明端口号，如图 2.7 所示。通常情况下，固定配置交换机（Catalyst 3750 除外）上的所有端口都位于 0 模块上。

例如，当描述 Cisco Catalyst 2960 第 10 个快速以太网端口时，应当使用 FastEthernet0/10，或者简称 Fa 0/10，而描述 Cisco Catalyst 2960 第 1 个吉比特以太网端口时，应当使用 GigabitEthernet 1/1，或者简称 Gi1/1。

图 2.7　固定配置交换机的端口标识

（3）Cisco Catalyst 3750 系列等堆叠交换机。如果是堆叠交换机，则交换机端口的标识顺序为"堆叠成员号/模块号/端口号"。可堆叠的独立成员交换机的成员号为 1，非模块交换机的模块号默认为 0。例如，描述一个独立的 Cisco Catalyst 3750 交换机上第 10

个吉比特以太网端口时，应当使用 GigabitEthernet 1/0/9，或者简称 Gi1/0/9。而描述 Cisco Catalyst 3750 第 1 个 10 吉比特以太网端口时，应当使用 TenGigabitEthernet 1/0/1，或者简称 Te1/0/1。

又如，在堆叠位置为 2 的交换机中，端口 24 用 FastEthernet 2/0/24 来表示。

（4）SFP 模块。如果交换机有 SFP 模块，这些端口的端口号要依据交换机上其他端口的类型而定。如果其他端口为快速以太网类型，则 SFP 模块中的端口号从"1"开始编号；如果交换机其他端口也是吉比特以太网类型，则 SFP 模块中的端口号与其他端口连续编号。

> **提示**
> 如果不清楚交换机上有哪些接口及如何编号，在实际工作中，首先在没有进行配置前，使用超级终端登录到交换机的特权模式，然后使用 show running-config 命令查看交换机的配置文件，会列出交换机的各个接口及标识方法，可以快速学习交换机的接口编号。

如一款 Catalyst Cisco 2960 交换机。

```
switch#show running-config
Building configuration...
Current configuration : 1009 bytes
version 12.2
no service timestamps log datetime msec
no service timestamps debug datetime msec
no service password-encryption
hostname Switch
interface FastEthernet0/1
interface FastEthernet0/2
……
interface FastEthernet0/24
interface GigabitEthernet1/1
interface GigabitEthernet1/2
interface Vlan1
no ip address
shutdown
……
switch#
```

2. 选择多个端口

在 Catalyst IOS 软件中，可以使用配置命令 interface range 同时选择多个端口。选择端口范围后，输入的端口配置命令将被应用于该范围内的所有端口。

选择多个不相邻的端口：要选择多个不相邻的端口进行相同的配置时，可输入一个由逗号和空格分隔的端口列表。为此，在全局配置模式下使用如下命令：

switch(config)#**interface range** type module/number[,type module/ number...]

例如，要选择端口 FastEthernet0/3、0/7、0/9 和 0/23 进行配置，可使用下述命令：

switch(config)#**interface range** FastEthernet0/3，FastEthernet0/7，FastEthernet0/9，FastEthernet0/23
　　switch(config-if-range)#

选择一个连续的端口范围：从开始端口到结束端口。为此，输入端口类型和模块及用连字符和空格分开的开始端口号到结束端口号。在全局配置模式下使用如下命令：

switch(config)#**interface range** *type module/first-number–last- number*

例如，要选择模块 0 中端口 2 到 23，可使用下述命令：

switch(config)#**interface range** *FastEthernet0/2-23*
　　switch(config-if-range)#

但对于 4500/4900 系列以至于 6500 系列交换机，选择端口范围命令的语法格式略有不同，但总体格式是一样的。

当选择多个端口范围时，为了修改方便，可以定义一个宏，其中包含端口列表或端口范围。然后在配置端口设置前调用这个宏，这样端口设置将被应用于该宏指定的每个端口。定义并调用宏的步骤如下。

（1）定义宏名并根据需要指定任意数量的端口范围或端口列表。

　　switch(config)#**define interface-range** *macro-name type module/number* [, *type module/number*...]

（2）在输入配置命令前，调用宏 macro-name。

switch(config)#**interface range macro** *macro-name*

2.2.3　交换机端口的基本配置

1. 标识端口

可给交换机端口加上文本描述以准确地识别它。该描述只是一个注释字段，用于说明端口的用途或其他独特的信息。

要给指定端口注释或描述，可在端口模式下输入如下命令：

　　switch(config-if)#**description** *description-string*

如果需要，可以使用空格将描述字符串的单词隔开。要删除描述，可使用端口配置命令 no description。

例如，给端口 FastEthernet0/2 加上描述 link to center，表示连接到网络中心。

　　switch(config-if)#**description** *link to center*

2. 端口速度

可以使用交换机配置命令给交换机端口指定速度。要指定以太网端口的端口速度，可使用如下端口配置命令：

　　switch(config-if)#**speed** *{10|100|1000|auto}*

例如，若要将 Cisco Catalyst 3750 交换机的第 11 号千兆端口降速为 100Mbps，则配置命令为：

```
switch(config)#interface GigabitEthernet 0/11
switch(config-if)#speed 100
```

3. 端口的双工模式

可以给基于以太网的交换机端口指定链路模式，使其以半双工、全双工或自动协商模式运行。

可以使用 duplex 接口配置命令来指定交换机端口的双工操作模式。可以手动设置交换机端口的双工模式和速度，以避免厂商间的自动协商问题。要设置交换机端口的链路模式，在接口配置模式下输入如下命令：

```
switch(config-if)#duplex { auto | full | half }
```

例如，若要将 Cisco Catalyst 3750 交换机的第 11 号千兆端口设置为全双工通信模式，则配置命令为：

```
switch(config)#interface FastEthernet 0/11
switch(config-if)#duplex full
```

4. 接口 Auto-MDIX 自动识别

在接口上启用 Auto-MDIX（Automatic Medium-Dependent Interface Crossover，自动媒体相关接口交叉）功能后，接口就自动检测当前连接所需的电缆连接类型（直通线或交叉线），然后检测当前所使用的连接电缆，自动根据连接类型需求进行适当的配置。

在 Catalyst 3750 系列交换机上，默认支持 Auto-MDIX 功能。在启用 Auto-MDIX 功能后，必须设置接口速率和双工模式为 Auto（自动），以便接口能正确操作。Auto-MDIX 在所有 10/100Mbps、10/100/1000Mbps 以太网接口，以及 10/100/1000Base-TX SFP 模块接口上都是支持的，但在 1000Base-SX/LX SFP 模块接口上不支持。

在链路两端只要有一端接口启用了 Auto-MDIX 功能时，无论使用了何种类型的电缆，链路都将被激活。只有两端接口都没有启用 Auto-MDIX 功能，链路才关闭，也就是不通。

在接口上配置 Auto-MDIX 功能的命令为：

```
switch(config-if)#duplex auto
switch(config-if)#speed auto
switch(config-if)#Mdix auto
```

5. 端口协商

启用链路自动协商，则配置命令为：

```
switch(config-if)#negotiation auto
```

禁用链路自动协商，则配置命令为：

```
switch(config-if)#no negotiation auto
```

6. 启用并使用交换机端口

对于没有进行网络连接的端口，其状态始终是 shutdown。对于正在工作的端口，可以根据管理的需要，进行启用或禁用。

例如，网络管理员发现连接的某一交换机端口数据流量巨大，怀疑其感染病毒，正大量向外发包，此时就可禁用该端口，以断开主机与网络的连接。

例如，若要禁用交换机的第 2 端口，则配置命令为：

switch(config)#**interface** *fastEthernet 0/2*
switch(config-if)#**no shutdown**
switch(config-if)#

2.2.4 双工模式和速度的自动协商

以太网支持多种速度及两种双工模式。由于存在着多种选择，IEEE 制定了以太网卡和交换接口自动协商速度和双工模式的标准，这一过程称为自动协商。

以太网卡和交换机交换各自能力的信息以实现自动协商。线缆末端的设备——通常是 NIC 或交换机接口——需要通过称为能力交换的以太网自动协商过程来相互告知各自的能力。

IEEE 802.3X 定义的自动协商，使用快速链路脉冲（FLP）来交换各自的能力信息。FLP 包含以太网卡或接口的能力描述的比特信息，当两台设备交换这些信息时，就可确定两台设备都可支持的功能。选择所支持的最快速度，并且全双工要优先于半双工。

速度和双工可以手工配置，也可以自动协商。如果链路的一端关闭了自动协商，并手工配置速度和双工模式，而另一端自动协商，就有可能是两台设备使用了不同的速度和双工设置。如果速度不一致，则链路根本不能工作。如果双工模式不匹配，链路可以工作但会产生很多冲突。

如果网卡关闭自动协商功能，并设置为全双工，交换机不再使用半双工，链路通常可以工作，但性能非常差。

自动协商可以工作于铜介质上，但用光缆的以太接口不支持。速度和双工模式的配置通常用在交换机的干路中。

2.2.5 排除端口连接故障

如果遇到交换机端口问题，可以使用端口查看命令来寻找故障进行排除。

▶ 1. 查看端口状态

要查看端口的完整信息，可使用 show interfaces 命令，例如，查看交换机端口 2 的状态信息。

switch#**show interfaces** *FastEthernet 0/2*
FastEthernet 0/2 is up, line protocol is up (connected)
　Hardware is Lance, address is 0060.7005.d002 (bia 0060.7005.d002)
　BW 100000 Kbit, DLY 1000 usec,
reliability 255/255, txload 1/255, rxload 1/255
　Encapsulation ARPA, loopback not set
　Keepalive set (10 sec)
Full-duplex, 100Mb/s

```
    input flow-control is off, output flow-control is off
       ARP type: ARPA, ARP Timeout 04:00:00
    ……
    switch#
```

其中：

（1）FastEthernet0/2 is up：指出了端口的物理层状态，如果是 Down，表明链路在物理上是断开的，没有检测到链路。

（2）line protocol is up (connected)：指出了端口数据链路层的状态。

（3）Hardware is Lance, address is 0060.7005.d002：指出了该端口的 MAC 地址。

（4）Full-duplex, 100Mb/s：指出了该端口工作在全双工模式和 100Mb/s 的速度下。

▶ 2. 查看交换机的 MAC 地址表

```
switch#show mac-address-table
        Mac Address Table
-------------------------------------------
Vlan    Mac Address       Type        Ports
----    -----------       ----        -----
1       0001.42db.7335    DYNAMIC     Fa0/2
1       0001.643a.411e    DYNAMIC     Fa0/3
1       0002.165d.7ad1    DYNAMIC     Fa0/4
1       0030.a3c7.8ecd    DYNAMIC     Fa0/6
1       0090.2133.25aa    DYNAMIC     Fa0/5
1       00d0.bcd3.9c4e    DYNAMIC     Fa0/1
switch#
```

2.2.6 配置交换机远程管理 IP 地址

Telnet 协议是一种远程访问协议，可以用它登录到远程计算机、网络设备或专用 TCP/IP 网络。Windows 系统、UNIX/Linux 等系统中都内置有 Telnet 客户端程序，可以用它来实现与远程交换机的通信。

为了进行 TCP/IP 管理，必须为交换机分配第三层 IP 地址。IP 地址仅用于远程登录管理交换机，对于交换机的运行不是必需的。若没有配置管理 IP 地址，则交换机只能采用控制端口进行本地配置和管理。而接入层交换机大都工作在 OSI 模型的第二层（数据链路层），不能为此分配 IP 地址（工作在 OSI 模型的网络层），这时就需要将此 IP 地址将分配给称为虚拟 LAN（VLAN）的虚拟接口，然后必须确保 VLAN 分配到交换机上的一个或多个特定端口，如图 2.8 所示。

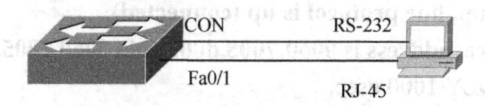

图 2.8 交换机的管理接口

VLAN1 是所有交换机的默认管理接口，它是交换机自动创建和管理的。使用 VLAN1 存在安全风险，通常情况下，应创建其他的 VLAN，如 VLAN99 等，并将该 VLAN 分配给适当的端口，如 Fa0/1。

每个 VLAN 只有一个活动的管理地址，因此对二层交换机设置管理地址之前，首先应选择 VLAN 接口，然后再利用 ip address 配置命令设置管理 IP 地址。

switch(config)#**interface vlan** *vlan-id*
switch(config-if)#**ip address** *address netmask*

其中，vlan-id 代表要选择配置的 VLAN 号，address 为要设置的管理 IP 地址，netmask 为子网掩码。

交换机要想通过 Telnet 采用远程管理的方式，它必须首先配置远程登录口令。

▶1．配置管理接口

要在交换机的管理 VLAN 上配置 IP 地址和子网掩码，必须处在 VLAN 接口配置模式下才行。如配置管理 VLAN 99，则先使用命令 interface vlan 99，再输入 ip address 配置命令。必须使用 no shutdown 接口配置命令来使此第三层接口正常工作。当看到"interface VLAN x"时，这是指与 VLAN x 关联的第三层接口。只有管理 VLAN 才有与之关联的"interface VLAN"。

注意第二层交换机（如 Cisco Catalyst 2960）一次只允许一个 VLAN 接口处于活动状态。这意味着当第三层接口"interface VLAN 99"处于活动状态时，第三层接口"interface VLAN 1"不会处于活动状态。

▶2．配置默认网关

配置管理 IP 地址后，在同一网段的其他主机就可以利用 Telnet 进行远程登录该交换机了。若要跨网段登录连接该交换机，还必须给交换机配置指定默认网关地址，使交换机（作为一个主机）能与其他主机进行通信。

配置指定交换机的默认网关地址要使用 ip default-gateway 命令。如若要配置交换机的默认网关地址为 192.168.10.1，则配置命令为：

switch(config)#**ip default-gateway** *192.168.10.1*

▶3．Telnet 连接的挂起和切换

Cisco IOS 的 Telnet 命令支持挂起（不终止，而暂时搁置在一边）一个连接。通过挂起操作，用户可以在交换机之间方便地切换。

（1）挂起 Telnet 连接的方法为先按<Ctrl+Shift+6>组合键，然后再按<X>键。
（2）重新建立挂起的 Telnet 会话的方法如下：
- 按回车键；
- 如果只有一个会话，可输入命令 resume *number*（如果没有指定会话号，将恢复最后一个活动的会话）；
- 执行命令 resume session number 重新建立提供的 Telnet 会话。

其中，number 是连接号，采用 show sessions 命令会列出所有挂起的 Telnet 连接。

▶4．并发 Telnet 数量

可以限制登录到交换机的数量及限制用户登录进入交换机，通常采用以下三种方法。

(1) 不配置 Telnet 口令阻止任何 Telnet。如果交换机的 VTY 口令没有配置，交换机拒绝所有进入的 Telnet 请求。这样不配置 VTY 口令就关闭了交换机的 Telnet 访问。

(2) IOS 定义了 VTY 的最大数量。IOS 动态地给每一个 Telnet 用户分配一个 VTY 线。

(3) 在 VTY Line 模式下用命令 session limit *number*，可以修改同时连接的最大数。

▶ 5．关闭 Telnet 会话

在 Cisco 设备中，要终止 Telnet 会话，可使用 exit、logout、disconnect 或 clear 命令。

2.3 方案设计

以交换机为中心，组建一个交换式以太网。然后对交换机进行基本配置，再对交换机端口进行配置并查看端口状态。

2.4 项目实施

2.4.1 项目目标

通过本项目的完成，可以使学生掌握以下技能：
(1) 理解交换机端口的类型；
(2) 掌握配置交换机端口；
(3) 掌握查看交换机端口状态、双工、速率等命令；
(4) 掌握查看交换机 MAC 地址表；
(5) 掌握交换机远程登录的配置。

2.4.2 实训任务

为了实现本项目，构建如图 2.9 所示交换式以太网的网络实训环境或在 Packet Tracer 中模拟。将 6 台计算机连接到交换机上，完成如下的配置任务：

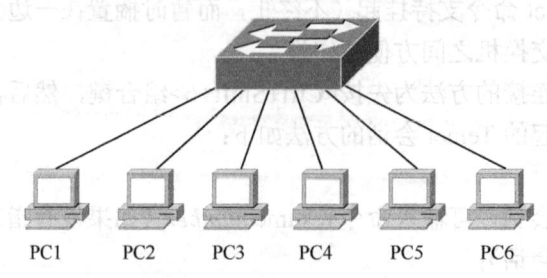

图 2.9 交换式以太网

(1) 配置交换机的名称、控制台口令、超级密码；
(2) 配置交换机的管理地址；
(3) 配置交换机端口的标识；
(4) 配置交换机端口的双工模式和速率；

(5) 查看交换机端口状态和 MAC 地址表。

2.4.3 设备清单

为了搭建如图 2.9 所示的网络拓扑图,需要下列设备:
(1) Cisco Catalyst 2960 交换机 1 台;
(2) PC 6 台;
(3) 直通线若干。

2.4.4 实施过程

步骤 1:规划设计

设计各计算机的 IP 地址、子网掩码,连接到交换机的端口,使用线缆的类型,如表 2.1 所示。

表 2.1 计算机的 IP 地址、子网掩码及交换机端口和线缆类型

计算机	IP 地址	子网掩码	默认网关	交换机端口	线缆类型	描述
PC1	192.168.100.11			Fa0/1	直通线	Link to PC1
PC2	192.168.100.12			Fa0/2	直通线	Link to PC2
PC3	192.168.100.13	255.255.255.0	192.168.100.1	Fa0/3	直通线	Link to PC3
PC4	192.168.100.14			Fa0/4	直通线	Link to PC4
PC5	192.168.100.15			Fa0/5	直通线	Link to PC5
PC6	192.168.100.16			Fa0/6	直通线	Link to PC6

步骤 2:实训环境准备

(1) 在设备断电状态下,按照图 2.9 所示和表 2.1 所列连接硬件。
(2) 给各设备供电。

步骤 3:配置计算机的 IP 地址、子网掩码

按照表 2.1 所列配置各计算机的 IP 地址、子网掩码和默认网关。

步骤 4:清除交换机的配置

```
switch #erase startup-config
switch #reload
```

步骤 5:测试

使用 ping 命令分别测试 PC1~PC6 六台计算机之间的连通性,并填入表 2.2 中。

表 2.2 网络连通性

设备	PC1	PC2	PC3	PC4	PC5	PC6
PC1						
PC2						
PC3						
PC4						
PC5						
PC6						

步骤 6：配置交换机的名称

```
switch#config terminal
Enter configuration commands, one per line.    End with CNTL/Z.
switch(config)#hostname xm2
```

步骤 7：配置交换机端口

按照表 2.1 所列配置交换机端口的标识和模式。

```
xm2>enable
xm2#config terminal
Enter configuration commands, one per line.    End with CNTL/Z.
xm2(config)#interface FastEthernet 0/1
xm2(config-if)#description Link to PC1
xm2(config-if)#switch mode access
xm2(config-if)#interface FastEthernet 0/2
xm2(config-if)#description Link to PC2
xm2(config-if)#switch mode access
xm2(config-if)#interface FastEthernet 0/3
xm2(config-if)#description Link to PC3
xm2(config-if)#switch mode access
xm2(config-if)#interface FastEthernet 0/4
xm2(config-if)#description Link to PC4
xm2(config-if)#switch mode access
xm2(config-if)#interface FastEthernet 0/5
xm2(config-if)#description Link to PC5
xm2(config-if)#switch mode access
xm2(config-if)#interface FastEthernet 0/6
xm2(config-if)#description Link to PC6
xm2(config-if)#switch mode access
xm2(config-if)#end
xm2#write
Building configuration...
[OK]
xm2#
```

步骤 8：查看交换机端口状态信息

（1）使用 show interfaces 命令来查看交换机端口信息、双工模式和速率。

```
xm2#show interfaces FastEthernet 0/1
FastEthernet0/1 is up, line protocol is up (connected)
  Hardware is Lance, address is 0030.f280.8601 (bia 0030.f280.8601)
  Description: link to PC1
  BW 100000 Kbit, DLY 1000 usec,
     reliability 255/255, txload 1/255, rxload 1/255
  Encapsulation ARPA, loopback not set
```

```
    Keepalive set (10 sec)
    Full-duplex, 100Mb/s
    input flow-control is off, output flow-control is off
    ……
xm2#
```

（2）使用 show running-config 命令查看交换机的配置文件。

```
xm2#show running-config
……
hostname xm2
interface FastEthernet0/1
  description Link to PC1
  switchport mode access
interface FastEthernet0/2
  description Link to PC2
  switchport mode access
interface FastEthernet0/3
  description Link to PC3
  switchport mode access
interface FastEthernet0/4
  description Link to PC4
  switchport mode access
……
```

步骤 9：查看交换机 MAC 地址表

通过控制台登录到交换机，查看交换机的 MAC 地址表，并填入表 2.3 中。

```
xm2#show mac-address-table
```

表 2.3　交换机的 MAC 表

计　算　机	端　　口	MAC 地址
PC1		
PC2		
PC3		
PC4		
PC5		
PC6		

步骤 10：配置交换机的远程管理

配置交换机的远程管理地址为 192.168.100.200，管理 VLAN 号为 99，默认网关为 192.168.100.1。

```
xm2#config terminal
xm2(config)#vlan 99
xm2(config-vlan)#name manage
xm2(config-vlan)#exit
xm2(config)#interface vlan 99
xm2(config-if)#ip address 192.168.100.200 255.255.255.0
```

```
xm2(config-if)#no shutdown
xm2(config-if)#exit
xm2(config)#ip default-gateway 192.168.100.1
xm2(config)#interface FastEthernet 0/1
xm2(config-if)#switchport mode access
xm2(config-if)# switchport access vlan 99
xm2(config-if)#no shutdown
xm2(config-if)#exit
```

设置 PC1 的 IP 地址为 192.168.100.11/24，网关为 192.168.100.1。在 PC1 上进入到 MS-DOS 命令行方式下，首先使用 ping 命令检查计算机和交换机的管理 IP 地址之间的连通性。

```
PC>ping 192.168.100.200
Pinging 192.168.100.200 with 32 bytes of data:
Request timed out.
Reply from 192.168.100.200: bytes=32 time=16ms TTL=255
Reply from 192.168.100.200: bytes=32 time=31ms TTL=255
Reply from 192.168.100.200: bytes=32 time=32ms TTL=255
Ping statistics for 192.168.100.200:
    Packets: Sent = 4, Received = 3, Lost = 1 (25% loss),
Approximate round trip times in milli-seconds:
    Minimum = 16ms, Maximum = 32ms, Average = 26ms
PC>
```

以上结果表示，PC1 和交换机的管理地址已经连通，再输入以下命令：

```
PC>telnet 192.168.100.200
Trying 192.168.100.200 ...Open
[Connection to 192.168.100.200 closed by foreign host]
PC>
```

因为交换机还没有配置口令，故此时不能远程登录。

步骤 11：设置交换机的登录口令

在下面每一步执行前后，都退回到特权模式下，使用 show running-config 命令查看交换机配置文件，并观察其区别。参考项目 1 的实施过程。

步骤 12：远程登录交换机

```
PC>telnet 192.168.100.200
Trying 192.168.100.200 ...Open
User Access Verification
Password:
xm2>enable
Password:
xm2#
```

步骤 13：查看交换机的状态信息

```
xm2#show version
xm2#show startup-config
xm2#show clock
xm2#show flash:
xm2#show processes
```

```
xm2#show running-config
xm2#show sessions
```

步骤 14：保存交换机配置文件

保存交换机配置文件的方法通常有以下两种：

（1）在全局配置模式下输入 write 命令：

```
xm2#write
```

（2）在全局配置模式下输入 copy running-config startup-config 命令：

```
xm2#copy running-config startup-config
```

步骤 15：清除交换机配置

```
Xm2#erase startup-config
Xm2#reload
```

习 题

一、选择题

1. 网络管理员想为一台可网管交换机配置 IP 地址，将如何分配 IP 地址？（ ）
   A. 在特权模式下执行   B. 在交换机的接口 Fa0/1 上
   C. 在管理 VLAN 中   D. 在连接到交换机或下一跳设备的物理接口上

2. 为什么应该为交换机分配默认网关？（ ）
   A. 使得 Telnet 和 ping 等程序能够远程连接到交换机
   B. 使帧可以通过交换机发送到交换机
   C. 使从工作站产生并发送远程网络的帧传递到更高一层
   D. 使得通过交换机的命令提示符能够访问其他网络

3. 以太网自动协商确定下列哪条？（ ）
   A. 生成树模式   B. 双工模式
   C. 服务质量模式   D. 错误阈值

4. 如果连接的远程端不支持自动协商，将不能确定下列哪条？（ ）
   A. 链路的速度   B. 链路的双工模式
   C. 链路的介质类型   D. MAC 地址

5. 当 10/100Mbps 以太网链路自动协商时，如果两台计算机都支持相同的能力，将选择下列哪种？（ ）
   A. 10Base-T 半双工   B. 10Base-T 全双工
   C. 100Base-TX 半双工   D. 100Base-TX 全双工

二、简答题

1. 交换机上通常包含哪些接口？
2. 如何配置第二层交换机的远程管理？

三、实训题

在图 2.9 中，进行如下配置：

1. 使用哪条交换机命令是对快速以太网接口 0/1～0/24 进行相同的配置？

2. 假设要将相同的配置用于快速以太网接口 0/1～0/10、0/15、0/17，使用什么命令进行相同的配置？

3. 如果使用命令 speed 100 和 duplex full 配置了一个交换机端口，而连接该端口的计算机被设置为自动协商速度和双工，将出现什么情况？如果相反（交换机自动协商，计算机不自动协商），情况又如何？

模块二　组建安全隔离的小型局域网

交换机是工作在 OSI/RM 模型第二层（数据链路层）的设备，它可以隔离冲突域，但不能限制广播。

VLAN 就是一种能够极大地改善网络性能的技术，它将大型的广播域细分成较小的广播域。

本模块通过以下两个项目的实施，可以了解如何通过在交换机上划分 VLAN，来降低广播的范围，并提高网络的安全。

项目 3：在交换机上构建安全隔离的部门间网络
项目 4：构建基于 VLAN 中继协议隔离的局域网

项目 3　在交换机上构建安全隔离的部门间网络

3.1　用户需求

某学院计算机系、机电工程系、财务处、学生机房分别组建了自己的局域网，其中信息大楼主要为计算机系办公场所，机电大楼为机电工程系办公大楼，实验中心为学生机房，并且有计算机系和财务处办公场所，财务处在学校办公楼办公。随着学校信息化建设的深入，人员交流越来越频繁，在各个办公场所都可能出现其他部门的人员。为了网络安全，就要把计算机系、机电工程系、财务处、学生机房分别隔离于不同的子网，但部门内部可以互相访问。

3.2　相关知识

为了在交换机上进行 VLAN 配置，划分子网，作为网络工程师，需要了解本项目中所涉及的以下几方面知识。

3.2.1 VLAN 简介

以太网交换机的一个重要特性是能建立虚拟局域网（VLAN）。当需要添加、移动或对一个网络进行改造时，VLAN 可以使工作变得很简单。

▶ 1．虚拟局域网的概念

设计网络时，最好的办法是将广播流量限制在仅需要该广播的网络区域中。出于业务考虑，有些主机需要配置为能相互访问，有些则不能这样配置。例如，财务部的服务器就只能由财务部的成员访问。在交换网络中，人们通过创建虚拟局域网来按照需要将广播限制在特定区域并将主机分组。

虚拟局域网（Virtual LAN，VLAN）是一种逻辑广播域，可以跨越多个物理 LAN 网段。VLAN 是以局域网交换机为基础，通过交换机软件实现根据功能、部门、应用等因素将设备或用户组成虚拟工作组或逻辑网段的技术，其最大的特点是在组成逻辑网时无须考虑用户或设备在网络中的物理位置。虚拟局域网可以在一台交换机或者跨交换机上实现。

1996 年 3 月，IEEE 802 委员会发布了 IEEE 802.1Q VLAN 标准。目前，该标准得到了全世界重要网络厂商的支持。在 IEEE 802.1Q 标准中对虚拟局域网是这样定义的：虚拟局域网是由一些局域网网段构成的与物理位置无关的逻辑组，而这些网段具有某些共同的需求。每一个虚拟局域网的帧都有一个明确的标识符，指明发送这个帧的工作站是属于哪一个 VLAN 的。利用以太网交换机可以很方便地实现虚拟局域网。虚拟局域网其实只是局域网给用户提供的一种服务，而并不是一种新型局域网。

图 3.1 给出一个关于 VLAN 划分的网络拓扑结构图示例，其中使用了 4 台交换机，有 9 台计算机分布在 3 个楼层中，构成了 3 个局域网，即：

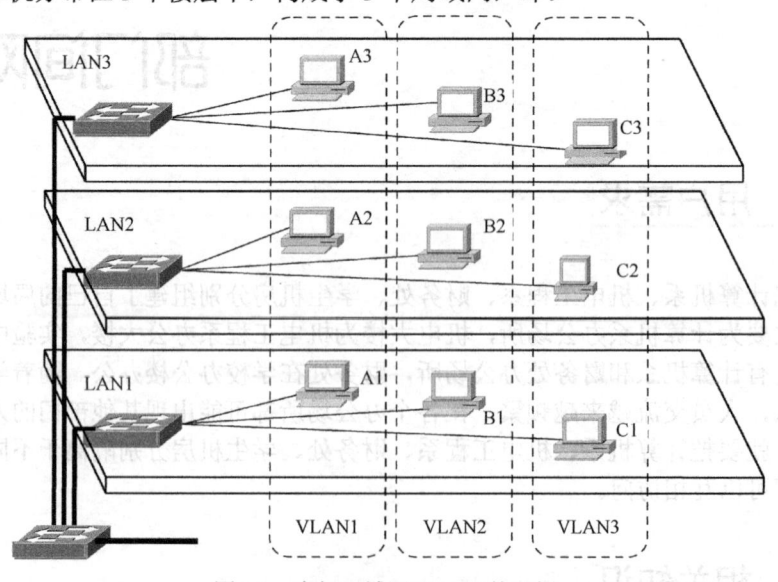

图 3.1 虚拟局域网 VLAN 的示例

LAN1：（A1，B1，C1），LAN2：（A2，B2，C2），LAN3：（A3，B3，C3）。
这 9 个用户被划分为 3 个工作组，也就是说划分为 3 个虚拟局域网 VLAN。即：

VLAN1：(A1，A2，A3)，VLAN2：(B1，B2，B3)，VLAN3：(C1，C2，C3)。

在虚拟局域网上的每个工作站都可以听到同一虚拟局域网上的其他成员所发出的广播。如工作站 B1、B2、B3 同属于虚拟局域网 VLAN2。当 B1 向工作组内成员发送数据时，B2 和 B3 将会收到广播的信息（尽管它们没有连在同一台交换机上），但 A1 和 C1 都不会收到 B1 发出的广播信息（尽管它们连在同一台交换机上）。

2. VLAN 成员资格模式

在接入层交换机上提供 VLAN 时，终端用户必须采取某种方法获得其成员资格。Cisco Catalyst 交换机提供了静态 VLAN 和动态 VLAN 两种指定成员资格的方法。

（1）静态 VLAN。由网络管理员以手工方式将交换机端口分配给 VLAN，因此是静态的。即在交换机上将其某一个端口分配给特定 VLAN，在这种情况下，VLAN 是基于物理交换机端口的，终端用户设备根据其连接的物理端口被分配到相应的 VLAN 中，并且将一直保持到网络管理员改变这种配置，所以又被称为基于端口的 VLAN，是目前实现 VLAN 的主要方法。

网络管理员以手工方式将交换机端口分配给 VLAN 时，每个端口获得一个端口 VLAN ID，将其同 VLAN 号关联起来。可将同一台交换机上的端口分成多个 VLAN。即使两台计算机连接到同一台交换机上，如果它们连接的是属于不同 VLAN 的端口，数据流也不会在它们之间传输。为执行这项功能，可使用第三层设备来路由分组，也可使用外部的第二层设备在两个 VLAN 之间桥接分组。

基于端口的 VLAN 根据以太网交换机的端口来划分广播域。即分配在同一个 VLAN 的端口共享广播域（一个站点发送希望所有站点接收的广播信息，同一个 VLAN 中的所有站点都可以听到），分配在不同 VLAN 的端口不共享广播域。虚拟局域网既可以在单台交换机中实现，也可以跨越多台交换机。终端设备连接到端口时，自动获得 VLAN 连接性，如图 3.2 和表 3.1 所示。

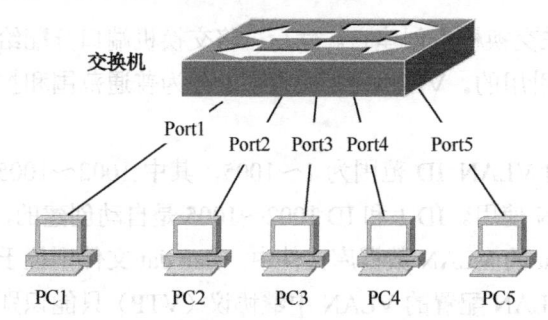

表 3.1 VLAN 映射简化表

端 口	VLAN ID
Port1	VLAN2
Port2	VLAN3
Port3	VLAN2
Port4	VLAN3
Port5	VLAN2

图 3.2 基于端口的 VLAN 划分

假设指定交换机的端口 1、3、5 属于 VLAN2，端口 2、4 属于 VLAN3，此时，主机 PC1、PC3、PC5 在同一个 VLAN 中，主机 PC2 和主机 PC4 在另一个 VLAN 中。如果将主机 PC1 和主机 PC2 交换连接端口，则 VLAN 映射表仍然不变，而主机 PC1 变成与主机 PC4 在同一 VLAN 中。

基于端口的 VLAN 配置简单，网络的可监控性强。但缺乏足够的灵活性，当用户在网络中的位置发生变化时，必须由网络管理员将交换机端口重新进行配置。所以静态 VLAN 比较适合用户或设备位置相对稳定的网络环境。

（2）动态 VLAN。动态 VLAN 是指通过 VLAN 成员策略服务器（VLAN Membership Policy Server，VMPS），管理人员可以根据比如连接到该端口的设备的源 MAC 地址，或者登录到该设备的用户名的信息动态地将交换机的端口指定给 VLAN，当设备连入网络时，设备会询问 VLAN 成员数据库。

通过 VMPS，并根据其数据库中的信息动态地分配端口到指定 VLAN。当主机从网络中一台交换机的端口移到本网络中另一台交换机的一个端口时，交换机将自动为该主机的新端口指定合适的 VLAN。

当使用 VMPS 时，要从 TFTP 服务器上下载一个 MAC 地址到 VLAN 映射的数据库，VMPS 就开始接收客户请求了。如果交换机重新开机或重启以后，会自动从 TFTP 服务器下载 VMPS 数据库，并运行 VMPS。

VMPS 会打开一个 UDP 套接字（Socket）用于通信和监听客户端的请求。当 VMPS 服务器收到客户端发出的一个有效请求后，就会在数据库中查找 MAC 地址到 VLAN 映射。

VMPS 客户端和服务器通过 VLAN 查询协议（VQP）进行通信。当 VMPS 服务器收到客户交换机发出的一个 VQP 请求后，就会在数据库中寻找 MAC 地址到 VLAN 映射。

3.2.2 静态 VLAN 配置

在建立 VLAN 之前，必须先考虑是否使用 VLAN 中继协议（VLAN Trunk Protocol，VTP）来为网络进行全局 VLAN 的配置。在本项目中不使用 VTP 干线协议。

Catalyst 交换机在默认情况下，所有交换机端口被分配到 VLAN 1。VLAN 被设置为以太网，最大传输单元（MTU）为 1500 字节。

▶ 1. VLAN ID 范围

首先，如果 VLAN 不存在，则必须在交换机上创建它。然后，将交换机端口分配给 VLAN。VLAN 总是使用 VLAN ID 号来引用的。VLAN ID 在数字上分为普通范围和扩展范围。

（1）普通范围的 VLAN。普通范围的 VLAN ID 范围为 1~1005。其中 1002~1005 的 ID 保留供令牌环 VLAN 和 FDDI VLAN 使用。ID 1 和 ID 1002~1005 是自动创建的，不能删除。VLAN 配置存储在名为 vlan.dat 的 VLAN 数据库文件中，vlan.dat 文件则位于交换机的闪存中。用于管理交换机之间 VLAN 配置的 VLAN 中继协议（VTP）只能识别普通范围的 VLAN，并将它们存储到 VLAN 数据库文件中。

（2）扩展范围的 VLAN。为与 IEEE 802.1Q 标准兼容，Cisco Catalyst IOS 还支持扩展的 VLAN 编号。但仅当使用全局配置命令 vtp mode transparent 将交换机配置为 VTP 透明模式时，扩展范围才被启用。扩展范围的 VLAN ID 范围为 1006~4094。但当使用 VTP 协议时，VTP 无法识别扩展范围的 VLAN。

一台 Cisco Catalyst 2960 交换机在标准镜像上可以支持最多 250 个普通范围与扩展范围的 VLAN，但是配置的 VLAN 数量的会影响交换机硬件的性能。

2. 配置静态 VLAN

（1）配置 VLAN 的 ID 和名字。在全局配置模式下使用 VLAN 命令。

　　switch(config)#**vlan** *vlan-id*

其中，vlan-id 是配置要被添加的 VLAN 的 ID。每一个 VLAN 都有一个唯一的 4 位的 ID（范围为 0001～1005）。

　　switch(config-vlan)#**name** *vlan-name*

定义一个 VLAN 的名字，可以使用 1～32 个 ASCII 字符，但是必须保证这个名称在管理域中是唯一的。

如果不为 VLAN 输入一个名字，默认的 VLAN 名称为 VLAN*XXX*，其中 *XXX* 是 VLAN 号。例如，如果不加以命名，VLAN0004 将使用 VLAN 4 的默认名字。

例如，可以使用下述命令创建 VLAN 10、名称 jisj10，VLAN 20、名称 qicx20：

　　switch(config)#**vlan** *10*
　　switch(config-vlan)#**name** *jisj 10*
　　switch(config-vlan)#**vlan** *20*
　　switch(config-vlan)#**name** *qicx20*

（2）分配端口。在新创建一个 VLAN 之后，可以为之手工分配一个端口号或多个端口号。一个端口只能属于唯一一个 VLAN。这种为 VLAN 分配端口号的方法称为静态接入端口。

在接口配置模式下，分配 VLAN 端口使用的命令如下：

　　switch(config)#**interface** *type mod/num*
　　switch(config-if)#**switchport**　　//配置端口执行第二层操作，如果交换机是二层交换机则可省略；如果是三层交换机，则需要配置
　　switch(config-if)#**switchport mode** *access*　　//指定端口只能分配给一个 VLAN，以提供到接入层或终端用户的 VLAN 连接性
　　switch(config-if)#**switchport access vlan** *vlan-id*　　//给端口指定静态 VLAN 成员资格，vlan-id 用于指定逻辑 VLAN

默认情况下，所有的端口都属于 VLAN 1。

3. 检验 VLAN 配置

配置 VLAN 后，可以使用 Cisco IOS show 命令检验 VLAN 配置。

　　switch#**show vlan** [*brief* | *id vlan-id* | *name vlan-name* | *summary*]
　　switch#**show interfaces** [*interface-id* | *vlan vlan-id*] | *switchport*

4. 添加、更改和删除 VLAN

默认情况下，在交换机上可以添加、更改和删除 VLAN。为了修改 VLAN 的属性（如 VLAN 的名字），应使用全局配置命令 vlan vlan-id，但不能更改 VLAN 编号，为了使用不同的 VLAN 编号，需要创建新的 VLAN 编号，然后再分配相应的端口到这个 VLAN 中。

为了把一个端口移到一个不同的 VLAN 中，要用一个和初始配置相同的命令。在接口配置模式下使用 switchport access 命令来执行这项功能。无须通过将端口移出 VLAN 来实现这项转换。

在接口配置模式下，使用 no switchport access vlan 命令，可以将该端口重新分配到默认 VLAN（VLAN 1）中。

3.2.3 部署 VLAN

要实现 VLAN，必须考虑所需 VLAN 的数量及如何最优地放置它们。通常，VLAN 数量取决于数据流模式、应用类型、工作组划分和网络管理需求。

VLAN 和使用的 IP 编制方案之间的关系很重要。通常，Cisco 建议每个 VLAN 对应一个 IP 子网。这意味着，如果子网掩码为 24 位（255.255.255.0），那么 VLAN 中的主机将不能超过 254 台。另外，不应让 VLAN 跨越分布层交换机的第二层边界，也就是说，VLAN 不应该跨越网络核心进入另一个交换模块，以防止广播和不必要的数据流离开核心模块。

要扩展交换模块中的 VLAN，可使用端到端 VLAN 和本征 VLAN 两种基本方法来实现。

1. 端到端 VLAN

端到端 VLAN，也称为园区级 VLAN，它跨越整个网络的交换结构，用于为终端设备提供最大的机动性和灵活性。无论位于什么位置，都可以将其分配到 VLAN 中。用户在园区内移动时，其 VLAN 成员资格保持不变。这意味着必须使 VLAN 在每个交换模块的接入层都是可用的。

端到端 VLAN 应根据需求将用户进行分组，在同一个 VLAN 中，所有用户的流量模式都必须大致相同，并遵循 80/20 规则。即，大约 80％的用户流量是在本地工作组内，只有 20％前往园区网中的远程资源。虽然，在 VLAN 中只有 20％的流量将通过网络核心，但端到端 VLAN 使得 VLAN 内的所有流量都可能通过网络核心。

由于所有 VLAN 都必须在每台接入层交换机上可用，因此必须在接入层交换机和分布层交换机之间使用 VLAN 中继来传输所有的 VLAN。

由于在端到端 VLAN 中，广播数据流将从网络的一端传输到另一端，可能在整个 VLAN 范围内导致广播风暴和第二层桥接环路，进而耗尽分布层和核心层链路的带宽及交换机的 CPU 资源。因此，一般不推荐在园区网中使用端到端 VLAN。

2. 本征 VLAN

目前，大多数企业用户的流量模式基本符合 20/80 规则，即只有 20％的流量是本地的，80％的流量将穿过核心层前往远程资源。终端用户经常需要访问其 VLAN 外面的资源，用户必须频繁地经过网络核心。在这种网络中，应根据地理位置来设计 VLAN，而不考虑离开 VLAN 的流量。

本征 VLAN 的规模可以小到配线间中的单台交换机，也可大到整栋建筑物。通过这种方式安排 VLAN，可以在园区网中使用第三层功能来智能处理 VLAN 之间的流量负载。这种方案提供了最高的可用性（使用多条前往目的地的路径）、最高的扩展性（将 VLAN 限制在交换模块内）和最高的可管理性。

3.2.4 VLAN 中继

在规划企业级网络时，很有可能会遇到隶属于同一部门的用户分散在同一座建筑物中的不同楼层中，这时可能就需要跨越多台交换机的多个端口划分 VLAN，不同于在同一交换机上划分 VLAN 的方法。如图 3.3 所示，需要将不同楼层的用户主机 A、C 和 B、D 设置为同一个 VLAN。

当 VLAN 成员分布在多台交换机的端口上时，VLAN 内的主机彼此间应如何自由通信呢？最简单的解决方法是在交换机 1 和交换机 2 上各拿出一个端口，用于将两台交换机级联起来，专门用于提供该 VLAN 内的主机跨交换机相互通信，如图 3.3 所示。

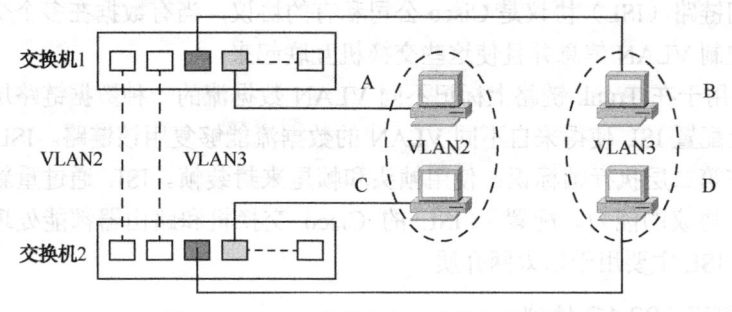

图 3.3　VLAN 内的主机跨交换机的通信

这种方法虽然解决了 VLAN 内主机间的跨交换机通信，但每增加一个 VLAN，就需要在交换机间添加一条互联链路，并且还要额外占用交换机端口，其扩展性和管理效率都很差。

为了避免这种低效率的连接方式和对交换机端口的额外占用，人们想办法让交换机间的互联链路汇聚到一条链路上让该链路允许各个 VLAN 的通信流经过，这样就可以解决对交换机端口的额外占用，这条用于实现各 VLAN 在交换机间通信的链路，被称为 VLAN 中继（Trunk）。中继是两台网络设备之间的点对点链路，负责传输多个 VLAN 的流量，如图 3.4 所示。

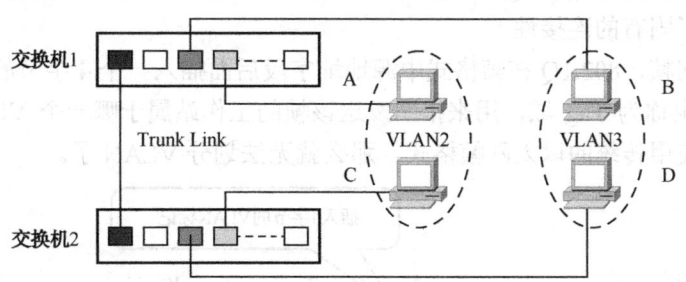

图 3.4　VLAN 中继实现 VLAN 内的主机跨交换机的通信

Cisco 在快速以太网和吉比特以太网交换机链路上都支持 VLAN 中继技术，为在中继链路上区分属于不同 VLAN 的数据流，交换机必须使用相应的 VLAN 标识每一帧。事实上，中继链路两端的交换机必须使用相同的方法将帧同 VLAN 关联起来。

3.2.5　标识 VLAN 帧

VLAN 帧标识是为交换型网络开发的。对于通过中继链路传输的每个帧，将唯一的标识符加入到帧头中。传输路径中的交换机收到这些帧后，对标识符进行检查以判断属于哪个 VLAN，然后将标识删除。

如果帧必须通过另一条中继链路传输出去，将把 VLAN 标识符重新加入到帧头中，如果帧将通过接入（非中继）链路传输出去，交换机将在传输之前将 VLAN 标识符删除。因此，对终端隐藏了所有 VLAN 关键踪迹。

可以使用交换机间链路协议（ISL）和 IEEE 802.1Q 协议两种方法来执行 VLAN 标识，它们使用不同的帧标识机制。

1. 交换机间链路（ISL）协议

交换机间链路（ISL）协议是 Cisco 公司私有的协议，当有数据在多个交换机间流动的时候，它控制 VLAN 信息并且使这些交换机互联起来。

ISL 是专用于在 Trunk 链路上标记不同 VLAN 数据流的一种数据链路层协议。通过在中继链路上配置 ISL 使得来自不同 VLAN 的数据流能够复用该链路。ISL 工作在数据链路层，即在第二层执行帧标识：使用帧头和帧尾来封装帧。ISL 通过重新封装数据帧以获得独立于协议的能力。配置了 ISL 的 Cisco 交换机和路由器都能处理和识别 ISL VLAN 信息。ISL 主要用于以太网介质。

2. IEEE 802.1Q 协议

IEEE 802.1Q 协议也能够通过中继链路传输 VLAN 关联，然而，这种帧标识方法是标准化的，使得 VLAN 中继链路可以在不同厂商的设备之间运行。

IEEE 802.1Q 也可用于在以太网中继链路上标识 VLAN，然而，802.1Q 将标记信息嵌入到第二层帧中，而不是使用 VLAN ID 帧头和帧尾封装每个帧。这种方法称为"单标记"或"内部标记"。

IEEE 802.1Q 也在中继链路上使用本征 VLAN，属于该 VLAN 的帧不使用任何标记信息进行封装。如果终端连接的是 802.1Q 中继链路，它将只能够接收和理解本征 VLAN 帧。这样，为能够理解 802.1Q 的设备提供了完整的中继封装，同时通过中继链路为常规接入设备提供了固有的连接性。

对于以太网帧，802.1Q 在帧格式中源地址字段后面插入一个 4 字节的标识符，称为 VLAN 标记，也称为 Tag 域，用来指明发送该帧的工作站属于哪一个 VLAN，如图 3.5 所示。如果还使用传统的以太网帧格式，那么就无法划分 VLAN 了。

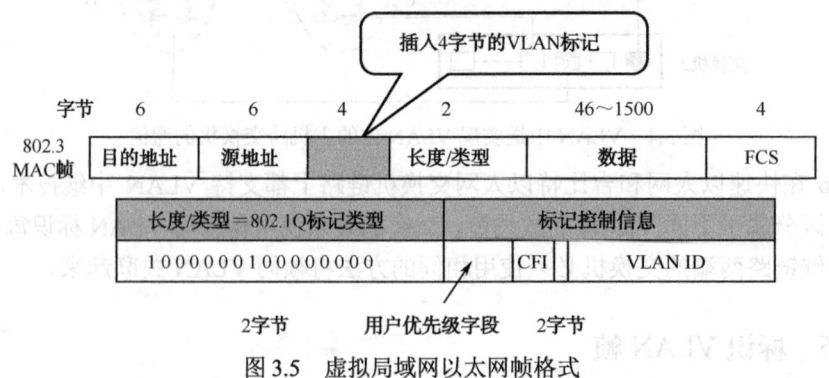

图 3.5 虚拟局域网以太网帧格式

VLAN 标记字段的长度是 4 字节，插入在以太网 MAC 帧的源地址字段和长度/类型字段之间。

（1）VLAN 标记的前两个字节用做标记协议标识符（TPID），其值总是 0x8100（这个数值大于 0x0600，因此不是代表长度），称为 802.1Q 标记。当数据链路层检测到在

MAC 帧的源地址字段的后面的长度/类型字段的值是 0x8100 时，就知道现在插入了 4 个字节的 VLAN 标记，于是就检查该标记的后两个字节的内容。

（2）VLAN 标记的后面两个字节为标记控制信息（TCI）字段。TCI 包含一个 3 位的用户优先级字段（用于实现 802.1Q 优先级标准中的服务类别功能），接着的一个比特是规范格式指示符（Canonical Format Indicator，CFI），指出 MAC 地址位以太网地址还是令牌环格式。最后的 12 比特是该 VLAN 的标识符 VID，它唯一地标志这个以太网帧是属于哪一个 VLAN 的。

在 801.1Q 标记（4 字节）后面的两个字节是以太网帧的长度/类型段。因为用于 VLAN 的以太网帧的首部增加了 4 字节，所以以太网帧的最大长度从原来的 1518 字节变为 1522 字节。

3．动态中继协议

在 Catalyst 交换机上，可以手工将中继链路配置为 ISL 或 802.1Q 模式。另外，Cisco 还实现了一种点到点协议，被称为动态中继协议（DTP），它在两台交换机之间协商一种双方都支持的中继模式。协商包括封装（ISL 或 802.1Q）及是否将链路作为中继链路。这样就不需进行大量的手工配置和管理，就能够使用中继链路。

如果交换机通过中继线路连接到非中继路由器或防火墙接口，应禁用 DTP 协商，因为这些设备不能参与 DTP 协商。仅当两台交换机属于同一个 VLAN 中继协议管理域，或其中至少有一台交换机没有定义自己的 DTP 域时，才能够协商它们之间的中继链路。

如果两台交换机位于不同的 VTP 域中，并要在它们之间进行中继，必须将中继链路设置为非协商模式，这种设置将强行建立中继链路。

3.2.6　VLAN 数据帧的传输

目前任何主机都不支持带有 Tag 域的以太网数据帧，即主机只能发送和接收标准的以太网数据帧，而将 VLAN 数据帧视为非法数据帧。所以支持 VLAN 的交换机在与主机和交换机进行通信时，需要区别对待。VLAN 数据帧传输过程中的变化如图 3.6 所示。

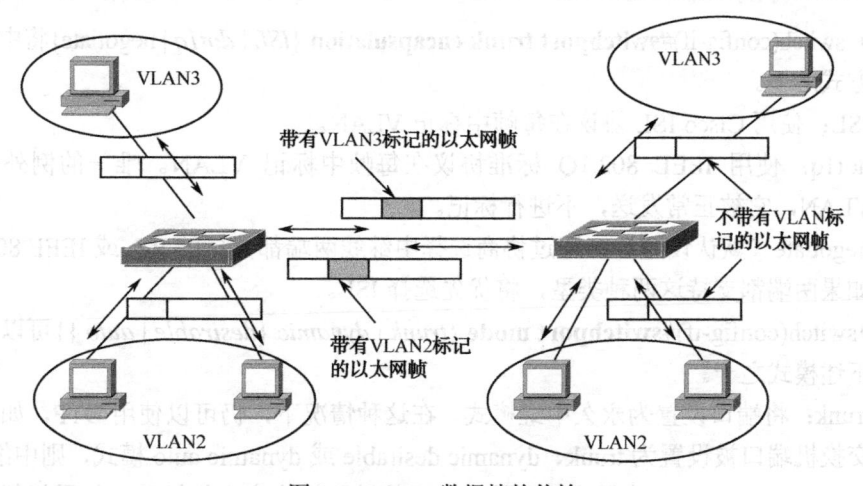

图 3.6　VLAN 数据帧的传输

当交换机接收到某数据帧时，交换机根据数据帧中的 Tag 域或者接收端口的默认

VLAN ID 来判断该数据帧应该转发到哪些端口，如果目标端口连接的是普通主机，则删除 Tag 域（如果数据帧中包含 Tag 域）后再发送数据帧；如果目标端口连接的是交换机，则添加 Tag 域（如果数据帧中不包含 Tag 域）后再发送数据帧。为了保证在交换机之间的 Trunk 链路上能够接入普通主机，以太网还能当检查到数据帧的 VLAN ID 和 Trunk 端口的默认 VLAN ID 相同时，数据帧不会被增加 Tag 域。而到达对端交换机后，交换机发现数据帧中没有 Tag 域时，就认为该数据帧为接收端口的默认 VLAN 数据。

根据交换机处理数据帧的不同，可以将交换机的端口分为以下两类：

（1）Access 端口：只能传送标准以太网帧的端口，一般是指那些连接不支持 VLAN 技术的端设备的接口，这些端口接收到的数据帧都不包含 VLAN 标记，而向外发送数据帧时，必须保证数据帧中不包含 VLAN 标记。

（2）Trunk 端口：既可以传送带有 VLAN 标记的数据帧，也可以传送标准以太网帧的端口，一般是指那些连接支持 VLAN 技术的网络设备（如交换机）的端口，这些端口接收到的数据帧一般都包含 VLAN 标记（数据帧 VLAN ID 和端口默认 VLAN ID 相同除外），而向外发送数据帧时，必须保证接收端能够区分不同 VLAN 的数据帧，故常常需要添加 VLAN 标记（数据帧 VLAN ID 和端口默认 VLAN ID 相同除外）。

3.2.7　配置 VLAN 中继

实际工程中 Cisco Catalyst 交换机现在使用 ISL 干线技术越来越少，转而更多地使用 802.1Q 干线技术。最新的 Catalyst 交换机支持 ISL 协议和 802.1Q 协议或者只支持 802.1Q 协议。例如，Catalyst 3750 交换机支持 ISL 和 802.1Q，但是 Catalyst 2950 就只支持 802.1Q。

1. 配置 VLAN 中继

（1）配置命令为 switch(config)#**interface** *type mod/num*。

（2）要支持中继，交换机端口必须处于第二层模式。要设置为第二层模式，可执行 switchport 命令，并不指定任何关键字。

    switch(config-if)#**switchport**

（3）switch(config-if)#**switchport trunk encapsulation** {*ISL* | *dot1q* | *negotiate*}将中继封装为下列方式之一。

- ISL：使用 Cisco ISL 协议在每帧中标记 VLAN。
- dot1q：使用 IEEE 802.1Q 标准协议在每帧中标记 VLAN。唯一的例外是本征 VLAN，它被正常发送，不进行标记。
- negotiate（默认设置）：通过协商选择中继线两端都支持的 ISL 或 IEEE 802.1Q。如果两端都支持这两种类型，将优先选择 ISL。

（4）switch(config-if)#**switchport mode** {*trunk* | *dynamic* {*desirable* | *auto* }}可以将中继设置为下述模式之一。

- trunk：将端口设置为永久中继模式。在这种情况下，仍可以使用 DTP，如果远端交换机端口被设置为 trunk、dynamic desirable 或 dynamic auto 模式，则中继协商。
- dynamic desirable：使得接口主动地尝试将链路转换为中继链路。如果相邻的接口设为 trunk、desirable、auto 模式，此接口将成为中继接口。如果相邻的接口为 access

或 non-negotiate 模式，则链路非中继。
- dynamic auto：如果相邻的接口设为 trunk 或 desirable 模式，此接口将成为中继接口，否则链路非中继。

（5）switch(config-if)#**switchport trunk native vlan** *vlan-id*　配置本征 VLAN。

（6）switch(config-if)#**switchport trunk allowed vlan** {*vlan-id* | *all* | {*add*|*except*|*remove*} *vlan-list*}　指定哪些 VLAN 可使用该中继链路。默认情况下，交换机通过中继链路传输所有活动 VLAN 的数据流。活动 VLAN 是已在交换机上定义且给它分配了端口的 VLAN。

2. 静态指定 Trunk 链路中的 VLAN

默认情况下，Trunk 链路允许所有 VLAN 的流量通过，但可采用手工静态指定或动态自动判断两种方式来设置允许通过 Trunk 链路的 VLAN 流量。

手工静态地从 Trunk 链路中删除或添加允许通过的 VLAN 的方法如下。

（1）设置不允许通过 Trunk 链路的 VLAN。在配置前，首先应使用 interface 配置命令选中 Trunk 链路端口，然后再从 Trunk 链路中删除指定的 VLAN，即不允许这些 VLAN 的通信流量通过 Trunk 链路，配置命令如下：

　　switch(config)#**interface** *type mod/port*
　　switch(config-if)#**switchport trunk allowed vlan remove** *vlan-list*

其中，vlan-list 表示要删除的 VLAN 号列表，各 VLAN 之间用逗号进行分隔。

例如，若 Cisco 3550 的端口 2 是 Trunk 链路端口，现要将 VLAN 2 和 VLAN 5 从 Trunk 链路中删除，则配置命令如下：

　　switch3550(config)#**interface** *FastEthernet0/2*
　　switch3550(config-if)#**switchport trunk allowed vlan remove** *2,5*

若要在 Trunk 链路中删除 100～200 号 VLAN 的流量，则配置命令如下：

　　switch3550(config-if)#**switchport trunk allowed vlan remove** *100-200*

（2）设置允许通过 Trunk 链路的 VLAN。配置命令如下：

　　switch(config)#**interface** *type mod/port*
　　switch(config-if)#**switchport trunk allowed vlan add** *vlan-list*

其中，vlan-list 表示要添加的 VLAN 号列表，各 VLAN 之间用逗号进行分隔。或

　　switch(config-if)#**switchport trunk allowed vlan except** *vlan-list*

其中，**except** vlan-list 是指除列出的 vlan-id 以外的所有 VLAN。

例如，若 Cisco 3550 的端口 2 是 Trunk 链路端口，现要添加允许 VLAN 2 和 VLAN 5 的通信流量通过，则配置命令如下：

　　switch3550(config)#**interface** *FastEthernet0/2*
　　switch3550(config-if)#**switchport trunk allowed vlan add** *2,5*

若要配置 Trunk 链路仅允许 VLAN 2、VLAN 5 和 VLAN 7 通过，则配置命令如下：

　　switch3550(config)#**interface** *FastEthernet0/2*
　　switch3550(config-if)#**switchport trunk allowed vlan remove** *2-1001*
　　switch3550(config-if)#**switchport trunk allowed vlan add** *2,5,7*

若要设置允许所有的 VLAN 通过 Trunk 链路，则配置命令如下：

switch3550(config-if)# **switchport trunk allowed vlan** *all*

3. 静态指定 Trunk 链路中的 VLAN

switch(config-if)#**switchport trunk native vlan** *vlan-list*   //配置本征 VLAN

4. 检验中继配置

使用 show interfaces interface-ID switchport 命令可以查看配置的中继。

5. 管理中继配置

switch (config-if)#**no switchport trunk allowed vlan**   //在接口配置模式下使用此命令重置中继接口上配置的所有 VLAN

switch (config-if)#**no switchport trunk native vlan**   //在接口配置模式下使用此命令将本征 VLAN 重置回 VLAN 1

switch (config-if)#**switchport mode** *access*   //在接口配置模式下使用此命令将中继端口接口重置回静态接入模式端口

3.3 方案设计

为了让实验中心的计算机系用户能够与信息大楼计算机系用户处在同一子网，实验中心的财务处用户能够与办公楼财务处用户处在同一子网，实现网络互通性，这时就需要将实验中心和办公楼的交换机更改为可网管的交换机（支持 VLAN），将计算机系和财务处各自所有用户（3 座办公楼）划分在同一 VLAN 内。这样就可以实现不在同一办公场所的部门内部网络的互连互通及资源共享。办公楼和机电大楼的交换机为不可网管的交换机。创建 4 个 VLAN，分别属于计算机系、机电工程系、财务处和学生机房。这样就可以在信息大楼和实验中心两座大楼内实现不同 VLAN 内用户的互连互通，即实现了部门内网络的互通性。实验中心、办公楼和机电大楼的交换机均通过光缆与光电转换器与信息大楼的交换机相连，如图 3.7 所示。

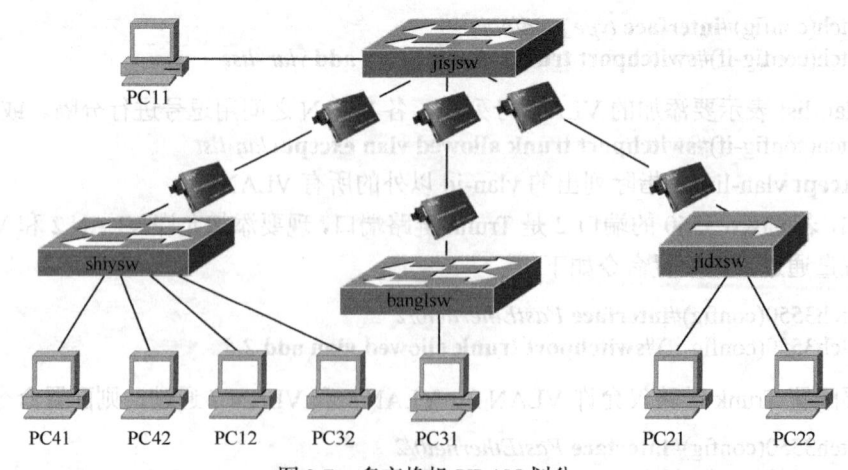

图 3.7 多交换机 VLAN 划分

3.4 项目实施

3.4.1 项目目标

通过项目的完成，可以使学生掌握以下技能：
（1）能够掌握在跨交换机上实现 VLAN 的方法；
（2）能够掌握将交换机端口分配到 VLAN 中的操作技巧。

3.4.2 实训任务

为了在实训室中模拟本项目的实施，搭建如图 3.8 所示的网络实训环境，也可在 Packet Tracer 中搭建，如图 3.9 所示。在信息大楼、实验中心、办公楼的交换机采用 Cisco Catalyst 2960 交换机，实现网管功能，机电大楼的交换机也采用 Cisco Catalyst 2960 交换机，但作为傻瓜交换机使用，也可采用另外的傻瓜交换机。实验中心、办公楼和机电大楼的交换机均通过双绞线将交换机直接连接起来，完成如下配置任务：

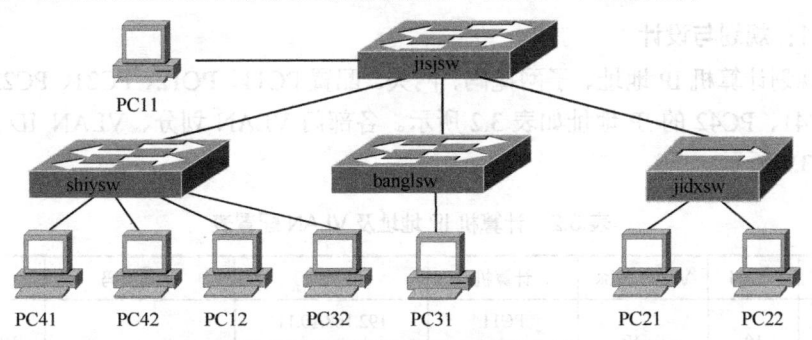

图 3.8　交换机 VLAN 划分

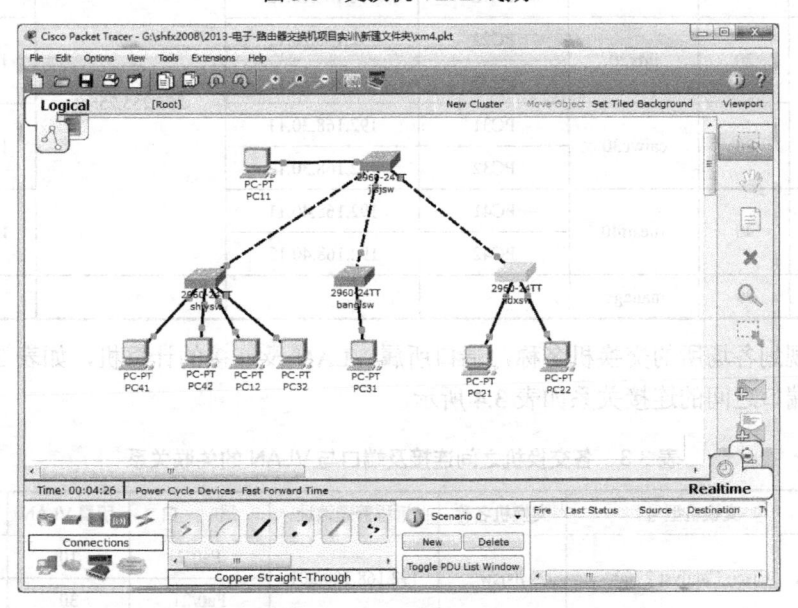

图 3.9　在 Packet Tracer 中模拟交换机 VLAN 划分

(1) 网络中各交换机、计算机等的名称、口令、IP 地址、子网掩码、网关、VLAN 号等的详细规划，交换机端口 VLAN 的划分；

(2) 设置交换机的名称、口令、管理地址；

(3) 各部门 VLAN 划分；

(4) 配置中继链路；

(5) 各交换机端口 VLAN 成员分配。

3.4.3 设备清单

为了搭建如图 3.8 所示的网络环境，需要如下的设备：

(1) Cisco Catalyst 2960 交换机（4 台，其中 1 台作为傻瓜交换机，不进行任何配置）；

(2) PC 8 台；

(3) 双绞线（若干根）；

(4) 反转电缆 1 根。

3.4.4 实施过程

步骤 1：规划与设计

(1) 规划计算机 IP 地址、子网掩码、网关。配置 PC11、PC12、PC21、PC22、PC31、PC32、PC41、PC42 的 IP 地址如表 3.2 所示。各部门 VLAN 划分、VLAN ID 及 VLAN 名称如表 3.2 所示。

表 3.2 计算机 IP 地址及 VLAN 配置表

部门	VLAN	VLAN 名称	计算机	IP 地址	子网掩码	网关
计算机系	10	jisj10	PC11	192.168.10.11	255.255.255.0	192.168.10.1
			PC12	192.168.10.12		
机电工程系	20	jidx20	PC21	192.168.20.11		192.168.20.1
			PC22	192.168.20.12		
财务处	30	caiwc30	PC31	192.168.30.11		192.168.30.1
			PC32	192.168.30.12		
学生机房	40	xuesjf40	PC41	192.168.40.11		192.168.40.1
			PC42	192.168.40.12		
管理	99	manage				

(2) 规划各场所的交换机名称，端口所属 VLAN 及连接的计算机，如表 3.3 所示。各交换机端口之间的连接关系如表 3.4 所示。

表 3.3 各交换机之间连接及端口与 VLAN 的关联关系

办公场所	交换机型号	交换机名称	远程管理地址	端口	所属 VLAN	连接计算机
信息大楼	Cisco Catalyst 2960	jisjsw	192.168.100.201	Fa0/2	10	PC11
				Fa0/21	30	

续表

办公场所	交换机型号	交换机名称	远程管理地址	端口	所属VLAN	连接计算机
信息大楼	Cisco Catalyst 2960	jisjsw	192.168.100.201	Fa0/23	20	
				Fa0/24	99	
机电大楼	Cisco Catalyst 2960（作为傻瓜交换机，不配置）	jidxsw			20	PC21 PC22
办公楼	Cisco Catalyst 2960	banglsw	192.168.100.202	Fa0/2	30	PC31
				Fa0/21	10	
				Fa0/23	20	
				Fa0/24	99	
实验中心	Cisco Catalyst 2960	shiysw	192.168.100.203	Fa0/2	40	PC41
				Fa0/3	40	PC42
				Fa0/17	10	PC12
				Fa0/21	30	PC32
				Fa0/24	99	

表 3.4 交换机端口之间的连接

上联端口			下联端口		
交换机名称	接口	描述	交换机名称	接口	描述
jisjsw	Fa0/1	Link to shiysw-Fa0/1	shiysw	Fa0/1	Link to jisjsw-Fa0/1
jisjsw	Gi1/1	Link to banglsw-Gi1/1	banglsw	Gi1/1	Link to jisjsw-Gi1/1
jisjsw	Fa0/23	Link to jidxsw-Fa0/23	jidxsw	Fa0/1	傻瓜交换机，不配置

步骤2：实训环境准备

（1）硬件连接。在交换机和计算机断电的状态下，按照图3.8、表3.3和表3.4所示连接硬件。交换机接口之间的连接采用交叉线。也可按照图3.9所示在Packet Tracer中进行模拟。

（2）分别打开设备，给设备通电。

步骤3： 按照表3.2所列设置各计算机的IP地址、子网掩码、默认网关

步骤4：清除交换机配置

（1）清除交换机的启动配置：

switch#**erase** startup-config

（2）删除交换机VLAN。交换机的VLAN配置信息保存在闪存的vlan.dat文件中，要想删除VLAN，必须删除闪存中的vlan.dat文件。

switch#**show flash:**
Directory of flash:/
　　1 -rw-　　4414921　　　　<no date>　　c2960-lanbase-mz.122-25.FX.bin
　　2 -rw-　　616　　　　　　<no date>　　vlan.dat
64016384 bytes total (59600847 bytes free)

```
switch#
switch#delete vlan.dat
Delete filename [vlan.dat]?
Delete flash:/vlan.dat? [confirm]
switch#
```

步骤 5：测试连通性

使用 ping 命令分别测试 PC11、PC12、PC21、PC22、PC31、PC32、PC41、PC42 八台计算机之间的连通性。

步骤 6：配置交换机 jisjsw

在设备断电的状态台下，将交换机 jisjsw 和 PC1 通过反转电缆连接起来，打开 PC1 的超级终端，配置交换机 jisjsw，配置如下。

（1）配置信息大楼的交换机的主机名为 jisjsw（略）。

（2）在交换机 jisjsw 上创建 VLAN 10、20、30、99。

```
jisjsw(config)#vlan 10
jisjsw(config-vlan)#name jisj10
jisjsw(config-vlan)#vlan 20
jisjsw(config-vlan)#name jidx20
jisjsw(config-vlan)#vlan 30
jisjsw(config-vlan)#name caiwc30
jisjsw(config-vlan)#vlan 99
jisjsw(config-vlan)#name manage
jisjsw(config-vlan)#exit
jisjsw(config)#interface vlan 10
jisjsw(config-if)#ip address 192.168.10.1 255.255.255.0
jisjsw(config-if)#no shutdown
jisjsw(config-if)#exit
jisjsw(config)#interface vlan 20
jisjsw(config-if)#ip address 192.168.20.1 255.255.255.0
jisjsw(config-if)#no shutdown
jisjsw(config-if)#exit
jisjsw(config)#interface vlan 30
jisjsw(config-if)#ip address 192.168.30.1 255.255.255.0
jisjsw(config-if)#no shutdown
jisjsw(config-if)#exit
jisjsw(config)#interface vlan 99
jisjsw(config-if)#ip address 192.168.100.1 255.255.255.0
jisjsw(config-if)#no shutdown
jisjsw(config-if)#end
jisjsw#write
```

(3) 按照表 3.3 分配交换机 jisjsw 端口所属 VLAN。

```
jisjsw(config)#interface FastEthernet0/2
jisjsw(config-if-range)#switchport mode access
jisjsw(config-if-range)#switchport access vlan 10
jisjsw(config-if-range)#no shutdown
jisjsw(config-if-range)#exit
jisjsw(config)#interface FastEthernet 0/21
jisjsw(config-if-range)#switchport mode access
jisjsw(config-if-range)#switchport access vlan 30
jisjsw(config-if-range)#no shutdown
jisjsw(config-if-range)#exit
jisjsw(config)#interface FastEthernet 0/23
jisjsw(config-if)#description Link to jidxsw-f0/1
jisjsw(config-if)#switchport mode access
jisjsw(config-if)#switchport access vlan 20
jisjsw(config-if)#no shutdown
jisjsw(config-if)#exit
jisjsw(config)#interface FastEthernet 0/24
jisjsw(config-if)#description manage
jisjsw(config-if)#switchport mode access
jisjsw(config-if)#switchport access vlan 99
jisjsw(config-if)#no shutdown
jisjsw(config-if)#end
jisjsw#write
```

(4) 查看交换机 jisjsw 的 VLAN 配置。

```
jisjsw#show vlan
VLAN Name                Status    Ports
---- -------------------- --------- -------------------------------
1    default              active    Fa0/1, Fa0/3, Fa0/4, Fa0/5
                                    Fa0/6, Fa0/7, Fa0/8, Fa0/9
                                    Fa0/10, Fa0/11, Fa0/12, Fa0/13
                                    Fa0/14, Fa0/15, Fa0/16, Fa0/17
                                    Fa0/18, Fa0/19, Fa0/20, Fa0/22
                                    Gi1/1,Gi1/2
10   jisj10               active    Fa0/2
20   jidx20               active    Fa0/23
30   caiwc30              active    Fa0/21
99   manage               active    Fa0/24
……
```

jisjsw#

步骤 7：配置办公楼的交换机
（1）配置办公楼交换机的主机名为 banglsw（略）。
（2）在交换机 banglsw 上创建 VLAN10、20、30、99（略）。
（3）按照表 3.3 所示分配交换机 banglsw 端口 VLAN（略）。
（4）查看交换机 banglsw 的 VLAN 配置（略）。

步骤 8：配置实验中心的交换机
（1）配置实验中心交换机的主机名为 shiysw（略）。
（2）在交换机 shiysw 上创建 VLAN10、30、40、99（略）。
（3）按照表 3.3 所示分配交换机 shiysw 端口 VLAN（略）。
（4）查看交换机 shiysw 的 VLAN 配置（略）。

步骤 9：测试
使用 ping 命令分别测试 PC11、PC12、PC21、PC22、PC31、PC32、PC41、PC42 八台计算机之间的连通性。

步骤 10：配置交换机 jisjsw 和 banglsw、shiysw 之间的中继
（1）将交换机 jisjsw 的端口（Gi1/1、Fa0/1）定义为中继链路。

```
jisjsw(config)#interface GigabitEthernet 1/1
jisjsw(config-if)#description Link to banglsw-Gi1/1
jisjsw(config-if)#switchport mode trunk
jisjsw(config-if)#no shutdown
jisjsw(config-if)#exit
jisjsw(config)#interface FastEthernet 0/1
jisjsw(config-if)#description Link to shiysw-Fa0/1
jisjsw(config-if)#switchport mode trunk
jisjsw(config-if)#no shutdown
jisjsw(config-if)#end
jisjsw#write
jisjsw#show interfaces trunk
Port       Mode              Encapsulation    Status         Native vlan
Fa0/1      on                802.1q           trunking       1
Gi1/1      on                802.1q           trunking       1

Port       Vlans allowed on trunk
Fa0/1      1-1005
Gi1/1      1-1005

Port       Vlans allowed and active in management domain
Fa0/1      1,10,20,30,99
Gi1/1      1,10,20,30,99

Port       Vlans in spanning tree forwarding state and not pruned
Fa0/1      1,10,20,30,99
```

```
  Gi1/1              1,10,20,30,99
jisjsw#
```

（2）将交换机 shiysw 的端口（Fa0/1）和交换机 banglsw 的端口（Gi1/1）定义为中继链路。

```
banglsw(config)#interface GigabitEthernet 1/1
banglsw(config-if)#description Link to jisjsw-Gi1/1
banglsw(config-if)#switchport mode trunk
banglsw(config-if)#no shutdown
banglsw(config-if)#end
banglsw#write


shiysw(config)#interface FastEthernet 0/1
shiysw(config-if)#description Link to jisjsw-Fa0/1
shiysw(config-if)#switchport mode trunk
shiysw(config-if)#no shutdown
shiysw(config-if)#end
shiysw#write
```

步骤 11：测试

（1）使用 ping 命令分别测试 PC11、PC12、PC21、PC22、PC31、PC32、PC41、PC42 八台计算机之间的连通性。

（2）分别打开交换机 jisjsw、banglsw 和 shiysw，查看各交换机的配置信息。

```
jisjsw#show running-config
banglsw#show running-config
shiysw#show running-config
```

步骤 12：配置交换机口令

配置各交换机远程登录口令、超级口令和控制台登录口令（略）。

步骤 13：配置远程管理

（1）将 PC11（也可以另外接一台计算机）接到交换机 jisjsw 的端口 Fa0/24 上，IP 地址改为 192.168.100.100/24，网关为 192.168.100.1。

（2）配置交换机 jisjsw 的管理地址、管理 VLAN、端口 Fa0/24 所属 VLAN。

```
jisjsw(config)#interface vlan 99
jisjsw(config-if)#ip address 192.168.100.201 255.255.255.0
jisjsw(config)#ip default-gateway 192.168.100.1
jisjsw(config-if)#exit
jisjsw(config)#interface FastEthernet 0/24
jisjsw(config-if)#switchport mode acess
jisjsw(config-if)#switchport acess vlan 99
```

```
jisjsw(config-if)#no shutdown
jisjsw(config-if)#end
```

（3）测试 PC11 和交换机 jisjsw 的远程管理地址的连通性。

```
PC>ping 192.168.100.201
```

如连通，则执行下面的操作；如不通，则首先排除故障。

```
PC>telnet 192.168.100.201
Trying 192.168.100.201 ...Open
User Access Verification
Password:
jisjsw>en
jisjsw>enable
Password:
jisjsw#
```

（4）配置交换机 shiysw 和 banglsw 的管理地址、端口 Fa0/24 所属 VLAN（略）。

步骤 14：保存配置文件

通过控制台和远程终端分别保存配置文件为文本文件。

步骤 15：清除交换机的所有配置

（1）清除交换机启动配置文件。
（2）删除交换机 VLAN。

习　题

一、选择题

1. 具有隔离广播信息能力的网络互连设备是（　　）。
   A. 网桥　　　　B. 中继器　　　　C. 路由器　　　　D. L2 交换机
2. VLAN 是下列哪一项？（　　）
   A. 冲突域　　　B. 生成树域　　　C. 广播域　　　　D. VTP 域
3. 交换机在 OSI 模型的哪一层提供 VLAN 连接？（　　）
   A. 物理层　　　B. 数据链路层　　C. 网络层　　　　D. 传输层
4. 以下哪条交换机命令用于将端口加入到 VLAN 中？（　　）
   A. access vlan vlan-d　　　　　　B. switchport access vlan vlan-id
   C. vlan vlan-id　　　　　　　　　D. set port vlan vlan-id
5. 下面对 VLAN 的描述，不正确的是（　　）。
   A. 利用 VLAN，可有效地隔离广播域
   B. 要实现 VLAN 间的相互通信，必须使用外部的路由器为其指定路由
   C. 可以将交换机的端口静态地或动态地指派给某一个 VLAN
   D. VLAN 中的成员可相互通信，只有访问其他 VLAN 中的主机时，才需要网关

6. 下列哪个是中继封装的标准方法？（　　）
   A．802.1D　　B．802.1Q　　C．802.3Z　　D．802.1A
7. 连接在不同交换机上的、属于同一 VLAN 的数据帧必须通过（　　）传输。
   A．服务器　　B．路由器　　C．Backbone 链路　　D．Trunk 链路
8. 以下哪个协议动态地协商中继参数？（　　）
   A．PAgP　　B．STP　　C．CDP　　D．DTP
9. 在默认情况下，中继链路支持哪些 VLAN？（　　）
   A．无　　B．本征 VLAN　　C．所有活动 VLAN　　D．协商的 VLAN
10. 下列哪条命令将交换机端口配置成建立中继链路时不进行协商？（　　）
    A．switch mode trunk
    B．switch mode trunk nonegotiate
    C．switch mode dynamic auto
    D．switch mode dynamic desirable

二、简答题

1. 什么是 VLAN？在什么情况下使用它？
2. 采用 VLAN 技术，主要在哪些方面提高了网络的性能？
3. 将交换机端口划分到 VLAN 中的方式有哪两种？它们之间有何区别？
4. 如果静态地将交换机端口划分到 VLAN 中，删除该 VLAN 后将出现什么情况？
5. 什么是中继链路？
6. 标识 VLAN 有哪两种方法？它们之间有何区别？
7. 动态中继协议（DTP）有何用途？
8. 在 VLAN 数据库模式下，要创建一个名为 MYVLAN、ID 号为 20 的 VLAN，应使用什么命令？

三、实训题

1. 某公司财务处、市场部、技术部分别建立了自己的局域网，并在这三个部门之间实现了资源的访问。但随着网络规模的扩大，客户端的计算机配置越来越高，各个客户端之间通过网络传输文件的速度反而越来越慢，公司员工迫切希望对现有网络进行升级改造。经过技术人员的分析，发现公司局域网虽然采用了交换式以太网，隔离了冲突域，但 ARP 等病毒是在同一广播域中的，为此需要将财务处、市场部、技术部各自的局域网划分为更小的逻辑网络，每个逻辑网络（VLAN），可以起到隔离广播和单播流量，隔断不同 VLAN 之间的广播，以及控制流量的作用。

随着公司业务的发展，公司为市场部新建了营销大楼，同时在市场部中设立了财务处办公室，为了信息的安全，要求财务处、市场部、技术部各局域网之间隔离，但各部门局域网内部之间是连通的。网络物理连接如图 3.10 所示。请实现如下配置任务：

（1）按照图 3.10 所示进行物理连接；
（2）规划设计各计算机的 IP 地址、子网掩码、默认网关；
（3）在计算机上配置超级终端，分别启动交换机 SW1、SW2 进行配置；
（4）分别配置交换机 SW1、SW2 的名称、交换机的口令（终端口令、远程登录口令、特权用户口令，并进行加密）；
（5）在交换机 SW1、SW2 上配置 VLAN；
（6）配置交换机 SW1、SW2 的端口及所属的 VLAN；
（7）配置两台交换机之间的中继链路；
（8）配置交换机后，在计算机上通过 Telnet 访问配置交换机 SW1、SW2；

(9)测试各计算机之间的连通性。

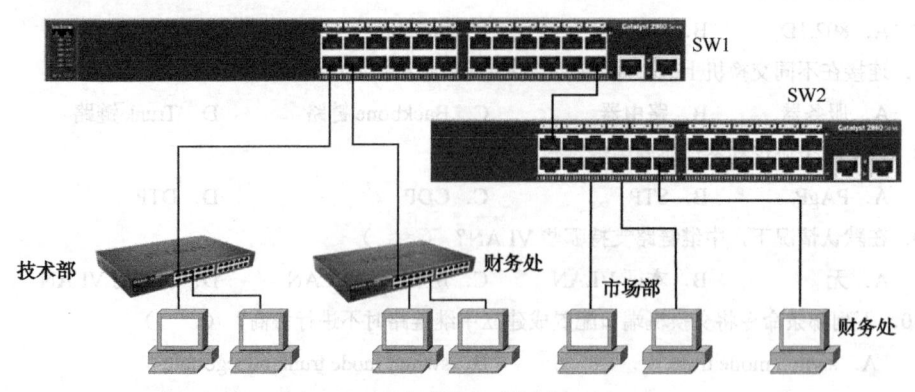

图 3.10 在多交换机上划分 VLAN

2. 在图 3.11 中，假设所有交换机都支持 DTP，请回答下面问题。
(1)交换机 A 和交换机 B 之间的链路是什么模式？
(2)假设网络管理员使用如下命令配置了交换机 B 的 Gi1/1 端口：

```
switch(config)#interface GigabitEthernet 1/1
switch(config-if)#switchport mode trunk
switch(config-if)#switchport trunk encapsulation nonegotiate
```

现在的链路将是什么模式？
(3)使用命令 no switchport nonegotiate 配置了交换机 B 的 Gi1/1 端口，现在的链路将是什么模式？
(4)交换机 A 和交换机 C 之间的链路是什么模式？
(5)假设交换机之间的所有链路皆为中继模式，并传输 VLAN 1~1005，PC2 能够 ping 通 PC4 吗？
(6)假设 PC1 开始发出广播风暴，网络的什么地方将受到这种广播风暴的影响？PC4 能收到广播吗？

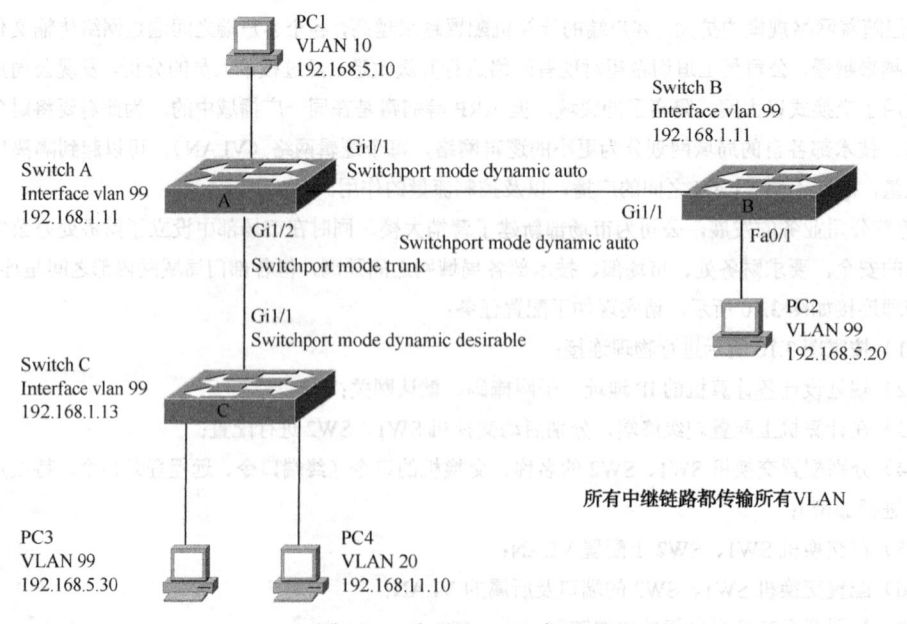

图 3.11 中继和 DTP 实训

项目 4
构建基于 VLAN 中继协议隔离的局域网

4.1 用户需求

　　某学院计算机系、机电工程系、财务处、学生机房分组建立了自己的局域网,其中信息大楼主要为计算机系办公场所,机电大楼为机电工程系办公大楼,实验中心为学生机房,并且有计算机系和财务处办公场所,财务处人员在学校办公楼办公。随着学校信息化建设的深入,人员交流越来越频繁,在各个办公场所都可能出现其他部门的人员。为了网络信息的安全,要把计算机系、机电工程系、财务处、学生机房分别隔离为不同的子网,并且部门内部可以互相访问。

　　随着可网管交换机数量的增加,同样可以采取在每台交换机上分别创建 VLAN,然后分别进行交换机端口 VLAN 划分。但随着部门和可网管交换机的增加,管理的难度也越来越大,比较繁琐并且经常容易出错,有没有其他的办法来降低管理的难度和繁琐性呢?

4.2 相关知识

　　当需要管理的交换机数量增多时,使用自动的管理 VLAN 就显得越来越重要。自动管理 VLAN 时需要使用 VLAN 中继协议。

4.2.1 VLAN 中继协议(VTP)

　　如果没有自动化的方法来管理有数以百计的 VLAN 的企业网络,就需要在每台交换机上手动配置各个 VLAN,而任何对 VLAN 结构的更改都需要进一步的手动配置,并且一个错误输入的数字将会导致整个网络的连通性出现问题。

　　为解决这种问题,Cisco 开发出了 VTP,可使大量的 VLAN 配置工作自动化。VTP 可确保网络中的 VLAN 配置得到一致性维护,并能减少 VLAN 管理和监控方面的工作量。VTP 是第二层消息协议,它提供了一种从网段内的中央服务器对 VLAN 数据库进行分布和管理的方法。

▶ 1. VTP 概念及模式

　　VTP 使用"域"(Domain)关系组织互连的交换机,并在"域"内的所有交换机上维护 VLAN 配置信息的一致性。VTP "域"也被称为 VLAN 管理域(VLAN Management Domain)。网络中的 VTP 域是一组 VTP 域名称相同并通过 Trunk 相互连接的交换机。一台交换机可以属于也只能属于一个 VTP 域。VTP 是一种客户端/服务器消息协议，它能够在单个 VTP 域中增加、删除和重命名 VLAN。同一管理区域内的所有交换机都是域的一部分。每个域都有其唯一的名称。VTP 交换机仅与相同域中的其他交换机共享 VTP 消息。

2. VTP 模式

VTP 有三种模式：服务器模式、客户端模式和透明模式。要参与 VTP 管理域，每台交换机必须配置为三种模式之一。VTP 模式决定了交换机如何处理和通告 VTP 信息。

（1）服务器模式（Server Mode）。服务器模式是交换机默认的工作模式，运行在该模式的交换机，允许创建、修改和删除本地 VLAN 数据库中的 VLAN，并允许设置一些对整个 VTP 域的配置参数。在对 VLAN 进行创建、修改或删除之后，VLAN 数据库的变化将传递到 VTP 域内所有处于 Server 或 Client 模式的其他交换机，以实现对 VLAN 信息的同步。另外，服务器模式的交换机也可以接收同一个 VTP 域内其他交换机发送来的同步信息。建议一个网络中至少将两台交换机配置为服务器，以便提供备份和冗余功能。

（2）客户机模式（Client Mode）。处于该模式下的交换机不能创建、修改和删除 VLAN，也不能在 NVRAM 中存储 VLAN 配置，如果掉电，将丢失所有的 VLAN 信息。该模式下的交换机，主要通过 VTP 域内其他交换机的 VLAN 配置信息来同步和更新自己的 VLAN 配置。另外，它也会向 VTP 域公布自己的 VLAN 数据库配置信息，并可将 VLAN 配置信息转发给其他交换机。

（3）透明模式（Transparent Mode）。VTP 透明模式交换机不参与 VTP。如果交换机处于透明模式，它将不通告自己的 VLAN 配置，也不将自己的 VLAN 数据库与收到的通告同步。在 VTP V1 中，透明模式交换机甚至不将其收到的 VTP 信息转发给其他交换机，除非其 VTP 域名和 VTP 版本号与其他交换机相同。在 VTP V2 中，透明模式交换机通过中继端口将收到的 VTP 通告转发出去，充当 VTP 中继器。无论域名设置如何，都将进行这种转发。

3. VTP 通告

每台参与 VTP 的 Cisco 交换机都在中继端口上通告 VLAN（只有 VLAN 1~1005）、修订号和 VLAN 参数，以通知 VTP 管理域中的其他交换机。VTP 通告以组播帧的形式发送。

VTP 交换机使用被称为 VTP 配置修订号的索引来跟踪最新的信息。VTP 域中每台交换机都存储有其最后一次通过 VTP 通告的配置修订号。

如果通告的配置修订号比收到该通告的交换机的当前配置修订号高，交换机则使用新的信息更新自己当前的配置。这种更新意味着：当服务器删除了其所有 VLAN 并使用了更高版本号时，则域中的所有具有低配置修订号的设备也将删除它们的 VLAN。

因此，在网络中新增交换机时，将其修订号设置为 0 至关重要，否则，其存储的修订号可能比域中当前使用的修订号大。如果充当 VTP 服务器的交换机连接到网络，且其配置修订号更高，将破环整个域；同样，如果包含更高修订号的 VTP 客户连接到网络，也将导致同样的后果。

VTP 修订号存储在 NVRAM 中，交换机断电后也不会丢失。因此，只有使用下列方式才能将修订号初始化为 0。

(1) 将交换机的 VTP 模式改为透明模式，然后切换为服务器模式。

(2) 将交换机的 VTP 域改为伪造名（不存在的 VTP 域），再改为原来的 VTP 域名。

如果不将 VTP 修订号重置为 0，交换机可能作为 VTP 服务器进入网络，其修订号可能比网络中当前的修订号高，这样新交换机的 VTP 信息被视为更新，VTP 域中其他所有交换机都将接受其 VLAN 数据库，并用该数据库覆盖原来的 VLAN 数据库项，即新服务器可能导致其他交换机刷新其 VLAN 记录。这将从 VTP 数据库和交换机中删除 VLAN，导致属于这些 VLAN 的交换机端口不再处于活动状态，这被称为 VTP 同步问题。

VTP 通告可以是客户模式交换机在启动时为获悉 VTP 数据库而发出的请求，也可以是服务器模式交换机在 VLAN 配置发生变化时发出的。

处于服务器模式的 Catalyst 交换机将 VTP 信息存储在 NVRAM 中，这些信息与交换机配置分开。VLAN 和 VTP 数据存储在交换机的 Flash 文件系统的 Vlan.dat 文件中。即使交换机断电，所有 VTP 信息都将被保留下来。

4.2.2 VTP 配置

当创建 VLAN 时，必须要决定是否使用 VTP。使用 VTP，能使配置在一个或多个交换机上被改变，那些改变会自动传送给在同一个 VTP 域中的其他交换机。

步骤 1：配置 VTP 服务器

(1) 查看 VTP 管理域参数信息。使用 show vtp status 命令查看 VTP 管理域当前的 VTP 参数。

默认情况下，每台交换机都位于管理域 NULL（空字符串）中，以 VTP 服务器模式运行，且不使用密码或安全模式。应该养成这样的习惯，即将交换机加入到网络中之前检查其 VTP 配置，确保将其配置修订号设置为 0。为此，可将交换机从网络断开，然后通电，并执行命令 show vtp status。

(2) 创建 VTP 管理域。将交换机加入到网络之前，应确定其 VTP 管理域。如果是网络中的第一台交换机，则必须创建管理域。否则交换机可能需要加入到已有的管理域。

在 Catalyst IOS 中，配置 VLAN 和 VTP 信息的方式有以下两种：

- 全局配置模式方式：如 VLAN、VTP Mode 和 VTP Domain。
- VLAN 数据库模式命令（老版本 Catalyst IOS）。

在本书中全部采用全局配置模式方式。

可以使用下面的全局配置命令将交换机分配给管理域。

switch(config)#**vtp domain** *domain-name*

其中，domain-name 是一个文本字符串，最长为 32 个字符。

(3) 设置 VTP 模式。设置 VTP 的工作模式需要在全局配置模式下进行，配置命令如下：

switch(config)#**vtp mode** *[server | client | transparent]*

在有很多网络管理员的大型网络中，将交换机配置透明模式可消除 VLAN 重复和重叠的可能。

(4) VTP 加密。如果域运行在安全模式下，则需要定义密码。密码只能在 VTP 服务器和客户端上配置。服务器在 VTP 通告中不发送密码本身，而发送根据密码计算得到的 MD5 摘要或散列码，客户端使用它来验证收到的通告。密码是一个 1~32 个字符的字符串（区分大小写）。

要使用密码实现安全 VTP，应首先在 VTP 服务器上配置密码。客户端交换机保留最后的 VTP 信息，直到在客户端交换机上也配置相同的密码后，客户端才能够处理收到的通告。可在全局配置模式下进行，配置命令如下：

```
switch(config)#vtp password password
```

（5）选择 VTP 版本。默认版本为 VTP 第 1 版。在同一个域中，所有交换机必须配置同一个 VTP 版本。可在全局配置模式下进行，配置命令如下：

```
switch(config)#vtp version {1 | 2}
```

（6）启用 VTP Pruning（修剪）。VTP 修剪的作用是防止不需要的广播信息从一个 VLAN 泛洪到 VTP 域中所有的中继链路。VTP 修剪允许交换机协商将哪些 VLAN 分配到中继另一端的端口，并剪除未分配到远程交换机端口的 VLAN。修剪功能默认为禁用。可以使用 vtp pruning 全局配置命令启用 VTP 修剪。

在交换机上启用 VTP Pruning 功能，配置命令如下：

```
swithch(config)#vtp pruning
```

默认情况下，所有的 VLAN 均有被修剪的资格。

设置修剪功能的 VLAN，配置命令如下：

```
switch(config)#interface type mod/port
switch(config-if)#switchport trunk pruning vlan {add | except |none |remove} vlan-list
```

默认情况下，在每条中继线上，VLAN 2~1001 都将受制于修剪。可使用上述命令来定制列表，其中：

- vlan-list：受制于修剪的 VLAN 号（2~1001）列表，使用逗号或连字符分隔。
- add vlan-list：要加入到已配置的列表中的 VLAN 号（2~1001）列表，即允许参与修剪功能的 VLAN，这是一种避免输入冗长 VLAN 号列表的快捷方式。
- except vlan-list：除列出的 VLAN 号（2~1001）外的所有 VLAN。
- remove vlan-list：从已配置的列表中删除 VLAN 号（2~1001）列表。

例如，假设 Trunk 链路端口为端口 2，不允许 VLAN 2 参与 VTP 修剪，则配置命令如下：

```
switch(config)#interface FastEthernet0/2
switch(config-if)#switchport trunk pruning vlan remove 2
```

此时在 Trunk 链路两端的交换机中均要进行相应的配置。

步骤 2：配置 VTP 客户端

```
switch#show vtp status
switch(config)#vtp domain domain-name
switch(config)#vtp mode client
switch(config)#vtp password password
switch(config)#vtp version {1 | 2}
```

步骤 3：连接和确认

配置完成主 VTP 服务器和 VTP 客户端之后，将交换机连接起来，并配置中继连路。

4.2.3 VTP 配置故障排除

如果交换机不能从 VTP 服务器那里接收更新信息，可以考虑以下因素：
（1）交换机被配置为 VTP 透明模式；
（2）如果交换机被配置为 VTP 客户端，可能没有其他交换机充当 VTP 服务器；
（3）前往 VTP 服务器的链路不是中继链路；
（4）客户端与服务器的 VTP 版本是否一致；
（5）客户端与服务器的 VTP 口令是否一致。

查看和排除 VTP 故障的常用命令有：
（1）使用 show vtp status 命令可以显示管理域当前的 VTP 参数；
（2）使用 show vtp counters 命令可以显示 VTP 消息和错误计数器；
（3）使用 show vlan brief 命令显示定义的 VLAN；
（4）使用 show interface type mod/num switchport 显示中继链路状态，包括受制于修剪的 VLAN；
（5）使用 show interface type mod/num pruning 显示 VTP 修剪状态。

4.3 方案设计

为了让实验中心的计算机系用户能够与信息大楼的计算机系用户处在同一子网，实验中心的财务处用户能够与办公楼财务处用户处在同一子网，实现网络互通性，这时就需要在四座办公楼中都采用可网管的交换机（支持 VLAN）。这样就可以实现不在同一办公场所的部门内部网络的互联互通及资源共享。随着可网管交换机数量的增加，可以采用 VLAN 中继协议来进行交换机上 VLAN 的管理，这样既能大大降低管理人员的工作量，并且还不会出现因 VLAN 更改不及时而造成的故障。

实验中心、办公楼和机电大楼的交换机均通过光缆与光电转换器与信息大楼的交换机相连。

4.4 项目实施

4.4.1 项目目标

通过本项目的完成，可以使学生掌握以下技能：
（1）能够了解 VTP 的各种模式的作用；
（2）能够掌握 VTP 在各交换机上划分 VLAN 的方法。

4.4.2 实训任务

为了在实训室中模拟本项目的实施，搭建同项目 3 的实训网络拓扑环境。请完成如下配置任务：

（1）详细规划网络中各交换状机、计算机等的名称、口令、IP 地址、子网掩码、网关、VLAN 号等；

（2）设置各交换机 VTP 模式，并在服务器模式的交换机上创建 VLAN；

（3）设置交换机的名称、口令、管理地址；

（4）划分各部门 VLAN；

（5）分配各交换机端口 VLAN 成员。

4.4.3 设备清单

在项目 3 的基础上，将机电大楼的交换机更换为一台可网管的交换机。

4.4.4 实施过程

步骤 1：规划与设计

（1）规划计算机 IP 地址、子网掩码、网关。各部门 VLAN 及 PC 配置同项目 3。

（2）规划各场所交换机名称，端口所属 VLAN 及连接的计算机，如表 4.1 所示，各交换机端口之间的连接关系如表 4.2 所示。

表 4.1　各交换机之间连接及端口与 VLAN 的关联关系

办公场所	交换机型号	交换机名称	远程管理地址	端口	所属 VLAN	连接计算机
信息大楼	Cisco Catalyst 2960	jisjsw	192.168.100.201	Fa0/2	10	PC11
				Fa0/21	20	
				Fa0/22	30	
				Fa0/23	40	
				Fa0/24	99	
机电大楼	Cisco Catalyst 2960	jidxsw	192.168.100.204	Fa0/2	20	PC21
				Fa0/3	20	PC22
				Fa0/21	10	
				Fa0/22	30	
				Fa0/24	40	
办公楼	Cisco Catalyst 2960	banglsw	192.168.100.202	Fa0/2	30	PC31
				Fa0/21	10	
				Fa0/22	20	
				Fa0/24	40	
实验中心	Cisco Catalyst 2960	shiysw	192.168.100.203	Fa0/2	40	PC41
				Fa0/3	40	PC42
				Fa0/17	10	PC12
				Fa0/21	30	PC32

表 4.2 交换机端口之间的连接

上联端口			下联端口		
交换机名称	端口	描述	交换机名称	端口	描述
jisjsw	Gi1/2	Link to jidxsw-Gi1/1	jidxsw	Gi1/1	Link to jisjsw-Gi1/2
jisjsw	Gi1/1	Link to banglsw-Gi1/1	banglsw	Gi1/1	Link to jisjsw-Gi1/1
jisjsw	Fa0/1	Link to shiysw-Fa0/1	shiysw	Fa0/1	Link to jisjsw-Fa0/1

步骤 2：实训环境准备

（1）硬件连接。在交换机和计算机断电的状态下，按照图 3.8、表 4.1 和表 4.2 所示连接硬件。交换机接口之间的连接采用交叉线。

（2）分别打开设备，给设备加电。

步骤 3：按照表 3.2 所列设置各计算机的 IP 地址、子网掩码、默认网关

步骤 4：清除交换机配置

```
switch#erase startup-config
switch#delete vlan.dat
```

步骤 5：测试连通性

使用 ping 命令分别测试 PC11、PC12、PC21、PC22、PC31、PC32、PC41、PC42 八台计算机之间的连通性。

步骤 6：配置交换机 jisjsw

配置交换机 jisjsw，配置如下。

（1）配置信息大楼的交换机的主机名为 jisjsw。

```
switch#config terminal
switch(config)#hostname jisjsw
jisjsw(config)#no ip domain lookup
jisjsw#write
```

（2）在交换机 jisjsw 上配置 VTP 服务器。

```
jisjsw#show vtp status                          //查看 VTP 状态
VTP Version                     : 2
Configuration Revision          : 0
Maximum VLANs supported locally : 255
Number of existing VLANs        : 5
VTP Operating Mode              : Server
VTP Domain Name                 :
VTP Pruning Mode                : Disabled
VTP V2 Mode                     : Disabled
VTP Traps Generation            : Disabled
MD5 digest                      : 0x7D 0x5A 0xA6 0x0E 0x9A 0x72 0xA0
                                  0x3A
Configuration last modified by 0.0.0.0 at 0-0-00 00:00:00
Local updater ID is 0.0.0.0 (no valid interface found)
jisjsw#
jisjsw(config)#vtp domain rw4                   //配置 VTP 管理域名 "rw4"
Changing VTP domain name from NULL to rw4
```

```
jisjsw(config)#vtp version 2              //设置 VTP 版本号 2
jisjsw(config)#vtp password cisco         //设置 VTP 密码
Setting device VLAN database password to cisco
jisjsw(config)#vtp mode server            //设置 VTP 模式
Device mode already VTP SERVER.
jisjsw(config)#show vtp status            //查看 VTP 状态
VTP Version                       : 2
Configuration Revision            : 0
Maximum VLANs supported locally   : 255
Number of existing VLANs          : 5
VTP Operating Mode                : Server
VTP Domain Name                   : rw4
VTP Pruning Mode                  : Disabled
VTP V2 Mode                       : Disabled
VTP Traps Generation              : Disabled
MD5 digest                        : 0x59 0xB4 0x2C 0x36 0x11 0xE4 0x94 0x62
Configuration last modified by 0.0.0.0 at 0-0-00 00:00:00
Local updater ID is 0.0.0.0 (no valid interface found)
jisjsw#
```

（3）创建 VLAN 10、20、30、40、99（略）。

（4）按照表 4.1 分配交换机 jisjsw VLAN（略）。

（5）配置 jisjsw 和 banglsw、shiysw、jidxsw 交换机之间的中继链路。

```
jisjsw#config terminal
jisjsw(config)#interface GigabitEthernet1/1
jisjsw(config-if)#description Link to banglsw-Gi1/1
jisjsw(config-if)#switchport mode trunk
jisjsw(config-if)#no shutdown
jisjsw(config-if)#interface GigabitEthernet 1/2
jisjsw(config-if)#description Link to jidxsw-Gi1/1
jisjsw(config-if)#switchport mode trunk
jisjsw(config-if)#no shutdown
jisjsw(config-if)#interface FastEthernet 0/1
jisjsw(config-if)#description Link to shiysw-Fa0/1
jisjsw(config-if)#switchport mode trunk
jisjsw(config-if)#no shutdown
jisjsw#show   interface trunk
Port        Mode         Encapsulation    Status       Native vlan
Fa0/1       on           802.1q           trunking     1
Gi1/1       on           802.1q           trunking     1
Gi1/2       on           802.1q           trunking     1
Port        Vlans allowed on trunk
Fa0/1       1-1005
Gi1/1       1-1005
Gi1/2       1-1005
Port        Vlans allowed and active in management domain
Fa0/1       1,10,20,30,40
Gi1/1       1,10,20,30,40
Gi1/2       1,10,20,30,40
Port        Vlans in spanning tree forwarding state and not pruned
```

```
Fa0/1          none
Gi1/1          1,10,20,30,40
Gi1/2          1,10,20,30,40
jisjsw#write
```

（6）查看 jisjsw 的 VLAN 配置。

```
jisjsw#show vlan
VLAN  Name        Status     Ports
----  ----------  ---------  -----------------------------
1     default     active     Fa0/1, Fa0/3, Fa0/4, Fa0/5
                             Fa0/6, Fa0/7, Fa0/8, Fa0/9
                             Fa0/10, Fa0/11, Fa0/12, Fa0/13
                             Fa0/14, Fa0/15, Fa0/16, Fa0/17
                             Fa0/18, Fa0/19, Fa0/20
10    jisj10      active     Fa0/2
20    jidx20      active     Fa0/21
30    caiwc30     active     Fa0/22
40    xuesjf40    active     Fa0/23
99    manage      active     Fa0/24
……
jisjsw#
```

步骤 7：配置交换机 shiysw

（1）配置交换机 shiysw 的名称（略）。

（2）配置交换机 shiysw 的 VTP 管理域。

```
shiysw(config)#vtp domain rw4              //配置 VTP 管理域名 "rw4"
Changing VTP domain name from NULL to rw4
shiysw(config)#vtp version 2               //设置 VTP 版本号 2
shiysw(config)#vtp password cisco          //设置 VTP 密码
Setting device VLAN database password to cisco
shiysw(config)#vtp mode client             //设置 VTP 模式
Device mode already VTP CLIENT.
shiysw(config)#show vtp status             //查看 VTP 状态
VTP Version                              : 2
Configuration Revision                   : 9
Maximum VLANs supported locally          : 255
Number of existing VLANs                 : 9
VTP Operating Mode                       : Client
VTP Domain Name                          : rw4
VTP Pruning Mode                         : Disabled
VTP V2 Mode                              : Enabled
VTP Traps Generation                     : Disabled
MD5 digest                               : 0x94 0x0D 0xC1 0xE6 0x47 0xA7 0x3C
                                           0x5D
Configuration last modified by 0.0.0.0 at 3-1-93 00:12:23
```

（3）查看并配置交换机 shiysw 的端口 VLAN 分配。

```
shiysw#show vlan
VLAN  Name        Status      Ports
----  ----------  ----------  ----------------------------------------
1     default     active      Fa0/1, Fa0/2, Fa0/3, Fa0/4
                              Fa0/5, Fa0/6, Fa0/7, Fa0/8
                              Fa0/9, Fa0/10, Fa0/11, Fa0/12
                              Fa0/13, Fa0/14, Fa0/15, Fa0/16
                              Fa0/17, Fa0/18, Fa0/19, Fa0/20
                              Fa0/21, Fa0/22, Fa0/23, Fa0/24
                              Gi1/1, Gi1/2
......
```

（4）配置和交换机 jisjsw 之间的中继链路。

```
shiysw#config terminal
shiysw(config)#interface FastEthernet 0/1
shiysw(config-if)#description Link to jisjsw-Fa0/1
shiysw(config-if)#switchport mode trunk
shiysw(config-if)#no shutdown
shiysw(config-if)#exit
```

（5）按照表 4.1 分配交换机 shiysw 端口的 VLAN 分配（略）。

（6）再次查看交换机 shiysw 的 VLAN 端口分配。

```
shiysw#show vlan
VLAN  Name        Status      Ports
----  ----------  ----------  ----------------------------------------
1     default     active      Fa0/1, Fa0/4, Fa0/5,Fa0/6
                              Fa0/7, Fa0/8, Fa0/9,Fa0/10
                              Fa0/11, Fa0/12, Fa0/13,Fa0/14
                              Fa0/15, Fa0/16, Fa0/18,Fa0/19
                              Fa0/20, Fa0/22, Fa0/23,Fa0/24
                              Gi1/1, Gi1/2
10    jisj10      active      Fa0/17
20    jidx20      active
30    caiwc30     active      Fa0/21
40    xuesjf40    active      Fa0/2,Fa0/3
99    manage      active
......
shiysw#
```

步骤 8：按照以上步骤配置交换机 banglsw 和 jidxsw（略）

```
banglsw#show vlan        //查看 banglsw 的 VLAN
jidxsw#show vlan         //查看 jidxsw 的 VLAN
```

步骤 9：配置各交换机远程登录口令、超级口令和控制台登录口令（略）

步骤 10：配置各交换机的远程管理 IP，并通过 Telnet 远程登录进行配置

（1）将 PC41（也可以另外接一台计算机）接到交换机 shiysw 的端口 f0/1 上，IP 地址改为 192.168.100.100/24，网关为 192.168.100.1。

（2）将交换机 shiysw 的端口 Fa0/1 分配给 VLAN 99。

（3）测试 PC41 和交换机 shiysw 的远程管理地址的连通性，然后再测试与交换机 jisjsw、banglsw 的远程管理地址的连通性。

（4）在 PC41 上使用 Telnet 命令分别对交换机 shiysw、jisjsw、banglsw 进行远程管理。

步骤 11：测试

（1）使用 ping 命令分别测试 PC11、PC12、PC21、PC22、PC31、PC32、PC41、PC42 八台计算机之间的连通性。

（2）查看各交换机的配置。

```
jisjsw#show running-config
jisjsw#show vtp status
jisjsw#show interface trunk
jisjsw#show vlan
```

（3）将计算机移动到不同交换机同一 VLAN 的端口，测试网络连通性。

步骤 12：保存配置文件

通过控制台和远程终端分别保存配置文件为文本文件（略）。

步骤 13：清除交换机的所有配置

（1）清除交换机的启动配置文件（略）。

（2）删除交换机 VLAN（略）。

习 题

一、选择题

1. VTP 对 VLAN 管理有什么影响？（　　）
   A．可在一台交换机上完成整个 VTP 域内为 VLAN 分配端口的所有工作
   B．VLAN 仅对其成员端口所在的交换机可见
   C．VTP 会将 VLAN 编号而非名称传播给 VTP 域内的所有交换机
   D．为了将 VLAN 的命名发布到多台交换机，需要使用 VTP
   E．VTP 会将 VLAN 名称传播给 VTP 域内的所有交换机

2. 交换机必须处于哪个 VTP 模式，才能在管理中删除或添加 VLAN？（　　）
   A．客户端模式　　　　B．服务器模式　　　　C．域模式　　　　D．透明模式

3. VTP 透明模式有何用途？（　　）
   A．允许在单台"透明"交换机上创建 VLAN 并将该 VLAN 传播给其他所有交换机
   B．允许传播扩展范围的 VLAN
   C．通过允许 VLAN 1 以外的 VLAN 充当管理 VLAN 来使 VTP 流量对其他设备"透明"
   D．使 VTP 通告可穿过不对通告做出反应的交换机而继续传播

4. 处于 VTP 透明模式的交换机能够执行下列哪种操作？（　　）
   A．创建新的 VLAN　　　　　　　　　　B．只监听 VTP 通告
   C．发送自己的 VLAN 配置　　　　　　D．不能修改 VLAN 配置

5. VLAN 中继协议（VTP）有何用途？（　　）
   A．在整个网络中维护 VLAN 配置的一致性

B. 从一个 VLAN 向另一个 VLAN 路由帧
C. 沿交换机之间的最佳路径路由帧
D. 向用户数据帧添加 VLAN 成员资格信息标记

6. VTP 修剪有何用途？（ ）
   A. 限制域中的 VLAN 数量　　　　　B. 停止不必要的 VTP 通告
   C. 限制广播数据流的传输范围　　　D. 限制虚拟树的规模

7. 以下哪个 VLAN 永远不受制于 VTP 修剪？（ ）
   A. 0　　　　　B. 1　　　　　C. 1000　　　　　D. 1001

8. 下列哪种情况可能导致 VTP 问题？（ ）
   A. 域中有两台或更多的 VTP 服务器　　B. 两台服务器的配置修订号相同
   C. 一台服务器位于两个域中　　　　　　D. 新服务器的配置修订号高

9. 在图 4.1 中，交换机通过中继链路互连，且被配置为使用 VTP。向 Switch1 添加了一个新的 VLAN，下面哪一项不会发生什么操作？（ ）

```
  Switch 1          Switch 2          Switch 3          Switch 4
 服务器模式        客户端模式         透明模式         服务器模式
```

图 4.1　混合的客户端、服务器、透明环境

A. Switch1 会将一个 VTP 更新发送给 Switch2
B. Switch2 会将该 VLAN 添加到数据库，并将该更新发送给 Switch3
C. Switch3 会将该 VTP 更新发送给 Switch4
D. Switch3 会将该 VLAN 添加到数据库

二、简答题

1. 可将交换机配置为哪几种 VTP 模式？在每种模式下都能创建 VLAN 吗？
2. 一台交换机可以参与多少个 VTP 管理域？一个管理域可以有多少台 VTP 服务器？
3. 如何在 VTP 服务器交换机上将 VTP 配置修订号重置为 0？
4. 如何在 VTP 客户端交换机上将 VTP 配置修订号重置为 0？
5. 哪些 VLAN 不受制于 VTP 修剪？为什么？
6. 在没有配置的新交换机上，定义的 VTP 域名是什么？

三、实训题

1. 使用 VTP 中继协议，配置项目 3 习题中的实训题。
2. 如图 4.2 所示，根据图 4.2 回答下面的问题，其中交换机 A、B、C 的基本配置分别如下。

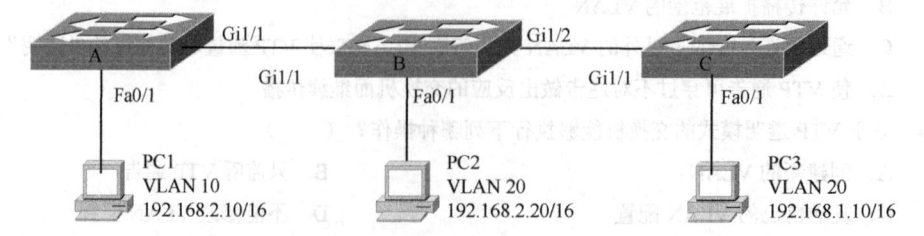

```
         Gi1/1              Gi1/2
   A ─────────── B ─────────── C
         Gi1/1              Gi1/1
   Fa0/1              Fa0/1              Fa0/1
     │                  │                  │
    PC1                PC2                PC3
   VLAN 10            VLAN 20            VLAN 20
  192.168.2.10/16   192.168.2.20/16   192.168.1.10/16
```

图 4.2　VLAN、中继和 VTP 实训

交换机 A 的配置：

```
interface gigabitethernet 1/1
switchport mode acess
swtichport acess vlan 10
interface fastthernet 0/1
switchport mode acess
swtichport acess vlan 10
```

交换机 B 的配置：

```
interface gigabitethernet 1/1
switchport mode acess
swtichport acess vlan 20
interface gigabitethernet 1/2
switchport trunk encapsulation isl
switchport mode trunk
interface fastethernet 0/1
switchport mode acess
swtichport acess vlan 20
```

交换机 C 的配置：

```
interface gigabitethernet 1/1
switchport trunk encapsulation dot1q
switchport mode trunk
interface fastethernet 0/1
switchport mode acess
swtichport acess vlan 20
```

请回答下面的问题：

（1）PC1 和 PC2 配置了位于同一子网的 IP 地址，但每台 PC 连接到不同的 VLAN 中，按照给出的交换机的配置，PC1 和 PC2 之间能够 ping 通吗？

（2）PC2 和 PC3 被分配到同一个 IP 子网和同一个 VLAN 中，PC2 和 PC3 之间能够 ping 互通吗？

（3）交换机 B 和交换机 C 之间的中继链路能建立吗？

（4）假设交换机 B 和交换机 C 之间的中继链路配置正确，将在哪里修剪掉 VLAN 1 呢？为什么？

（5）假设交换机 A 是 VTP 服务器，交换机 C 是 VTP 客户端，而交换机 B 被配置为 VTP 透明模式，所有交换机位于管理域 rw5 中。如果在交换机 A 上创建了 VLAN 50，哪台交换机也将使用 VTP 创建 VLAN 50？

（6）如果在交换机 B 上创建了 VLAN 60，哪些交换机也将使用 VTP 创建 VLAN 60？

（7）如果在交换机 C 上创建 VLAN 70，情况又将如何？

模块三　组建链路冗余的局域网

对于大多数企业网来说，计算机网络显然是其不可或缺的重要部分，这也是 IT 管理员需要在分层网络中设置冗余功能的原因所在。不过，对网络中的交换机或路由器添加多余的链路会在网络中引入需要动态管理的通信环路。当一条链路断开时，另一条链路能迅速取代它的位置，同时不会造成新的通信环路。

本模块通过以下两个项目的实施，可以了解如何在企业网中添加冗余链路来提高网络的可靠性和安全性。

项目 5：交换机之间的链路聚合

项目 6：交换机之间的冗余链路

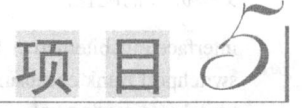

项目 5　交换机之间的链路聚合

5.1　用户需求

随着实验中心学生机房计算机数量的增加，学生在使用网络的过程中，实验中心的交换机和核心交换机之间的连接采用 100Mbps，在网络访问高峰阶段实验中心和核心交换机之间的网络流量比较大，已经超过了 100Mbps，成为一个瓶颈，如何提高实验中心和核心交换机的网络带宽呢？

目前通常采用的办法是升级网络系统，将快速以太网升级到吉比特以太网，这样实验中心和核心交换机之间的网络带宽达到了 1000Mbps，但这样就需要更换核心交换机和实验中心的交换机，成本较高，经检测发现，高峰阶段实验中心和核心交换机之间的网络流量一般为 150~250Mbps。那么有没有其他的解决方案呢？这时有人提出了是否能采用交换机之间链路聚合的方式来提高交换机之间的连接带宽呢？

5.2　相关知识

为了在交换机之间通过连接多条链路，提高网络带宽和链路冗余，作为网络工程师，需要了解以下几方面知识。

5.2.1 以太信道（EtherChannel）概念

在这里把聚合（绑定）多条平行链路的方法称为以太信道技术。以太信道通过把多条链路聚集成一条逻辑链路来将干道的速度提升到 160Mbps～160Gbps。以太信道技术有以下四种形式：

（1）标准以太信道（为了兼容以前的技术）；
（2）快速以太信道（Fast EtherChannel，FEC）；
（3）吉比特以太信道（Gigabit EtherChannel，GEC）；
（4）10G 以太信道（10Gigabit EtherChannel）。

术语以太信道包括了所有以上这些技术。以太信道能从将 2～8 条标准的以太链路（最高 160Mbps）组合到一条逻辑信道，到将 2～8 条快速以太链路（最高 1.6Gbps）组合到一条逻辑信道，再到将 2～8 条 10Gbps 以太链路（最高 160Gbps）组合到一条逻辑信道。

以太信道将 2～8 条链路捆绑为一组逻辑链路，如图 5.1 所示，并且当捆绑的链路中有一条出现故障时，以太信道能继续运行，以及当故障链路恢复后能重新将其加入到捆绑链路中。以太信道常与以太网 Trunk 同时使用，并且支持 IEEE 802.1Q 和 ISL 两种以太网 Trunk 技术。

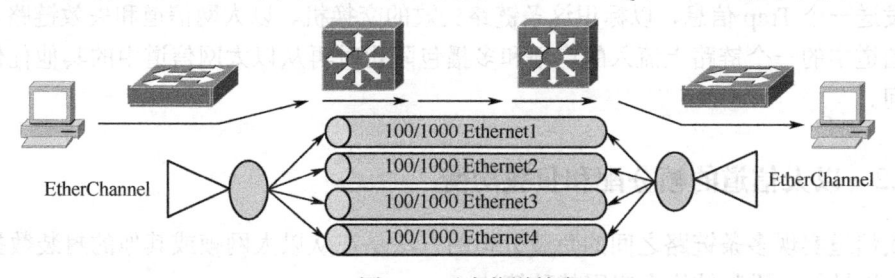

图 5.1 以太信道技术

以太信道技术主要应用于交换机与交换机、交换机与服务器、交换机与路由器、服务器与路由器等之间的连接

如图 5.2 所示，分布层和核心层之间、核心层和服务器之间部署了以太信道，提供了可扩展的带宽。其中在核心层和服务器之间为接入链路，在核心层和分布层之间为 Trunk 链路。

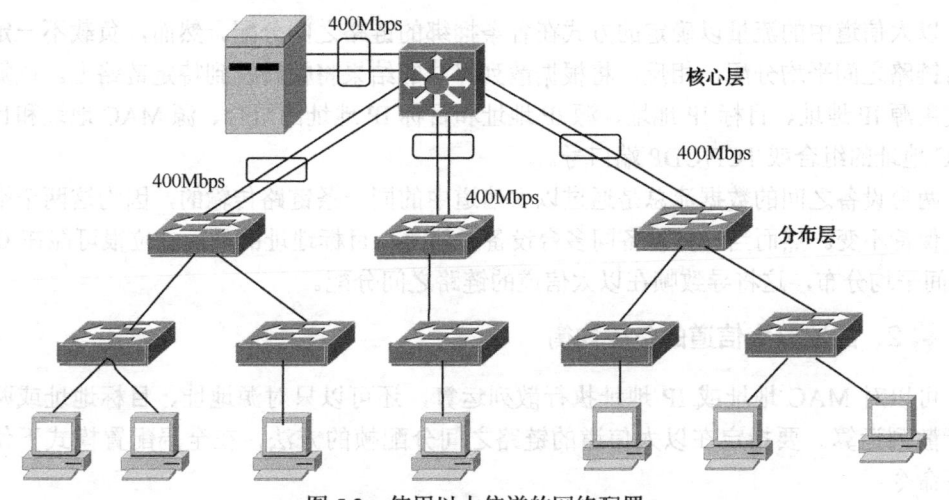

图 5.2 使用以太信道的网络配置

可以在一台独立交换机、交换机堆叠中单一交换机、交换机堆叠中的多台交换机上创建以太网信道。如图 5.3 所示信道端口都是在单一交换机上创建的以太网信道。如图 5.4 所示信道端口是在堆叠交换机中的多台交换机上创建的以太网信道。

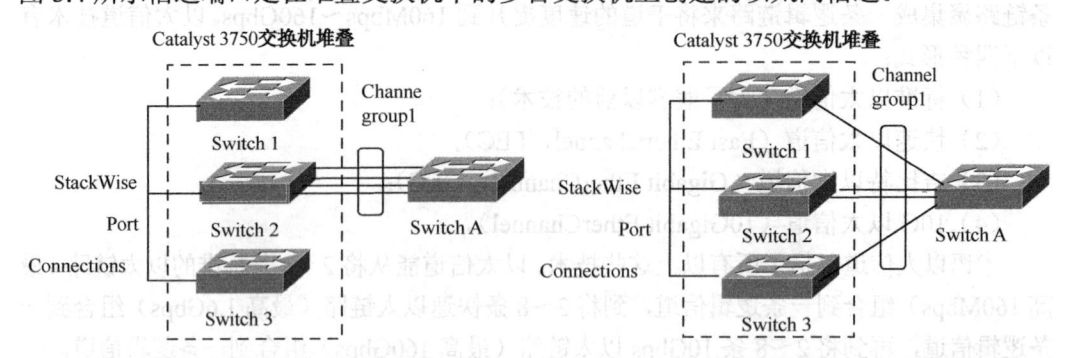

图 5.3　单一交换机上的以太网信道示例　　　　图 5.4　堆叠交换机上的以太网信道示例

如果以太网信道中的一条链路失效，则原先这条链路上的流量会自动转移到以太网信道中其他正常工作的链路上。如果在交换机上启用了跟踪功能，则以太网信道会为链路失效发送一个 Trap 信息，以标识这条链路失败的交换机、以太网信道和失效链路。在以太网信道中的一个链路上流入的广播和多播包阻止时再从以太网信道中的其他任何链路上返回。

5.2.2　以太信道的帧分配和负载均衡

以太信道实现多条链路之间的负载分担的方法是在从以太网帧或其他的封装数据包中抽取出地址的二进制结构上应用某种算法。

以太信道通过多条捆绑的物理链路提供冗余。如果其中的一条链路出现故障，通过该链路传输的数据流将移到邻接链路上。故障切换在几毫秒内就完成了，对于终端用户来说是透明的。随着更多的连接出现故障，将有更多的数据流移到邻接链路上。同样，随着链路从故障中恢复，负载将自动在活动链路之间重新分配。

1．在以太信道中分配流量

以太信道中的流量以确定的方式在各条捆绑的链路之间分配。然而，负载不一定在所有链路之间平均分配，相反，将根据散列算法的结果将帧转发到特定链路上。该算法可使用源 IP 地址、目标 IP 地址、源 IP 地址和目标 IP 地址的组合、源 MAC 地址和目标 MAC 地址的组合或 TCP/UDP 端口号。

两台设备之间的数据流总是通过以太信道中的同一条链路传输的，因为这两个端口地址保持不变。然而当一台设备同多台设备通信时，目标地址的最后一位很可能在 0 和 1 之间平均分布，这将导致帧在以太信道的链路之间分配。

2．配置以太信道的负载均衡

可以对 MAC 地址或 IP 地址执行散列运算，还可以只对源地址、目标地址或两者执行散列运算。要指定在以太信道的链路之间分配帧的方法，在全局配置模式下使用如下命令：

```
switch(config)#port-channel load-balance method
```

其中，method 变量的取值、散列运算和支持的交换机型号见 Cisco 书籍详细介绍。

默认配置是使用源 IP 地址与目标 IP 地址进行异或运算（Src-dst-ip）。Catalyst 3750 和 3560 默认使用 Src-mac 进行第二层交换。如果在以太信道上使用第三层交换，将总是使用 Src-dst-ip，即它是不可配置的。

选择均衡方法时，应使用变化最大的，还要考虑网络使用的编制类型。如果大部分数据流都是 IP 分组，根据 IP 地址或 TCP/UDP 端口号进行负载均衡是合理的。

5.2.3 以太信道协商协议

可在两台交换机之间协商以太信道，以提供动态的链路配置。在 Catalyst 交换机中，可使用两种协议进行协商：一种是端口聚合协议（Port Aggregation Protocol，PAgP），它是 Cisco 的专用解决方案；另一种是链路聚合控制协议（Link Aggregation Control Protocol，LACP），它是基于 IEEE 802.3ad 标准的。

1. 端口聚合协议

为在交换机之间提供自动的以太信道配置和协商，Cisco 开发了端口聚合协议（PAgP）。交换机通过支持以太信道的端口交换 PAgP 分组。本地交换机标识邻居、获悉其端口组功能把将其同自己的端口组功能进行比较。邻居设备 ID 和端口组功能相同的端口捆绑在一起，形成一条双向的点到点的以太信道链路。

PAgP 只在配置的静态 VLAN 中或中继模式相同的端口上建立以太信道。如果某个被捆绑的端口发生变化，PAgP 将动态地修改以太信道参数。例如，如果以太信道中某个端口配置的 VLAN，速度或双工模式发生变化，PAgP 将重新配置该信道中所有端口的参数。

以太信道包括四种用户可配置模式：开（on）、关（off）、自动（auto）和希望（desirable）。只有 auto 和 desirable 属于 PAgP 模式。可以用关键字 silent 和 non-silent 来对 auto 和 desirable 模式进行调整。默认情况下，端口处于 silent 模式。

auto 和 desirable 模式都支持端口与所连接的端口进行协商，以确定是否可以形成以太信道，所依据的标准包括端口速率、trunking 状态和 VLAN 编号。

只要端口的 PAgP 模式兼容，即使不相同，端口也形成以太信道。

2. 链路聚合控制协议

链路聚合控制协议是一种基于标准的协议，可替代 PAgP，它是由 IEEE 802.3ad（链路聚合）定义的。交换机通过具有以太信道功能的端口交换 LACP 分组。

如果希望使用 LACP 处理通道，可以使用 active 和 passive 两种模式。在 LACP 中，要启动自动的以太信道配置，至少需要将链路的一端配置成 active 模式来启动信道，因为处于 passive 模式的端口只会被动地响应初始化请求，而不会发起 LACP 数据包。

5.2.4 以太信道配置

对于交换机上的每条以太信道，必须为其选择以太信道协商协议，并将交换机端口分配给它。端口配置为以太信道的成员时，交换机将自动创建逻辑端口—信道接口。该接口表示信道作为一个整体。

1. 配置 PAgP 以太信道

要配置交换机端口使其进行 PAgP 协商（默认配置），可使用下列命令：

```
switch(config)#interface type mod/num
switch(config-if)#channel-protocol pagp
switch(config-if)#channel-group number mode[on|off|auto [ non-silent ]| desirable [non-silent]]
```

在所有基于 Cisco IOS 的 Catalyst 交换机（2970、3560、2750、4500 和 6500）上，可以选择 PAgP 或 LACP 作为信道协商协议。然而，老式交换机（如 Catalyst 2950）只支持 PAgP 协议，因此没有命令 channel-protocol。同一条以太信道中的每个接口都必须有相同的信道组号（1~64），信道协商必须设置为 on。

要指定在组成以太信道的链路之间实现负载均衡（帧分配）技术，需要使用如下命令：

```
switch (config)#port-channel load-balance
```

包含参数如下：

- dst-ip：Dst IP Addr（目标 IP 地址）。
- dst-mac：Dst Mac Addr（目标 MAC 地址）。
- src-dst-ip：Src XOR Dst IP Addr（源和目标 IP 地址）。
- src-dst-mac：Src XOR Dst Mac Addr（源和目标 MAC 地址）。
- src-ip：Src IP Addr（源 IP 地址）。
- src-mac：Src Mac Addr（源 MAC 地址）。

2. 配置 LACP 以太信道

要配置交换机端口使其进行 LACP 协商，可使用下列命令：

```
switch(config)#lacp system-priority priority
switch(config)#interface type mod/num
switch(config-if)#channel-protocol lacp
switch(config-if)#channel-group number mode [on | passive | active]
switch(config)#lacp system-priority priority
```

首先，应该给交换机定义 LACP 系统优先级（1~65535，默认为 32768），如果希望使用某台交换机，应该给它定义一个较小的系统优先级，这样才能由它来决定以太信道的组成。否则，两台交换机的系统优先级相同（32768），将由 MAC 地址较小的交换机充当决策者。

同一条以太信道中的所有接口信道组号必须相同（1~64）。信道协商模式必须设置为 on（无条件信道，不进行 LACP 协商）、passive（被动监听，等待被请求）或 active（主动请求）。

在信道组中，配置的接口数量可以超过可同时处于活动状态的接口数量。这样可提供备用接口，以替换出现故障的活动接口。为必须活动的接口配置较小的端口优先级（1~65535，默认为 32768）；为备用接口配置较大的端口优先级。否则使用默认值，所有端口的默认优先级都是 32768，这样端口号较小的端口将被选做活动端口。要配置端口优先级，可使用命令 lacp port-priority。

配置实例：假设要配置一台交换机，使其使用接口 GigabitEthernet2/1～2/4 和 GigabitEthernet3/1～3/4 来协商一条吉比特以太信道（GEC），接口 GigabitEthernet2/5～2/8 和 GigabitEthernet 3/5～3/8 也是可用的，可以用做备用链路，以替换信道中出现故障的环路。该交换机应主动地协商信道，并充当有关信道操作的决策者。配置命令如下：

```
switch(config)#lacp system-priority 100
switch(config)#interface range GigabitEthernet2/1 - 4，GigabitEthernet3/1 - 4
switch(config-if-range)#channel-protocol lacp
switch(config-if-range)#channel-group 1 mode active
switch(config-if-range)#lacp port-priority 100
switch(config)#interface range GigabitEthernet2/5 - 8，GigabitEthernet3/5 - 8
switch(config-if-range)#channel-protocol lacp
switch(config-if-range)#channel-group 1 mode active
```

此时接口 GigabitEthernet2/5～2/8 和 GigabitEthernet3/5～3/8 的优先级保留为默认值 32768，这比其他接口的优先级（被配置为 100）大，因此充当备用接口。

5.2.5 以太信道故障排除

首先，使用命令 show etherchannel summary 查看以太信道的状态。这将显示信道中的每个端口及指出端口状态的标记。

使用命令 show interface type mod/num 可以显示端口的配置。

使用命令 show interface type mod/num etherchannel 显示单个端口的所有活动以太信道参数。

使用命令 show etherchannel load-balance 来查看以太信道的负载均衡方法。

5.3 方案设计

目前为了提高交换机之间的连接速率，通常采用的办法是升级网络系统，将快速以太网升级到吉比特以太网，这样实验中心和核心交换机之间的网络带宽达到了 1000Mbps，但这样就需要更换核心交换机和实验中心的交换机，成本较高，经检测发现，高峰阶段实验中心和核心交换机之间的网络流量一般为 150～250Mbps。通过以上的介绍，这时可以采用以太信道技术来提高交换机之间的连接带宽。

具体来讲就是将 2～8 条快速以太网链路捆绑为一条快速以太网信道，从而提高交换机之间的连接带宽。

5.4 项目实施

5.4.1 项目目标

通过项目的完成，可以使学生掌握以下技能：
（1）理解交换机链路聚合的功能；

(2) 掌握配置端口聚合方法；
(3) 掌握查看链路聚合命令。

5.4.2 实训任务

为了实现本项目，可以构建如图 5.5 所示的网络实训环境，也可以在 Packet Tracer 中搭建，如图 5.6 所示。配置交换机 jisjsw 为核心，创建 4 个 VLAN，分别属于计算机系、机电工程系、财务处和学生机房。在项目 4 的基础上，用四条交叉线将交换机 jisjsw 和交换机 shiysw 之间连接起来。完成如下配置任务：

（1）配置项目 4 中的实训任务；
（2）配置交换机 jisjsw 和交换机 shiysw 之间的链路聚合。

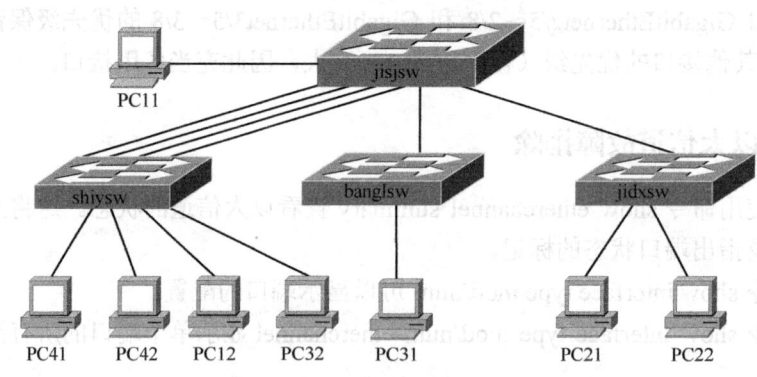

图 5.5 以太信道技术网络环境

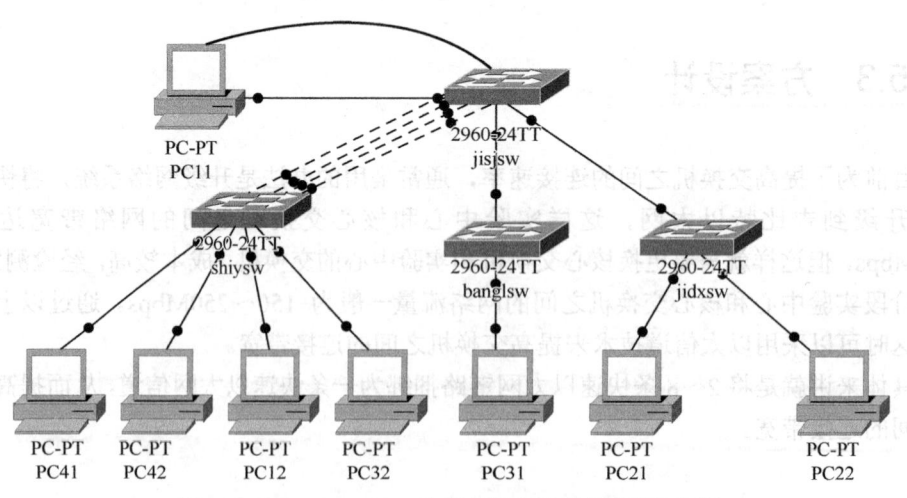

图 5.6 在 Packet Tracer 中模拟以太信道技术网络环境

5.4.3 设备清单

所需设备同项目 4。

5.4.4 实施过程

步骤 1：规划与设计

（1）规划计算机 IP 地址、子网掩码、网关。配置 PC11、PC12、PC21、PC22、PC31、PC32、PC41、PC42 的 IP 地址同项目 3。

（2）规划各场所交换机名称、端口所属 VLAN 及连接的计算机和项目 4 类似，请考虑区别在哪里。交换机端口之间的连接如表 5.1 所示。

表 5.1 交换机端口之间的连接

上联端口			下联端口		
交换机	端口	描述	交换机	端口	描述
jisjsw	Gi1/1	Link to jidxsw–Gi1/2	jidxsw	Gi1/2	Link to jisjsw-Gi1/1
jisjsw	Gi1/2	Link to banglsw-Gi1/2	banglsw	Gi1/2	Link to jisjsw-Gi1/2
jisjsw	Fa0/1	Link to shiysw-Fa0/1	shiysw	Fa0/1	Link to jisjsw-Fa0/1
jisjsw	Fa0/2	Link to shiysw-Fa0/2	shiysw	Fa0/2	Link to jisjsw-Fa0/2
jisjsw	Fa0/3	Link to shiysw-Fa0/3	shiysw	Fa0/3	Link to jisjsw-Fa0/3
jisjsw	Fa0/4	Link to shiysw-Fa0/4	shiysw	Fa0/4	Link to jisjsw-Fa0/4

步骤 2：实训环境准备

（1）硬件连接。在交换机和计算机断电的状态下，按照图 5.5 和表 5.1 所示连接硬件。交换机之间的级联采用交叉线。

（2）给各设备供电。

步骤 3： 按照表 3.2 所列设置各计算机的 IP 地址、子网掩码、默认网关

步骤 4：清除交换机的所有配置

在三台交换机上清除 NVRAM、删除 vlan.dat 文件并重新加载交换机。

步骤 5：测试连通性

使用 ping 命令分别测试 PC11、PC12、PC21、PC22、PC31、PC32、PC41、PC42 八台计算机之间的连通性。

步骤 6：配置信息大楼的交换机 jisjsw

（1）配置交换机名称（略）。

（2）配置交换机 VTP 域（略）。

（3）配置 VLAN（略）。

（4）配置交换机端口所属 VLAN（略）。

（5）配置链路聚合。

```
jisjsw(config)#interface port-channel 5
jisjsw(config-if)#switchport mode trunk
jisjsw(config-if)#exit
jisjsw(config)#intface range FastEthernet0/1 – 4
jisjsw(config-if-range)#switchport mode trunk
jisjsw(config-if-range)#channel-group 5 mode on
jisjsw(config-if-range)#no shutdown
```

```
jisjsw(config-if-range)#end
jisjsw#
```

（6）配置交换机端口描述（略）。

（7）查看交换机状态信息。

```
jisjsw#show interface trunk
jisjsw#show interface etherchannel
……

Index   Load    Port    EC state        No of bits
------+-------+-------+--------------+-------------
  0     00     Fa0/1     On                 0
  0     00     Fa0/2     On                 0
  0     00     Fa0/3     On                 0
  0     00     Fa0/4     On                 0
Time since last port bundled:    00d:00h:00m:25s    Fa0/4
jisjsw#
jisjsw#show etherchannel port-channel
……

Index   Load    Port    EC state        No of bits
------+-------+-------+--------------+-------------
  0     00     Fa0/1     On                 0
  0     00     Fa0/2     On                 0
  0     00     Fa0/3     On                 0
  0     00     Fa0/4     On                 0
Time since last port bundled:    00d:00h:01m:34s    Fa0/4
jisjsw#
jisjsw#show etherchannel summary
……
Number of channel-groups in use: 1
Number of aggregators:           1
Group  Port-channel  Protocol    Ports
------+-------------+-----------+----------------------------------
5      Po5(SU)       PAgP        Fa0/1(P) Fa0/2(P) Fa0/3(P) Fa0/4(P)
jisjsw#
jisjsw#show running-config
……
hostname jisjsw
interface FastEthernet0/1
 description Link to shiysw-Fa0/1
 channel-group 5 mode on
 switchport mode trunk
interface FastEthernet0/2
 description Link to shiysw-Fa0/2
 channel-group 5 mode on
 switchport mode trunk
interface FastEthernet0/3
 description Link to shiysw-Fa0/3
 channel-group 5 mode on
 switchport mode trunk
interface FastEthernet0/4
 description Link to shiysw-Fa0/4
 channel-group 5 mode on
```

```
switchport mode trunk
……
```

步骤 7：配置实验中心的交换机 shiysw

（1）配置交换机名称（略）。

（2）配置 VTP 域（略）。

（3）配置链路聚合。

```
shiysw(config)#interface port-channel 5
shiysw(config-if)#switchport mode trunk
shiysw(config-if)#no shutdown
shiysw(config-if)#exit
shiysw(config)#interface range FastEthernet 0/1 - 4
shiysw(config-if-range)#switchport mode trunk
shiysw(config-if-range)#channel-group 5 mode on
shiysw(config-if-range)#
shiysw(config-if-range)#no shutdown
shiysw(config-if-range)#end
shiysw#show vlan
……
```

（4）配置交换机端口描述（略）。

（5）配置交换机端口所属 VLAN（略）。

（6）查看交换机状态信息。

```
shiysw#show interface trunk
shiysw#show interface etherchannel
shiysw#show etherchannel port-channel
shiysw#show etherchannel summary
```

步骤 8：配置交换机 jidxsw、banglsw

和实验中心的交换机 shiysw 配置过程类似，只不过只需配置端口中继就行了（略）。

步骤 9：网络连通性测试

使用 ping 命令分别测试 PC11、PC12、PC21、PC22、PC31、PC32、PC41、PC42 八台计算机之间的连通性。

步骤 10：配置各交换机口令（略）

步骤 11：配置远程管理（略）

步骤 12：保存配置文件

通过控制台和远程终端分别保存配置文件为文本文件（略）。

步骤 13：清除交换机的所有配置

（1）清除交换机启动配置文件（略）。

（2）删除交换机 VLAN（略）。

习　题

一、选择题

1. 如果将快速以太网端口捆绑成以太信道，Catalyst 交换机最多能支持多少吞吐量？（　　）

A．100Mbps　　　　　　B．200Mbps　　　　　　C．400Mbps
D．800Mbps　　　　　　E．1600Mbps

2．下面哪种接口将以太信道作为一个整体？（　　）
A．信道　　　　B．端口　　　　C．端口—信道　　　　D．信道—端口

3．下面哪种方法不是有效的以太信道负载均衡方法？（　　）
A．源 AMC 地址　　　　　　　B．源和目标 MAC 地址
C．源 IP 地址　　　　　　　　D．IP 优先级　　　　E．UDP/TCP 端口

4．如何设置以太信道负载均衡？（　　）
A．在每台交换机端口上　　　　B．在每条以太信道上
C．全局　　　　　　　　　　　D．不能配置

5．下面哪项是两台交换机之间的有效以太信道协商模式组合？（　　）
A．PAgP auto 和 PAgP auto　　　B．PAgP auto 和 PAgP desirable
C．on 和 PAgP auto　　　　　　D．LACP passive 模式和 LACP active 模式

二、思考题

1．以太信道有何优点？
2．多少条链路可聚合成一条以太信道？
3．哪种方法可用于在以太信道中分配数据流？
4．在两台交换机之间可使用哪些协议协商以太信道？
5．如果一组交换机端口要组成以太信道，它们的哪些属性必须相同？

三、实训题

1．如图 5.7 所示，两台 Cisco Catalyst 2960 交换机的 Fa0/1、Fa0/2、Fa0/3、Fa0/4 连接成以太信道，请回答下面的问题。

图 5.7　以太信道

（1）在交换机 A 上，四个快速以太网接口捆绑成快速以太网信道接口，并连接到交换机 B 上。如果这些接口都被配置为中继链路，在两台交换机上，它们的哪些方面必须相同？

（2）交换机 A 应该主动发起建立到交换机 B 的以太信道，应使用 PAgP 协商。在交换机 A 的每个端口上，应使用什么命令来配置以太信道的协商？

（3）如果这两台交换机都是 Catalyst 2960，默认的负载分配算法是什么？

2．请按照本项目的用户需求自行重新规划设计，包括计算机 IP 地址、交换机名称、口令、远程管理地址、VLAN 等，并完成以太信道聚合。

项目 6
交换机之间的冗余链路

6.1 用户需求

目前，学校办公楼的招生就业处每年在 7~8 月份需要使用校园网进行高考网上录取，要求保持两部门的网络畅通。为了提高网络的可靠性，要求采用两条链路将招生就业处的交换机连到网络中心，一条为双绞线，另一条为光纤，两条链路互为备份。

6.2 相关知识

健壮的网络设计不仅能够高效地传输分组或帧，还要考虑如何快速地从网络故障中恢复过来。在第二层环境（桥接或交换）中，不使用路由选择协议，不允许也不能有活动的冗余路径，而是使用某种形式的桥接在网络或交换机端口之间传输数据。生成树协议提供了网络链路冗余，让第二层交换型网络无须及时干预就能够从故障中恢复。

6.2.1 生成树协议产生的原因

在传统的交换网络中，设备之间通过单条链路进行连接，当某个节点或某一链路发生故障时可能导致网络无法访问。在许多重要的场合，常常需要高度的可靠性或冗余性来保证网络的不间断运行，如图 6.1 所示，如果交换机 A 出现故障，通信仍旧会通过交换机 B 从网段 2 流向网段 1，最终到达目的网络，但是交换网络中的冗余会产生广播风暴、多帧复制、MAC 地址表不稳定等现象，广播风暴导致网络中充斥大量广播包，占用大量网络带宽；多帧复制导致网络中有大量的重复包，MAC 地址表不稳定导致交换机频繁刷新 MAC 地址表，严重影响网络的正常运行。

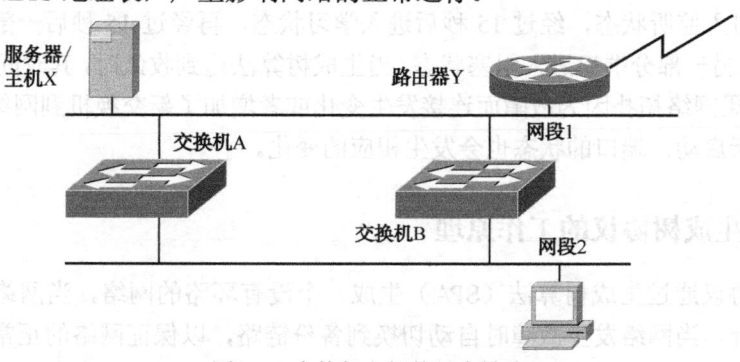

图 6.1 交换机之间的冗余链路

6.2.2 生成树协议的概念

如何解决由于冗余链路产生的上述问题，比较容易想到的方法就是为网络提供冗余链路，在网络正常时自动将备份链路断开，在网络故障时自动启用备份链路，生成树协议就是为解决这一问题而产生的。

生成树协议（Spanning Tree Protocol，STP）是一种第二层的链路管理协议，是数字设备公司（Digital Equipment Corporation，DEC）创建的网桥到网桥协议，它用于维护一个无环路的网络。IEEE 802 委员会随后修改了 DEC 公司的生成树算法，并且在 IEEE 802.1d 的规范中公布。DEC 公司的生成树算法和 802.1d 的算法并不相同，也不兼容，Cisco 的交换机，例如 Catalyst 1900 和 1950 使用 IEEE 802.1d 协议的 STP。

生成树协议就是在具有物理回环的交换机网络上，生成没有回环的逻辑网络方法。生成树协议使用生成树算法，在一个具有冗余路径的容错网络中计算出一个无环路的路径，使一部分端口处于转发状态，另一部分处于阻塞状态（备用状态），从而生成一个稳定的、无环路的生成树网络拓扑，而且一旦发现当前路径故障，生成树协议能立即启动相应的端口，打开备用链路，重新生成 STP 的网络拓扑，从而保持网络的正常工作。生成树协议的关键就是保证网络上任何一点到另一点的路径有且只有一条。生成树协议的使用使具有冗余路径的网络既有了容错能力，同时又避免了产生回环带来的不利影响。

生成树协议连续探究网络以至于一个失败或附加的链路、交换机或网桥迅速被发现。当网络拓扑改变时，生成树重配交换机或网桥的端口，避免丢失连接或生成新回路。

在运行生成树协议的情况下，为了避免路径回路，生成树协议强迫交换机的端口经历不同状态，共有 4 种不同状态。

（1）阻塞状态（Blocking）：端口处于只能接收状态，不能转发数据包，但能收听网络上的 BPDU 帧。

（2）监听状态（Listening）：STP 算法开始或初始化时，交换机进入的状态不转发数据包，不学习地址，只监听帧，交换机端口已经可以转发数据，但交换机必须先确定在转发数据前没有回路发生。

（3）学习状态（Learning）：与监听状态相似，仍不转发数据包，但学习 MAC 地址建立地址表。

（4）转发状态（Forwarding）：转发所有数据帧，且学习 MAC 地址。表明生成树已经形成，无冗余链路。

在默认情况下，交换机开机时，所有的端口一开始处于阻塞状态，经过 20 秒后，交换机端口将进入监听状态，经过 15 秒后进入学习状态，再经过 15 秒后一部分端口进入转发状态，而另一部分端口进入阻塞状态。当生成树算法达到收敛时，其时间为 50 秒（可以修改）。如果网络拓扑因为故障而连接发生变化或者增加了新交换机到网络中时，生成树算法将重新启动，端口的状态也会发生相应的变化。

6.2.3 生成树协议的工作原理

生成树协议通过生成树算法（SPA）生成一个没有环路的网络，当网络正常时，备份链路被断开，当网络发生故障时自动切换到备份链路，以保证网络的正常通信。具体过程是：先在网络中确定根交换机，然后确定到达根交换机的最短路径，阻塞其他路径，在最短路径发生故障时，自动启用备份链路。

为了实现这种功能，运行 STP 的交换机之间通过网桥协议数据单元（Bridge Protocol Data Unit，BPDU）进行信息的交流。BPDU 中最为重要的选项是：Root Bridge ID（根网桥 ID）、Cost of Path（根路径花费）、Port ID（端口 ID）、Maximum Time、Hello Time、Forward Delay Time 等。网络中所有的交换机每隔一定的时间间隔（默认值为 2s）就发送和接收 BPDU 数据帧，并且用它来检测生成树拓扑的状态，通过生成树算法得到生成树。

生成树协议的工作原理如下：

（1）具有最高优先级（优先级 ID 的值为最小）的交换机被选为根交换机，如果两个交换机有相同优先级，则拥有较小 MAC 地址的交换机为根交换机。确定根交换机的原则为：首先所有交换机认为自己是根交换机，然后向外广播 BPDU 报文，BPDU 报文中包含 Bridge ID，由交换机的 MAC 地址和交换机优先级共同组成，MAC 地址和优先级越小，Bridge ID 越小，Bridge ID 最小的交换机被选举为根交换机。在默认情况下，交换机的优先级都是 32768，因此默认情况下，MAC 地址最小的交换机被选举为根交换机。

在图 6.2 中，两台交换机都使用相同的默认优先级，则具有更小的 MAC 地址的交换机会成为根网桥。在这个例子中，交换机 X 是根网桥，它的网桥 ID 是 0x8000（0c00.1111.1111）。

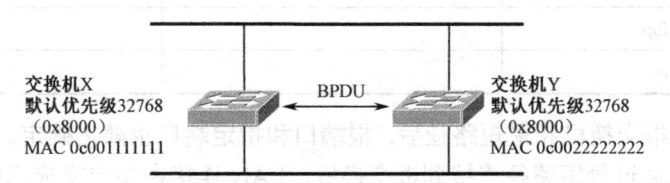

图 6.2 根网桥的选择

> **注意**
> 根据交换机的型号，Cisco Catalyst 交换机使用 MAC 地址中的一个作为其 MAC 地址，该地址池分配给背板或管理模块。

如图 6.3 所示的网桥 ID 由一个默认为 32768 的网桥优先级和交换机的基本 MAC 地址组成。

图 6.3 网桥 ID

当一台交换机最初启动时，它假定自己就是根交换机，并发送"次优"BPDU，它们的根和发送者 BID 信息字段中都包含有交换机的 MAC 地址，所有交换机都会接收到发送者的 BID，当交换机收到一个更低的 BID 时，它会把自己正在发送的 BPDU 的根 BID 替换为这个更低的根 BID，所有的网桥都会接收到这些 BPDU，并且判定具有最小 BID 值的网桥作为根网桥。

网络管理员可以通过把交换机的优先级设置为比默认值更低的值来干预根交换机的选举，这样会使得网桥 ID 变小。

网络管理员可能希望干预根网桥的选举结果，这通常是在网络管理员非常清楚网络流量的时候才能做到的事情。

（2）在选举出根交换机后，所有的非根交换机选择到达根交换机的最短路径。在选择最短路径时，通过路径开销、发送 BPDU 交换机的 Bridge ID、发送 BPDU 交换机的 Port ID、接收 BPDU 交换机的 Port ID 等信息来确定最短路径。每个交换机端口都有一个根路径花费，根路径花费是该交换机到根交换机所经过各个网段的路径花费的总和。一台交换机中根路径花费最低的端口被选为根端口，若有多个端口具有相同的路径花费，则具有最高优先级的端口为根端口。路径花费由链路速度决定，它由 IEEE 指定，如表 6.1 所示。

表 6.1 第一次和第二次修正的路径花费

链 路 速 度	第一次修正的路径花费	第二次修正的路径花费
10Mbps	100	100
100Mbps	10	19
1000Mbps	1	4
10Gbps	1	2

（3）选举出根交换机和最短路径后，根端口和指定端口也随之确定。每一个 LAN 都利用指定交换机通过最短路径连接到根交换机，LAN 连接在指定交换机的指定端口上。在每个网段中都有一个交换机被称为指定交换机（Designated Switch），它属于该网段中根路径花费最少的交换机。把网段和指定交换机连接起来的端口就是指定端口（Designated Port）。如果指定交换机有两个以上的端口在这个网段上，则具有最高优先级的端口被选为指定端口，而其他端口被阻塞。

（4）当网络拓扑发生变化时，交换机自动启用备份链路，阻塞端口进入转发状态，但是为避免存在临时环路，端口进入转发状态前会先经历侦听状态和学习状态。由生成树协议创建的无回路网络如图 6.4 所示。

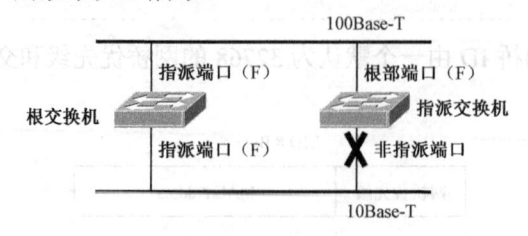

图 6.4 生成树协议创建的无回路网络

6.2.4 生成树协议的工作过程

1. 决定根交换机

所有的交换机在最初时都认为自己是根交换机。交换机向与之相连的局域网广播发送配置 BPDU，其根 ID 与网桥 ID 的值相同。当交换机收到另一个交换机发来的配置 BPDU

后，若发现收到的配置 BPDU 中根 ID 字段的值大于该交换机中根 ID 参数的值，则丢弃该帧，否则更新该交换机的根 ID、根路径花费等参数的值，该交换机将以新值继续广播发送配置 BPDU。

▶ 2．决定根端口

一个交换机中路径花费的值为最低的端口称为根端口。若有多个端口具有相同的最低根路径花费，则具有最高优先级的端口为根端口。若有两个或多个具有相同的最低路径花费和最高优先级，则最小的端口号为默认端口。

▶ 3．认定网段的指定交换机

开始时，所有的交换机都认为自己是网络中的指定交换机。当交换机接收到具有更低路径花费的（同一网段中）其他交换机发来的 BPDU 时，该交换机就不再宣称自己是指定交换机了。如果在同一网段中，有两个或多个具有相同的根路径花费，则具有最高优先级的交换机被选举为指定交换机。在一个网段中，只有指定交换机可以接收和转发帧，其他交换机的所有端口都被设置为阻塞状态。

如果指定交换机在某个时刻收到了网段上其他交换机因竞争指定交换机而发来的配置 BPDU，该指定交换机将发送一个响应的配置 BPDU，以重新确定指定交换机。

▶ 4．决定指定端口

网段指定交换机中与该网段相连的端口为指定端口。若指定交换机有两个或多个端口与该网段相连，那么具有最低标识的端口为指定端口。除了根端口和指定端口外，其他端口都将设置为阻塞状态。这样，在决定了根交换机、交换机的根端口及每个网段的指定交换机和指定端口后，一个生成树的拓扑结构也就决定了。

▶ 5．网络拓扑变化

网络拓扑信息在网络上的传播有一个时间限制，这个时间信息包含在每个配置 BPDU 中，即为消息时限。每个交换机存储来自本网段指定端口的协议信息，并监视这些信息存储时间。在正常稳定状态下，根交换机定期发送配置消息以保证拓扑信息不超时。

当某台交换机检测到拓扑发生变化时，它将向根交换机方向的指定交换机发送拓扑变化通知 BPDU，以拓扑变化通知定时器的时间间隔定期发送拓扑变化通知 BPDU，直到收到了指定交换机发来的确认拓扑变化信息。同时指定交换机重复以上过程，继续向根交换机方向的交换机发送拓扑变化通知 BPDU。这样，拓扑变化的通知最终传到根交换机。根交换机收到了这样一个通知，或其自身改变了拓扑结构，它将在一段时间内发送配置 BPDU，在配置 BPDU 中指明拓扑变化。所有的交换机将会收到新的配置信息，并根据信息对自己的地址表进行相应处理。然后，所有的交换机重新选举决定根交换机、交换机的根端口及每个网段的指定交换机和指定端口，这样生成树的拓扑结构也就重新决定了。

802.1d 标准定义的 STP 对于当今的新网络拓扑来说，其收敛太慢，一个新的标准——IEEE 802.1w（即 RSTP）已经定义出来了，它用于突破现有的局限性。

6.2.5 根网桥的位置

STP 可以自动地使用默认设置和默认选举过程，但得到的树结构可能与预期的截然不同。根网桥的选举思想为：选择一台交换机作为参考点，其他所有交换机都选择到根网桥的路径的最佳端口。并且根网桥成为网络的中心，将网络的所有支路互连。因此，位于中心的根网桥可能面临沉重的交换负载。

如果根网桥的选举使用默认设置，容易带来以下的问题。

（1）如果根网桥选举处于默认状态，最慢的交换机有可能被选为根网桥（选举根网桥的唯一标准是网桥 ID（网桥优先级和 MAC 地址）最低，如果最慢的交换机的网桥优先级与其他交换机相同，但 MAC 地址最低，那么该交换机将被选为根网桥），这时如果沉重的数据流负载通过根网桥，最慢的交换机就不是理想的候选者。这时就需要通过配置将性能最优的交换机选为根交换机。

（2）如果所有交换机都处于默认状态，就只能选择一个根网桥，而没有备用根网桥。如果这台交换机出现故障，将重新选举根网桥，同样也可能选择不理想的交换机和位置。

（3）当所有交换机使用默认设置时，根网桥可能位于网络中意料之外的地方。更为重要的是，可能得到低效的生成树结构，导致网络的大部分数据流都要经历漫长而曲折的路径才能到达根网桥。

如图 6.5 所示是一个真实的分层园区网络的一部分。

Catalyst 交换机 A 和 B 是两台接入层设备；Catalyst 交换机 C 和 D 组成核心层；而 Catalyst 交换机 E 将服务器群连接到网络核心。大多数交换机使用冗余链路连接到其他层，然而在图 6.5 中，很多交换机（如 B）仍只有一条链接到核心层的链路。这些交换机需要添加一条连接到另一半核心的冗余链路。

在图 6.5 中，在默认 STP 设置下，Catalyst A 将成为根网桥，因为它的 MAC 地址最小而所有交换机的网桥优先级一样。如图 6.6 所示是会聚后的 STP 状态。

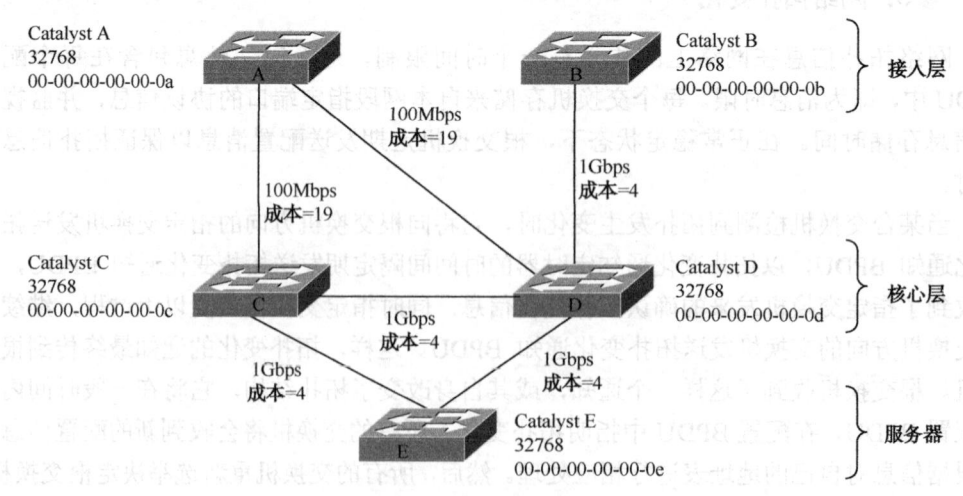

图 6.5 根网桥的选举

接入层交换机 Catalyst A 被选做根网桥。Catalyst A 不能使用 1Gbps 的链路，它只有两条 100Mbps 的链路。并且可以在图 6.6 中看到，带符号 X 的端口既不是根端口也不是指定端口。这些端口将进入阻断状态，数据分组不能通过。

图 6.6 STP 会聚后的网络

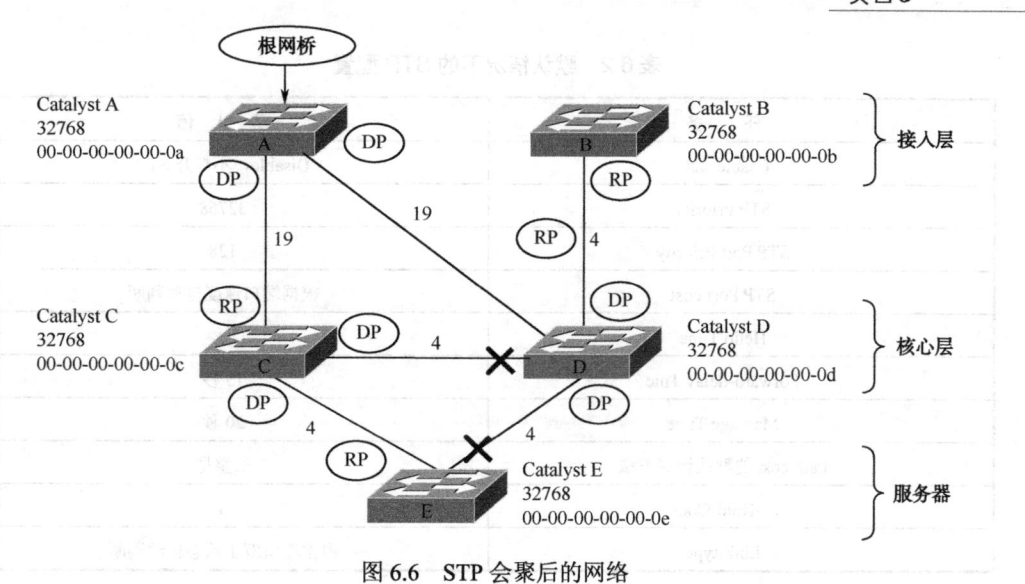

如图 6.7 所示为删除处于阻断状态的链路后的网络，从中可以看到生成树的最终结果。

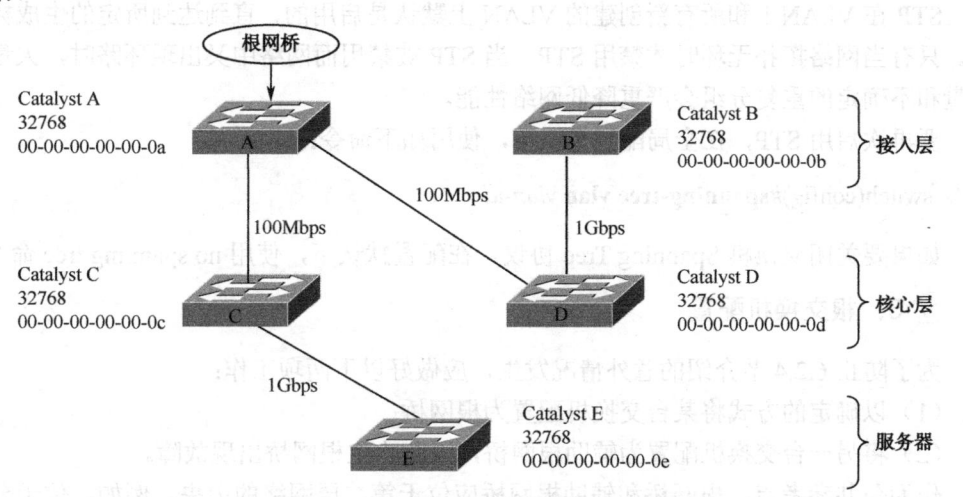

图 6.7 最终生成树结构

接入层交换机 A 是根交换机，在交换机 A 上的工作站可以通过核心层（交换机 C）到达交换机 E 上的服务器，这是网络管理员所期望的。然而，另一台接入层交换机 B 的工作站必须一次通过核心层（交换机 D）、接入层（交换机 A）和核心层（交换机 C），最后才能到达交换机 E 上的服务器，这种行为显然是低效的。

6.2.6 生成树协议的配置

1. 默认 STP 配置

默认情况下，交换机 Spanning Tree 协议配置如表 6.2 所示，可通过 spanning-tree reset 命令让 spanning tree 参数恢复默认配置。

表 6.2　默认情况下的 STP 配置

任　　务	默　认　值
Enable state	Disable，不打开 STP
STP Priority	32768
STP Port Priority	128
STP Port cost	根据端口速度自动判断
Hello Time	2 秒
Forward-delay Tme	15 秒
Max-age Time	20 秒
Path cost 的默认计算方法	长整型
Tx-Hold-Count	3
Link-type	根据端口双工状态自动判断

2. 打开、关闭交换机 Spanning Tree 协议

STP 在 VLAN 1 和所有新创建的 VLAN 上默认是启用的，直到达到所定的生成树上限。只有当网络拓扑无环时才禁用 STP。当 STP 被禁用而网络中又出现环路时，大量的流量和不确定的重复分组会严重降低网络性能。

要再次启用 STP，在全局配置模式下，使用如下命令：

```
switch(config)#spanning-tree vlan vlan-id
```

如果要关闭交换机 Spanning Tree 协议，在配置默认下，使用 no spanning tree 命令。

3. 根交换机配置

为了防止 6.2.4 节介绍的意外情况发生，应做好以下两项工作：
（1）以确定的方式将某台交换机配置为根网桥；
（2）将另一台交换机配置为辅助根网桥，以防止主根网桥出现故障。

作为公共参考点，根网桥和辅助根网桥应位于第二层网络的中央。例如，位于分布层的交换机可能比接入层交换机更适合用做根网桥，因为有更多的数据流经过分布层设备。在没有第三层交换机的交换网中，与其他交换机相比，将靠近服务器群的交换机用做根网桥的效率更高。大部分数据流将前往或来自服务器群。

要配置一个交换机成为某个 VLAN 的根，可使用以下两种方法。

（1）手工设置网桥优先级值，使某台交换机的网桥 ID 比默认值低，以便赢得根网桥选举。要选择最低的值，就必须知道 VLAN 中其他所有交换机的网桥优先级。为此，可使用如下命令：

```
switch(config)#spanning-tree vlan vlan-id priority bride-priority
```

其中，bride-priority 的默认值为 32768，但可以将其指定为 0～65535 之间的任何值。如果启用了扩展系统 ID，则 bride-priority 默认为 32768 加上 VLAN 号，在这种情况下，bride-priority 的取值范围为 0～61440，但只能是 4096 的倍数。网桥优先级越低越好。

应为每个 VLAN 指定合适的根网桥，例如，将 VLAN5 和 VLAN10~200 的网桥优先级设置为 4096，则使用的命令如下：

switch(config)#**spanning-tree vlan** *5，10-200* **priority** *4096*

（2）让想成为根网桥的交换机根据一些有关网络中其他交换机的假设，选择自己的优先级，则使用的命令如下：

switch(config)#**spanning-tree vlan** *vlan-id* **root** ｛**primary** | **secondary**｝[**diameter**]
//配置交换机成为特定 VLAN 的根

该命令是一个宏，以一种更直接、更自动的方法使交换机成为根网桥。该命令并没有指定实际的网桥优先级，而是由交换机根据活动网络中使用的当前值修改其 STP 值。

要恢复交换机默认设置，可使用命令如下：

switch(config)#**no spanning-tree vlan** *vlan-id* **root**

▶ 4．为 VLAN 和端口设置优先级

如果出现环路，STP 在选择接口把它置于转发状态时，才能使用端口优先级。管理员给最优先选择的端口赋予较高的优先级（数值较小），给最不愿选择的端口赋予较低的优先级（数值较大）。如果所有的端口具有同样的优先级，STP 将具有最低端口编号的端口置于转发状态，而阻塞其他端口。

Cisco IOS 在端口配置为接入端口时使用端口优先级值，并且在接口被配置为中继端口时使用 VLAN 端口优先级值。

switch(config)#**interface** *type mod/num*
switch(config-if)#**spanning-tree vlan port-priority** *priority*   //配置一个接入接口的端口优先级。Priority 的范围为 1~255，默认值是 128，数值越小，优先级越高
switch(config-if)#**spanning-tree** [**vlan** *vlan-id*] **port-priority** *priority*   //在一个中继接口上配置 VLAN 端口优先级
switch(config-if)#**no spanning-tree** [**vlan** *vlan-id*] **port-priority**   //恢复到端口的默认设置
switch#**show spanning-tree vlan** *vlan-id*   //检验配置的条目
switch#**show spanning-tree interface** *type mod/num*   //检验配置的条目

▶ 5．设置端口开销

当一个端口被配置为接入端口时，STP 使用开销值，而当一个端口被配置为中继端口时，使用 VLAN 端口开销。

端口优先级值，并且在接口被配置为中继端口时使用 VLAN 端口优先级值。

switch(config)#**interface** *type mod/num*
switch(config-if)#**spanning-tree cost** *cost*   //配置一个接入端口的开销。
switch(config-if)#**spanning-tree** [**vlan** *vlan-id*] **cost** *cost*   //在一个中继端口上配置 VLAN 端口开销

```
switch#show spanning-tree vlan vlan-id            //检验配置的条目
switch#show spanning-tree interface type mod/num  //检验配置的条目
```

▶ 6. 修改 STP 定时器

在特定情况下，IEEE 802.1d STP 参数可以逐个配置。这些参数包括 Hello 时间、转发延迟和 VLAN 最大生存时间。

```
switch(config)#spanning-tree vlan vlan-id hello-time seconds    //配置 VLAN 的 Hello 时间。seconds 范围为 1~10 秒，默认值为 2
switch(config)#spanning-tree vlan vlan-id forward-time seconds  //配置 VLAN 的转发延迟。seconds 范围为 4~30 秒，默认值为 2
switch(config)#spanning-tree vlan vlan-id mac-age seconds       //配置 VLAN 的最大生存时间。seconds 范围为 6~10 秒
```

6.2.7 快速生成树协议

快速生成树协议（Rapid Spanning Tree Protocal，RSTP）（IEEE 802.1w）是 802.1d 标准的一种发展，是 STP（802.1d 标准）的一种演变形式，于 1983 年首次推行。该协议能够在拓扑更改后执行更快速的生成树收敛。RSTP 在公共标准中融入了 Cisco 专有的 STP 扩展：BackboneFast、UplinkFast 和 PortFast。到 2004 年，IEEE 将 RSTP 整合到了 802.1d 中，将新的规范命名为 IEEE 802.1d—2004。所以当听到 STP 时，应该先考虑 RSTP。

802.1w STP 的术语大部分都与 IEEE 802.1d STP 术语一致。绝大多数参数都没有变动，所以熟悉 STP 的用户能够对此新协议快速上手。

▶ 1. RSTP 的特征

RSTP 能够在第二层网络拓扑变更时加速重新计算生成树的过程。若网络配置恰当，RSTP 能够达到相当快的收敛速度，有时甚至只需几百毫秒。RSTP 重新定义了端口的类型及端口状态。如果端口被配置为替换端口或备份端口，则该端口可以立即转换到转发状态，而无须等待网络收敛。以下简要介绍了 RSTP 的特征。

（1）要防止交换网络环境中形成第二层环路，最好选择 RSTP 协议。

（2）Cisco 专有的 802.1d 增强功能（例如 UplinkFast 和 BackboneFast）与 RSTP 不兼容。

（3）RSTP（802.1w）用于取代 STP（802.1d），但仍保留了向下兼容的能力。

（4）RSTP 使用与 IEEE 802.1d 相同的 BPDU 格式，不过其版本字段被设置为 2 以代表是 RSTP，并且标志字段用完所有的 8 位。RSTP BPDU 将在后面介绍。

（5）RSTP 能够主动确认端口是否能安全转换到转发状态，而不需要依靠任何计时器来作出判断。

▶ 2. RSTP BPDU

RSTP（802.1w）使用第 2 版 BPDU，所以 RSTP 网桥能够与 802.1d 在任何共享链路

上通信，而且能够与运行 802.1d 的任何交换机通信。如图 6.8 所示为 RSTP BPDU。RSTP 发送 BPDU 及填充标志字节的方式与 802.1d 略有差异。

字段	字节
协议ID＝0x0000	2
协议版本ID=0x02	1
BPDU类型 = 0x02	1
标志	1
根ID	8
路径开销	4
网桥ID	8
端口ID	2
消息老化时间	2
最大老化时间	2
Hello时间	2
转发延迟	2

标志字段

字段位	位
拓扑更改	0
建议	1
端口角色	2-3
未知端口	00
替换或备份端口	01
根端口	10
指定端口	11
学习	4
转发	5
同意	6
拓扑更改确认	7

图 6.8　RSTP BPDU

如果连续三段 Hello 时间（默认为 6 秒）内没有收到 Hello 消息，或者当最大老化时间计时器过期时，协议信息可立即过期。

▶3．RSTP 边缘端口

RSTP 边缘端口是指永远不会用于连接到其他交换机设备的交换机端口。当启用时，此类端口会立即转换到转发状态。

▶4．链路类型

链路类型用于将参与 RSTP 的每个端口分类。链路类型可预先确定待命端口要扮演的活动角色，以便在满足特定条件时端口立即转换到转发状态。边缘端口和非边缘端口需满足不同的条件。非边缘端口分类为两种链路类型：点对点链路和共享链路。链路类型是自动确定的，但可以使用端口配置覆盖。

边缘端口（相当于启用 PortFast 的端口）和点对点链路可以快速转换到转发状态。不过，在考虑链路类型参数之前，RSTP 必须确定端口角色。

根端口不使用链路类型参数。根端口一旦处于同步模式下，就能快速转换到转发状态。

大多数情况下，替换端口和备份端口不使用链路类型参数。

指定端口对链路类型参数的使用程度最高。只有当链路状态参数指示为点对点链路时，指定端口才能快速转换到转发状态。

▶5．RSTP 端口状态

RSTP 将端口的状态定义为丢弃、学习和转发三种。如表 6.3 所示列出了这三种状态及其操作。

表 6.3 RSTP 端口的状态及其操作

端口状态	操作
丢弃	稳定的活动拓扑及拓扑同步和更改期间都会出现此状态。丢弃状态禁止转发数据帧，因而可以断开第二层环路
学习	稳定的活动拓扑及拓扑同步和更改期间都会出现此状态。学习状态会接受数据帧来填充 MAC 表，以限制未知单播帧泛洪
转发	仅在稳定的活动拓扑中出现此状态。转发状态的交换机端口决定了拓扑。发生拓扑变化后，或在同步期间，只有当建议和同意过程完成后才会转发数据帧

表 6.4 对 STP 和 RSTP 端口状态进行了比较。

表 6.4 STP 和 RSTP 端口状态的比较

操作状态	STP 端口状态	RSTP 端口状态	是否处于活动拓扑中
启用	阻塞	丢弃	否
启用	侦听	丢弃	否
启用	学习	学习	是
启用	转发	转发	是
禁用	禁用	丢弃	否

在一个稳定的拓扑里，RSTP 保证所有根端口和指定端口都处于转发状态，而所有的替换端口和备份端口都处于丢弃状态。

6. RSTP 端口角色

端口角色定义了交换机端口的最终作用及端口处理数据帧的方式。端口角色和端口状态能够不依靠对方独立转换。RSTP 定义了以下几种端口类型。

（1）根端口（Root）：这是在每个非根网桥上，被选为到根网桥所路经的交换机端口。每台交换机上只能有一个根端口。在稳定的活动拓扑中，根端口为转发状态。

（2）指定端口（Designated）：每个网段至少有一个交换机端口作为该网段的指定端口。在稳定的活动拓扑中，包含指定端口的交换机将接收网段中发往根网桥的帧，指定端口为转发端口。连接到给定网段的所有交换机都会帧听所有 BPDU，确定哪台交换机将成为特定网段内的指定交换机。

（3）替换端口（Alternate）：此交换机端口提供通往根网桥的替代路径。在稳定的活动拓扑中，替换端口处于丢弃状态。替换端口存在于非指定交换机上，如果当前指定路径断开，它将转变为指定端口。

（4）备份端口（Backup）：指定交换机上的一种端口，用于提供到相应网段的冗余链路。在指定网桥上，备份端口的端口 ID 比指定端口更高。在稳定的活动拓扑中，替换端口处于丢弃状态。

7. 冗余链路汇聚

Cisco 在原始 IEEE 802.1d STP 的基础上添加了一系列专有的扩展技术，例如 BackboneFast、UplinkFast 和 PortFast。

（1）PortFast：接入层节点。

STP PortFast 是 Cisco Catalyst 交换机的一个特性，能使交换机或中继端口跳过侦听和学习状态，立即进入 STP 转发状态。在基于 IOS 的接入层交换机端口上，快速建立到正在启动的工作站的连接。

在只连接到单台工作站或特定设备的交换机端口上，不可能形成桥接环路。仅当工作站连接到网络的其他连接且自己桥接数据流时，才有可能形成环路。当一个设备连接到接入层交换机的一个端口上时，端口通常情况下应进入侦听状态。

默认情况下，PortFast 在所有交换机端口上都被禁用。在被配置为接入模式（非中继）的所有端口上，都将自动启用 PortFast。

switch(config)#**spanning-tree** *portfast default*

这将影响所有的交换机端口。

也可以使用命令在特定的交换机端口上启用或禁用 PortFast。

switch(config-if)#**no spanning-tree** *portfast*

使用下面的命令可以显示当前的 PortFast：

switch(config)#**show spanning-tree interface** *type mod/num portfast*

当在启用 PortFast 的端口上启用 BPDU 保护时，STP 会关闭那些收到 BPDU 且启用 PortFast 的端口。

在一个合理的配置中，启用 PortFast 的端口是不会收到 BPDU 的。因此只在那些连接到终端站点的端口上才配置 PortFast。

switch(config)#**spanning-tree portfast bpduguard default**　　//全局启用 BPDU 保护。默认是禁用 BPDU 保护的

switch(config)#**interface** *type mod/num*

switch(config-if)#**spanning-tree** *portfast*　　//启用 portfast 特性

switch(config)#**no spanning-tree** *portfast bpduguard default*　　//禁用 BPDU 保护

（2）UplinkFast：接入层上行链路。

在使用两条上行链路连接到分布层交换机的接入交换机上，快速完成上行链路故障切换。正常情况下，一条上行链路处于转发状态，则另一条处于阻断状态。如果主上行链路出现故障，使用冗余上行链路之前需要经历的时间高达 60 秒。

UplinkFast 的特性是让叶节点交换机（生成树分支末端的交换机）能够拥有一个正常运行的根端口的同时，让一条或多条冗余链路处于阻断状态。当主根端口链路出现故障时，另一条阻断的上行链路将能够立即使用。

启用 UplinkFast 功能，命令如下：

switch(config)#**spanning-tree uplinkfast** [**max-update-rate** *pkts-per-second*]

UplinkFast 被启用时，将在整台交换机上和所有 VLAN 上启用。UplinkFast 通过记录所有前往根网桥的可能路径来完成其工作，因此不能在根交换机上使用该命令。UplinkFast 还对本地交换机进行一些修改，以确保该交换机不会成为根网桥，且不会用做前往根网桥的中转交换机，确保 UplinkFast 只用于离根网桥最远的叶节点交换机。

首先，交换机的网桥优先级升至 49152，使其不会选为根网桥。所有本地交换机的端

口成本都增加 3000,使任何下游交换机的根路径都不可能经过这些端口。

当交换机的上行链路出现故障时,UplinkFast 使得本地交换机将 MAC 地址桥接表更新为指向新的上行链路更容易。

(3) BackboneFast:冗余骨干路径。

在网络骨干(核心层)中,可使用另一种方法来缩短 STP 的汇聚时间。当交换机检测到间接链路故障时,BackboneFast 让交换机主动地判断是否有前往根网桥的替代路径。当不直接与交换机相连的链路出现故障时,发生的便是间接链路故障。

要配置 BackboneFast,可使用如下命令:

switch(config)#**spanning-tree** *backbonefast*

使用 BackboneFast 时,应在网络中所有的交换机上启用 BackboneFast。默认情况下,BackboneFast 被禁用。

6.3 方案设计

根据客户的要求,经过公司技术人员的协商,在两台交换机上分别启动生成树协议可以采用两种方法:一种方法是在两台交换机上分别启动生成树协议;另一种方法是在两台交换机上分别启动快速生成树协议。使两条链路中的一条处于工作状态,另一条处于备份状态。当处于工作状态的链路出现问题时,备份链路将在最短时间内投入使用,保证网络畅通。

信息大楼交换机和办公楼交换机之间采用千兆光纤连接,为了提高网络的可靠性,使用光纤收发器在机电楼交换机和办公楼交换机之间备份了一条链路,当办公楼和信息大楼的千兆链路出现故障时,办公楼的用户通过机电楼连接到信息大楼。

6.4 项目实施

6.4.1 项目目标

通过本项目的完成,可以使学生掌握以下技能:
(1)掌握生成树协议的配置方法;
(2)掌握快速生成树协议的配置方法。

6.4.2 实训任务

为了实现本项目,构建如图 6.9 所示的网络实训环境,或在 Packet Tracer 中模拟,可参考图 5.6 进行连接。配置交换机 jisjsw 为核心,创建 4 个 VLAN,分别属于计算机系、机电工程系、财务处和学生机房等。在项目 5 的基础上,用一条交叉线将交换机 banglsw 的端口 Fa0/1 和交换机 jidxsw 的端口 Fa0/1 连接起来,配置 STP 实现链路冗余。请完成如下配置任务:

(1)配置项目 5 中的实训任务;
(2)配置交换机 jisjsw 和交换机 banglsw 之间的链路冗余。

图 6.9 链路冗余

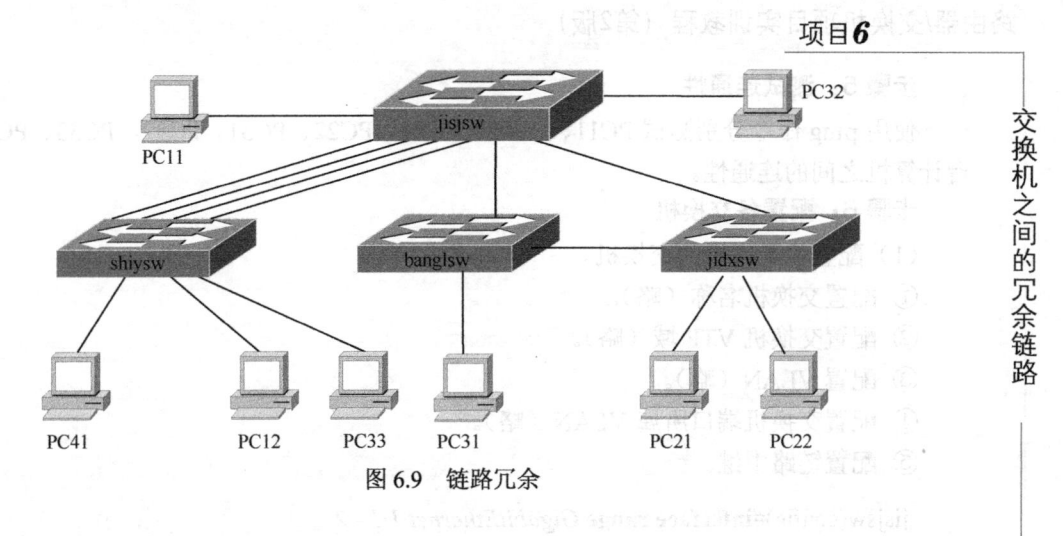

6.4.3 设备清单

需要配置的设备同项目 5。

6.4.4 实施过程

步骤 1：规划与设计

（1）规划计算机 IP 地址、子网掩码、网关。配置计算机 PC11、PC12、PC21、PC22、PC31、PC32、PC33、PC41 的 IP 地址同项目 3。去掉一台计算机 PC42，改名为 PC33，IP 地址为 192.168.30.13/24。

（2）规划各场所交换机名称、端口所属 VLAN 及连接的计算机同项目 4。交换机端口的连接如表 6.5 所示。

表 6.5 交换机之间端口的连接

上联端口				下联端口		
交换机	端口	描述		交换机	端口	描述
jisjsw	Gi1/1	Link to jidxsw- Gi1/2		jidxsw	Gi1/2	Link to jisjsw- Gi1/1
jisjsw	Gi1/2	Link to banglsw-Gi1/2		banglsw	Gi1/2	Link to jisjsw- Gi1/2
Jisjsw	Fa0/1	Link to shiysw-Fa0/1		shiysw	Fa0/1	Link to jisjsw-Fa0/1
Jisjsw	Fa0/2	Link to shiysw - Fa0/2		shiysw	Fa0/2	Link to jisjsw- Fa0/2
Jisjsw	Fa0/3	Link to shiysw - Fa0/3		shiysw	Fa0/3	Link to jisjsw- Fa0/3
Jisjsw	Fa0/4	Link to shiysw -Fa0/4		shiysw	Fa0/4	Link to jisjsw- Fa0/4
banglsw	Fa0/1	Link to jidxsw-Fa0/1		jidxsw	Fa0/1	Link to banglsw- Fa0/1

步骤 2：实训环境准备

（1）硬件连接。在交换机和计算机断电的状态下，按照图 6.11 和表 6.5 所示连接硬件。交换机之间的级联采用交叉线。

（2）给各设备供电。

步骤 3：按照表 3.2 所列设置各计算机的 IP 地址、子网掩码、默认网关

步骤 4：清除交换机的所有配置

在三台交换机上清除 NVRAM、删除 vlan.dat 文件并重新加载交换机（略）

步骤 5：测试连通性

使用 ping 命令分别测试 PC11、PC12、PC21、PC22、PC31、PC32、PC33、PC41 八台计算机之间的连通性。

步骤 6：配置各交换机

（1）配置信息大楼的交换机。

① 配置交换机名称（略）。

② 配置交换机 VTP 域（略）。

③ 配置 VLAN（略）。

④ 配置交换机端口所属 VLAN（略）。

⑤ 配置链路中继。

```
jisjsw(config)#interface range GigabitEthernet 1/1 - 2
jisjsw(config-if-range)#switchport mode trunk
jisjsw(config-if-range)#no shutdown
jisjsw(config-if-range)#exit
jisjsw(config)#interface port-channel 5
jisjsw(config-if)#switchport mode trunk
jisjsw(config-if)#exit
jisjsw(config)#interface range FastEthernet 0/1 - 4
jisjsw(config-if-range)#switchport mode trunk
jisjsw(config-if-range)#channel-group 5 mode on
jisjsw(config-if-range)#no shutdown
jisjsw(config-if-range)#end
jisjsw#write
```

（2）配置实验中心的交换机。

① 配置交换机名称（略）。

② 配置交换机 VTP 域（略）。

③ 配置 VLAN（略）。

④ 配置交换机端口所属 VLAN（略）。

⑤ 配置链路中继。

```
shiysw(config)#interface range FastEthernet 0/1 - 4
shiysw(config-if-range)#switchport mode trunk
shiysw(config-if-range)#channel-group 5 mode on
shiysw(config-if-range)#no shutdown
shiysw#write
```

（3）配置机电大楼和办公楼的交换机（略）。

（4）使用 ping 命令分别测试 PC11、PC12、PC21、PC22、PC31、PC32、PC33、PC41 八台计算机之间的连通性。

步骤 7：用一条交叉线将办公楼和机电大楼的交换机的 f0/1 端口连接起来，并配置为中继链路

```
banglsw(config)#interface FastEthernet 0/1
banglsw(config-if)#switchport mode trunk
banglsw(config-if)#description Link to jidxsw-Fa0/1
banglsw(config-if)#no shutdown
banglsw(config-if)#end
banglsw#write

jidxsw(config)#interface FastEthernet 0/1
jidxsw(config-if)#switchport mode trunk
jidxsw(config-if)#description Link to banglsw-Fa0/1
jidxsw(config-if)#no shutdown
jidxsw(config-if)#end
jidxsw#write
```

步骤 8：配置生成树

（1）检查 802.1d STP 的默认配置。

在每台交换机上，使用 **show spanning-tree** 命令列出其上的生成树表。根选举取决于实验中每台交换机的 BID，因而会产生不同的输出结果。

```
jisjsw#show spanning-tree
VLAN0001
   Spanning tree enabled protocol ieee
   Root ID    Priority    32769
              Address     0001.43A6.AED0
              Cost        4  //到根网桥的端口和路径开销
              Port        25(GigabitEthernet 1/1)
              Hello Time  2 sec   Max Age 20 sec   Forward Delay 15 sec
   Bridge ID  Priority    32769  (priority 32768 sys-id-ext 1)
              Address     00D0.977D.5CA7
              Hello Time  2 sec   Max Age 20 sec   Forward Delay 15 sec
              Aging Time  20

Interface       Role    Sts Cost     Prio.Nbr    Type
----------------------------------------------------------------
Po5             Desg    FWD   7      128.27      Shr         //指定端口
Gi1/1           Root    FWD   4      128.25      P2p         //根端口
Gi1/2           Desg    FWD   4      128.26      P2p         // 指定端口
VLAN0010
   Spanning tree enabled protocol ieee
   Root ID    Priority    32778
              Address     0001.6440.A916
              Cost        7
              Port        27(Port-channel 5)
```

```
                        Hello Time   2 sec   Max Age 20 sec   Forward Delay 15 sec
        Bridge ID   Priority   32778   (priority 32768 sys-id-ext 10)
                    Address       00D0.977D.5CA7
                    Hello Time   2 sec   Max Age 20 sec   Forward Delay 15 sec
                    Aging Time   20
        Interface       Role            StsCost         Prio.Nbr        Type
        ----------------------------------------------------------------------------
        Po5             Root FWD        7               128.27          Shr
        Gi1/1           Desg FWD        4               128.25          P2p
        Fa0/6           Desg FWD        19              128.6           P2p
        Gi1/2           Desg FWD        4               128.26          P2p
        VLAN0020
          Spanning tree enabled protocol ieee
          Root ID     Priority    32788
                      Address     0001.43A6.AED0
                      Cost        4
                      Port        25(GigabitEthernet 1/1)
                      Hello Time   2 sec   Max Age 20 sec   Forward Delay 15 sec
        Bridge ID   Priority   32788   (priority 32768 sys-id-ext 20)
                    Address       00D0.977D.5CA7
                    Hello Time   2 sec   Max Age 20 sec   Forward Delay 15 sec
                    Aging Time   20
        Interface       Role Sts        Cost            Prio.Nbr        Type
        ----------------------------------------------------------------------------
        Po5             Desg FWD        7               128.27          Shr
        Gi1/1           Root FWD        4               128.25          P2p
        Gi1/2           Desg FWD        4               128.26          P2p
        ……
        jisjsw#
jisjsw#show spanning-tree interface gigabitEthernet 1/2
        Vlan            Role            Sts Cost        Prio.Nbr        Type
        ----------------------------------------------------------------------------
        VLAN0001        Desg FWD        4               128.26          P2p
        VLAN0010        Desg FWD        4               128.26          P2p
        VLAN0020        Desg FWD        4               128.26          P2p
        VLAN0030        Desg FWD        4               128.26          P2p
        VLAN0040        Desg FWD        4               128.26          P2p
        jisjsw#

banglsw#show spanning-tree
```

VLAN0001
  Spanning tree enabled protocol ieee
  Root ID   Priority   32769
             Address   **0001.43A6.AED0**
             Cost   **4**
             Port   26(GigabitEthernet1/2)
             Hello Time   2 sec   Max Age 20 sec   Forward Delay 15 sec
  Bridge ID Priority   32769   (priority 32768 sys-id-ext 1)
             Address   **0090.0C76.E1DD**
             Hello Time   2 sec   Max Age 20 sec   Forward Delay 15 sec
             Aging Time   20
Interface   Role   StsCost   Prio.Nbr   Type

Fa0/1   Altn BLK   19   128.1   P2p   //非指定端口
Gi1/2   Root FWD   4   128.26   P2p

VLAN0030
  Spanning tree enabled protocol ieee
  Root ID   Priority   32798
             Address   **0001.6440.A916**
             Cost   **4**
             Port   26(GigabitEthernet1/2)
             Hello Time   2 sec   Max Age 20 sec   Forward Delay 15 sec
  Bridge ID Priority   32798   (priority 32768 sys-id-ext 30)
             Address   **0090.0C76.E1DD**
             Hello Time   2 sec   Max Age 20 sec   Forward Delay 15 sec
             Aging Time   20
Interface   Role   Sts Cost   Prio.Nbr   Type

Fa0/2   Desg FWD   19   128.2   P2p
Fa0/1   Desg FWD   19   128.1   P2p
Gi1/2   Root FWD   4   128.26   P2p
banglsw#
jidxsw#**show spanning-tree**
VLAN0001
  Spanning tree enabled protocol ieee
  Root ID   Priority   32769
             Address   **0001.43A6.AED0**
             This bridge is the root
             Hello Time   2 sec   Max Age 20 sec   Forward Delay 15 sec
  Bridge ID Priority   32769   (priority 32768 sys-id-ext 1)

```
                    Address        0001.43A6.AED0
                    Hello Time   2 sec   Max Age 20 sec   Forward Delay 15 sec
                    Aging Time   20
  Interface    Role           Sts Cost         Prio.Nbr        Type
  ----------------------------------------------------------------------------
  Gi1/2        Desg FWD       4                128.26          P2p
  Fa0/1        Desg FWD       19               128.1           P2p
  VLAN0010
    Spanning tree enabled protocol ieee
    Root ID    Priority     32778
               Address       0001.43A6.AED0
               This bridge is the root          //该交换机为根网桥
               Hello Time   2 sec   Max Age 20 sec   Forward Delay 15 sec
    Bridge ID  Priority     32778   (priority 32768 sys-id-ext 10)
               Address       0001.43A6.AED0
               Hello Time   2 sec   Max Age 20 sec   Forward Delay 15 sec
               Aging Time   20
  Interface    Role           Sts Cost         Prio.Nbr        Type
  ----------------------------------------------------------------------------
  Gi1/2        Desg LRN       4                128.26          P2p
  Fa0/1        Desg LRN       19               128.1           P2p
  ……
  jidxsw#
```

show spanning-tree 命令可显示网桥 ID 优先级的值。注意：括号中的"优先级"值的第一部分代表网桥优先级值，第二部分代表系统 ID 扩展的值。

根据各交换机的生成树状态信息输出，可知根网桥、端口信息如图 6.10 所示。

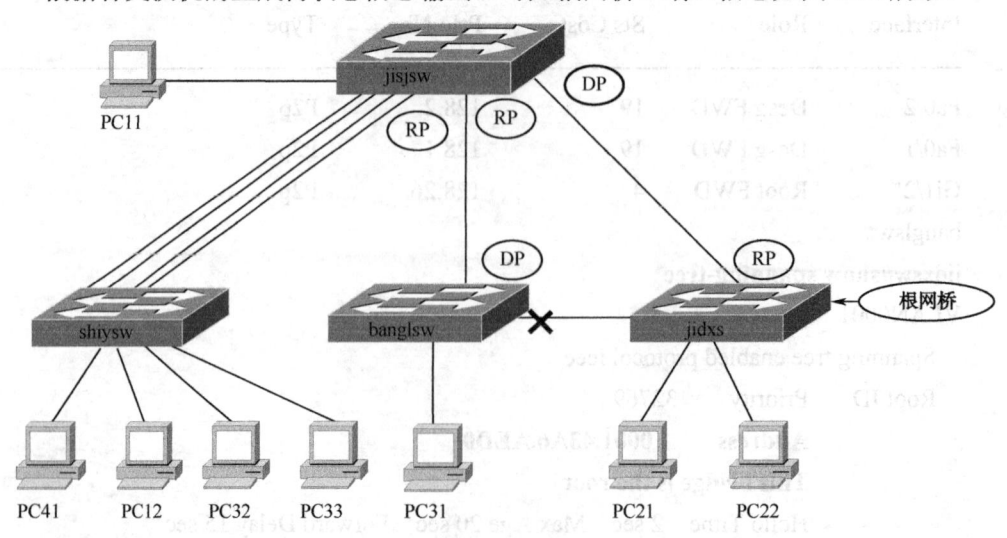

图 6.10 生成树汇聚

（2）关闭办公楼交换机上的端口 Gi1/2，也就是模拟办公楼交换机到信息大楼的交换机之间的链路出现了故障。

```
banglsw(config)#interface GigabitEthernet 1/2
banglsw(config-if)#shutdown
banglsw(config-if)#exit
banglsw#
jidxsw#show spanning-tree
VLAN0001
  Spanning tree enabled protocol ieee
  Root ID    Priority    32769
             Address     0001.43A6.AED0
             This bridge is the root
             Hello Time  2 sec   Max Age 20 sec   Forward Delay 15 sec
  Bridge ID  Priority    32769   (priority 32768 sys-id-ext 1)
             Address     0001.43A6.AED0
             Hello Time  2 sec   Max Age 20 sec   Forward Delay 15 sec
             Aging Time  20
Interface       Role       Sts Cost      Prio.Nbr      Type
-------------------------------------------------------------------------
Gi1/2           Desg FWD    4            128.26        P2p
Fa0/1           Desg FWD    19           128.1         P2p
VLAN0010
  Spanning tree enabled protocol ieee
  Root ID    Priority    32778
             Address     0001.43A6.AED0
             This bridge is the root
             Hello Time  2 sec   Max Age 20 sec   Forward Delay 15 sec
  Bridge ID  Priority    32778   (priority 32768 sys-id-ext 10)
             Address     0001.43A6.AED0
             Hello Time  2 sec   Max Age 20 sec   Forward Delay 15 sec
             Aging Time  20
Interface       Role       Sts Cost      Prio.Nbr      Type
-------------------------------------------------------------------------
Gi1/2           Desg FWD    4            128.26        P2p
Fa0/1           Desg FWD    19           128.1         P2p
VLAN0020
  Spanning tree enabled protocol ieee
  Root ID    Priority    32788
             Address     0001.43A6.AED0
```

```
                This bridge is the root
                Hello Time    2 sec    Max Age 20 sec    Forward Delay 15 sec
    Bridge ID   Priority      32788    (priority 32768 sys-id-ext 20)
                Address       0001.43A6.AED0
                Hello Time    2 sec    Max Age 20 sec    Forward Delay 15 sec
                Aging Time    20

Interface       Role          Sts Cost          Prio.Nbr          Type
----------------------------------------------------------------------------
Gi1/2           Desg FWD      4                 128.26            P2p
Fa0/3           Desg FWD      19                128.3             P2p
Fa0/2           Desg FWD      19                128.2             P2p
Fa0/1           Desg FWD      19                128.1             P2p
jidxsw#show interface trunk
Port            Mode          Encapsulation     Status            Native vlan
Fa0/1           on            802.1q            trunking          1
Gi1/2           on            802.1q            trunking          1
Port            Vlans allowed on trunk
……
jidxsw#
```

（3）使用 ping 命令分别测试 PC31、PC32、PC33 三台计算机之间的连通性。

（4）再次启用办公楼交换机上的端口 Gi1/2，使用 ping 命令分别测试 PC31、PC32、PC33 三台计算机之间的连通性。

（5）接入层交换机 jidxsw 为根网桥，从性能上来讲是不能满足要求的，需要先将根网桥从 jidxsw 移到 jisjsw。

配置交换机 jisjsw 为根网桥。

```
jisjsw(config)#spanning-tree vlan 10,20,30,40 priority 4096
jisjsw#show spanning-tree
VLAN0001
  Spanning tree enabled protocol ieee
  Root ID    Priority      32769
             Address       0001.43A6.AED0
             Cost          4
             Port          25(GigabitEthernet1/1)
             Hello Time    2 sec    Max Age 20 sec    Forward Delay 15 sec
  Bridge ID  Priority      32769    (priority 32768 sys-id-ext 1)
             Address       00D0.977D.5CA7
             Hello Time    2 sec    Max Age 20 sec    Forward Delay 15 sec
             Aging Time    20

Interface    Role          Sts Cost          Prio.Nbr          Type
```

```
Po5            Desg FWD      7              128.27         Shr
Gi1/1          Root FWD      4              128.25         P2p
Gi1/2          Desg FWD      4              128.26         P2p
VLAN0010
  Spanning tree enabled protocol ieee
  Root ID    Priority     4106
             Address      00D0.977D.5CA7
             This bridge is the root
             Hello Time  2 sec   Max Age 20 sec   Forward Delay 15 sec
  Bridge ID  Priority     4106    (priority 4096 sys-id-ext 10)
             Address      00D0.977D.5CA7
             Hello Time  2 sec   Max Age 20 sec   Forward Delay 15 sec
             Aging Time  20
Interface      Role          Sts Cost       Prio.Nbr       Type
----------------------------------------------------------------------
Po5            Desg FWD      7              128.27         Shr
Gi1/1          Desg FWD      4              128.25         P2p
Fa0/6          Desg FWD      19             128.6          P2p
Gi1/2          Desg FWD      4              128.26         P2p
……
jisjsw#
```

（6）关闭交换机 jisjsw 上的端口 Gi1/2 模拟办公楼交换机到信息大楼的交换机之间的链路出现了故障。

```
jisjsw(config)#interface GigabitEthernet 1/2
jisjsw(config-if)#shutdown
jisjsw(config-if)#exit
jisjsw#show spanning-tree
……
```

（7）使用 ping 命令分别测试 PC31、PC32、PC33 三台计算机之间的连通性。

（8）再次启用办公楼交换机上的端口 Gi1/2，使用 ping 命令分别测试 PC31、PC32、PC33 三台计算机之间的连通性。

步骤 9：配置各交换机的口令（略）

步骤 10：配置远程管理（略）

步骤 11：保存配置文件

通过控制台和远程终端分别保存配置文件为文本文件（略）。

步骤 12：清除交换机的所有配置

（1）清除交换机启动配置文件（略）。

（2）删除交换机 VLAN（略）。

习 题

一、选择题

1. 以下哪项术语描述了帧的无穷泛洪或环路？（   ）
   A. 泛洪风暴　　　　B. 环路负载　　　　C. 广播风暴　　　　D. 广播负载
2. 以下哪项术语描述了多重帧复制到达同一交换机的不同端口？（   ）
   A. 泛洪风暴　　　　B. 重复帧传送　　　C. MAC 地址表不稳定　D. 环路负载
3. STP 是怎样提供一个无环路网络的？（   ）
   A. 泛洪风暴　　　　　　　　　　　　　B. 重复帧传送
   C. MAC 地址表不稳定　　　　　　　　　D. 环路负载
4. 以下哪个端口拥有从非根网桥到根网桥的最低开销路径？（   ）
   A. 根端口　　　　　B. 阻塞端口　　　　C. 指定端口　　　　D. 环路负载
5. 在 STP 中，指定端口是如何在一个网段中选取的？（   ）
   A. 到根网桥的低开销路径　　　　　　　B. 到根网桥的高开销路径
   C. 到最近非根网桥的低开销路径　　　　D. 到最近非根网桥的高开销路径
6. 按顺序排列 IEEE 802.1d 生成树状态（   ）。
   A. 学习、监听、丢弃、转发、阻塞　　　B. 阻塞、监听、学习、转发、丢弃
   C. 监听、学习、丢弃、转发、阻塞　　　D. 丢弃、阻塞、监听、学习、转发
7. 如图 6.11 所示，在这个网络中，生成树是怎样阻止交换环路形成的？（   ）

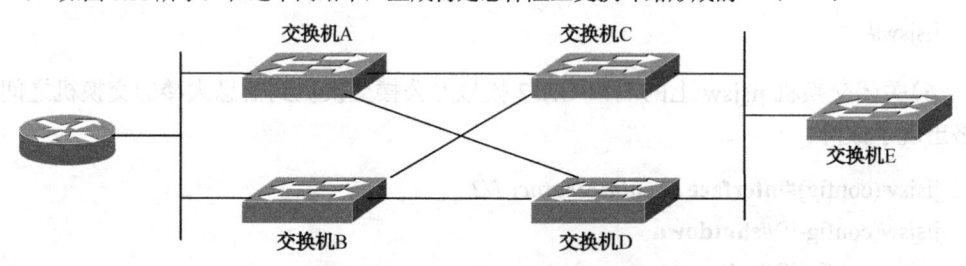

图 6.11　STP 中带有冗余的上联链路

   A. 流量将在所有交换机之间负载均衡
   B. 一台交换机会被选为根交换机并且达到此交换机的冗余路径将被阻塞
   C. 两台交换机会被选为根交换机，以此来阻塞另外两台交换机之间的通信
   D. 两台交换机会被选为指定交换机，以此来阻塞另外两台交换机之间的通信
   E. 交换机 A 或交换机 B 会被选为根交换机，交换机 C 和交换机 D 会被选为指定交换机
8. 如图 6.12 所示的网络中，生成树根网桥选举的结果是什么？（   ）
   A. 交换机 A 将成为根网桥　　　　　　　B. 交换机 B 将成为根网桥
   C. 交换机 C 将成为根网桥　　　　　　　D. 交换机 A 和交换机 B 将成为根网桥
   E. 交换机 A 和交换机 C 将成为根网桥

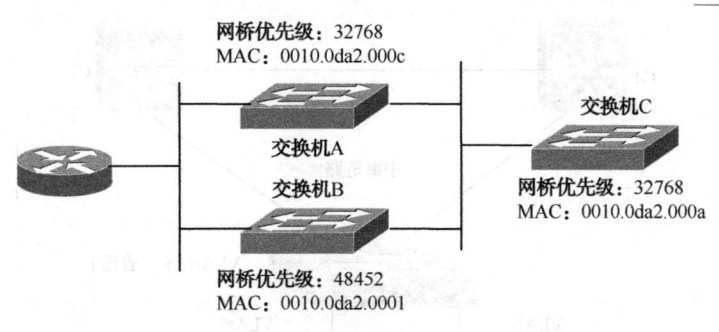

图 6.12 基本 STP 操作

9．为什么网络工程师会在网络中建立冗余？（　　）
　　A．消除过多的人员
　　B．在连接失败时提供多重路径来连接
　　C．为并发的数据传送提供多重路径来连接
　　D．消除多个生成树实例

二、思考题

1．什么情况导致 STP 拓扑发生变化？这种变化对 STP 和网络有什么影响？

2．根网桥已经在网络中选举出来。假定安装的新交换机和现有根网桥相比，有更低的网桥 ID，将发生什么情况？

3．假设交换机从两个端口接收到配置 BPDU，这两个端口被分配到同一个 VLAN，每个 BPDU 都指出 Catalyst A 为根网桥。这台交换机可以将这两个端口都用做根端口吗？为什么？

4．要保持交换机端口处于阻断状态，必须满足什么条件？

三、实训题

1．根据图 6.13 所示的网络示意图完成下面的练习：

（1）手工计算生成树拓扑。指出哪台交换机为根网桥、哪些端口是根端口和指定端口及哪些端口处于阻断状态？

（2）如果 100Mbps 链路（快速以太网接口 Fa0/2）断开，STP 将如何？

（3）如果 1Gbps 链路（吉比特以太网接口 Gi1/1）断开，两台交换机需要多长时间才能再次通信？（假设两台交换机都是用默认的 STP 定时器值，且没有使用提高汇聚速度的其他特性。）

（4）1Gbps 的物理链路（吉比特以太网接口 Gi1/1）处于 UP 状态，但不允许 BPDU 通过（如采用访问列表阻断了 BPDU），将发生什么？什么时候发生？

图 6.13 传统 STP 操作

2．一个小型网络由两台核心层交换机（C1 和 C2）及一台接入层交换机 S1 组成，如图 6.14 所示。高级生成树协议特性将提高汇聚速度和减少 STP 实例数。请回答下面问题：

（1）要排除交换机 S1 的上行链路变成单向链路的可靠性，可使用什么特性？要启用该特性，必须使用什么命令？假设需要在检测到单向状态后禁用该链路，应将哪台交换机配置成这样？

（2）在交换机 S1 上，应使用什么特性和命令来防止在连接到终端用户的端口上意外地收到 STP BPDU？

（3）对于交换机 S1 和 PC 之间的链路，需要使用什么命令将它们配置为 RSTP 边缘端口？

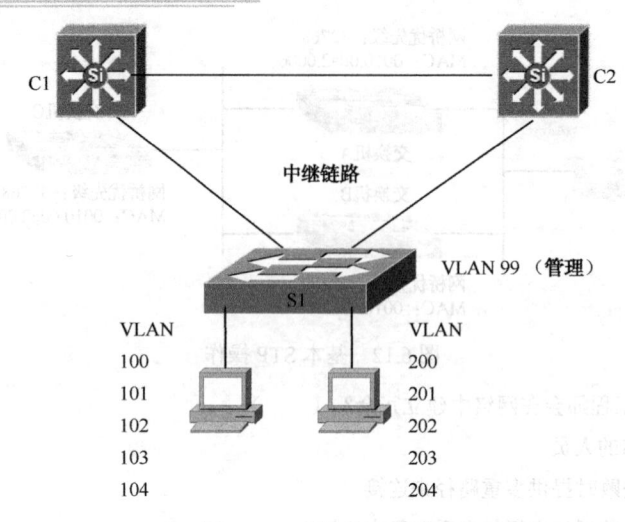

图 6.14 高级 STP 操作

3. 某学校组建一个局域网，为使局域网稳定运行，搭建了一个如图 6.15 所示的环型结构网络。分析该网络的运行状态，确保三层交换机 Catalyst 3560 处于核心地位，以发挥其核心交换机的功能。

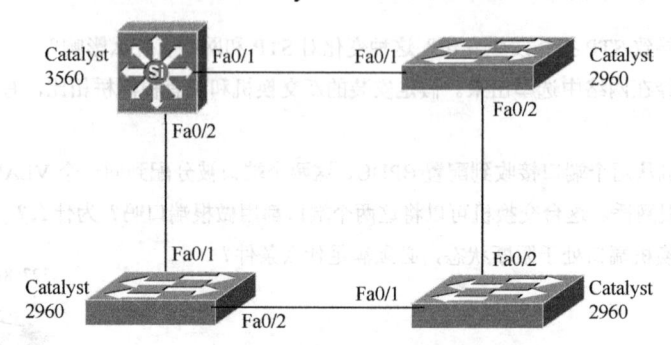

图 6.15 环型网络拓扑图

模块四 路由器的路由选择功能

网络的核心是路由器，其作用就是将各个网络彼此连接起来。因此，路由器需要负责不同网络之间的数据包传送。IP 数据包的目的地可以是国外的 Web 服务器，也可以是局域网中的电子邮件服务器。这些数据包都是由路由器来负责及时传送的。在很大程度上，网际通信的效率取决于路由器的性能，即取决于路由器是否能以最有效的方式转发数据包。

为了掌握路由器的路由选择功能，掌握对路由器进行 IP 协议、静态和动态路由协议配置，下面通过四个项目来实现。

项目 7：路由器的 IP 协议配置
项目 8：实现静态路由选择
项目 9：动态路由协议 RIP 的配置
项目 10：动态路由协议 OSPF 的配置

项目 7 路由器的 IP 协议配置

7.1 用户需求

路由器上有各种类型的接口，它是通过这些接口把各种类型的网络连接起来的。路由器的接口是网络管理员首先需要进行配置的。

7.2 相关知识

路由器的主要功能就是实现网络互联。路由器的硬件连接包括三部分：路由器与局域网设备之间的连接，路由器与广域网设备之间的连接及路由器与配置设备之间的连接。路由器的接口也多种多样，它们在不同的连接中发挥着重要作用。

7.2.1 路由器的功能

路由器是一种智能选择数据传输路由的设备，它主要包括以下几个功能。
（1）连接网络。路由器将两个或多个局域网连接在一起，组建成为规模更大的广域网络，并在每个局域网出口对数据进行筛选和处理，选择最为恰当的路由，从而将数据逐次传递到目的地。局域网的类型有以太网、ATM 网、FDDI 网络等。这些异构网络由于分别采用不同的数据封装方式，因此，即使都采用同一种网络协议（如 TCP/IP 协议），彼此之间也无法直接进行通信。而路由器能够将不同类型网络之间的数据信息进行"翻译"，以使它们能够相互"读"懂对方的数据，因此，要实现异构网络间的通信，就必须借助路由器。

（2）隔离广播域。路由器可以将广播域隔离在局域网内（路由器的一个接口均可视为一个局域网），不会将广播包向外转发。大中型局域网都会被人为地划分成若干虚拟局域网，并使用路由设备实现彼此之间的通信，以达到分隔广播域，提高每个传输效率的目的。

（3）路由选择。路由器能够按照预先指定的策略，智能选择到达远程目的地的路由。为了实现这一功能，路由器要按照某种路由协议，维护和查找路由表。路由器使用路由表来查找数据包的目的 IP 与路由表中网络地址之间的最佳匹配。路由表最后会确定用于转发数据包的送出接口，然后路由器会将数据包封装为适合该送出接口的数据链路帧。

（4）网络安全。路由器作为整个局域网络与外界网络连接的唯一出口，路由器还担当着保护内部用户和数据安全的重要角色。路由器的安全功能主要是通过地址转换和访问控制列表来实现的。

路由器其实也是计算机，它的组成结构类似于任何其他计算机（包括 PC）。路由器中含有许多其他计算机中常见的硬件和软件组件。在项目 1 中已经介绍过。

7.2.2 路由器的端口和接口

"端口"用在路由器上时，通常情况下是指用来管理访问的一个管理端口；而"接口"一般是指有能力发送和接收用户流量的口。

1. 管理端口

路由器上有一个用于管理路由器的物理接口，也称为管理端口。与以太网接口和串行接口不同，管理端口不用于转发数据包。最常见的管理端口是控制台端口。控制台端口用于连接终端（多数情况是运行终端模拟器软件的 PC），从而在无须通过网络访问路由器的情况下配置路由器。对路由器进行初始配置时，必须使用控制台端口。

另一种管理端口是辅助端口。并非所有路由器都有辅助端口。有时，辅助端口的使用方式与控制台端口类似，此外，此端口也可用于连接调制解调器。路由器上的控制台端口和 AUX（辅助）端口如图 7.1 所示。

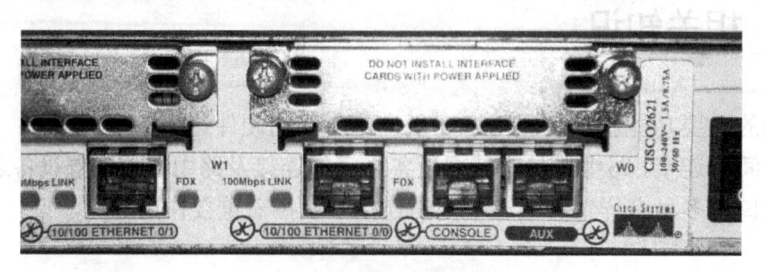

图 7.1 路由器的管理端口

2. 路由器接口

接口是 Cisco 路由器中主要负责接收和转发数据包的路由器物理接口。路由器有多个接口，用于连接多个网络。通常，这些接口连接到多种类型的网络，也就是说需要各种不同类型的介质和接口。路由器一般需要具备不同类型的接口。每个接口都有第三层 IP 地址和子网掩码，表示该接口属于特定的网络。路由器接口主要有以下两种。

（1）LAN 接口：以太网中的网络接口类型通常包括双绞线接口、光纤接口两种。路由器局域网接口主要用于与网络中的核心交换机连接。

① RJ-45 接口。RJ-45 接口是最为常见且使用非常广泛的接口，适用于局域网和广域网的连接。利用 RJ-45 接口也可实现 VLAN 之间及与远程网络或 Internet 的连接。

根据接口的速率不同，可以将接口分为 10Base-T、100Base-Tx 和 1000Base-TX 三种，每种接口的标识各不相同。其中，10Base-T 接口通常标识为"Ethernet"或"Eth"如图 7.2 所示。100Base-Tx 接口通常标识为"FastEthrnet"或"FE"，如图 7.3 所示。1000Base-TX 接口通常标识为"GE"。

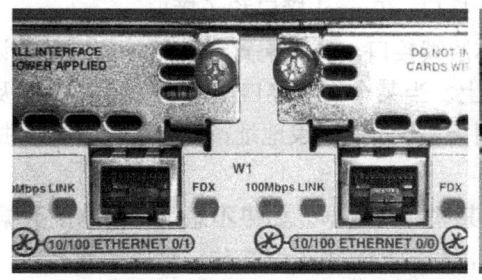

图 7.2　路由器 10Base-T 接口　　　图 7.3　路由器 100Base-Tx 接口

② GBIC/SFP 插槽。路由器模块往往提供 GBIC/SFP 插槽，用于适应不同的传输介质，借助相应的 GBIC/SFP 模块，可以实现千兆网络连接。目前 GBIC 模块已经被 SFP 模块代替。SFP 插槽是一种新型接口，被广泛应用于各类新款路由器模块。

③ SC/LC 光纤接口。路由器的光纤接口主要有两种：SC 光纤接口和 LC 光纤接口。LC 光纤接口被广泛应用于各类新款路由器。

（2）WAN 接口：局域网接入广域网的方式多种多样，如 DDN 接入、ADSL 接入及光纤接入等。为了满足用户的多种需求，路由器通常需要配备多种广域网接口。

① T1/E1 接口。T1 和 E1 接口用于实现远程网络连接，传输介质可以是同轴电缆或者光纤。T1/E1 表示该连接具有高质量的通话和数据传送界面。其中 T1 是美国标准，为 1.544Mbps；E1 是欧洲标准，为 2.048Mbps。我国专线标准一般执行欧洲标准 E1，并根据用户的需要再划信道分配（以 64Kbps 为单位）。T1/E1 接口通常标识为"T1／E1"。

一个 T1/E1 可以同时有多个并发信道，而每个信道又都是一个独立的连接。

● T1 提供 23 个 B 信道和 1 个 D 信道，即 23B＋D=1.544Mbps。
● E1 提供 30 个 B 信道和 1 个 D 信道，即 30B＋D=2.5048Mbps。

② 高速同步串口。高速同步串口（Serial）是典型的广域网接口，在广域网连接中应用比较广泛，如连接 DDN、帧中继、X.25、PSTN（模拟电话线路）等网络连接模式。在企业网之间有时也要通过 DDN 或者 X.25 等广域网技术进行专线连接。

③ ADSL 接口。ADSL 接口用于连接 ADSL Modem，实现与远程路由设备的宽带连接。ADSL 接口往往被应用于 SOHO 路由器，通常标识为"ADSL"。

④ AUI 接口。AUI 接口也被应用于连接广域网，在 Cisco 2600 系列路由器上，AUI 接口通常与 RJ-45 接口作为一个接口使用，用户可以根据自己的需要选择适当的类型。

⑤ 异步串口。异步串口（ASYNC）通常使用专用电缆连接至 Modem 或 Modem 池，用于实现远程计算机通过公用电话网拨入网络。

⑥ ISDN BRI 接口。ISDN BRI 接口用于通过 ISDN 线路实现与 Internet 或其他远程网络的连接，可实现 128Kbps 的通信速率。ISDN BRI 接口采用 RJ-45 标准，与 ISDN NT1 的连接使用直通线。

3. 路由器的逻辑接口

路由器的逻辑接口并不是实际的硬件接口，它是一种虚拟接口，是用路由器操作系统 IOS 的一系列软件命令创建的。这些虚拟接口可被网络设备当成物理的接口（如串行接口）来使用，以提供路由器与特定类型的网络介质之间的连接。在路由器上可配置不同的逻辑接口，主要有 Loopback 接口、Null 接口、Tunnel 接口和子接口。

（1）Loopback 接口。Loopback 接口又称回馈接口，一般配置在使用外部网关协议，对两个独立的网络进行路由的核心级路由器上。当某个物理接口出现故障时，核心级路由器中的 Loopback 接口被作为 BGP（边界网关协议）的结束地址，将数据包放在路由器内部处理，并保证这些包到达最终目的地。

（2）Null 接口。Null 接口主要用来阻挡某些网络数据。如果不想某一网络的数据通过某个特定的路由器，可配置一个 Null 接口，扔掉所有由该网络传送过来的数据包。

（3）Tunnel 接口。Tunnel 接口也称为隧道或通道接口，它也是一种逻辑接口，用于传输某些接口本来不能支持的数据包。

（4）子接口。子接口是一种特殊的逻辑接口。它绑定在物理接口上，但却作为一个独立的接口来引用。子接口是一个混合接口，究竟是 LAN 接口还是 WAN 接口，取决于绑定它的物理接口。子接口有自己的第三层属性，例如 IP 地址和 IPX 编号。

子接口名由其物理接口的类型、编号、小数点和另一个编号所组成。例如 Serial 0/0/0.1 是 Serial 0/0/0 的一个子接口。

7.2.3 路由器的接口编号方式

不同系列路由器的插槽和接口编号也各不相同，因此在对接口进行配置时，必须对相应接口进行正确的描述。

路由器接口的编号与交换机类似，但在路由器中，通常编号是从 0 开始的，因此，任何给定类型的起始接口都是 0 接口。

1. Cisco 1800 系列

在 Cisco 1800 系列路由器中，每个单独的接口都由一组数字来进行标识。当配置某个接口时，所使用的编号格式为"接口类型插槽号/接口号"，如表 7.1 所示为 Cisco 1800 系列路由器的接口编号方式。这里列出的接口仅为示例，并未列出所有可能的接口类型。

表 7.1　Cisco 1800 系列路由器的接口编号方式

插槽编号	插槽类型	插槽编号范围	示　　例
固定接口	FastEthernet	0/0 和 0/1	Interface FastEthernet 0/0
插槽 0	WIC、VWIC 和 HWIC	0/0/0～0/0/3	Interface Serial 0/0/0 Line async 0/0/0
插槽 1	WIC、VWIC 和 HWIC	0/1/0～0/1/3	Interface Serial 0/1/0 Line async 0/1/0

2. Cisco 2800 系列

在 Cisco 2801 系列路由器中，配置接口的编号格式为"接口类型 0 插槽号/接口号"，其中"0"表示路由器固定的插槽，另外，由于所有插槽都内置于机箱中，因此，其配置接口的编号格式均以"0"开头。

而在 Cisco2811、2821、2851 路由器中，固定接口号码以"0"开头，但有些插槽，属于网络模块或某些扩展语音模块的一部分，这些插槽的号码就会分别以"1"或"2"开头。

3. Cisco 3800 系列

Cisco3800 系列路由器使用"/"可以分隔每个固定网络接口、网络模块及模块上的每个接口。

（1）固定接口。Cisco 3800 系列路由器的固定接口均是千兆以太网接口，这些固定接口均设计在路由器的背面板上,其千兆以太网接口的编号分别为0/0 和 0/1。在 Cisco IOS 命令中使用 GigabitEthernet 0/0 和 GigabitEthernet 0/1 标识这些接口。

（2）网络模块接口。Cisco 3825 路由器有两个网络模块插槽，较低位置处的插槽编号为 1，较高位置处的插槽编号为 2。Cisco 3845 路由器有四个网络模块插槽，其插槽编号分别为：右下角为 1，左下角为 2，右上角为 3，左上角为 4。Cisco 3800 系列路由器各接口号编号如表 7.2 所示。

表 7.2　Cisco 3800 系列路由器各接口号编号

接口位置	接口编号方式	示　　例
机箱背面板	接口类型 0/接口	Interface GigabitEthernet 0/1
直接插在机箱插槽中的接口	接口类型 0/接口卡插槽 2/接口	Interface Serial 0/1/1
插在网络模块插槽中的接口	接口类型网络模块插槽 3/接口卡插槽 / 接口	Voice-port 1/1/0
网络模块的组成部分	接口类型网络模块插槽/接口	Interface GigabitEthernet 1/0

（3）接口卡接口。可以将接口卡直接插入路由器插槽或网络模块插槽中。

① 路由器中的接口卡。插入到路由器插槽中的接口卡编号为 0/HWIC-插槽/接口。HWIC 插槽编号为 0、1、2 或 3，标识在路由器背面板上。但双宽接口卡使用插槽编号 1 和 3。

② 网络模块中的接口卡。在 Cisco 产品中，某些网络模块为接口卡提供插槽。这些接口卡中的接口编号格式为：路由器插槽/接口，其中，路由器插槽编号使用 1、2、3 或

4。但双宽或扩充的双宽网络模块使用插槽编号 2 和 4。

网络模块中的接口卡，通常按从右至左的顺序对插槽进行编号，即接口卡中的接口按从右至左、从上到下的顺序，从 0 开始编号。

（4）Cisco 7200VXR。Cisco 7200 系列路由器的最低端的长插槽，用于安装管理引擎，插槽编号为 0。其余插槽为短插槽，用于安装各种网络模块，从下至上、从左至右开始编号，分别为 1~6。

> **提示**
> 如果不清楚路由器有哪些接口及如何编号，在实际工作中，首先在没有进行配置前，使用超级终端登录到路由器的特权模式，然后使用 show running-config 命令查看路由器的配置文件，会列出路由器的各个接口及其标识方法，可以帮助快速学习路由器的接口编号。如显示一款 Cisco 2811 路由器的配置文件如下：

```
Router#show running-config
Building configuration...
……
hostname Router
interface FastEthernet0/0
interface FastEthernet0/1
interface Serial0/0/0
interface Serial0/0/1
interface Ethernet0/1/0
interface Modem0/2/0
……
Router#
```

7.2.4 路由器的连接

1. 路由器的连接策略

一般情况下，路由器的连接应当遵循以下策略：

（1）将路由器放置于最频繁访问外网的位置；

（2）在保障某些特别设备（如 Web 服务器）特殊需要的同时，要求网络内所有的计算机都享有同等访问路由器的机会；

（3）如果没有特殊要求，路由器应当直接连接在中心交换机上，或连接在与中心交换机直接连接的骨干交换机上。当路由器与骨干交换机连接时，该交换机的工作负载不应太大，也就是说，不能连接太多的频繁访问或被访问的计算机，否则将影响整个网络对 Internet 连接的共享。

2. 路由器的串行连接和以太网连接

Cisco 路由器支持多种不同类型的接口。

（1）串行连接器。Cisco 路由器支持 EIA/TIA-232、EIA/TIA-449、V.35、X.21 和 EIA/TIA-530 等串行连接标准，如图 7.4 所示。能否记住这些连接类型并不重要，只要了解路由器的 DB-60 接口可支持五种不同的接线标准即可。由于该接口支持五种不同的电缆类型，有时人们也将该接口称为五合一串行接口，如图 7.5 所示。串行电缆的另一端接有一个符合上述五项标准之一的连接器。

较新的路由器支持 Smart 串行接口如图 7.6 所示，该接口允许使用更少的电缆引脚来传送更多的数据。智能串行电缆的串行端为 26 针接口。该接口的体积远比用于连接五合一串行接口的 DB-60 接口小。这些传输电缆支持同样的五项串行标准，DTE 或 DCE 配置中均可使用。

（2）以太网连接。路由器支持以太网、快速以太网、吉比特以太网等，接口采用 RJ-45。以太网 LAN 接口可使用两种类型的电缆：直通电缆和交叉电缆，这两种电缆的使用如表 7.3 所示。

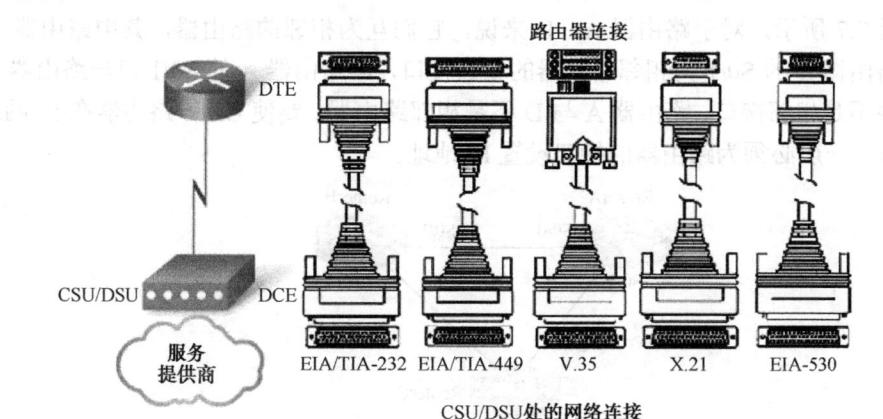

图 7.4　Cisco 路由器串行连接

图 7.5　DTE 串行 DB-60 电缆　　　　　　图 7.6　Smart 串行接口

- 直通电缆（或称为跳线电缆），这种电缆两端彩色引脚的顺序完全一致。
- 交叉电缆，这种电缆两端的引脚 1 与引脚 3 连接，引脚 2 与引脚 6 连接。

表 7.3　以太网电缆的应用场所

直 通 电 缆		交 叉 电 缆	
交换机	路由器	交换机	交换机
交换机	计算机	计算机	计算机
集线器	计算机	交换机	集线器

续表

直通电缆		交叉电缆	
集线器	服务器	集线器	集线器
		路由器	路由器
		路由器	服务器

7.2.5 路由器接口 IP 协议配置原则

路由器的每个接口都连着一个具体的网络。从具体网络的角度来看，在网络上的所有设备都应有一个 IP 地址，所以连接到该网络的路由器端就应该有一个 IP 地址。由于连接到该网络的路由器接口位于该网络上，因此路由器这个接口的 IP 地址的网络号和所连接网络的网络号应该相同。

如图 7.7 所示，对于路由器 A、B 来说，它们互为相邻的路由器，其中路由器 A 的 S0/0 与路由器 B 的 S0/1 为相邻路由器的相邻接口，但路由器 A 的 S0/1 口与路由器 B 的 S0/1 口并不是相邻接口，路由器 A 与 D 不是相邻路由器。要使 Cisco 路由器在 IP 网络中正常工作，一般必须为路由器的接口设置 IP 地址。

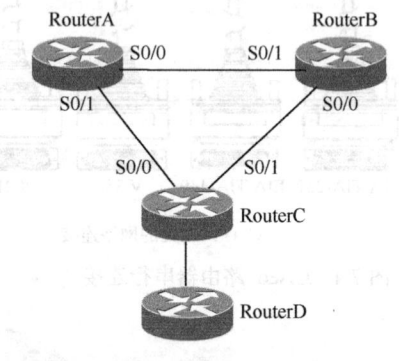

图 7.7 相邻路由器及其接口

路由器接口 IP 协议配置原则如下：
（1）一般地，路由器的物理网络接口通常要有一个 IP 地址；
（2）相邻路由器的相邻接口 IP 地址必须在同一 IP 网段上；
（3）同一路由器的不同接口的 IP 地址必须在不同 IP 网段上；
（4）除了相邻路由器的相邻接口外，所有网络中路由器所连接的网段即所有路由器的任何两个非相邻接口都必须不在同一网段上。

7.2.6 配置以太网接口

以太网接口常用做连接企业局域网，因此需要对接口配置内部网络的 IP 地址信息。
（1）指定欲配置的接口，进入指定的接口配置模式。

配置每个接口，首先，必须进入该接口的配置模式，即进入全局配置模式，然后进入指定接口配置模式。

router(config)#**interface** *type mod/num*

例如，配置 Cisco 路由器 2621 的第一个快速以太网插槽的第一个接口，配置命令如下：

Router(config)#**interface** *FastEthernet 0/0*

（2）为接口配置一个 IP 地址。

router(config-if)#**ip adderss** *ip-address mask*

其中，ip-address 为接口 IP 地址；mask 为子网掩码，用于识别 IP 地址中网络号。例如：

router(config-if)#**ip adderss** *218.12.225.6   255.255.255.252*

（3）给一个接口指定多个 IP 地址。

Router(config-if)#**ip adderss** *ip-address mask secondary*

其中，secondary 表示可以使每个接口支持多个 IP 地址。可以无限制地指定多个 secondary 地址。secondary IP 地址可以用在各种环境下。例如，在同一接口上配置两个以上的不同网段的 IP 地址，实现连接在同一局域网上不同的网段之间的通信。

（4）设置对接口的描述。可给路由器接口加上文本描述来帮助识别它。该描述只是一个注释字段，用于说明接口的用途或其他独特的信息。当显示路由器配置和接口信息时，将包括接口描述。

要给指定接口注释或描述，可在接口模式下输入如下命令：

router(config-if)#**description** *description-string*

如果需要，可以使用空格将描述字符串的单词隔开。要删除描述，可使用接口配置命令 no description。

例如，给接口 FastEthernet0/1 加上描述 link to center，表示连接到网络中心，使用的命令如下。

router(config-if)#**description** *link to center*

（5）设置通信方式。可以使用 Duplex 接口配置命令来指定路由器接口的双工操作模式。可以手动设置路由器接口的双工模式和速度，以避免厂商间的自动协商问题。Cisco Catalyst 路由器有三种设置：
- auto 选项设置双工模式自动协商，启用自动协商时，两个接口通过通信来决定最佳操作模式；
- full 选项设置全双工模式；
- half 选项设置半双工模式。

要设置交换机接口的链路模式，在接口配置模式下输入如下命令：

router(config-if)#**duplex** {*auto* | *full* | *half*}

其中，auto 为自动协商，full 代表全双工，half 代表半双工。

（6）配置接口速度。

router(config-if)#**bandwidth** *kilobits*

该命令用于一些路由协议（如 OSPF 路由协议）计算路由度量和 RSVP 计算保留带宽。

修改接口带宽不会影响物理接口的数据传输速率。其中 kilobits 参数值在 1～10000000 之间，单位为 Kbps。

（7）接口速度。可以使用路由器配置命令给路由器接口指定速度。对于快速以太网 10/100Mbps 接口，可将速度设置为 10、100 或 auto（默认值，表示自动协商模式）。吉比特以太网 GBIC 接口的速度总是设置为 1000Mbps，而 1000Base-T 的 10/100/1000Mbps 接口可设置为 10、100、1000Mbps 或 auto（默认设置）。如果 10/100Mbps 或 10/100/1000Mbps 接口的速度设置为 auto，将协商其速度和双工模式。

要指定以太网接口的接口速度，可使用如下接口配置命令：

router(config-if)#**speed** {*10|100|1000|auto*}

（8）配置 MTU。

router(config-if)#**mtu** *mtu_size*

该命令用于配置路由器本接口收发数据包的最大值。其中参数 mtu_size 值在 64～65535 之间，单位为字节。

（9）启用与禁用接口。默认情况下，所有路由器接口都是 shutdown 状态（即已关闭）。对于正在工作的接口，可以根据管理的需要，进行启用或禁用。

router(config-if)#**no shutdown**   //启用接口
router(config-if)#**shutdown**   //禁用接口

例如，若要启用路由器的接口 FastEthernet 0/1，则配置命令如下：

router(config)#**interface**   *FastEthernet 0/1*
router(config-if)#**no shutdown**

（10）检查路由器接口。

① 显示所有接口的状态信息。router#show interfaces 命令会显示接口状态，并给出路由器上所有接口的详细信息。

② 显示指定接口的状态信息。router#show interface type slot/number 命令会显示某个指定接口状态的详细信息。

③ 用于检查接口的其他命令。router#show ip interface brief 命令可用来以紧缩形式查看部分接口信息。可快速检测到接口为 up 或 down 状态。router#show running-config 命令可显示路由器当前使用的配置文件，也可显示路由器接口的状态信息。

7.2.7　配置广域网接口

广域网接口配置方式和以太网接口配置方式完全相同，在这里只介绍专用于广域网接口的配置命令

（1）配置封装协议。

router(config-if)#**encapsulation** {*frame-relay | hdlc |ppp | lapb | X25*}

该命令仅用于配置同步串口（Serial 接口）。封装协议是同步串口传输的数据链路层数据的帧格式。路由器支持五种封装协议，即 PPP、帧中继、X.25、LAPB 及 HDLC。同步串

口默认值的链路封装格式是 HDLC。

（2）配置同步串口的时钟速率。

> router(config-if)#**clock rate** *{9600 | ...|...|8000000}*

该命令仅用于配置同步串口（Serial 接口）。同步串口有两种工作方式，即 DTE 和 DCE，不同的工作方式选择不同的时钟。如果同步串口作为 DCE 设备，则需要向 DTE 设备提供时钟；如果同步串口作为 DTE 设备，则需要接受 DCE 设备提供的时钟。两个同步串口相连时，线路上的时钟速率由 DCE 端决定，因此，当同步串口工作在 DCE 方式下，需要配置同步时钟速率。默认情况下，同步串口没有时钟的设置。如果同步串口作 DTE 设备，路由器系统将禁止配置其时钟速率。

（3）检验串行接口。

router#**show controllers** *serial mod/num* 命令用来确定路由器接口连接的是电缆的哪一端，即是 DCE 端还是 DTE 端。

其余的串行口配置与局域网接口类似。

7.2.8　Cisco IOS 的 ping 和 traceroute 命令

TCP/IP 的两个最常用的排错命令是 ping 和 traceroute。这两个命令都用于测试第三层地址和路由是否工作正常。

（1）Cisco IOS 的 ping 命令。IOS 的 ping 命令发送一系列的 ICMP 回声请求消息（默认为 5 个消息）给另外的主机。根据 TCP/IP 标准规定，任何 TCP/IP 主机收到 ICMP 回声请求消息后应该回应一个 ICMP 回声应答消息。如果 ping 命令发送了几个回声请求并且每个请求都得到了一个应答，就可以判定到达远程主机的路由工作正常。

IOS ping 命令检测数据包是否能被路由到远程主机，包括从发出到返回的时间。由于 ping 命令显示的是正确接收回声应答消息的数量，所以它也能检测经过这条路由时丢失的数据包数量。

惊叹号，表示收到了回声应答；句号表示没有收到。

（2）Cisco IOS 的 traceroute 命令。traceroute 命令也是用来测试到另一台主机的 IP 路由的，但它可以指明在路由中的每一台路由器。

traceroute 命令开始发送几个数据包到命令中的目的地址，但这些数据包的 IP 包头中的存活时间（TTL）字段设置为 1，路由器每转发一个数据包会将 TTL 的值减 1，如果将 TTL 的值减到了 0，路由器会将数据包丢弃。所以，当第一台路由器收到这 3 个包将会丢弃这些数据包。路由器在将 TTL 值减为 0 丢弃数据包的同时也会发送到 ICMP TTL 超时消息给源地址主机。在后面将会对 traceroute 作详细介绍。

7.3　方案设计

组建一个交换式以太网并连接到路由器的以太网口，然后对路由器接口进行配置并查看接口状态。

7.4 项目实施

7.4.1 项目目标

通过本项目的完成，可以使学生掌握以下技能：
（1）掌握路由器的接口配置；
（2）掌握查看路由器接口状态、双工、速率等命令；
（3）掌握远程登录的操作。

7.4.2 实训任务

为了实现本项目，构建如图 7.8 所示的网络实训环境或在 Packet Tracer 中模拟。将四台计算机连接到交换机上，并将交换机和路由器相连，完成如下的配置任务：

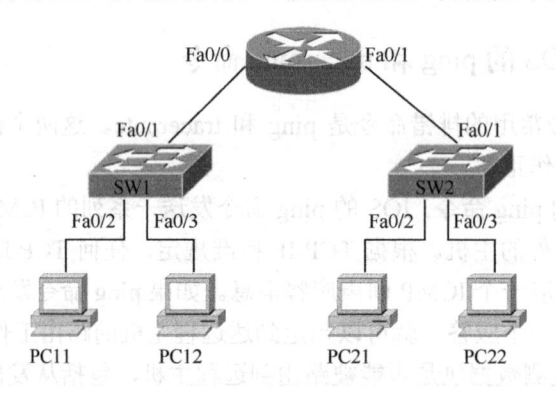

图 7.8　配置路由器的接口

（1）配置路由器的名称、远程口令和超级口令；
（2）配置路由器的接口地址；
（3）配置路由器接口的标识；
（4）配置路由器接口的双工模式和速率；
（5）配置路由器的远程登录。

7.4.3 设备清单

为了搭建如图 7.8 所示的网络实训环境，需要如下网络设备：
（1）Cisco 2811 路由器 1 台；
（2）Cisco Catalyst 2960 交换机 2 台；
（3）PC 4 台；
（4）直通线若干。

7.4.4 实施过程

步骤1：规划设计

（1）规划计算机IP地址、子网掩码和网关如表7.4所示。

表7.4 各部门计算机的IP地址、子网掩码和网关

计算机	IP地址	子网掩码	网关
PC11	192.168.10.10	255.255.255.0	192.168.10.1
PC12	192.168.10.11	255.255.255.0	192.168.10.1
PC21	192.168.20.10	255.255.255.0	192.168.20.1
PC22	192.168.20.11	255.255.255.0	192.168.20.1

（2）规划路由器各接口IP地址如表7.5所示。

表7.5 路由器接口地址

设备	接口	IP地址	子网掩码	描述
路由器	F0/0	192.168.10.1	255.255.255.0	link to sw1
	F0/1	192.168.20.1	255.255.255.0	link to sw2

步骤2：搭建实训环境

（1）在路由器、交换机和计算机断电的状态下，按照图7.8所示连接硬件。
（2）然后分别打开设备，给设备供电。

步骤3：按照表7.3所列设置各计算机的IP地址、子网掩码、默认网关

步骤4：清除各路由器的配置到出厂状态（略）

步骤5：测试网络连通性

使用ping命令分别测试PC11、PC12、PC21、PC22四台计算机之间的网络连通性。

步骤6：配置路由器

在这里的交换机作为傻瓜交换机使用，不进行配置。

新路由器第一次配置，必须使用控制台端口进行配置，使用配置线将路由器的Console口和计算机的COM口连接起来，打开计算机的超级终端，然后进行配置。

（1）更改路由器的名称。

```
Router>enable
Router#
Router#configure terminal
Enter configuration commands, one per line. End with CNTL/Z.
Router(config)#hostname xiangm7
xiangm7(config)#no hostname xiangm7
Router(config)#
```

（2）配置路由器的控制台口令、特权口令、远程登录口令（略）。
（3）取消路由器的登录口令（略）。

(4) 配置路由器的接口。

```
Router(config)#interface FastEthernet 0/0
Router(config-if)#ip address 192.168.10.1 255.255.255.0
Router(config-if)#description link to sw1
Router(config-if)#no shutdown
Router(config-if)#exit
Router(config)#interface FastEthernet 0/1
Router(config-if)#ip address 192.168.20.1 255.255.255.0
Router(config-if)#description link to sw2
Router(config-if)#no shutdown
```

(5) 查看接口状态。

```
Router#show interfaces fastEthernet 0/0
FastEthernet0/0 is up, line protocol is up (connected)
  Hardware is Lance, address is 0060.7086.9101 (bia 0060.7086.9101)
  Description: link to sw1
  Internet address is 192.168.10.1/24
  MTU 1500 bytes, BW 100000 Kbit, DLY 100 usec,
     reliability 255/255, txload 1/255, rxload 1/255
……
```

FastEthernet0/0 is up 是物理层状态，它实际上反映了接口是否收到了另一端的载波检测信号；line protocol is up（connected）是数据链路层的状态，反映了是否收到了数据链路层协议的存活消息。

命令 show interfaces 的输出，可修复可能存在的问题。

- 如果接口处于 Up 状态，但线路协议处于 Down 状态，说明存在问题。导致问题的可能原因包括：没有存活消息；封装类型不匹配。
- 如果接口和线路协议都处于 Down 状态，可能是电缆没有接好或存在其他接口问题。例如，背对背连接的另一端被管理性关闭。
- 如果接口被管理性关闭，说明在运行配置中手工禁用了它（shutdown）。

```
Router#show running-config
Building configuration...
……
interface FastEthernet0/0
  description link to sw1
  ip address 192.168.10.1 255.255.255.0
  duplex auto
  speed auto
interface FastEthernet0/1
  description link to sw2
```

```
ip address 192.168.20.1 255.255.255.0
duplex auto
speed auto
……
```

（6）在路由器上测试到计算机的连通性。

```
Router#ping 192.168.10.10
Type escape sequence to abort.
Sending 5, 100-byte ICMP Echos to 192.168.10.10, timeout is 2 seconds:
!!!!!
Success rate is 100 percent (5/5), round-trip min/avg/max = 31/52/62 ms
Router#ping 192.168.10.11
Router#ping 192.168.20.11
Router#ping 192.168.20.10
```

（7）使用 ping 命令分别测试 PC11、PC12、PC21、PC22 四台计算机之间的网络连通性。

（8）配置路由器的接口速率。

```
Router(config)#interface FastEthernet 0/0
Router(config-if)#speed 10
Router(config-if)#exit
Router(config)#interface FastEthernet 0/1
Router(config-if)#speed 10
```

（9）使用 ping 命令分别测试 PC11、PC12、PC21、PC22 四台计算机之间的网络连通性。

（10）保存路由器配置文件。

在全局配置模式下输入 write 命令。

在全局配置模式下输入 copy running-config startup-config 命令。

```
Router#copy running-config startup-config
```

步骤 7：测试远程登录

（1）在 PC11、PC12、PC21、PC22 四台计算机上分别进入 MS-DOS 方式下，输入 telnet 192.168.10.1 命令。

```
PC11>telnet 192.168.10.1
Trying 192.168.10.1 ...Open
User Access Verification
Password:
Router>
```

（2）在 PC11、PC12、PC21、PC22 四台计算机上分别进入 MS-DOS 方式下，输入 telnet 192.168.20.1 命令。

```
PC11>telnet 192.168.20.1
Trying 192.168.20.1 ...Open
User Access Verification
Password:
Router>
```

步骤 8：保存路由器配置

在控制台和远程终端上分别将路由器的配置文件保存为文本文件（略）。

步骤 9：清除路由器配置

清除路由器启动配置文件（略）。

习 题

一、选择题

1. 路由器有下面哪两种端口？（　　）
   A. 打印机端口　　　　　　　　　B. 控制台端口
   C. 网络接口　　　　　　　　　　D. CD-ROM 端口

2. 下面哪两项正确地描述了路由器的功能？（　　）
   A. 路由器维护路由表并确保其他路由器知道网络中发生的变化
   B. 路由器使用路由表来确定将分组转发到那里
   C. 路由器将信号放大，以便在网络中传输更远的距离
   D. 路由器导致冲突域更大

3. 下面哪个 Cisco IOS 命令对模块化路由器中位于插槽 0 的接口 1 上的串行接口进行配置？（　　）
   A. interface serial 0-1　　　　　　B. interface serial 0/1
   C. interface serial 0 1　　　　　　D. interface serial 0.1

4. 要将 Cisco 路由器的一个串行接口的时钟速率设置为 64Kbps，应使用下面哪个 Cisco IOS 命令？（　　）
   A. clock rate 64　　　　　　　　B. clock speed 64
   C. clock rate 64000　　　　　　　D. clock speed 64000

5. 如果串行接口的状态信息为"serial0/1 is up, line protocol is down"，这种错误是由下面哪两种原因导致的？（　　）
   A. 没有设置时钟速率　　　　　　B. 该接口被手工禁用
   C. 该串行接口没有连接电缆　　　D. 没有收到存活消息
   E. 封装类型不匹配

6. 在全局配置模式下，哪些步骤对于在一个以太网接口配置 IP 地址是必需的？（选两项）（　　）
   A. 使用 shutdown 命令来关闭接口　　B. 进入接口配置模式
   C. 连接电缆到以太网接口　　　　　　D. 配置 IP 地址和子网掩码

7. 当用户在两个路由器之间使用背对背串行连接时，必须要输入 clock rate 命令。如果用户不能看到串行电缆，那么哪个命令将会提供详细的信息来告诉用户应该在哪个接口配置呢？（　　）

A. show interface serial 0/0　　　　B. show interface fa 0/1
C. show controllers serial 0/0　　　D. show clock
E. show flash　　　　　　　　　　　F. show controllers interface serial 0/0

二、简答题

1. 路由器上通常有哪些类型的接口？
2. 路由器接口编号和交换机中编号有何不同？
3. 路由器接口 IP 协议配置原则有哪些？
4. 路由器接口通信方式有哪几种？
5. 路由器同步接口有哪几种方式？哪种方式需要提供时钟？
6. 路由器需要进行什么配置才能允许远程登录？

三、实训题

某公司为了更好地管理局域网，购买了路由器，现需要对路由器进行基本配置和管理。用配置线把路由器的 Console 口和计算机的 COM 口连接起来，如图 7.8 所示。

请实现：
（1）按照图 7.8 所示进行物理连接；
（2）在计算机上配置超级终端，启动路由器进行配置；
（3）配置路由器的名称、交换机的口令（终端口令、远程登录口令、特权用户口令，并进行加密）；
（4）查看路由器的各种信息（版本信息、配置信息、接口信息、CPU 状态等）；
（5）保存路由器的配置文件；
（6）清除路由器的配置。

项目 8
实现静态路由选择

8.1 用户需求

某高校新近兼并了两所学校,这两所学校都建有自己的校园网。先需要将这两个校区的校园网通过路由器连接到本部的路由器,现要在路由器上做静态路由配置,实现各校区校园网内部主机的相互通信,并且通过主校区连接到互联网。

8.2 相关知识

作为网络工程师,需要了解本项目所涉及的以下几方面知识:
- 能够理解路由器的路由过程;
- 能够理解路由器中的路由表;
- 能够配置静态路由和默认路由。

8.2.1 路由器和网络层

路由器的主要用途是连接多个网络,并将数据包转发到自身的网络或其他网络。由于路由器的主要转发决定是根据第三层 IP 数据包(即根据目的 IP 地址)做出的,因此路由器被视为第三层设备,做出决定的过程称为路由。

路由器在第三层做出主要转发决定,但它也参与第一层和第二层的过程。路由器检查完数据包的 IP 地址,并通过查询路由表做出转发决定后,它可以将该数据包从相应接口朝着其目的地转发出去。路由器会将第三层 IP 数据包封装到对应送出接口的第二层数据链路帧的数据部分。帧的类型可以是以太网、HDLC 或其他第二层封装——即对应特定接口上所使用的封装类型。第二层帧会编码成第一层物理信号,这些信号用于表示物理链路上传输的位。

如图 8.1 所示说明了路由器在网络中的路由。计算机 PC1 工作在 OSI 模型所有七个层次,它会封装数据,并把帧作为编码后的比特流发送到默认网关 R1。

路由器 R1 在相应接口接收编码后的比特流。比特流经过解码后上传到第二层,在此由 R1 将帧解封。路由器会检查数据链路帧的目的地址,确定其是否与接收接口(包括广播地址或组播地址)匹配。如果与帧的数据部分匹配,则 IP 数据包将上传到第三层,在此由 R1 做出路由决定。然后 R1 将数据包重新封装到新的第二层数据链路帧中,并将它作为编码后的比特流从出站接口转发出去。

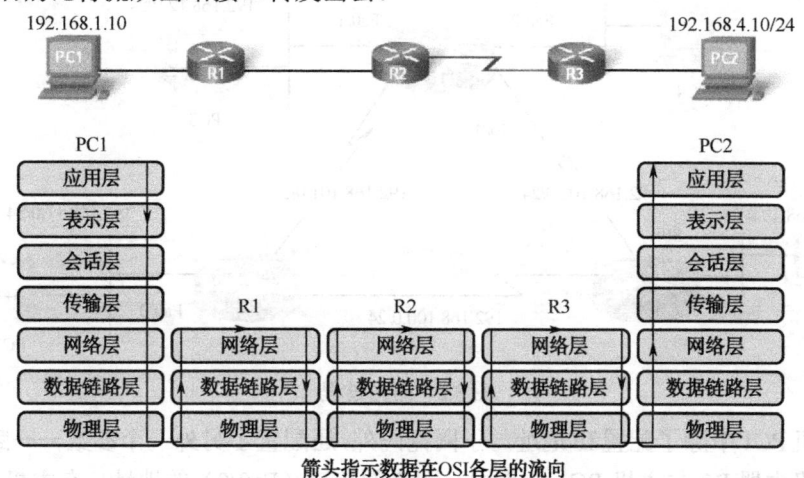

图 8.1　路由器和 OSI 模型

路由器 R2 收到比特流，然后重复上一过程。R2 将帧解封，再将帧的数据部分（IP 数据包）传递给第三层，在此 R2 做出路由决定。然后 R2 将数据包重新封装到新的第二层数据链路帧中，并将它作为编码后的比特流从出站接口转发出去。

路由器 R3 再次重复这一过程，它将封装到数据链路帧中且编码成比特流的 IP 数据包转发到计算机 PC2。

从源到目的地这一路径中，每台路由器都执行相同的过程，包括解封、搜索路由表、再次封装。

8.2.2　路由基础

网络层利用 IP 路由选择表将数据包从源网络发送至目的网络。路由器从一个接口接收数据包，然后根据它到达目的地的最佳路径将其转发到另外一个接口。

1. 路由过程

路由是由路由器把数据从一个网络转发到另一个网络的过程。数据在网络上是以数据包为单元进行转发的。每个数据包都携带两个逻辑地址（IP 地址），一个是数据的源地址，另一个是数据要到达的目的地址，所以每个数据包都可以被独立地转发。下面以图 8.2 为例来解释路由的过程。

在图 8.2 中，三台路由器 R1、R2、R3 把四个网络连接起来，它们是 192.168.10.0/24、192.168.11.0/24、192.168.12.0/24、192.168.13.0/24，三台路由器的互连又需要三个网络，它们是 192.168.100.0/24、192.168.101.0/24、192.168.102.0/24。

假设主机 PC1 向主机 PC3 发送数据，而主机 PC1 和主机 PC3 不在同一个网络。主机 PC1 是如何知道主机 PC3 在哪里呢？主机 PC1 上配置了 IP 地址和子网掩码，知道自己的网络号是 192.168.10.0，它在把主机 PC3 的 IP 地址（主机 PC1 知道）与自己的掩码做"与"运算，可以得知主机 PC3 的网络号是 192.168.12.0。显然两者不在同一个网络中。主机 PC1 得知目的主机与自己不在同一个网络时，它只需将这个数据包送到距它最近的路由器 R3 就可以了，这就像我们只需把信件投递到离我们最近的邮局一样。

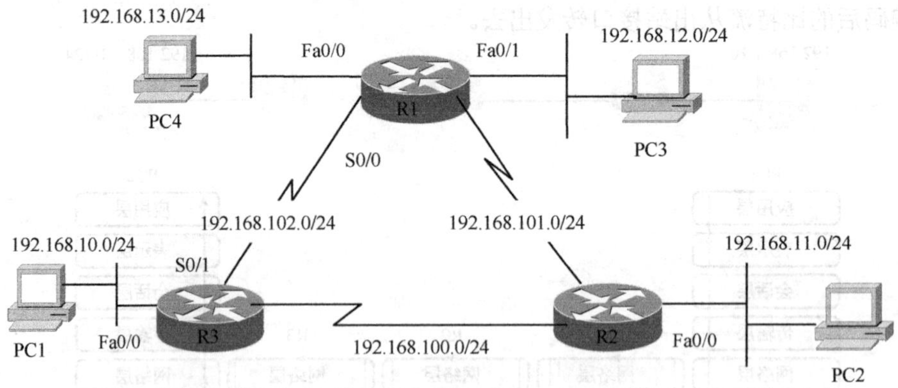

图 8.2 路由过程

在主机 PC1 中除了配置 IP 地址与子网掩码外,还配置了另外一个参数——默认网关,其实就是路由器 R3 与主机 PC1 处于同一网络的接口(Fa0/0)的地址。在主机 PC1 上设置默认网关的目的就是把去往不同于自己所处的网络的数据,发送到默认网关。只要找到了 Fa0/0 接口就等于找到了 R3。为了找到 R3 的 Fa0/0 接口的 MAC 地址,主机 PC1 使用了地址解析协议(ARP),获得了必要信息后,主机 PC1 就开始封装数据包:

- 把 Fa0/0 接口的 MAC 地址封装在数据链路层的目的地址域;
- 把自己的 MAC 地址封装在数据链路层的源地址域;
- 把自己的 IP 地址封装在网络层的源地址域;
- 把主机 PC3 的 IP 地址封装在网络层的目的地址域。

之后,把数据发送出去。

路由器 R3 收到主机 PC1 送来的数据包后,把数据包解开到第三层,读取数据包中的目的 IP 地址,然后查阅路由表决定如何处理数据。路由表是路由器工作时的向导,是转发数据的依据。如果路由器表中没有可用的路径,路由器就会把该数据丢弃。路由表中记录有以下内容:

- 已知的目标网络号(目的地网络);
- 到达目标网络的距离;
- 到达目标网络应该经由自己的哪一个接口;
- 到达目标网络的下一台路由器的地址。

路由器使用最近的路径转发数据,把数据交给路径中的下一台路由器,并不负责把数据送到最终目的地。

在图 8.2 中,路由器 R3 有两种选择,一种选择是把数据交给 R1,另一种选择是把数据交给 R2。经由哪一台路由器到达目标网络的距离近,R3 就把数据交给哪一台。在这里假设经由 R1 比经由 R2 近。R3 决定把数据转发给 R1,而且需要从自己的 S0/1 接口把数据发送出去。为了把数据送给 R1,R3 也需要得到 R1 的 S0/0 接口的数据链路层地址。由于 R3 和 R1 之间是广域网链路,所以它不使用 ARP,根据不同的广域网链路类型,使用的方法也不同。获取了 R1 接口 S0/0 的数据链路层地址后,R3 重新封装数据:

- 把 R1 的 S0/0 接口的物理地址封装在数据链路层的目标地址域中;
- 把自己 S0/1 接口的物理地址封装在数据链路层的源地址域中;
- 网络层的两个 IP 地址没有替换。

之后，把数据发送出去。

R1 收到 R3 的数据包后所做的工作跟前面 R3 所做的工作一样（查阅路由表）。不同的是在 R1 的路由表里有一条记录，表明它的 f0/1 接口正好和数据声称到达的网络相连，也就是说主机 PC3 所在的网络和它的 f0/1 接口所在的网络是同一个网络。R1 使用 ARP 获得主机 PC3 的 MAC 地址并把它封装在数据帧头内，之后把数据传送给主机 PC3。

至此，数据传递的一个单程完成了。

主机 PC3 回应给主机 PC1 的数据经过同样的处理过程到达目的地（主机 PC1），只不过是数据包中的目的地 IP 地址是主机 PC1 的地址，先经过 R1 再到达 R3，最后到达主机 PC1。

从上面的过程可以看出，为了能够转发数据，路由器必须对整个网络拓扑有清晰的了解，并把这些信息反映在路由表里，当网络拓扑结构发生变化的时候，路由器也需要及时在路由表里反映出这些变化，这样的工作被看做是路由器的路由功能。路由器还有一项独立于路由功能的工作就是交换/转发数据，即把数据从进入接口转移到外出接口。

2. 路由器的路由动作

路由器通常用来将数据包从一条数据链路传送到另外一条数据链路。这其中使用了两项功能，即寻径和转发功能。

（1）寻径功能：寻径即判定到达目的地的最佳路径，由路由选择算法来实现。为了判定最佳路径，路由选择算法必须启动并维护包含路由信息的路由表。路由选择算法将收集到的不同信息填入路由表中，根据路由表可将目的网络与下一站的关系告诉路由器。路由器间互通信息进行路由更新，更新维护路由表使之正确反映网络的拓扑变化，并由路由器根据度量来决定最佳路径，这就是路由选择协议（Routing Protocol），如路由信息协议（RIP）、内部网关路由协议（IGRP）、增强内部网关路由协议（EIGRP）及开放式最短路径优先（OSPF）等路由选择协议。

（2）转发功能：转发即沿寻径好的最佳路径传送信息分组。路由器首先在路由表中查找，判明是否知道如何将分组发送到下一个站点（路由器或主机），如果路由器不知道如何发送分组，通常将该分组丢弃；否则就根据路由表里的相应表项将分组发送到下一个站点，如果目的网络直接与路由器相连，路由器就把分组直接发送到相应的接口上，这就是路由转发协议（Routed Protocol），如 IP 协议、IPX 协议等。

8.2.3 构建路由表

路由器的主要功能是将数据包转发到目的网络，即转发到数据包目的 IP 地址。为此，路由器需要搜索存储在路由表中的路由信息。

1. 路由的种类

新的路由器中没有任何地址信息，路由表也是空的，需要在使用过程中获取。根据获得地址信息的方法不同，路由可分为直连路由、静态路由和动态路由三种。

（1）直连路由。直连网络就是直连到路由器某一接口的网络。当路由器接口配置有 IP 地址和子网掩码时，此接口即成为该相连网络的主机。接口的网络地址和子网掩码及接口类型和编号都将直接输入路由表，用于表示直连网络。路由器若要将数据包转发到某一主机，则该主机所在的网络应该是路由器的直连网络。生成直连路由的条件有两个：接口配置了网络地址，并且这个接口物理链路是连通的，如图8.3所示。

图 8.3 直连路由

（2）静态路由。静态路由是由网络管理员手工配置路由器中的路由信息。当网络的拓扑结构或链路的状态发生变化时，网络管理员需要手工去修改路由表中相关的静态路由信息。

（3）动态路由。由路由器按指定的协议在网上广播和接收路由信息，通过路由器之间不断交换的路由信息动态地更新和确定路由表，并随时向附近的路由器广播，这种方式称为动态路由。动态路由通过检查其他路由器的信息，并根据开销、链接等情况自动决定每个包的路由途径。动态路由方式仅需要手工配置第一条或最初的极少量路由线路，其他的路由途径则由路由器自动配置。动态路由由于较具灵活性，使用配置简单，成为目前主要的路由类型。

2. 路由表

路由表是保存在 RAM 中的数据文件，其中存储了与直接连接网络及远程网络相关的信息。路由表包含网络与下一跳的关联信息。这些关联告知路由器：要以最佳方式到达某一目的地，可以将数据包发送到特定路由器（即在到达最终目的地途中的"下一跳"）。下一跳也可以关联到通向最终目的地的外发或送出接口。

使用 show ip route 命令可以显示路由器的路由表。在图8.3所示的网络中，查看路由表如下：

```
Router#show ip route
Codes: C - connected, S - static, I - IGRP, R - RIP, M - mobile, B - BGP
       D - EIGRP, EX - EIGRP external, O - OSPF, IA - OSPF inter area
       N1 - OSPF NSSA external type 1, N2 - OSPF NSSA external type 2
       E1 - OSPF external type 1, E2 - OSPF external type 2, E - EGP
       i - IS-IS, L1 - IS-IS level-1, L2 - IS-IS level-2, ia - IS-IS inter area
       * - candidate default, U - per-user static route, o - ODR
       P - periodic downloaded static route
Gateway of last resort is not set
C    192.168.11.0/24 is directly connected, FastEthernet0/0
C    192.168.12.0/24 is directly connected, FastEthernet0/1
C    192.168.13.0/24 is directly connected, FastEthernet1/0
Router#
```

在上述显示的路由表中，可以分成以下两部分。

（1）Codes 部分。
- C – connected：表示直接连接路由，路由器的某个接口设置/连接了某个网段之后，就会自动生成。
- S – static：静态路由，系统管理员通过手工设置之后生成。
- I – IGRP：IGRP 协议协商生成的路由。
- R – RIP：RIP 协议协商生成的路由。
- B – BGP：BGP 协议协商生成的路由。
- D – EIGRP：EIGRP 协议协商生成的路由。
- EX - EIGRP external：扩展 EIGRP 协议协商生成的路由。
- OSPF：OSPF 协议协商生成的路由。

……

（2）路由表的实体。在这一部分的每一行，从左到右包含如下内容：路由的类型（Codec）、目的网段（网络地址）、优先级（由［AD，度量值（Metric）］组成）、下一跳 IP 地址（Next-hops）等。
- C：指示路由信息的来源是直接相连网络、静态路由还是动态路由协议。C 表示直接相连网络。
- 192.168.11.0/24：这是直接相连网络或远程网络的网络地址和子网掩码。在这里，路由表的三个条目 192.168.11.0/24、192.168.12.0/24 和 192.168.13.0/24 都是直接相连网络。
- FastEthernet0/0：路由条目末尾的信息，表示送出接口和（或）下一跳路由器的 IP 地址。在这里，FastEthernet0/0、 FastEthernet0/1 和 FastEthernet1/0 都是用于到达这些网络的送出接口。

当路由表包含远程网络的路由条目时，还会包含额外的信息，如路由度量（Metric）和管理距离（Administrative Distance，AD）。在后面将会继续介绍。

8.2.4 静态路由

1. 静态路由的特点

静态路由是由网络管理员手工输入到路由器的，当网络拓扑发生变化而需要改变路由时，网络管理员就必须手工改变路由信息，不能动态反映网络拓扑。

静态路由不会占用路由器的 CPU、RAM 和线路的带宽。同时静态路由也不会把网络的拓扑暴露出去。

通过配置静态路由，用户可以人为地指定对某一网络访问时所要经过的路径。通常只能在网络路由相对简单、网络与网络之间只能通过一条路径路由的情况下使用静态路由。如从一个网络路由到末端网络时，一般使用静态路由。末端网络是只能通过单条路由访问的网络。如图 8.4 所示，任何连接到路由器 R1 的网络都只能通过一条路径到达其他目的地，无论其目的网络是与路由器 R2 直连还是远离 R2。因此网络 112.16.30.0 是一个末端网络，而 R1 是末端路由器。

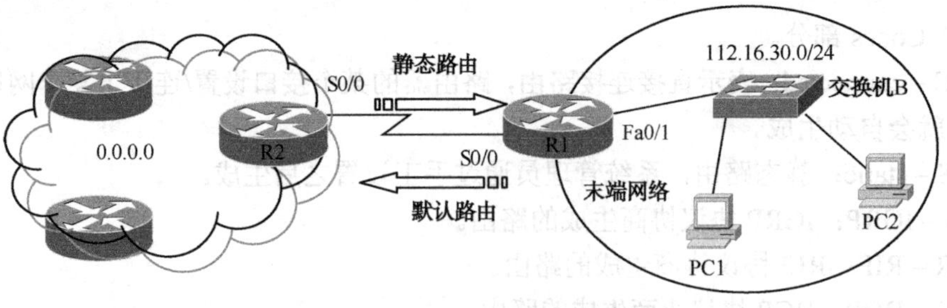

图 8.4　静态路由应用于末端网络

注：末端网络又称末接网络、边界网络、边缘网络、存根网络。

2. 静态路由的配置

（1）在全局配置模式下，建立静态路由的命令格式为：

Router（config）#**ip route** *destination-network network-mask* {*next-hop-address* | *interface*}

其中：

- destination-network：所要到达的目标网络号或目标子网号。
- network-mask：目标网络的子网掩码。可对此子网掩码进行修改，以汇总一组网络。
- next-hop-address：到达目标网络所经由的下一跳路由器的 IP 地址，即相邻路由器的接口地址。
- interface：将数据包转发到目的网络时使用的送出接口（用于到达目标网络的本机出口）。

（2）可以使用 no ip route 命令来删除静态路由。

（3）可以使用 show ip route 命令来显示路由器中的路由表。

（4）可以使用 show running-config 命令来检查静态路由。

8.2.5　汇总静态路由

在路由器的路由表中可能会有一种针对目的网络或减少了的特定路由表项的一部分的相同网络的特殊路由。这种减少了的特定路由表项可以是汇总路由或默认路由。

1. 汇总路由的概念

汇总路由是一条可以用来表示多条路由的单独的路由。汇总路由一般是具有相同的送出接口或下一跳 IP 地址的连续网络的集合。

多条静态路由可以汇总成一条静态路由，前提是符合以下条件：

（1）目的网络可以汇总成一个网络地址；

（2）多条静态路由都使用相同的送出接口或下一跳 IP 地址。

这称为路由汇总，也有的书称为路由总结。

2. 汇总路由的优点

较小的路由表可以使路由表查找过程更加有效率，因为需要搜索的路由条数更少。

如果可以使用一条静态路由代替多条静态路由，则可减小路由表。在许多情况中，一条静态路由可用于代表数十、数百，甚至数千条路由。

可以使用一个网络地址代表多个子网。例如，10.0.0.0/16、10.1.0.0/16、10.2.0.0/16、10.3.0.0/16、10.4.0.0/16、10.5.0.0/16 一直到 10.255.0.0/16，所有这些网络都可以用一个网络地址代表：10.0.0.0/8。

3. 汇总路由

例如，在一台路由器 R3 上有三条静态路由，所有三条路由都通过相同的 Serial0/0/1 接口转发通信。R3 上的这三条静态路由分别是：

```
ip route 172.16.1.0 255.255.255.0 Serial0/0/1
ip route 172.16.2.0 255.255.255.0 Serial0/0/1
ip route 172.16.3.0 255.255.255.0 Serial0/0/1
```

如果可能，希望将所有这些路由汇总成一条静态路由。172.16.1.0/24、172.16.2.0/24 和 172.16.3.0/24 可以汇总成 172.16.0.0/22 网络。因为所有三条路由使用相同的送出接口，而且它们可以汇总成一个 172.16.0.0 255.255.252.0 网络，所以可以创建一条汇总路由。

创建汇总路由 172.16.0.0/22 的过程如图 8.5 所示。

可汇总的路由	前22位相同	某些位不同
172.16.1.0	10101100.00010000.000000	01.00000000
172.16.2.0	10101100.00010000.000000	10.00000000
172.16.3.0	10101100.00010000.000000	11.00000000
172.16.0.0	10101100.00010000.000000	00.00000000
255.255.252.0	11111111.11111111.111111	00.00000000

汇总成一条路由　　　　　　22

172.16.0.0　　255.255.252.0

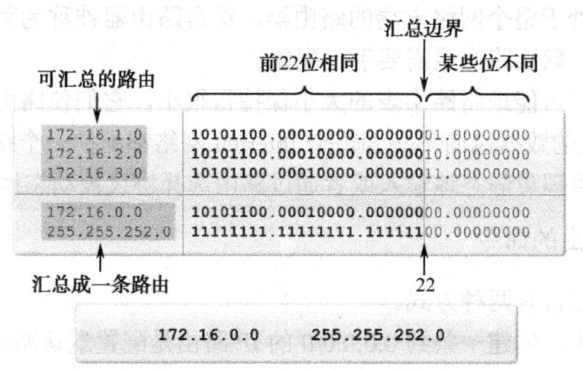

图 8.5　创建汇总路由 172.16.0.0/22 的过程

（1）以二进制格式写出想要汇总的网络。
（2）找出用于汇总的子网掩码，从最左侧的位开始。
（3）从左向右，找出所有连续匹配的位。
（4）当发现有位不匹配时，立即停止，当前所在的位即为汇总边界。
（5）计算从最左侧开始的匹配位数，本例中为 22。该数字即为汇总路由的子网掩码，本例中为/22 或 255.255.252.0。
（6）找出用于汇总的网络地址，方法是复制匹配的 22 位并在其后用 0 补足 32 位。

通过上述步骤，便可将路由器 R3 上的三条静态路由汇总成一条静态路由，该路由使用汇总网络地址 172.16.0.0 255.255.252.0：

```
ip route 172.16.0.0 255.255.252.0 Serial0/0/1
```

4. 配置汇总路由

要使用汇总路由，必须首先删除当前的三条静态路由：

```
R3(config)#no ip route 172.16.1.0 255.255.255.0 Serial0/0/1
R3(config)#no ip route 172.16.2.0 255.255.255.0 Serial0/0/1
R3(config)#no ip route 172.16.3.0 255.255.255.0 Serial0/0/1
```

接下来，配置汇总静态路由：

```
R3(config)#ip route 172.16.0.0 255.255.252.0 Serial0/0/1
```

8.2.6 默认路由

1. 默认路由的概念

默认路由也称缺省路由，是指路由器没有明确路由可用时所采纳的路由，或者称最后的可用路由。当路由器不能用路由表中的一个更具体条目来匹配一个目的网络时，它就将使用默认路由，即"最后的可用路由"。实际上，路由器用默认路由来将数据包转发给另一台路由器，这台新的路由器必须要么有一条到目的地的路由，要么有它自己的到另一台路由器的默认路由，这台新的路由器依次也必须要么有具体路由，要么有另一条默认路由。依此类推。最后数据包应该被转发到真正有一条到目的地网络的路由器上。没有默认路由，目的地址在路由表中无匹配表项的包将被丢弃。

默认路由一般处于整个网络末端的路由器，这台路由器被称为默认网关，它负责所有向外连接的任务，默认路由也需要手工配置。

默认路由可以尽可能地将路由表的大小保持得很小，它们使路由器能够转发目的地为任何 Internet 主机的数据包而不必为每个 Internet 网络都维护一个路由表条目。

默认路由可由管理员静态地输入或者通过路由选择协议被动态地学到。

2. 默认路由的命令

配置默认路由通常有两种方式。

(1) 0.0.0.0 路由。创建一条到 0.0.0.0/0 的 IP 路由是配置默认路由的最简单的方法。在全局配置模式下建立默认路由的命令格式为：

```
Router(config)#ip route 0.0.0.0  0.0.0.0  {next-hop-ip|interface}
```

其中，next-hop-ip 为相邻路由器的相邻接口地址；interface 为本地物理接口号。

对于 Cisco IOS，网络 0.0.0.0/0 为最后的可用路由有特殊的意义。所有的目的地址都匹配这条路由，因为全为 0 的掩码不需要对在一个地址中的任何比特进行匹配。到 0.0.0.0/0 的路由经常被称为"4 个 0 路由"或"全零路由"。

在图 8.4 中路由器 R1 除了与路由器 R2 相连外，不再与其他路由器相连，所以也可以为它赋予一条默认路由。假设路由器 R2 的 S0/0 接口地址为 192.2.20.1/24。

```
Router3(config)#ip route 0.0.0.0  0.0.0.0  192.2.20.1
```

即只要没有在路由表里找到去特定目的地址的路径，则数据均被路由到地址为 192.2.20.1 的相邻路由器。

(2) default-network 路由。ip default-network 命令可以被用来标记一条到任何 IP 网络的路由，而不仅仅是 0.0.0.0/0，作为一条候选默认路由，其命令语法格式如下：

```
Router(config)#ip default-network network
```

候选默认路由在路由表中是用星号来标注的，并且被认为是最后的网关。

8.3 方案设计

针对客户提出的要求，公司网络工程师计划通过同步串口线路将两个校区局域网连接到主校区的路由器上，然后再连接到因特网上（在这里用一台路由器和计算机来模拟因特网）。分别对路由器的接口分配 IP 地址，并配置静态路由，这样，对校园网内的各主机设置 IP 地址及网关就可以相互通信了。

8.4 项目实施

8.4.1 项目目标

通过本项目的完成，可以使学生掌握以下技能：
（1）能够使用路由器静态路由实现网络的连通；
（2）能够正确使用路由器的默认路由。

8.4.2 实训任务

为了实现本项目构建如图 8.6 所示的网络实训环境或在 Packet Tracer 中模拟，完成如下的配置任务：

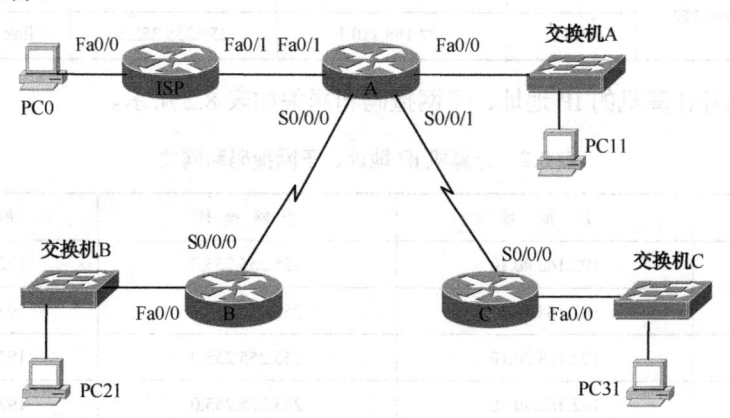

图 8.6 路由器静态路由

（1）配置路由器的名称、控制台口令、超级密码；
（2）配置路由器各接口地址；
（3）配置路由器的静态路由、默认路由。

8.4.3 设备清单

为了构建如图 8.6 所示的网络实训环境，需要如下网络设备：
（1）Cisco 2811 路由器（4 台）；

(2) Cisco 2960 交换机（3 台）；
(3) PC 4 台；
(4) 双绞线（若干根）；
(5) 反转电缆 2 根。

8.4.4 实施过程

步骤 1：规划设计

（1）规划各路由器名称、各接口 IP 地址和子网掩码如表 8.1 所示。

表 8.1 路由器名称、各接口 IP 地址和子网掩码

部门	路由器名称	接口	IP 地址	子网掩码	描述
主校区 A	routera	S0/0/0	192.168.100.1	255.255.255.0	link to routerb-s0/0/0
		S0/0/1	192.168.200.1	255.255.255.0	link to routerc-s0/0/0
		Fa0/0	192.168.10.1	255.255.255.0	link to lan10
		Fa0/1	192.168.110.2	255.255.255.0	link to isp-f0/1
分校区 B	routerb	S0/0/0	192.168.100.2	255.255.255.0	link to routera-s0/0/0
		Fa0/0	192.168.20.1	255.255.255.0	link to lan20
分校区 C	routerc	S0/0/0	192.168.200.2	255.255.255.0	link to routera-s0/0/1
		Fa0/0	192.168.30.1	255.255.255.0	link to lan30
ISP	routerisp	Fa0/0	192.168.40.1	255.255.255.0	link to lan40
		Fa0/1	192.168.110.1	255.255.255.0	link to routera-f0/1

（2）规划各计算机的 IP 地址、子网掩码和网关如表 8.2 所示。

表 8.2 计算机 IP 地址、子网掩码和网关

计算机	IP 地址	子网掩码	网关
PC0	192.168.40.10	255.255.255.0	192.168.40.1
PC11	192.168.10.10	255.255.255.0	192.168.10.1
PC21	192.168.20.10	255.255.255.0	192.168.20.1
PC31	192.168.30.10	255.255.255.0	192.168.30.1

步骤 2：实训环境准备

（1）在路由器、交换机（用做傻瓜交换机）和计算机断电的状态下，按照图 8.6 所示连接硬件。

（2）给各个设备供电。

步骤 3：按照表 8.2 所列设置各计算机的 IP 地址、子网掩码和默认网关

步骤 4：清除各路由器的配置（略）

步骤 5：测试网络连通性

使用 ping 命令分别测试 PC0、PC11、PC21、PC31 四台计算机之间的连通性。

步骤6：配置路由器A

在计算机PC11上通过超级终端登录到路由器A上，进行配置。

（1）配置路由器主机名。

```
Router>enable
Router#config terminal
Router(config)#hostname routera
routera(config)#exit
```

（2）为路由器各接口分配IP地址。

```
routera(config)#interface Serial0/0/0
routera(config)#description link to routerb-s0/0/0
routera(config-if)#ip address 192.168.100.1   255.255.255.0
routera(config-if)#clock rate 64000
routera(config-if)#no shutdown
routera(config-if)#exit
routera(config)#interface Serial0/0/1
routera(config)#description link to routerc-s0/0/0
routera(config-if)#ip address 192.168.200.1   255.255.255.0
routera(config-if)#clock rate 64000
routera(config-if)#no shutdown
routera(config-if)#exit
routera(config)#interface FastEthernet0/0
routera(config)#description link to lan10
routera(config-if)#ip address 192.168.10.1   255.255.255.0
routera(config-if)#no shutdown
routera(config-if)#exit
routera(config)#interface FastEthernet0/1
routera(config)#description link to isp-f0/1
routera(config-if)#ip address 192.168.110.2   255.255.255.0
routera(config-if)#no shutdown
routera(config-if)#end
routera#write
```

（3）查看路由器的路由表。首先查看路由器A的路由表，可以看到只有直连路由。

```
routera#show ip route
……
Gateway of last resort is not set
C    192.168.10.0/24 is directly connected, FastEthernet0/0
C    192.168.110.0/24 is directly connected, FastEthernet0/1
C    192.168.200.0/24 is directly connected, Serial0/0/1
routera#
```

（4）配置静态路由。

```
routera#config terminal
routera(config)#ip route 192.168.20.0   255.255.255.0   192.168.100.2
routera(config)#ip route 192.168.30.0   255.255.255.0   192.168.200.2
```

或

```
routera(config)#ip route 192.168.20.0   255.255.255.0   Serial0/0/0
routera(config)#ip route 192.168.30.0   255.255.255.0   Serial0/0/1
```

```
routera(config)#end
routera#write
```

(5) 查看路由表。此时可以看到路由器 A 的路由表中包含直连路由，也包含静态路由。

```
routera#show ip route
......
Gateway of last resort is not set
C    192.168.10.0/24 is directly connected, FastEthernet0/0
C    192.168.110.0/24 is directly connected, FastEthernet0/1
S    192.168.20.0/24 [1/0] via 192.168.100.2
S    192.168.30.0/24 [1/0] via 192.168.200.2
C    192.168.100.0/24 is directly connected, Serial0/0/0
C    192.168.200.0/24 is directly connected, Serial0/0/1
routera#
```

其中：

- S：路由表中表示静态路由的代码。
- 192.168.10.0：该路由的网络地址。
- /24：该路由的子网掩码。该掩码显示在上一行（即父路由）中。
- [1/0]：该静态路由的管理距离和度量。
- via 192.168.20.1：下一跳路由器的 IP 地址。

步骤 7：配置路由器 B

在 PC21 上通过超级终端登录到路由器 B 上，进行配置。

（1）配置路由器主机名（略）。
（2）为路由器各接口分配 IP 地址（略）。
（3）查看路由器的路由表（略）。
（4）配置静态路由。

```
routerb#config terminal
routerb(config)#ip route 192.168.10.0  255.255.255.0  192.168.100.1
routerb(config)#ip route 192.168.30.0  255.255.255.0  192.168.100.1
```

或

```
routerb(config)#ip route 192.168.10.0  255.255.255.0  Serial0/0/0
routerb(config)#ip route 192.168.30.0  255.255.255.0  Serial0/0/0
routerb(config)#end
routerb#write
```

（5）查看路由表。此时可以看到路由器 B 的路由表中包含直连路由，也包含静态路由。

```
routerb#show ip route
......
Gateway of last resort is not set
S    192.168.10.0/24 [1/0] via 192.168.100.1
C    192.168.20.0/24 is directly connected, FastEthernet0/0
S    192.168.30.0/24 [1/0] via 192.168.100.1
```

```
C    192.168.100.0/24 is directly connected, Serial0/0/0
routerb#
```

步骤 8：配置路由器 C

在 PC31 上通过超级终端登录到路由器 C 上，进行配置。

（1）配置路由器主机名（略）。
（2）为路由器各接口分配 IP 地址（略）。
（3）查看路由器的路由表（略）。
（4）配置静态路由。

```
routerc#config terminal
routerc(config)#ip route 192.168.10.0    255.255.255.0    192.168.200.1
routerc(config)#ip route 192.168.20.0    255.255.255.0    192.168.200.1
```

或

```
routerc(config)#ip route 192.168.10.0    255.255.255.0    Serial0/0/0
routerc(config)#ip route 192.168.20.0    255.255.255.0    Serial0/0/0
routerc(config)#end
routerc#write
```

（5）查看路由表。此时可以看到路由器 C 的路由表中包含直连路由，也包含静态路由。

```
routerc#show ip route
……
Gateway of last resort is not set
S    192.168.10.0/24 [1/0] via 192.168.200.1
S    192.168.20.0/24 [1/0] via 192.168.200.1
C    192.168.30.0/24 is directly connected, FastEthernet0/0
C    192.168.200.0/24 is directly connected, Serial0/0/0
Routerc#
```

步骤 9：测试网络连通性

使用 ping 命令分别测试 PC0、PC11、PC22、PC31 四台计算机之间的连通性。

步骤 10：在路由器 B 上配置默认路由，检查网络连通性，并比较默认路由和静态路由的区别

```
routerb#config terminal
routerb(config)#ip route 0.0.0.0 0.0.0.0 192.168.100.1
routerb#show ip route
……
Gateway of last resort is 192.168.100.1 to network 0.0.0.0
C    192.168.20.0/24 is directly connected, FastEthernet0/0
C    192.168.100.0/24 is directly connected, Serial0/0/0
S*   0.0.0.0/0 [1/0] via 192.168.100.1
routerb#
```

步骤 11：配置路由器 ISP

（1）配置路由器 A 的默认路由。

```
routera(config)#ip route 0.0.0.0    0.0.0.0    192.168.110.1
```

（2）配置路由器 ISP。配置路由器的名称、接口地址、静态路由等。

```
routerisp#configure terminal
routerisp(config)#interface FastEthernet0/0
routerisp(config)#description link to lan40
routerisp(config-if)#ip address 192.168.40.1    255.255.255.0
routerisp(config-if)#no shutdown
routerisp(config-if)#interface FastEthernet0/1
routerisp(config)#description link to routera-f0/1
routerisp(config-if)#ip address 192.168.110.1   255.255.255.0
routerisp(config-if)#no shutdown
routerisp(config-if)#exit
routerisp(config)#ip route 192.168.10.0    255.255.255.0    192.168.110.2
routerisp(config)#ip route 192.168.20.0    255.255.255.0    192.168.110.2
routerisp(config)#ip route 192.168.30.0    255.255.255.0    192.168.110.2
routerisp(config)#exit
routerisp#show ip route
……
Gateway of last resort is not set
C        192.168.40.0 is directly connected, FastEthernet0/0
S        192.168.10.0/24 [1/0] via 192.168.110.2
S        192.168.20.0/24 [1/0] via 192.168.110.2
S        192.168.30.0/24 [1/0] via 192.168.110.2
C        192.168.110.0 is directly connected, FastEthernet0/1
routerisp#ping 192.168.110.2
Type escape sequence to abort.
Sending 5, 100-byte ICMP Echos to 192.168.110.2, timeout is 2 seconds:
.!!!!
Success rate is 80 percent (4/5), round-trip min/avg/max = 18/28/32 ms
routerisp#
```

（3）分别用 show ip route 命令查看路由器 A、B、C、ISP 的路由表。

（4）分别用 ping 命令测试 PC0、PC11、PC21、PC31 四台计算机之间的连通性。

通过测试网络连通性，有计算机之间网络不通，请分析原因，并解决。

请思考，该实训能直接运用到实际网络中吗？为什么？

步骤 12：配置各路由器的口令

为了方便路由器在配置过程登录，一般都是在路由器调试配置完成后再配置路由器的口令。和配置交换机的口令一样，在这里不再介绍。

步骤 13：远程登录路由器

（1）在任何一台计算机上远程登录各路由器。

（2）在计算机 PC11 上的 MS-DOS 方式下，执行命令：

```
C:\>tracert 192.168.30.10
```

观察路由经过的网关。

在计算机 PC0 上的 MS-DOS 方式下，执行命令：

```
C:\>tracert 192.168.10.10
C:\>tracert 192.168.20.10
C:\>tracert 192.168.30.10
```

步骤 14：保存配置文件

通过控制台和远程终端分别保存配置文件为文本文件（略）。

步骤15：清除路由器的所有配置

清除路由器启动配置文件（略）。

8.5 拓展训练：浮动静态路由配置

浮动静态路由是网络工程师有时要使用的一种静态路由。浮动是指静态路由在某些条件下离开了路由表，而在另外一些条件下又回到路由表中。

如图8.7所示，在路由器A和B之间多了一条以太网的连接，显然以太网的速度会快得多。因此希望在路由器A和B之间的以太网正常时，数据包从该链路通过，而当该以太网链路断开时，数据包才从串行链路通过。

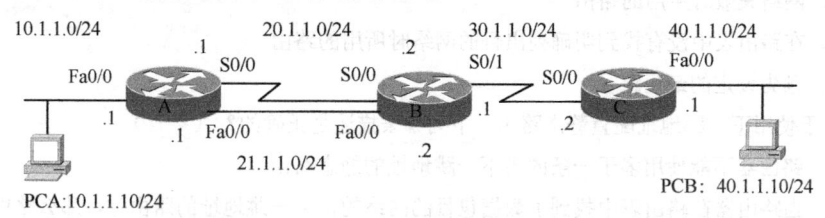

图 8.7 浮动静态路由

可以使用浮动静态路由来达到目的，浮动路由的原理是利用路由的不同管理距离。在前面已经介绍过：到达同一网络如有多条不同管理距离的路由存在，路由器将采用管理距离低的路由。

在路由器A进行如下配置：

```
RTA(config)#ip route 40.1.1.0  255.255.255.0  20.1.1.2 10
RTA(config)#ip route 40.1.1.0  255.255.255.0  21.1.1.2 5
```

查看路由表时就会发现只有一条40.1.1.0/255.255.255.0的路由（下一跳为21.1.1.2）。

```
RTA # show ip route
```

把以太网断开后，路由发生了变化。

```
RTA(config)#interface FastEthernet0/0
RTA(config-if)#shutdown
RTA(config-if)#end
RTA # show ip route
```

可以看到，到达40.1.1.0/255.255.255.0的路由的下一跳变为20.1.1.2，也就是说原来被掩盖的路由浮出来了。这样就实现了串行线路实际上成为以太网的备份。

习 题

一、选择题

1. 以下哪项最好地描述了路由器的功能？（   ）

    A. 在LAN主机之间提供可靠路由

B. 与远程 LAN 主机上的物理地址无关

C. 确定通过网络的最佳路径

D. 利用路由协议将 MAC 地址放入路由表中

2. 以下哪项最好地描述了路径确定的核心功能？（   ）

A. 给路由分配管理距离　　　　　　　　B. 从所有到达某个子网的路由中选择最佳路由

C. 在 LAN 环境中转发或路由数据包　　　D. 阻止 BGP 离开自治系统

3. 在转发数据包时，网络层所使用的主要信息依据是什么？（   ）

A. IP 路由表　　　　B. RP 响应　　　　C. 名字服务器的数据　　　　D. 桥接表

4. 以下哪项最好地描述了默认路由？（   ）

A. 网络管理员手工输入的紧急数据路由

B. 网络失效时所用的路由

C. 在路由表中没有找到明确列出目的网络时所用的路由

D. 预先设定的最短路径

5. 关于使用下一跳地址配置静态路由，下列哪条描述是正确的？（   ）

A. 路由器不能使用多于一条的带下一跳地址的静态路由

B. 当路由器在路由表中找到了数据包目的网络的带下一跳地址的路由时，那么路由器不用进一步信息，而立即转发该数据包

C. 路由器配置使用下一跳地址作为静态路由，必须在该条路由中列出送出接口；或者路由表中具有一条其他路由，该路由可以到达下一跳地址所在网络，并有相关的送出接口

D. 配置下一跳地址的路由比使用送出接口更加有效率

6. 下面关于直连网络的描述哪些是正确的？（   ）

A. 只要电缆连接到路由器上它就会出现在路由表中

B. 当 IP 地址在接口上配好后它就会出现在路由表中

C. 当在路由器接口模式下输入 no shutdown 命令后它就会出现在路由表中

D. 直连路由只能接 1 个节点

7. 当静态路由的管理距离被手工配置为大于动态路由选择协议的默认管理距离时，该静态路由被称为什么？

A. 半静态路由　　　　B. 浮动静态路由　　　　C. 半动态路由　　　　D. 手工路由

8. 下列哪种情形不适合使用静态路由？（   ）

A. 管理员需要完全控制路由器使用的路由

B. 需要为动态获悉的路由提供一条备用的路由

C. 需要快速汇聚

D. 让路由在路由器看来像是一个直连网络

二、简答题

1. 路由器的路由表中包含哪些信息？

2. 路由种类包含哪几种？

3. 静态路由有何优点？

4. 为什么在修改静态路由配置前必须先从配置中删除该静态路由？

5. 默认路由和汇总路由各用在何场所？

三、实训题

1. 如图 8.8 所示，所有的分支路由器都需要配置到达路由器 A 的默认路由。路由器 A 需要到达 B 的默认路由，该路由器 B 需要到达 ISP 的默认路由。路由器 A 可将每台分支路由器连接的 LAN 汇总成一条静态路由，该路由可到达每台分支路由器。路由器 B 和 ISP 可以通过一条静态路由汇总所有的 LAN。在 Packet Tracer 中构建拓扑结构，并测试静态和默认路由命令。

(1) 每一个分支路由器、路由器 A 和 B 的静态默认路由分别是什么？
(2) 在路由器 A、B 和 ISP 上配置的汇总静态路由分别是什么？
(3) Web 服务器能够 ping 通每台路由器上的接口。
(4) 进行完整的路由配置，在每台交换机上连接一台计算机并测试网络的连通性。

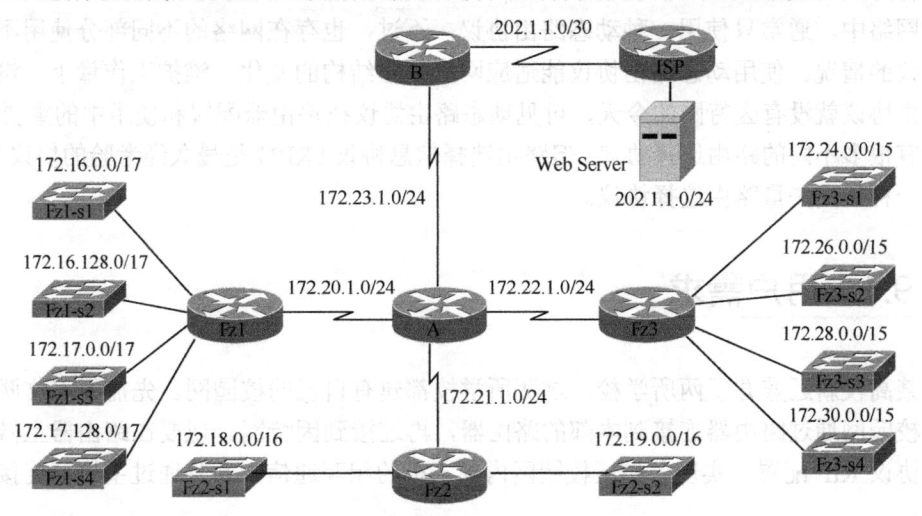

图 8.8 静态路由拓扑图

项目 9
动态路由协议 RIP 的配置

在大型网络中通常采用动态路由协议，与仅使用静态路由协议相比，可以减少管理和运行方面的成本。一般情况下，网络会同时使用动态路由协议和静态路由协议。在大多数网络中，通常只使用一种动态路由协议，不过，也存在网络的不同部分使用不同路由协议的情况。使用动态路由协议能适应网络拓扑结构的变化、维护工作量小。没有动态路由协议就没有因特网的今天，可见动态路由协议在路由器配置和使用中的重要性。

有很多不同的路由选择协议，但路由选择信息协议（RIP）是最久经考验的协议之一，它是一种距离矢量路由选择协议。

9.1 用户需求

某高校新近兼并了两所学校，这两所学校都建有自己的校园网。先需要将这两个校区的校园网通过路由器连接到本部的路由器，再连接到因特网。现要在路由器上做动态路由协议 RIP 配置，实现各校区校园网内部主机的相互通信，并且通过主校区连接到因特网。

9.2 相关知识

在介绍路由选择信息协议之前，有必要首先掌握动态路由的一些知识，主要包括以下几方面的内容：
- 能够理解动态路由的工作原理；
- 能够使用可变长子网掩码和进行子网划分；
- 能够使用无类别域间路由（CIDR）和进行路由汇总；
- 能够使用 RIP 路由协议连接两个网络。

9.2.1 动态路由协议的工作原理

1. 为什么需要动态路由

如图 9.1 所示的网络，根据它是静态配置还是动态配置适应拓扑结构的变化的结果是不同的。

静态路由允许路由器恰当地将数据包从一个网络传送到另一个网络。在图 9.1 中，路由器 A 总是把目标为路由器 C 的数据发送到路由器 D。路由器引用路由选择表并根据表中的静态信息把数据包转发到路由器 D，路由器 D 用同样的方法将数据包转发到路由器 C，路由器 C 把数据包转发到目的主机。

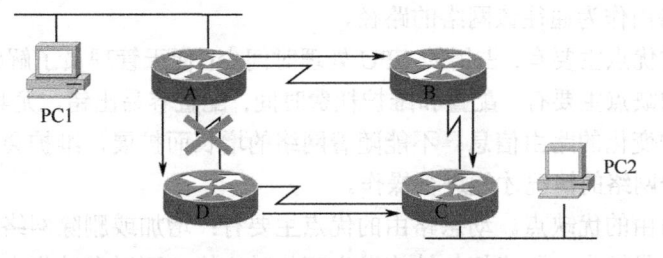

图 9.1 路由配置实例

如果路由器 A 和路由器 D 之间的路径断开了，路由器 A 将不能通过静态路由把数据包转发给路由器 D。在通过人工重新配置路由器 A 把数据包转发到路由器 B 之前，要与目的网络进行通信是不可能的。动态路由提供了更多的灵活性。根据路由器 A 生成的路由选择表，数据包可以经过优先的路由通过路由器 D 到达目的地。

当路由器 A 意识到通向路由器 D 的链路断开时，它就会调整路由选择表，使得通过路由器 B 的路径成为优先路径。路由器 A 可以通过这条链路继续发送数据包。

当路由器 A 和路由器 D 之间的链路恢复工作时，路由器 A 会再次改变路由选择表，指示通过路由器 D 和 C 的逆时针方向的路径是到达目的网络的优先选择。

2. 动态路由协议的运行过程

路由协议由一组处理进程、算法和消息组成，用于交换路由信息，并将其选择的最佳路径添加到路由表中。路由协议的用途如下：
- 发现远程网络；
- 维护最新路由信息；
- 选择通往目的网络的最佳路径。

所有路由协议都有着相同的用途——获取远程网络的信息，并在网络拓扑结构发生变化时快速作出调整。动态路由协议的运行过程由路由协议类型及协议本身所决定。一般来说，动态路由协议的运行过程如下：
- 路由器通过其接口发送和接收路由消息；
- 路由器与使用同一路由协议的其他路由器共享路由信息；
- 路由器通过交换路由信息来了解远程网络；
- 如果路由器检测到网络拓扑结构的变化，则路由协议可以将这一变化告知其他路由器。

RIP、IGRP、EIGRP 和 OSPF 都能够进行动态路由的操作。如果没有这些动态路由协议，因特网是无法实现的。

3. 动态路由和静态路由的比较

动态路由和静态路由相比有很多优点，在很多情况下，网络拓扑的复杂程度、网络数量及网络的需求，都会使动态路由协议自动地进行调节，来适应变化的需求。

（1）静态路由的优缺点。静态路由主要有以下几种用途：
- 在不会显著增长的小型网络中，使用静态路由便于维护路由表；

- 静态路由可以路由到末端网络，或者从末端网络路由到外部；
- 使用单一默认路由。如果某个网络在路由表中找不到更匹配的路由条目，则可使用默认路由作为通往该网络的路径。

静态路由的优点主要有：占用的 CPU 处理时间少；便于管理员了解路由；易于配置。

静态路由的缺点主要有：配置和维护耗费时间；配置容易出错，尤其对于大型网络；需要管理员维护变化的路由信息；不能随着网络的增长而扩展，维护会越来越麻烦；需要完全了解整个网络的情况才能进行操作。

（2）动态路由的优缺点。动态路由的优点主要有：增加或删除网络时，管理员维护路由配置的工作量较少；网络拓扑结构发生变化时，协议可以自动作出调整；配置不容易出错；扩展性好，网络增长是不会出现问题的。

动态路由的缺点主要有：需要占用路由器资源（CPU 周期、内存和链路带宽）；管理员需要掌握更多的网络知识才能进行配置、验证和故障排除工作。

9.2.2 动态路由协议的基础

1. 自治域系统

因特网中有数以千万计的路由器在为数据的转发"忙碌着"，路由器之间的路由信息的传播将花费很长时间。如图 9.2 所示，在某一边缘上的路由器所连接的网络发生了故障，变得不可用时，这个变化的路由信息需要很长时间才能传播到对岸，当最远端的路由器知道该信息时也许故障早已排除，网络又恢复了正常。在这个过程中，当网络不可用时，远端的路由器认为其依然可用，而当网络可用时，远端的路由器认为其不可用。此时路由器并没有反映出网络的真实情况，路由器也不能正确地路由数据。

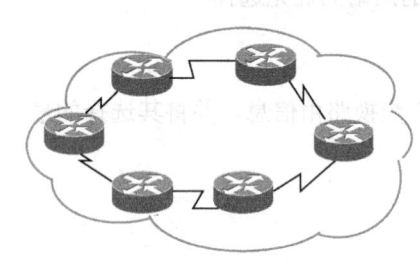

图 9.2 因特网模型

为了解决管理上的问题，网络又被分割成一个个便于管理的区域，如图 9.3 所示。该区域由一些路由器和由它们互连的网络构成，有一个统一的管理策略，对外表现出一个单一实体的属性，称为自治系统（Autonomous System），每个自治系统有一个全局唯一的自治系统号。一般情况下，从协议的方面来看，可以把运行同一种路由协议的网络看做是一个自治域系统；从地理区域方面来看，一个电信运营商或者具有大规模网络的企业可以被分配一个或多个自治域系统。

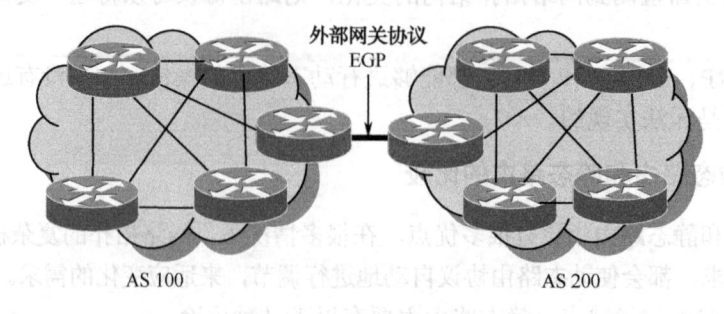

图 9.3 自治域系统

根据是否在一个自治域内部使用，动态路由协议分为内部网关协议（IGP）和外部网关协议（EGP）。自治域内部采用的路由选择协议称为内部网关协议，常用的有 RIP、IGRP、EIGRP、OSPF；外部网关协议主要用于多个自治域之间的路由选择，常用的有 BGP 和 BGP-4。

2. 路由协议的分类

（1）按学习路由和维护路由表的方法分类，路由选择协议可分为以下三种。

距离矢量（distance-vector）路由协议。距离矢量路由协议确定网络中任一条链路的方向（矢量）和距离。属于距离矢量路由协议的有 RIP v1、RIP v2、IGRP 等路由协议。

链路状态（link-state）路由协议。链路状态（也称最短路径优先）路由协议重建整个因特网的精确拓扑结构（或者至少是路由器所在部分的拓扑结构）。属于链路状态路由协议的有 OSPF、IS-IS 等路由协议。

混合型（hybrid）路由协议。混合型路由协议结合了距离矢量路由协议和链路状态路由协议的特点。属于混合型路由协议的有 EIGRP 路由协议，它是 Cisco 公司自己开发的路由协议。

（2）按是否能够学习到子网分类，可以把路由协议分为有类（Classful）的路由协议和无类（Classless）的路由协议两种。

有类的路由协议。有类的路由协议包括 RIP v1、IGRP 等。这一类的路由协议不支持可变长度的子网掩码，不能从邻居那里学到子网，所有关于子网的路由在被学到时都会自动变成子网的主类网（按照标准的 IP 地址分类）。

无类的路由协议。无类的路由协议包括 RIP v2、EIGRP、OSPF 和 BGP 等。这一类的路由协议支持可变长度的子网掩码，能够从邻居那里学到子网，所有关于子网的路由在被学到时都不用被变成子网的主类网，而以子网的形式直接进入路由表。

3. 路由器的邻居关系

邻居关系对于运行动态路由协议的路由器来说，是至关重要的，如图 9.4 所示。在使用比较复杂的动态路由协议（如 OSPF 或 EIGRP）的网络里，一台路由器 A，必须先同自己的邻居（Neighbor）路由器 B 建立起邻居关系（Peers Adjacency）。这样，它的邻居路由器 B 才会把自己知道的路由或拓扑链路的信息告诉路由器 A。

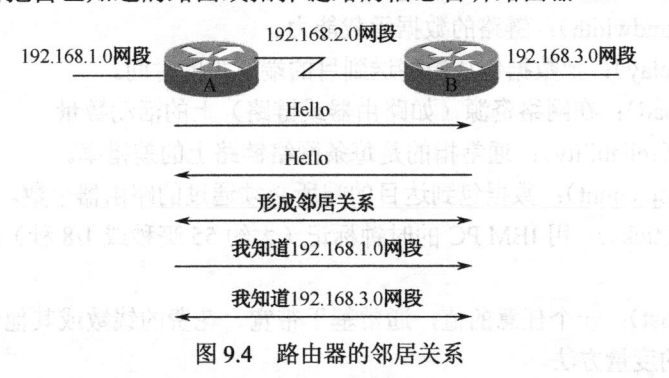

图 9.4 路由器的邻居关系

路由器之间想要建立和维持邻居关系，互相之间也需要周期性地保持联络，这就是路由器之间为什么会周期性地发送一些 Hello 包的原因。这些包是路由器之间在互相联络，以维持邻居关系的。链路状态路由协议和混合型路由协议使用 Hello 包维持邻居关系。

一旦在路由协议所规定的时间里（这个时间一般是 Hello 包发送周期的三倍或四倍），路由器没有收到某个邻居的 Hello 包，它就会认为那个邻居已经坏掉了，从而开始一个触发的路由收敛过程，并且发送消息把这一事件告诉其他邻居路由器。

4. 动态路由协议和收敛

动态路由协议的重要特征之一，就是当网络拓扑发生变化时如何能快速地收敛。收敛（convergence）是指所有路由器的路由表达到一致的过程。

当一个网络中的所有路由器都获取到完整而准确的网络信息时，网络即完成收敛。快速收敛是网络希望具有的特征，因为它可以尽量避免路由器利用过时的信息作出错误的或无效的路由判断。

收敛时间是指路由器共享网络信息、计算最佳路径并更新路由表所花费的时间。网络在完成收敛后才可以正常运行，因此，大部分网络都需要在很短的时间内完成收敛。

收敛过程既具协作性，又具独立性。路由器之间既需要共享路由信息，各个路由器也必须独立计算拓扑结构变化对各自路由过程所产生的影响。由于路由器独立更新网络信息以与拓扑结构保持一致，所以，也可以说路由器通过收敛来达成一致。

收敛的有关属性包括路由信息的传播速度及最佳路径的计算方法。可以根据收敛速度来评估路由协议。收敛速度越快，路由协议的性能就越好。通常，RIP 和 IGRP 收敛较慢，而 EIGRP 和 OSPF 收敛较快。

5. 网络路径的度量

在网络里面，为了保证网络的畅通，通常会连接很多的冗余链路。这样当一条链路出现故障时，还可以有其他路径把数据包传递到目的地。当一个路由选择算法更新路由表时，它的主要目标是确定路由表要包含最佳的路由信息。每个路由选择算法都认为自己的方式是最好的，这就用到了度量值。

所谓度量值（value），就是路由器根据自己的路由算法计算出来的一条路径的优先级。当有多条路径到达同一个目的地时，度量值最小的路径是最佳的路径，应该进入路由表。

路由器中最常用的度量值包括以下几方面：

- 带宽（bandwidth）：链路的数据承载能力。
- 延迟（delay）：把数据包从源端送到目的端所需的时间。
- 负载（load）：在网络资源（如路由器或链路）上的活动数量。
- 可靠性（reliability）：通常指的是每条网络链路上的差错率。
- 跳数（hop count）：数据包到达目的端所必须通过的路由器个数。
- 滴答数（ticks）：用 IBM PC 的时钟标记（大约 55 毫秒或 1/8 秒）计数的数据链路延迟。
- 开销（cost）：一个任意的值，通常基于带宽、花费的钱数或其他一些由网络管理员指定的度量方法。

各路由协议定义的度量如下：

- RIP：跳数。选择跳数最少的路由作为最佳路由。

- IGRP 和 EIGRP：带宽、延迟、可靠性和负载。通过这些参数计算综合度量值，选择综合度量值最小的路由作为最佳路由。默认情况下，仅使用带宽和延迟。
- IS-IS 和 OSPF：开销。选择开销最低的路由作为最佳路由。

6. 路由协议的管理距离

可以同时使用多种路由选择协议及静态路由。如果多个路由选择源提供了相同的路由选择信息，将根据管理距离来确定每个路由选择源的可信度。管理距离让 Cisco IOS 软件能够区别对待不同的路由选择信息源；IOS 选择管理距离最小的路由选择信息源提供的路由。管理距离是一个 0～255 之间的整数。通常如果多种路由选择协议都提供了到同一个网络的路径，将选择管理距离最小的路由选择协议提供的路径。表 9.1 列出了一些路由选择信息源的默认管理距离（注：这里列出的默认管理距离是由 Cisco IOS 软件指定的）。如果默认值不合适（例如在重分发路由时），管理员可使用 IOS 在每台路由器上分别配置各种协议和各条路由的管理距离值。

表 9.1 默认管理距离

路由来源	管理距离	路由来源	管理距离
直连路由	0	OSPF	110
静态路由	1	IS-IS	115
EIGRP 汇总路由	5	RIP	120
外部 BGP	20	外部 EIGRP	170
内部 EIGRP	90	内部 BGP	200
IGRP	100		

如图 9.5 所示，路由器 A 从路由器 C 那里获悉了一条到网络 E 的 RIP 路由，同时又从路由器 B 那里获悉了一条到网络 E 的 IGRP 路由。由于 IGRP 的管理距离较小，因此路由器 A 选择 IGRP 路由。

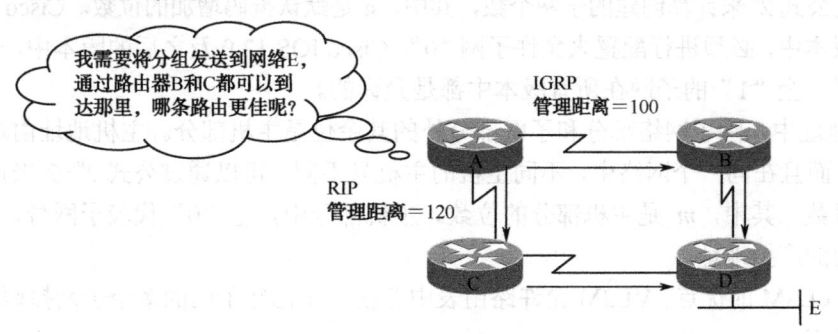

图 9.5 管理距离

9.2.3 有类路由和无类路由

随着网络的增长，子网的数量和网络地址的需求量也成比例地增长。没有 IP 寻址技术中的无类别域间路由（CIDR）、路由汇总等技术，路由表的大小会激增，并引起诸多问题。例如，如果路由表已经很大，那么每次拓扑变化都需要更多的 CPU 资源来处理和确认；除此之外，在一个很大的路由表中，CPU 分类并查找目的地址需要更长的延迟时间。通过使用无类别域间路由和路由汇总可以在一定程度上解决这些问题。

为了有效地使用无类别域间路由和路由汇总来控制路由表的大小，网络管理员需要使用先进的 IP 寻址技术，比如可变长子网掩码（VLSM）。

1. 可变长子网掩码（VLSM）

在网络中，可变长子网掩码（Variable Length Subnet Masking，VLSM）用来支持多层次的子网 IP 地址，但只有使用了支持可变长子网掩码的路由协议，如 OSPF、EIGRP、RIPv2 时，才能应用这种策略。在一个大的网络中，VLSM 是关键的技术。在一个可扩展的网络中，VLSM 用来有效地规划 IP 地址。

如果把网络分成多个不同大小的子网，可以使用可变长子网掩码，每个子网可以使用不同长度的子网掩码。例如，如果按部门划分网络，一些网络的掩码可以为 255.255.255.0（多数部门），其他的可为 255.255.252.0（较大的部门）。

在使用有类别路由协议时，因为不能跨主网络交流掩码，所以必须连续寻址且要求同一个主网络只能用一个网络掩码。对于大小不同的子网，只能按最大子网的要求设置子网掩码，造成了浪费。尤其是网络连接路由器时，两个接口只需要两个 IP 地址，分配的地址却和最大的子网一样。使用可变长子网掩码 VLSM 允许对同一主网络使用不同的网络掩码，或者说 VLSM 可以改变同一主网络的子网掩码的长度。使用可变长子网掩码可以让位于不同接口的同一网络编号采用不同的子网掩码，能节省大量地址空间，允许非连续寻址则使网络的规划更灵活。

（1）前缀长度。前缀长度是子网掩码的简单记法，是层次网络中的关键技术。前缀长度是子网掩码中"1"的个数。在子网掩码中，一系列连续的"1"决定了 IP 地址中有多少位用来表示网络号，一系列连续的"0"则代表了主机号的位数。增加网络部分的位数时，主机部分的位数会相应减少。

在默认掩码增加位数后，就创建了一系列的子网，每个子网可以用二进制形式表示。可以通过公式 2^n 来计算创建的子网个数，其中，n 是默认掩码增加的位数。Cisco IOS 12.0 之前的版本中，必须进行配置来允许子网"0"。Cisco IOS 12.0 及之后的版本中，子网"0"默认启用。全"1"的子网在所有版本中都是允许的。

IP 地址中，除了网络部分和子网部分外的其余位是主机部分。主机地址由这些剩余位表示，而且在同一个网络中，不同主机的主机号不同。可以通过公式 2^m-2 来计算子网中的主机数，其中，m 是主机部分的位数。主机部分中，全"0"代表子网号，全"1"是该子网的广播地址。

（2）VLSM 的优点。VLSM 允许路由表中存在一个已知子网的多个子网掩码，VLSM 有以下优点。

IP 地址的使用更加有效。不使用 VLSM，企业必须申请一个 A、B 或 C 类的子网。比如，考虑将网络 172.16.0.0/16 使用前缀长度 24 来划分子网，再将其中一个子网 172.16.15.0/24 用/27 的掩码进一步划分，这些子网的范围可以从 172.16.15.0/27 到 172.16.15.224/27，这些小子网中的 172.16.15.100/27 又用掩码/30 进行划分，这样子网中只能存在两台主机，一般用于广域网连接。

应用路由汇总时，有更好的性能。VLSM 在地址规划时允许存在许多层次，因此可以提供更好的路由汇总。

与其他路由器的拓扑变化隔离。使用 VLSM 进行路由汇总另一个好处是在复杂的、大范围的网络中，它可以与其他路由器的拓扑变化隔离。

（3）VLSM 实例。某个企业申请了一个 C 类地址 211.81.192.0，现准备构建如图 9.6 所示的网络，每个子网不超过 25 台主机，其中网络 1～5 是企业总部的局域网，网络 6～9 是起互连作用的广域网。

根据需要划分有 9 个子网。根据公式 $2^n-2 \geq 9$，得 $n=4$。也就是说从主机位借了 4 位作为子网位，还剩下 4 位主机位。这样共划分了 16 个子网，每个子网却只能有 14 台主机，不能满足企业的需求。

C 类网络如果不划分子网总共可以容纳 254 台主机，然而现在却容纳不了要求的 5×25=125 台主机，这就是子网划分带来的 IP 地址浪费问题。图 9.6 中的网络 6～9 只是起互连作用，这几个网络不可能有主机接入，串行线路两端的路由器的每个接口各有一个 IP 就可以了，但却分配了一个子网的 IP 地址，严重浪费了 IP 地址。这是因为采用了定长子网掩码（Fix Length Subnet Mask，FLSM），即整个网络中所有子网采用相同长度的子网掩码。

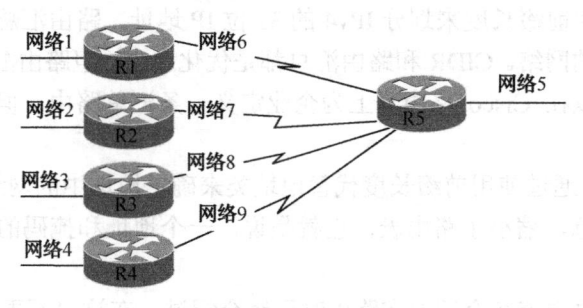

图 9.6 VLSM 实例

为了减少 IP 地址的浪费，可以采用可变长度子网掩码（VLSM）。下面以图 9.6 为例来说明 VLSM。

① 先划分大的子网。先把 C 类网络划分成每个子网可以容纳 25 台主机的网络，也就是划分成 6 个子网，子网 1～5 分配给网络 1～5，子网 6 用来进一步划分子网。

$2^3-2 \geq 6$，得 $n=3$，得到子网掩码为 255.255.255.224。

第 1 个子网为 211.81.192.001 00000，即 211.81.192.32 / 255.255.255.224

第 2 个子网为 211.81.192.010 00000，即 211.81.192.64 / 255.255.255.224

第 3 个子网为 211.81.192.011 00000，即 211.81.192.96 / 255.255.255.224

第 4 个子网为 211.81.192.100 00000，即 211.81.192.128 / 255.255.255.224

第 5 个子网为 211.81.192.101 00000，即 211.81.192.160 / 255.255.255.224

第 6 个子网为 211.81.192.110 00000，即 211.81.192.192

各个子网的 IP 地址范围在这里不再介绍。

② 将第 6 个子网再进行子网化。把第 6 个子网进一步子网化，方法和以前介绍的从主机位借位一样。由于网络 6～9 各需要 2 台主机，根据 $2^k-2 \geq 2$，得 $k=2$，即只需要保留 2 位主机位，这样原来剩下的 5 位主机可以借出 3 位用来进一步划分子网：

211.81.192.110　XXX　YY

这里 X 表示新的子网位，Y 表示主机位，则个子网为：
211.81.192.110 000 00，即 211.81.192.192 / 255.255.255.252
211.81.192.110 001 00，即 211.81.192.196 / 255.255.255.252
211.81.192.110 010 00，即 211.81.192.200 / 255.255.255.252
211.81.192.110 011 00，即 211.81.192.204 / 255.255.255.252
211.81.192.110 100 00，即 211.81.192.208 / 255.255.255.252
211.81.192.110 101 00，即 211.81.192.212 / 255.255.255.252
211.81.192.110 110 00，即 211.81.192.216 / 255.255.255.252
211.81.192.110 111 00，即 211.81.192.220 / 255.255.255.252

第 1 个子网 211.81.192.192 / 255.255.255.252 的 IP 范围为 211.81.192.193～194，其余子网请自己类推。从中抽取 4 个分配给网络 6～9 即可。

这样网络 1～5 采用的是 27 位的掩码，网络 6～9 采用的是 30 位的掩码。

2. 无类别域间路由（CIDR）和路由汇总

CIDR 用来替代传统的 A、B 和 C 类地址的分配过程。CIDR 不受 8、16 或 24 位的前缀长度限制，使用前缀长度来划分 IPv4 的 32 位 IP 地址。路由汇总则是指如何用一个网络代表一组连续的网络。CIDR 和路由汇总都是优化路由。但路由汇总和 CIDR 有所不同，网络工程师可以在 Cisco 路由器上为企业定义一条汇总路由，但不能为自己分配地址空间。

（1）路由汇总。通过使用前缀长度代替地址类来确定地址中的网络部分，CIDR 允许路由器汇总路由信息，缩小了路由表，也就是说，一个地址和掩码的组合可以代表到达多个网络的路由。

有关路由器汇总内容在介绍静态路由时已经介绍过，在这里不再赘述。

（2）超网。超网是用汇总地址把一组有类的网络汇聚成一个地址的实际应用。划分子网会将一个有类网络破坏，而超网则是将几个有类网聚合在一起。

超网和路由汇总实际上是同一过程的不同名称。当被汇总的网络是在共同管理控制之下时，更常用超网这个术语。超网和路由汇总实质上是子网划分的反面。

超网就是将多个网络聚合起来，构成一个单一的、具有共同地址前缀的网络。也就是说，把一块连续的 C 类地址空间模拟成一个单一的更大一些的地址空间，模拟一个 B 类地址。

超网的合并过程为：首先获得一块连续的 C 类地址空间，然后从默认掩码（255.255.255.0）中删除位，从最右边的位开始，并一直向左边处理，直到它们的网络 ID 一致为止。

3. 有类路由和无类路由

有类路由（如 RIPv1）和无类路由（如 RIPv2、OSPF）在 Cisco 路由器上有很明显的区别。有类路由协议基于 A 类、B 类和 C 类网络决定路由和发送路由更新。无类路由协议不局限于 A 类、B 类和 C 类网络。现实中，大公司大都运行无类路由协议，有类路由只是在教科书作为一种技术介绍。

（1）有类路由。RIPv1 和 IGRP 是两个有类路由协议，现在已经很少看到有路由器运行这两个协议了。

一个有类路由协议在它的路由更新时不包含子网掩码信息。正是因为不知道子网掩码信息，所以当一个运行有类路由协议的路由器发送或接收路由更新的时候，自行决定路由更新中的网络使用何种子网掩码，这种判断基于 IP 地址类型。当一个运行有类路由协议的路由器收到一个路由更新包时，它将按照以下两种方式来决定路由的网络部分。

① 如果路由更新信息中包含的网络号和接收接口的主网相同，这个路由器会按照其接收接口的网络掩码决定其网络掩码。

② 如果路由更新信息中包含的网络号和接收接口的主网不同，这个路由器会根据 IP 地址类型确定其掩码为默认主网掩码（A 类：255.0.0.0，B 类：255.255.0.0，C 类：255.255.255.0）。

当运行有类路由协议的时候，同一个主网（A 类、B 类、C 类）的子网必须使用同样的掩码，否则路由器会采用不正确的掩码信息。

运行有类路由协议的路由器在网络边界会做自动汇总。有类路由协议通过 IP 地址类型判断其网络，因此当跨越不同主网的时候路由器会做自动汇总。

路由器向直连的其他路由器发送路由更新。当一个更新包中包含的子网与转发接口的主网地址相同时，执行方式①，这个路由器将发送全部子网地址信息（不包括子网掩码）。这个路由器会假设这个网络和接口有相同的子网掩码。

路由器接到更新包的时候会做同样的判断。如果一个路由器为每个子网使用不同的掩码，执行方式②，这个路由器的路由表中将会有不正确的信息出现。因此，当使用有类路由协议的时候，给属于同一主网的所有接口使用相同的子网掩码是很重要的。

当一个运行有类路由协议的路由器发送的路由更新中的子网与发送接口不在同一个主网中时，这个路由器会假设接收方使用默认主网掩码。因此，当一个路由器发送更新时，更新内容不包括子网信息。这个更新包只有主网信息。这个过程如图 9.7 所示。

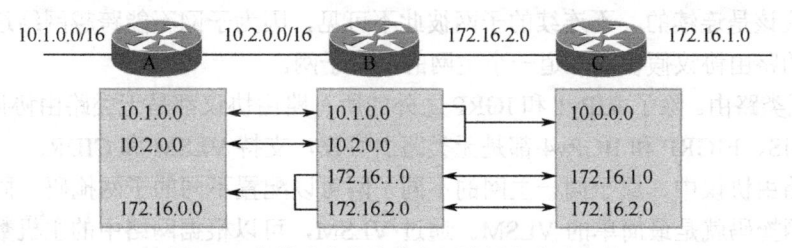

图 9.7 有类路由协议在主网边界上自动汇总

这个现象是在网络边界的自动汇总。路由器将该网络中的所有子网汇总，只发送主网的信息。有类路由协议自动地在主网边界创建一条汇总路由，但在主网中，不能进行自动汇总。

收到路由更新的路由器情况与之类似。当一个路由更新中的子网与接收接口不在同一个主网中时，路由器会应用默认主网掩码。由于更新中没有包含掩码信息，此路由器必须自行判断正确的子网掩码。

在图 9.7 中，路由器 A 向路由器 B 通告一个 10.1.0.0 的子网，由于连接接口处于同一个主网 10.0.0.0 中，路由器 B 根据接口使用 16 位的掩码。当路由器 B 收到这个更新包，它会假设网络 10.1.0.0 和自己的接口 10.2.0.0 有同样的 16 位掩码。

当路由器 B 和路由器 C 交换 172.16.0.0 的网络信息时，包含子网信息，因为直连接口也属于172.16.0.0这个主网。因此，路由器B的路由表中会有这个网络中的所有子网信息。

但是由于要穿越主网边界，因此，路由器B在向路由器C发送更新前把10.1.0.0和10.2.0.0两个子网汇总成10.0.0.0。这个更新从网络10.0.0.0的一个子网10.2.0.0发送到另一个主网172.16.0.0的子网。

路由器B向路由器A发送更新前把172.16.1.0和172.16.2.0两个子网汇总成172.16.0.0。因此，路由器A的路由表中只包含汇总之后的172.16.0.0。路由器C的路由表中只包含汇总之后的10.0.0.0。

如图9.8所示显示了一个有类路由协议的经典问题。当一个主网的几个子网被其他主网分割时，会出现不连续子网问题。如图9.8所示，路由器C直连着一个10.0.0.0的子网。注意路由器B的路由表，其中出现了两条到达网络10.0.0.0的汇总路由条目：一条来自路由器A，一条来自路由器C。又因为这两条路径具有相同的度量值，所以它们都被加载到路由表中。路由器B会在两条链路上做负载均衡。

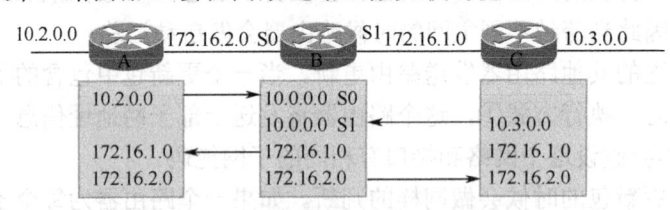

```
10.2.0.0    172.16.2.0 S0    S1 172.16.1.0    10.3.0.0
    A                  B                C

10.2.0.0        10.0.0.0 S0        10.3.0.0
                10.0.0.0 S1
172.16.1.0      172.16.1.0         172.16.1.0
172.16.2.0      172.16.2.0         172.16.2.0
```

图9.8 有类网络的不连续子网问题

流量不能保证总能到达目的地。路由器B有50%的概率为10.0.0.0网络提供正确的路由，也就是说路由器C不知道它的哪个接口（S0还是S1）能达到子网10.2.0.0和10.3.0.0。

正因为如此，在使用有类网络的时候要防止不连续子网的出现。在同一主网中的所有子网都应该是连续的。不连续的子网彼此不可见，因为子网不能跨越网络边界通告。一个有类的路由协议假设它知道一个主网的所有子网。

（2）无类路由。除了RIPv1和IGRP之外的所有路由协议都是无类路由协议。RIPv2、OSPF、IS-IS、EIGRP和BGPv4都是无类路由协议，支持VLSM和CIDR。

无类路由协议中，属于同一主网的不同子网可以配置不同的子网掩码。同一主网中的不同子网掩码就是最简单的VLSM。通过VLSM，可以根据网络中的主机数灵活配置子网掩码。

如果路由表中有多个条目都与目的地相匹配，就要使用最长前缀匹配法进行选择。比如，如果路由表中到达网络有不同的路径 172.16.0.0/16 和 172.16.5.0/24，目的地址为172.16.5.19 的包会选择172.16.5.0/24 的路径，因为目的地址与该网络匹配最长。

无类路由协议不会自动通告每一个子网。默认情况下，无类路由协议与有类路由协议一样，会在主网边界进行自动汇总。自动汇总使得RIPv2、OSPF、IS-IS、EIGRP和BGPv4与先前的RIP和IGRP能够兼容。

在RIPv2和EIGRP的路由进程下，可以使用no auto-summary命令手工关闭自动汇总。在OSPF和IS-IS中不需要执行这条命令，因为默认情况下，它们不执行自动汇总。

自动汇总会导致一些网络问题，如不连续子网问题或某些被汇总的子网不可达。从Cisco IOS 12.2（8）T开始，EIGRP和BGP默认关闭auto-summary，而之前的版本中，

auto-summary 命令则是默认开启的。RIPv2 中，auto-summary 命令一直是默认关闭的。

9.2.4 距离矢量路由协议

基于距离矢量的路由选择协议定期地在路由器之间传送路由表的复制。路由器之间通过定期的更新，交流了网络拓扑结构发生的变化。距离矢量路由协议有 RIPv1、RIPv2、IGRP 等路由协议。

▶ 1. 距离矢量路由协议学习路由的方法

首先应该明确的一点是，运行距离矢量路由协议的路由器是不知道整个网络的拓扑结构的。这是因为这些路由器之间是通过互相传递路由表来学习路由的，而路由表里记载的只有到达某一目的地的最佳路由，不是全部的拓扑信息，这样，路由器无法从邻居那里学到整个网络的拓扑。由于路由表里的条目只记载了到达目的地的方向（从路由器的哪个接口出去）和距离，所以路由器从邻居那里学来的路由，也只能知道方向和距离，而没有更多的信息。这就是这种路由协议被称为距离矢量路由协议的原因。

一旦运行距离矢量路由协议的网络中出现链路断路、路由器损坏这样的故障时，路由器想要再找其他的路径到达目的地就需要向邻居询问了。因为路由器自己不知道整个网络的拓扑，它没办法自己算出路由，只能向邻居路由器学习路由，而如果邻居路由器也不知道相关的路由，那么邻居路由器还要再向它自己的邻居询问。另外，由于运行距离矢量路由协议的路由器只能依靠邻居来提供路由信息，它自己没有辨别路由信息是否正确的能力，距离矢量路由协议需要很多额外的措施来保证不会出现路由环路。所以运行距离矢量路由协议的网络在出现故障时收敛是很慢的。

为了维持所学路由的正确性及与邻居的一致性，运行距离矢量路由协议的路由器之间要周期性地向邻居传递自己的整个路由表，如图 9.9 所示，周期性传递的路由表就是被封装在路由更新包（update 包）中。路由器就是依靠它来学习路由和维护路由的正确性的。

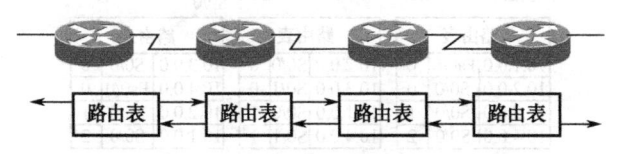

图 9.9 邻居路由器之间周期性传递的路由表

下面以图 9.10、图 9.11、图 9.12 为例，来说明运行距离矢量路由协议的路由器是如何通过交换路由更新包学习路由的，先来看图 9.10。

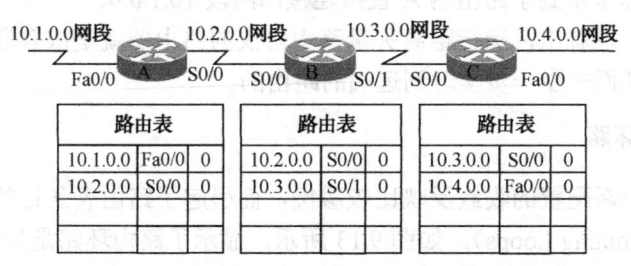

图 9.10 运行 RIP 协议的路由器的路由表初始状态

在路由协议刚刚开始运行时，路由器之间还没有开始互相发送路由更新包。这时，每台路由器的路由表里只有自己所直接连接的网段，这是因为直接连接的网段管理距离是 0，作为绝对的最佳路由是可以直接进入路由表的。

路由器学到了自己连接的网段之后，就会向自己的邻居路由器发送路由更新包。在路由更新包里，包含着发布的路由（一台路由器所直接连接的网段，必须在路由协议里发布，才能放到路由更新包里，被其他路由器学到）。这样路由器就开始学到了邻居的路由，如图 9.11 所示。

图 9.11 运行 RIP 协议的路由器开始向邻居发送路由更新包并通告自己直接连接的网段

图 9.11 中，双向的箭头表示路由器之间互相发送路由更新包。

路由器 A 从路由器 B 处学到了路由器 B 所直接连接的网段 10.3.0.0，由于到达这个网段需要经过路由器 B，所以这条路由的度量值是 1 跳。同样，路由器 B 学到了邻居直接连接的 10.1.0.0 网段和 10.4.0.0 网段，路由器 C 学到了路由器 B 直接连接的 10.2.0.0 网段。

然后，路由器把从邻居那里学来的路由信息放入路由表，并且把这些路由信息也放进了路由更新包，再向邻居发送，这样，路由就可以学习到远端网段的路由了，如图 9.12 所示。

在图 9.12 中，双向的箭头表示路由器之间互相发送的路由更新包，但是这里的路由更新包与图 9.11 中的路由更新包已经不同，它里面携带了新的路由。

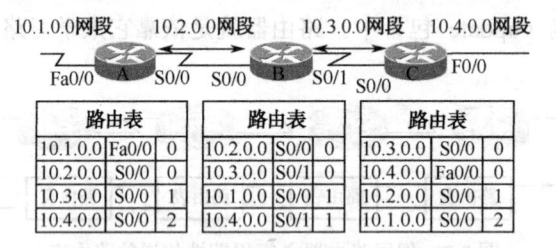

图 9.12 运行 RIP 协议的路由器从邻居那里学来的路由放进路由更新包并通告其他邻居

路由器 A 从路由器 B 处学到了路由器 C 所直接连接的网段 10.4.0.0，同时，路由器 C 也从路由器 B 那里学到了路由器 A 直接连接的网段 10.1.0.0。

由以上分析可以看出，运行距离矢量路由协议的路由器就是依靠和邻居之间周期性地交换路由表，从而一步一步学习到远端的路由的。

2. 路由环路

当网络对一个新配置的收敛反映比较缓慢，而引起了路由表条目的不一致时，就会产生路由环路（Routing Loops）。如图 9.13 所示，显示了路由环路是如何发生的。

（1）在网络 1 上出现故障前，所有的路由器拥有一致的信息和正确的路由表，网络是收敛的。假定，路由器 C 到网络 1 的最优路径是通过路由器 B，且路由器 C 在路由表中记录的到网络 1 的距离是 3。

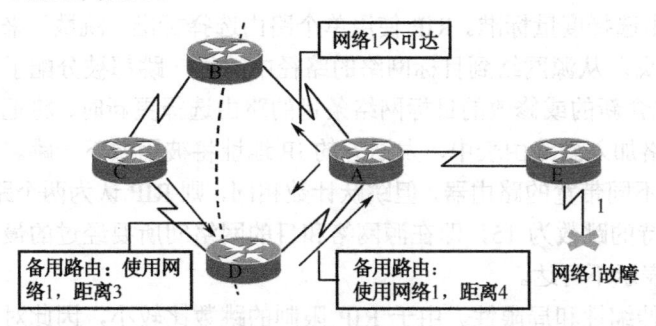

图 9.13 路由环路

（2）当网络 1 出现故障时，路由器 E 向路由器 A 发出更新信息。路由器 A 停止向网络 1 发送数据包，然而路由器 B、C 和 D 仍然向网络 1 发送数据包，因为它们还没有接到发生故障的通知。当路由器 A 发送出更新信息时，路由器 B 和 D 停止向网络 1 发送数据包；此时路由器 C 还没有收到更新。对路由器 C 来说，网络 1 仍然可以通过路由器 B 达到。

（3）现在，路由器 C 向路由器 D 发送定期更新，指示途径路由器 B 达到网络 1 的路径。路由器 D 收到这个看起来很好但并不正确的信息，并利用这个信息更新自己的路由表，同时将这个信息传递给路由器 A。路由器 A 又将这条信息传递给路由器 B 和 E，依此类推。任何以网络 1 为目的地的数据包现在都会沿着从路由器 C 到 B 到 A 到 D，然后回到 C 循环传送。

这样，关于网络 1 的无效更新会不断地循环下去，直到其他某个进程能终止这个循环。这种情况被称为计数到无穷大，尽管目的网络（网络 1）已经出现故障，数据包还在网络中不停地循环。当路由器处于计数到无穷大时，无效的信息允许路由环路的存在。

如果不能解决路由环路和计数到无穷大，数据包每次经过下一路由器时，跳计数的距离矢量都会递增。由于路由表中的错误信息，这些数据包就会在网络中循环传送。

解决路由环路和计数到无穷大的方法通常有：水平分割（Split Horizon）、毒性逆转（Poison Reverse）、定义最大跳数（Defining Maximum Count）、触发更新（Trigger Update）和抑制计时器（Holddown Timer）。

9.2.5 路由信息协议

1. 路由信息协议概述

路由信息协议（Routing Information Protocol，RIP）是应用较早、使用较普遍的内部网关协议，适用于由同一个网络管理员管理的网络内的路由选择，是典型的距离矢量（Distance-Vector）协议。RIP 采用距离矢量算法，即路由器根据跳数作为度量标准来确定到给定目的地的最佳路由。它是有类别路由协议。

（1）RIP 路由更新选择。RIP 路由更新是通过广播 UDP 报文来交换路由选择信息的，每 30 秒发送一次路由选择更新消息，当网络拓扑发生变化时也发送消息。路由选择更新过程被称为广播（Advertising）。当路由器收到的路由选择更新中包含对条目的修改时，将更新其路由表，以反映新的路由。路径的度量值将加 1，而发送方将被指示为下一跳。RIP 只维护到目的地的最佳路由，即度量值最小的路由。路由器更新其路由表后，将立刻开始传输路由选择更新，将变化情况告知其他的网络路由器。

（2）RIP 路由选择度量标准。RIP 使用单个路由选择标准（跳数）来度量源网络到目标网络之间的距离。从源网络到目标网络的路径中的每一跳都被分配了一个跳数值，即 1。路由器收到包含新的或修改的目标网络条目的路由选择更新时，将把更新中的度量值加 1，并将该网络加入到路由表中，发送方的 IP 地址将被用做下一跳。如果到相同目标有两个不等速或不同带宽的路由器，但跳跃计数相同，则 RIP 认为两个路由是等距离的。

RIP 最多支持的跳数为 15，即在源网络和目的网络间所要经过的最多路由器的数目为 15，跳数 16 表示不可达。

（3）RIP 的伸缩性和局限性。由于 RIP 限制的跳数比较小，因此对于大型网络，这对伸缩性有一定的限制。RIP 路由协议有两个版本，RIPv1 和 RIPv2。RIPv1 是一种传统的路由选择协议，其路由选择更新中不能携带子网掩码信息。因此，RIPv1 不支持使用变长的子网掩码技术（VLSM）。RIPv2 支持验证、密钥管理、路由汇总、无类域间路由和可变长子网掩码。在与其他厂商路由器相邻时，注意 RIP 版本必须一致。在默认状态下，Cisco 路由器接收 RIPv1 和 RIPv2 的路由信息，但只发送 RIPv1 的路由信息。

（4）路由环路。距离矢量路由算法容易产生路由环路，RIP 是距离矢量路由算法的一种，所以它也不例外。如果网络上有路由环路，信息就会循环传递，永远不能到达目的地。为了避免这个问题发生，RIP 等距离矢量算法实现了下面五个机制。

① 水平分割（Split Horizon）。水平分割保证路由器记住每一条路由信息的来源，并且不在收到这条信息的接口上再次发送它。这是保证不产生路由环路的最基本措施。

② 毒性逆转（Poison Reverse）。当一条路径信息变为无效之后，路由器并不立即将它从路由表中删除，而是用 16，即不可达的度量值将它广播出去。这样虽然增加了路由表的大小，但对消除路由环路很有帮助，它可以立即清除相邻路由器之间的任何环路。

③ 定义最大跳数（Defining Maximum Count）。RIP 的度量是基于跳数的，每经过一台路由器，路径的跳数加 1。跳数越多路径就越长，RIP 算法会优先选择跳数少的路径。RIP 支持的最大跳数是 15，跳数为 16 的网络被认为不可达。

④ 触发更新（Trigger Update）。当路由表发生变化时，更新报文立即广播给相邻的所有路由器，而不是等待 30 秒的更新周期。同样，当一个路由器刚启动 RIP 时，它广播请求报文，收到此广播的相邻路由器立即应答一个更新报文，而不必等到下一个更新周期。这样，网络拓扑的变化会最快地在网络上传播开，减少了路由环路产生的可能性。

⑤ 抑制计时器（Holddown Timer）。一条路由信息无效之后，一段时间内这条路由都处于抑制状态，即在一定时间内不再接收关于同一目的地址的路由更新。如果路由器从一个网段上得知一条路径失效，然后，立即在另一个网段上得知这个路由有效。这个有效的信息往往是不正确的，抑制计时避免了这个问题，而且，当一条链路频繁启停时，抑制计时减少了路由的浮动，增加了网络的稳定性。

即便采用了上面的五种方法，路由环路的问题也不能完全解决，只是得到了最大程度的减少。一旦路由环路真的出现，路由的度量值就会出现计数到无穷大（Count to Infinity）的情况。这是因为路由信息被循环传递，每传过一个路由器，度量值就加 1，一直加到 16，路径就成为不可达的了。RIP 选择 16 作为不可达的度量值是很巧妙的，它既足够得大，保证了多数网络能够正常运行，又足够小，使得计数到无穷大所花费的时间最短。

（5）邻居。有些网络是 NBMA（Non-Broadcast MultiAccess，非广播多路访问）的，即网络上不允许广播传送数据。对于这种网络，RIP 就不能依赖广播传递路由表了。解决此问题的方法有很多，最简单的是指定邻居，即指定将路由表发送给某一台特定的路由器。

2. RIP 协议配置

在路由器上配置 RIPv1 协议分为以下步骤。

（1）启动 RIP 路由协议。指定使用 RIP 协议作为路由选择协议开始动态选择过程，使 RIP 全局有效。在全局配置模式下执行如下命令进入路由器配置模式：

```
Router(config)#router rip
Router(config-router)#
```

（2）启用参与 RIP 路由的子网，并且通告全网，其命名为：

```
Router(config-router)#network   network-number
```

其中，network-number 为网络地址。

network 命令完成以下三个功能：
- 公告属于某个基于类的网络的路由；
- 在所有接口上监听属于这个基于类的网络的更新；
- 在所有接口上发送属于这个基于类的网络的更新。

（3）被动接口（Passive-Interface）。在局域网内的路由不需要向外发送路由更新，这时可以将路由器的该接口设置为被动接口。所谓被动接口是指在路由器的某个接口上只接收路由更新，却不发送路由更新。配置命令如下：

```
Router(config-router)#passive-interface interface
```

（4）查看命令。
命令 show ip protocol 显示路由器中的定时器值和网络信息。
命令 show ip route 显示路由器中 IP 路由选择表的内容。
（5）诊断命令。
命令 debug ip rip 实时地显示被发送和接收的 RIP 路由选择更新。

3. RIPv2 路由协议概述及其配置

RIPv1 路由协议使用广播方式每隔 30 秒向邻居发送一次周期性的路由更新包。如果在 180 秒内没有收到邻居发来的路由更新包，路由器就会认为邻居已经崩溃，所有从这个邻居学到的路由都会进入保持状态，保持时间是 180 秒。如果在保持时间里还没有收到邻居的任何信息，或者其他的邻居通告了比原度量值还大的度量值而不被采用时，该路由器就会将被保持的路由从路由表里清除。

RIPv1 路由协议是典型的有类路由协议，不支持可变长子网掩码和地址聚合。为了克服这些弊病，就出现了 RIPv2 协议。

RIPv2 路由协议在很多特性上都与 RIPv1 路由协议相同，包括同样是距离矢量路由协议，同样是用跳数值来计算路由的，同样是用水平分割和 180 秒的保持时间来防止出现路由环路的。但是 RIPv2 路由协议支持在发送路由更新的同时，也发送网段的子网掩码信息,所以 RIPv2 路由协议支持 VLSM,运行 RIPv2 路由协议的路由器可以学习到子网的路由。

RIPv2 路由协议可以使用明码或者 MD5 加密的密码验证,以增强网络的安全性。

RIPv2 路由协议使用多点广播 224.0.0.9 进行路由更新。

在路由器上配置 RIPv2 路由协议主要有以下步骤。

(1)启动 RIP 路由协议。

Router(config)#**router** *rip*

(2)声明版本号。

Router(config-router)#**version** *2*

(3)启用参与路由协议的接口,并且通告全网。

Router(config-router)#**network** *network-number*

(4)关闭自动汇总。

Router(config-router)#**no auto-summary**

默认情况下是启动路由汇总功能的。如果连续的子网在接口间进行分隔,那么应该禁止路由汇总功能。

(5)触发更新。为了避免环路,可以使用触发更新,在接口模式下输入如下命令即可:

Router(config-if)#**ip rip triggered**

9.3 方案设计

针对客户提出的要求,公司网络工程师计划通过同步串口线路将两个校区局域网连接到主校区的路由器上,然后再连接到因特网上(在这里用一台路由器和一台计算机来模拟)。分别对路由器的接口分配 IP 地址,并配置 RIP 动态路由协议,从而使分布在不同地理位置的校园网之间互连互通。并在主校区的路由器 A 上配置默认路由,连接到 ISP 的路由器。

9.4 项目实施

9.4.1 项目目标

通过本项目的完成,可以使学生掌握以下技能:

(1)能够掌握 RIP 的配置方法;

(2)能够使用 RIP 动态路由协议实现三个校区网络的连通;

(3)能够配置边界路由器上的默认路由。

9.4.2 实训任务

搭建同项目 8 一样的网络拓扑结构，将 4 台计算机连接到交换机上再接到路由器上，完成如下的配置任务：

（1）配置路由器的名称、控制台口令、超级密码；
（2）配置路由器各接口地址；
（3）配置路由器的动态路由 RIP 协议；
（4）检验各路由器的路由表；
（5）配置路由器 A（边界路由器）的默认路由。

9.4.3 设备清单

需要的网络设备同项目 8。

9.4.4 实施过程

步骤 1：规划设计

（1）各路由器名称、各接口 IP 地址、子网掩码同项目 8。
（2）各计算机的 IP 地址、子网掩码和网关同项目 8。

步骤 2：实训环境准备

（1）在路由器、交换机和计算机断电的状态下，连接硬件。
（2）分别打开设备，给设备供电。

步骤 3：设置各计算机的 IP 地址、子网掩码、默认网关

步骤 4：清除各路由器的配置（略）

步骤 5：测试网络连通性

使用 ping 命令分别测试 PC11、PC21、PC31、PC0 四台计算机之间的连通性。

步骤 6：配置路由器 A

在 PC11 上通过超级终端登录到路由器 A 上，进行配置。

（1）配置路由器主机名（略）。
（2）为路由器各接口分配 IP 地址（略）。
（3）查看路由器路由表（略）。
（4）配置动态路由。

```
routera#config terminal
routera(config)#router rip
routera(config-router)#network 192.168.10.0
routera(config-router)#network 192.168.100.0
routera(config-router)#network 192.168.110.0
routera(config-router)#network 192.168.200.0
routera(config-router)#end
routera#write
```

（5）查看路由表。

此时可以看到路由器的路由表中还是只包含直连路由，没有包含动态路由，请思考这是为什么？

```
routera#show ip route
……
Gateway of last resort is not set
C     192.168.10.0/24 is directly connected, FastEthernet0/0
C     192.168.110.0/24 is directly connected, FastEthernet0/1
routera#
```

步骤7：配置路由器B

（1）配置路由器主机名（略）。

（2）为路由器各接口分配IP地址（略）。

（3）配置动态路由。

```
routerb#config terminal
routerb(config)#router rip
routerb(config-router)#network 192.168.100.0
routerb(config-router)#network 192.168.20.0
routerb(config-router)#end
routerb#write
```

（4）查看路由表。此时可以看到路由器的路由表中包含直连路由，也包含动态路由。

```
routerb#show ip route
……
Gateway of last resort is not set
R     192.168.10.0/24 [120/1] via 192.168.100.1, 00:00:15, Serial0/0/0
C     192.168.20.0/24 is directly connected, FastEthernet0/0
C     192.168.100.0/24 is directly connected, Serial0/0/0
routerb#
```

其中：

- R：路由表中表示动态路由的代码，R表示RIP协议。
- 192.168.10.0：该路由的网络地址。
- /24：该路由的子网掩码。该掩码显示在上一行（即父路由）中。
- [120/1]：该动态路由的管理距离（120）和度量（到该网络的距离为1跳）。
- via 192.168.100.2：下一跳路由器的IP地址。
- 00:00:19：自上次更新以来经过了多少秒。
- Serial0/0/0：路由器用来向该远程网络转发数据的送出接口。

此时再登录到路由器A上查看其路由表，观察其变化。

```
routera#show ip route
……
Gateway of last resort is not set
C     192.168.10.0/24 is directly connected, FastEthernet0/0
R     192.168.20.0/24 [120/1] via 192.168.100.2, 00:00:03, Serial0/0/0
C     192.168.100.0/24 is directly connected, Serial0/0/0
routera#
```

步骤 8：配置路由器 C

在 PC31 上通过超级终端登录到路由器 C 上，进行配置。

（1）配置路由器主机名（略）。
（2）为路由器各接口分配 IP 地址（略）。
（3）配置动态路由。

```
Routerc#config terminal
Routerc(config)#router rip
Routerc(config-router)#network 192.168.200.0
Routerc(config-router)#network 192.168.30.0
Routerc(config-router)#end
Routerc#write
```

（4）查看路由表。此时可以看到路由器的路由表中包含直连路由，也包含动态路由。

```
routerc#show ip route
……
Gateway of last resort is not set
R    192.168.10.0/24 [120/1] via 192.168.200.1, 00:00:05, Serial0 /0/0
R    192.168.20.0/24 [120/2] via 192.168.200.1, 00:00:05, Serial0 /0/0
R    192.168.100.0/24 [120/1] via 192.168.200.1, 00:00:05, Serial0 /0/0
C    192.168.200.0/24 is directly connected, Serial0/0/0
routerc#
```

此时再登录到路由器 A 和 B 上查看其路由表，观察其变化。

步骤 9：使用 ping 命令分别测试 PC11、PC21、PC31 三台计算机之间的连通性。

步骤 10：配置 ISP 路由器

（1）配置 ISP 路由器各接口 IP 地址（略）。
（2）配置 ISP 路由器路由。

```
isp(config)#ip route 192.168.10.0 255.255.255.0 192.168.110.2
isp(config)#ip route 192.168.20.0 255.255.255.0 192.168.110.2
isp(config)#ip route 192.168.30.0 255.255.255.0 192.168.110.2
isp(config)#exit
isp#write
```

步骤 11：配置路由器 A 的默认路由

```
routera(config)#ip route 0.0.0.0 0.0.0.0 192.168.110.1
routera(config)#router rip
routera(config-router)#default-information originate
```

步骤 12：查看各路由器的路由表及当前配置的路由协议

（1）查看路由器 A 的路由表及当前配置的路由协议。

```
routera#show ip route
……
Gateway of last resort is 192.168.110.2 to network 0.0.0.0
C    192.168.10.0/24 is directly connected, FastEthernet0/0
R    192.168.20.0/24 [120/1] via 192.168.100.2, 00:00:01, Serial0/ 0/0
C    192.168.100.0/24 is directly connected, Serial0/0/0
C    192.168.110.0/24 is directly connected, FastEthernet0/1
```

```
C    192.168.200.0/24 is directly connected, Serial0/0/1
S*   0.0.0.0/0 [1/0] via 192.168.110.2
routera#
routera#show ip protocols
Routing Protocol is "rip"
Sending updates every 30 seconds, next due in 10 seconds
Invalid after 180 seconds, hold down 180, flushed after 240
Outgoing update filter list for all interfaces is not set
Incoming update filter list for all interfaces is not set
Redistributing: rip
......
Routing for Networks:
    192.168.10.0
    192.168.100.0
    192.168.110.0
    192.168.200.0
Passive Interface(s):
Routing Information Sources:
    Gateway          Distance        Last Update
    192.168.100.2    120             00:00:08
Distance: (default is 120)
routera#
```

（2）查看路由器 B 的路由表及当前配置的路由协议。

```
routerb#show ip route
......
Gateway of last resort is 192.168.100.1 to network 0.0.0.0
R    192.168.10.0/24 [120/1] via 192.168.100.1, 00:00:05, Serial0/ 0/0
C    192.168.20.0/24 is directly connected, FastEthernet0/0
C    192.168.100.0/24 is directly connected, Serial0/0/0
R    192.168.110.0/24 [120/1] via 192.168.100.1, 00:00:05, Serial0 /0/0
R    192.168.200.0/24 [120/1] via 192.168.100.1, 00:00:05, Serial0 /0/0
R*   0.0.0.0/0 [120/1] via 192.168.100.1, 00:00:05, Serial0/0/0
routerb#show ip protocols
```

（3）查看路由器 C 的路由表及当前配置的路由协议。

```
routerc#show ip route
routerc#show ip protocols
```

步骤 13：测试网络连通性

使用 ping 命令分别测试 PC0、PC11、PC21、PC31 四台计算机之间的连通性，测试各计算机到路由器各接口的连通性并填入表 9.2 中。

表 9.2 网络连通性测试

设备	Router A				Router B		Router C		ISP	
	Fa0/0	Fa0/1	S0/0/0	S0/0/1	Fa0/0	S0/0/0	Fa0/0	S0/0/0	Fa0/0	Fa0/1
PC0										
PC11										

设备	Router A				Router B		Router C		ISP	
	Fa0/0	Fa0/1	S0/0/0	S0/0/1	Fa0/0	S0/0/0	Fa0/0	S0/0/0	Fa0/0	Fa0/1
PC21										
PC31										

如果全部测试连通，则配置完全正确，如有部分不通，试找出原因并解决。

步骤 14：配置各路由器的口令

配置各路由器的各种口令（略），然后远程登录各路由器。

步骤 15：保存配置文件

通过控制台和远程终端分别保存配置文件为文本文件（略）。

步骤 16：清除路由器的所有配置

清除路由器启动配置文件（略）。

9.5 拓展训练

9.5.1 拓展训练 1：配置单播更新（Unicast Update）

所谓单播更新就是向指定的路由器发送更新路由信息。在图 9.14 中，路由器 R1 只想把路由更新发送到路由器 R3 上，由于 RIPv1 路由协议采用广播更新，默认情况下，路由更新将发送给以太网上任何一台设备，为了防止这种情况发生，把路由器 R1 的 Fa0/0 配置成被动接口，然而路由器 R1 还想把路由更新发送给 R3，这时候必须采用单播更新，为指定的相邻路由器 R3 发送路由更新信息。

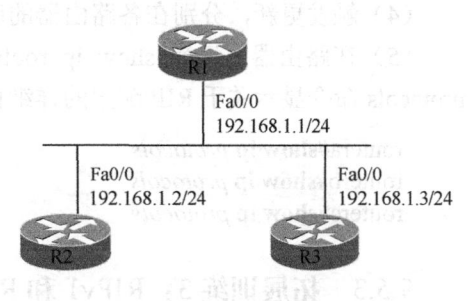

图 9.14 RIP 单播更新

路由器 R1 的配置如下：

```
R1(config)#router rip
R1(config-router)#network 192.168.1.0
R1(config-router)#passive-interface FastEthernet0/0
R1(config-router)#neighbor 192.168.1.3
```

9.5.2 拓展训练 2：RIPv2 路由配置

下面同样以图 8.6 所示为例来说明 RIPv2 的配置。

（1）配置 routera 使用 RIP 协议。

```
routera#config terminal
routera(config)#router rip
routera(config-router)#version 2
routera(config-router)#no auto-summary
routera(config-router)#network 192.168.10.0
routera(config-router)#network 192.168.100.0
```

```
routera(config-router)#network 192.168.200.0
routera(config-router)#end
routera#write
```

(2) 配置 routerb 使用 RIP 协议。

```
routerb#config terminal
routerb(config)#router rip
routerb(config-router)#version 2
routerb(config-router)#no auto-summary
routerb(config-router)#network 192.168.100.0
routerb(config-router)#network 192.168.20.0
routerb(config-router)#end
routerb#write
```

(3) 配置 routerc 使用 RIP 协议。

```
routerc#config terminal
routerc(config)#router rip
routerc(config-router)#version 2
routerc(config-router)#no auto-summary
routerc(config-router)#network 192.168.200.0
routerc(config-router)#network 192.168.30.0
routerc(config-router)#end
routerc#write
```

(4) 触发更新，分别在各路由器的串口下输入命令 ip rip triggered。

(5) 在路由器上运行 show ip route 命令显示路由器的路由选择表。运行 show ip protocols 命令显示关于 RIP 配置的详细信息。

```
routera#show ip protocols
routerb#show ip protocols
routerc#show ip protocols
```

9.5.3 拓展训练 3：RIPv1 和 RIPv2 混合配置

如图 8.6 所示，在路由器 A 运行 RIPv2，路由器 B 和 C 运行 RIPv1 时，如何让路由器 B 和 C 学到 A 发送的路由更新呢？

(1) 运行 show ip route 命令显示路由器的路由选择表。

(2) 配置路由器 B 使用 RIP 协议。

```
routerb#config terminal
routerb(config)#router rip
routerb(config-router)#version 2
routerb(config-router)#no auto-summary
routerb(config-router)#network 192.168.100.0
routerb(config-router)#network 192.168.20.0
routerb(config-router)#end
routerb#write
```

(3) 配置路由器 A 使用 RIP 协议。

```
routera(config)#router rip
routera(config-router)#version 2
routera(config-router)#no auto-summary
routera(config-router)#network 192.168.1.0
routera(config-router)#network 192.168.10.0
routera(config-router)#exit
routera(config)#interface Serial0/0
routera(config-if)#ip rip receive version 1 2
```

（4）在两台路由器上运行 show ip route 命令显示路由器的路由选择表。运行 show ip protocols 命令显示关于 RIP 配置的详细信息。

习　题

一、选择题

1. 有关距离矢量路由协议的优点，以下哪些说法正确的是（　　）？
   A. 周期更新加速收敛　　　　　　　　B. 收敛时间可以防止路由环路
   C. 执行容易导致配置简单　　　　　　D. 在复杂网络中能够工作得很好

2. 下面哪些机制可以避免计数到无穷大的环路？（　　）
   A. 水平分割　　B. 路由毒化　　C. 抑制计时器　　D. 触发更新
   E. 带毒性反转的水平分割

3. 什么机制通过通知度量为无穷大来使 RIP 避免环路？（　　）
   A. 水平分割　　B. 路由毒化　　C. 抑制计时器　　D. 最大跳数
   E. IP 头中的生存时间（TTL）字段

4. 在 RIPv2 中如何禁用自动汇总？（　　）
   A. router(config)#no auto-summary
   B. router(config-router)#no auto-summary
   C. router(config-if)#no auto-summary
   D. 不建议禁用自动汇总

5. 什么时候在 RIPv2 中禁用自动汇总？（　　）
   A. 当想让路由表最小时　　　　　　B. 当使用不连续网络时
   C. 当使用 VLSM 时　　　　　　　　D. 当不需要传播单独的子网时

6. 对于自动汇总，RIPv2 默认的行为是什么？（　　）
   A. 默认情况下，在 RIPv2 中启用自动汇总
   B. 默认情况下，在 RIPv2 中禁用自动汇总
   C. RIPv2 中没有自动汇总
   D. 在 RIPv2 中，汇总只能是手工的

7. 下述有关 RIPv1 的说法哪些是正确的？（　　）
   A. 它是一种距离矢量路由协议
   B. 它将带宽用做度量值
   C. 它将有关网络中所有路由的信息存储在一个数据库中

D. 它每隔 30 秒钟发送一次更新

8. RIP 通告哪些网络？（　　）

　　A. 所有直连网络　　　　　　　　B. 用命令 network 指定的所有直连网络

　　C. 通过 RIP 协议获悉的网络　　　D. 用命令 network 指定的所有网络

9. RIP 的管理距离是多少？（　　）

　　A. 110　　　　　B. 100　　　　　C. 120　　　　　D. 90

10. 下列哪个 show 命令显示 RIP 进程通告的本地网络？（　　）

　　A. show ip route　　　　　　　　B. show ip protocol

　　C. show ip networks　　　　　　D. show rip protocol

二、简答题

1. 为什么相对于动态路由会优先选择静态路由？
2. IP 动态路由协议中最常用的度量有哪些？
3. 什么是管理距离？它的重要性如何？
4. 收敛的作用是什么？
5. 有类路由协议和无类路由协议的区别是什么？
6. 无类路由协议的优点有哪些？
7. 有类路由协议如何确定路由更新中的子网掩码？
8. RIPv1 的主要特征是什么？

三、实训题

1. 如图 9.15 所示，路由器 A 连接到 3 台分支路由器（Br1、Br2 和 Br3），并通过 ISP 连接到 Internet。在路由器 A 和分支路由器之间配置了 RIPv1。使用 Packet Tracer 来构建和配置图 9.15 所示的网络。

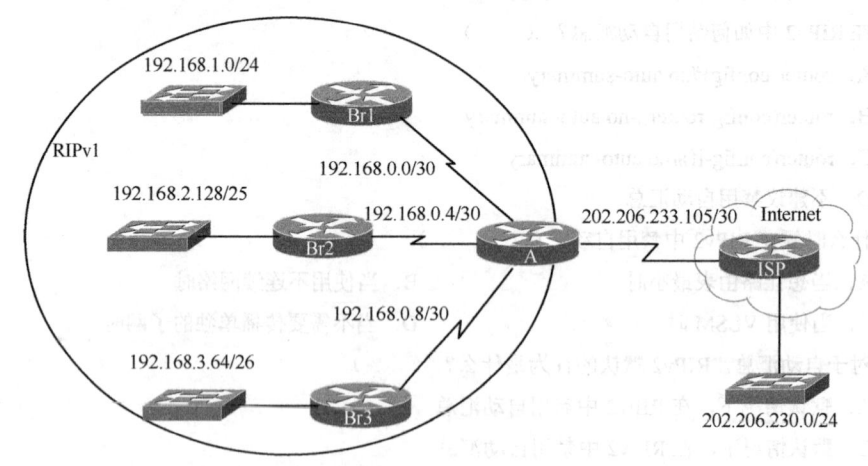

图 9.15　汇总拓扑

（1）列出用于 Br1 路由器上配置 RIPv1 路由的命令。

（2）列出路由器 A 的完整路由配置，包括 RIPv1、默认路由，以及向分支路由器传播默认路由。

（3）在路由器 ISP 上的哪条静态路由命令将汇总可通过路由器 A 访问的所有网络？

2. 在本项目中配置 RIPv2 路由协议。

项目 10 动态路由协议 OSPF 的配置

10.1 用户需求

某高校新近兼并了两所学校,这两所学校都建有自己的校园网。先需要将这两个校区的校园网通过路由器连接到本部的路由器,再连接到因特网。现要在路由器上做动态路由协议 OSPF 配置,实现各校区校园网内部主机的相互通信,并且通过主校区连接到因特网。

10.2 相关知识

作为网络工程师,需要了解本项目所涉及的以下几方面的知识:
- 链路状态路由协议的结构;
- 链路状态路由协议算法;
- OSPF 路由协议的概念;
- OSPF 的运行步骤;
- 在单个区域内的路由器上配置 OSPF 路由协议。

10.2.1 链路状态路由选择协议

链路状态路由选择协议,也被称为最短路径优先(SPF)协议,它用于维护复杂的拓扑信息数据库。属于链路状态路由选择协议有 OSPF、IS-IS 等路由协议。

1. 链路状态路由协议算法

链路状态路由协议利用 SPF(最短路径优先)协议来维护一个复杂网络拓扑数据库。与距离矢量路由协议不同,链路状态路由协议更先进,并且通过与网络中的其他路由器交换 LSA(链路状态通告),能够知道网络中的所有路由器及其连接情况。

每台交换 LSA 的路由器根据收到的 LSA 建立起拓扑数据库,然后,利用 SPF 算法计算目的地的可达性。这些信息被用来更新路由表,而路由表中只包括拓扑数据库中到达目的地成本最低的路由。同时还能发现因为部件错误或网络增长而发生的网络拓扑变化。

LSA 交换由网络中的事件触发,而不是周期更新的。由于不需要在收敛之前等待一段时间,因此加快了收敛速度。

如图 10.1 所示，每条路径都标有一个独立的开销。从路由器 R2 向连接到路由器 R3 的 LAN 发送数据包的最短路径开销为 27。每台路由器会自行确定通向拓扑中每个目的地的开销。换句话说，每台路由器都会站在自己的角度采用 SPF 算法来计算并确定最低开销。

表 10.1 中列出了各台路由器到每个 LAN 的最短路径及开销。

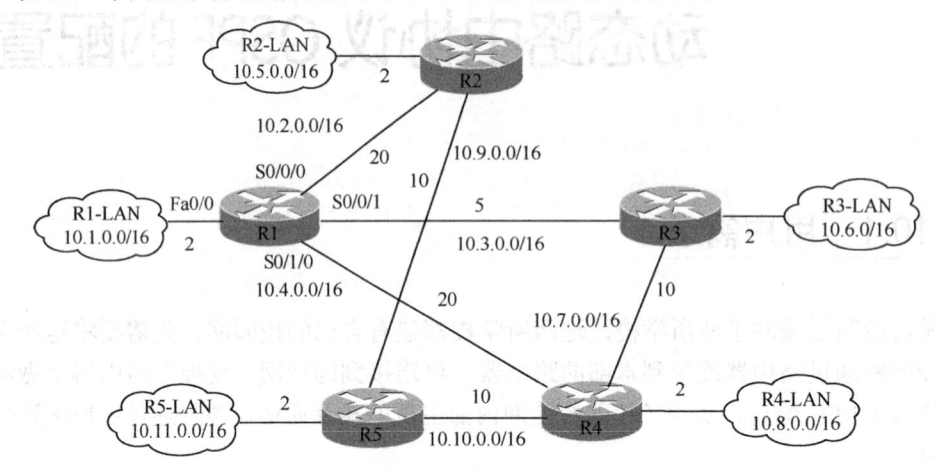

图 10.1　最短路径优先算法

表 10.1　各路由器到每个 LAN 的最短路径及开销

路由器	目的地	最短路径	下一跳	开销	合计
R1	R2-LAN	R1→R2	R2	20+2	22
	R3-LAN	R1→R3	R3	5+2	7
	R4-LAN	R1→R3→R4	R3	5+10+2	17
	R5-LAN	R1→R3→R4→R5	R3	5+10+10+2	27
R2	R1-LAN	R2→R1	R1	20+2	22
	R3-LAN	R2→R1→R3	R1	20+5+2	27
	R4-LAN	R2→R5→R4	R5	10+10+2	22
	R5-LAN	R2→R5	R5	10+2	12
R3	R1-LAN	R3→R1	R1	5+2	7
	R2-LAN	R3→R1→R2	R1	5+20+2	27
	R4-LAN	R3→R4	R4	10+2	12
	R5-LAN	R3→R4→R5	R4	10+10+2	22
R4	R1-LAN	R4→R3→R1	R3	10+5+2	17
	R2-LAN	R4→R5→R2	R5	10+10+2	22
	R3-LAN	R4→R3	R3	10+2	12
	R5-LAN	R4→R5	R5	10+2	12
R5	R1-LAN	R5→R4→R3→R1	R4	10+10+5+2	27
	R2-LAN	R5→R2	R2	10+2	12
	R3-LAN	R5→R4→R3	R4	10+10+2	22
	R4-LAN	R5→R4	R4	10+2	12

最短路径不一定具有最少的跳数，例如，从路由器 R1 到 R5-LAN 的路径，有 R1→R3→R4→R5 和 R1→R4→R5 两条路径。其中路径 R1→R3→R4→R5 为 3 跳但路径开销为 27；而路径 R1→R4→R5 为 2 跳，路径开销却有 32。所以，路由器 R1 会向 R3 发送数据包，而不是向 R4 发送数据包。

2. 链路状态过程

在运行链路状态路由协议如 OSPF 的网络拓扑中，所有路由器都会完成下列链路状态通用路由过程来达到收敛。

（1）了解直连网络。每台路由器要了解其自身的链路，即与其直连的网络，通过检测哪些接口处于工作状态（包括第三层地址）来完成。

当路由器接口配置了 IP 地址和子网掩码后，接口就成为该网络的一部分。如果正确配置并激活了接口，路由器则可了解与其直连的网络。无论使用哪种路由协议，这些直连网络都是路由表的一部分，如图 10.1 所示。下面以路由器 R1 为例来介绍链路状态路由过程。

① 链路。对于链路状态路由协议来说，链路是路由器接口上的一个接口。与距离矢量路由协议和静态路由一样，链路状态路由协议也需要下列条件才能了解链路：正确配置接口的 IP 地址和子网掩码并且链路处于 up 状态，必须将接口包括在一条 network 语句中。

这样该接口才能参与链路状态路由过程。在图 10.1 中，显示路由器 R1 有四条直连网络：

- 通过 FastEthernet0/0 接口连接到 10.1.0.0/16 网络；
- 通过 Serial0/0/0 接口连接到 10.2.0.0/16 网络；
- 通过 Serial0/0/1 接口连接到 10.3.0.0/16 网络；
- 通过 Serial0/1/0 接口连接到 10.4.0.0/16 网络。

表 10.2 列出了路由器 R1 的 4 条链路。

表 10.2 路由器 R1 的链路

链 路	信 息	链 路	信 息
链路 1	网络：10.1.0.0/16	链路 3	网络：10.3.0.0/16
	IP 地址：10.1.0.1		IP 地址：10.3.0.1
	网络类型：以太网		网络类型：串行
	链路开销：2		链路开销：5
	邻居：无		邻居：R3
链路 2	网络：10.2.0.0/16	链路 4	网络：10.4.0.0/16
	IP 地址：10.2.0.1		IP 地址：10.4.0.1
	网络类型：串行		网络类型：串行
	链路开销：20		链路开销：20
	邻居：R2		邻居：R4

② 链路状态。路由器链路状态的信息称为链路状态，这些信息包括以下几方面：

- 接口的 IP 地址和子网掩码；
- 网络类型，例如以太网（广播）链路或串行点对点链路；
- 该链路的开销；
- 该链路上的所有相邻路由器。

（2）向邻居发送 Hello 数据包。每台路由器负责"问候"直连网络中的相邻路由器。采用链路状态路由协议的路由器使用 Hello 协议来发现其链路上的所有邻居。这里，邻居是指启用了相同的链路状态路由协议的其他任何路由器。

在图 10.1 中，路由器 R1 将 Hello 数据包送出其链路（接口）来确定是否有邻居。路由器 R2、R3 和 R4 因为配置有相同的链路状态路由协议，所以使用自身的 Hello 数据包应答该 Hello 数据包。FastEthernet0/0 接口上没有邻居。因为 R1 未从此接口收到 Hello 数据包，因此不会在 FastEthernet0/0 链路上继续执行链路状态路由进程。

与 EIGRP 的 Hello 数据包相似，当两台链路状态路由器获悉它们是邻居时，将形成一种相邻关系。这些小型 Hello 数据包持续在两个相邻的邻居之间互换，以此实现"保持生存"功能来监控邻居的状态。如果路由器不再收到某邻居的 Hello 数据包，则认为该邻居已无法到达，该相邻关系破裂。在图 10.1 中，R1 与 R2、R3、R4 三台路由器分别建立了相邻关系。

（3）建立链路状态数据包。每台路由器创建一个链路状态数据包（LSP），其中包含与该路由器直连的每条链路的状态。

路由器一旦建立了相邻关系，即可创建链路状态数据包（LSP），其中包含与该链路相关的链路状态信息。来自路由器 R1 的 LSP 的简化版如下。

① R1：以太网 10.1.0.0/16；开销 2。
② R1→R2：串行点对点网络；10.2.0.0/16；开销 20。
③ R1→R3：串行点对点网络；10.3.0.0/16；开销 5。
④ R1→R4：串行点对点网络；10.4.0.0/16；开销 20。

（4）将链路状态数据包泛洪给邻居。每台路由器将 LSP 泛洪到所有邻居，然后邻居将收到的所有 LSP 存储到数据库中。

每台路由器将其链路状态信息泛洪到路由区域内的其他所有链路状态路由器。路由器一旦接收到来自相邻路由器的 LSP，立即将该 LSP 从除接收该 LSP 的接口以外的所有接口发出。此过程在整个路由区域内的所有路由器上形成 LSP 的泛洪效应。

路由器接收到 LSP 后，几乎立即将其泛洪出去，不经过中间计算。距离矢量路由协议则不同，该协议必须首先运行贝尔曼-福特（Bellman-Ford）算法来处理路由更新，然后才将它们发送给其他路由器；而链路状态路由协议则在泛洪完成后再计算 SPF 算法。因此，链路状态路由协议达到收敛状态的速度比距离矢量路由协议快得多。

LSP 并不需要定期发送，而仅在下列情况下才需要发送：

- 在路由器初始启动期间，或在该路由器上的路由协议进程启动期间；
- 每次拓扑发生更改时，包括链路接通或断开，或是相邻关系建立或破裂。

除链路状态信息外，LSP 中还包含其他信息（例如序列号和过期信息），以帮助管理泛洪过程。每台路由器都采用这些信息来确定是否已从另一台路由器接收过该 LSP 及 LSP 是否带有链路信息数据库中没有的更新信息。此过程使路由器可在其链路状态数据库中仅保留最新的信息。

(5) 构建链路状态数据库。每台路由器使用数据库构建一个完整的拓扑图并计算通向每个目的网络的最佳路径。

每台路由器使用链路状态泛洪过程将自身的 LSP 传播出去后，每台路由器都将拥有来自整个路由区域内所有路由器的 LSP。这些 LSP 存储在链路状态数据库中。现在，路由区域内的每台路由器都可以使用 SPF 算法来构建 SPF 树。表 10.3 列出了路由器 R1 链路状态数据库中的所有链路。

表 10.3　路由器 R1 链路状态数据库

来自 R2 的 LSPs	连接到邻居 R1 上的网络 10.2.0.0/16，开销 20
	连接到邻居 R5 上的网络 10.9.0.0/16，开销 10
	有一个网络 10.5.0.0/16，开销 2
来自 R3 的 LSPs	连接到邻居 R1 上的网络 10.3.0.0/16，开销 5
	连接到邻居 R4 上的网络 10.7.0.0/16，开销 10
	有一个网络 10.6.0.0/16，开销 2
来自 R4 的 LSPs	连接到邻居 R1 上的网络 10.4.0.0/16，开销 20
	连接到邻居 R3 上的网络 10.7.0.0/16，开销 10
	连接到邻居 R5 上的网络 10.10.0.0/16，开销 10
	有一个网络 10.8.0.0/16，开销 2
来自 R5 的 LSPs	连接到邻居 R2 上的网络 10.9.0.0/16，开销 10
	连接到邻居 R4 上的网络 10.0.0.0/16，开销 10
	有一个网络 10.5.0.0/16，开销 2
R1 链路状态	连接到邻居 R2 上的网络 10.2.0.0/16，开销 20
	连接到邻居 R3 上的网络 10.3.0.0/16，开销 5
	连接到邻居 R4 上的网络 10.4.0.0/16，开销 20
	有一个网络 10.1.0.0/16，开销 2

现在有了完整的链路状态数据库，路由器 R1 就可以使用该数据库和 SPF（最短路径优先）算法来计算通向每个网络的首选路径（即最短路径）。如图 10.1 所示，路由器 R1 不使用直接连接路由器 R4 的路径来到达拓扑中的任何 LAN（包括 R4 所连接的 LAN），因为经过路由器 R3 的路径开销更低。同样，R1 也不使用 R2 与 R5 之间的路径来访问 R5，因为经过 R3 的路径开销更低。拓扑中的每台路由器都站在自己的角度确定最短路径。

3. 链路状态路由协议的优点

与距离矢量路由协议相比，链路状态路由协议有以下几个优点。

（1）创建拓扑图：每台路由器自行创建网络拓扑图以确定最短路径。链路状态路由协议会创建网络结构的拓扑图（即 SPF 树），而距离矢量路由协议没有此功能。使用距离矢量路由协议的路由器仅有一个网络列表，其中列出了通往各个网络的开销（距离）和下一跳路由器（方向）。因为链路状态路由协议会交换链路状态信息，所以 SPF 算法可以构建网络的 SPF 树。有了 SPF 树，每台路由器便可独立确定通向每个网络的最短路径。

（2）快速收敛：立即泛洪，更加快速收敛。收到一个链路状态数据包（LSP）后，链路状态路由协议便立即将该 LSP 从除接收该 LSP 的接口以外的所有接口泛洪出去。使用距离矢量路由协议的路由器需要处理每个路由更新，并且在更新完路由表后才能将更新从路由器接口泛洪出去，即使对触发更新也是如此。因此链路状态路由协议可更快达到收敛状态。不过 EIGRP 是一个明显的例外。

（3）由事件驱动的更新：仅当拓扑变化时才发送 LSP，而且仅包含变化的信息。在初始 LSP 泛洪之后，链路状态路由协议仅在拓扑发生改变时才发出 LSP。该 LSP 仅包含与受影响的链路相关的信息。与某些距离矢量路由协议不同的是，链路状态路由协议不会定期发送更新。

OSPF 路由器会每隔 30 分钟泛洪其自身的链路状态，这称为强制更新，将在后面的章节中讨论。而且，并非所有距离矢量路由协议都定期发送更新。RIP 和 IGRP 会定期发送更新，但 EIGRP 不会。

（4）层次式设计：多区域环境中采用了层次式设计。链路状态路由协议（如 OSPF 和 IS-IS）使用了区域的原理。多个区域形成了层次状的网络结构，这有利于路由聚合（汇总），还便于将路由问题隔离在一个区域内。如图 10.2 所示，链路状态路由协议使用双层网络结构。

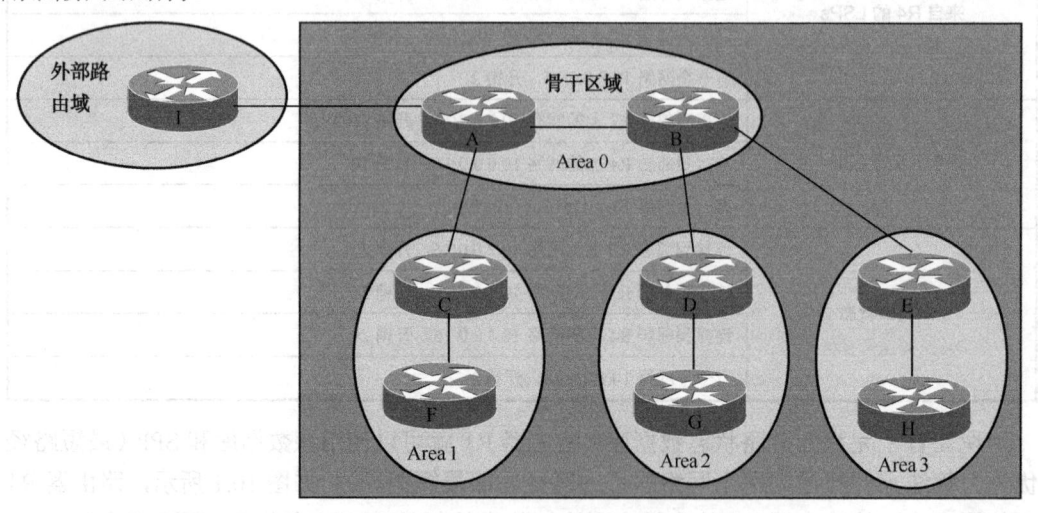

图 10.2 链路状态路由协议使用双层网络结构

双层网络结构有以下两个重要元素。

（1）区域：一组连续的网络。从逻辑上对自治系统进行划分后，每一部分叫做一个区域。每个区域都必须直接连接到骨干区域（Area 0）。

（2）自治系统（AS）：使用相同路由策略的一系列网络。自治系统又称为路由域，能被逻辑地划分为多个区域。

在每个自治域中，必须定义一个连续的骨干区域，所有非骨干区域必须与骨干区域相连。骨干区域是一个传递区域，因为其他区域都要通过它进行通信。对于 OSPF，非骨干区域可以被设置为末节区域、完全末节区域或不完全末节区域（NSSA）以减少链路状态数据库和路由表的大小。

在双层网络结构中，路由器运行时有不同的路由实体，这些路由实体在 OSPF 和 IS-IS

协议中的命名不同。

路由器 A 和路由器 B 在 OSPF 中被称为骨干路由器。一个骨干路由器保证了不同区域的连通性。

路由器 C、D、E 在 OSPF 中被称为区域边界路由器（ABR）。ABR 路由器与若干区域相连，可以为它们连接到的每个区域维护一个单独的链路状态数据库，并为来自其他区域或去往其他区域的流量提供路由。

路由器 F、G、H 在 OSPF 中被称为非骨干内部路由器。非骨干内部路由器，只知道它们各自区域的拓扑，并且维护这些区域内一致的链路状态数据库。

ABR，向非骨干内部路由器通告一条默认路由。而非骨干内部路由器，使用这条默认路由转发区域间或域间的流量到 ABR。在 OSPF 中，由于 OSPF 的非骨干区域配置不同（标准区域、末节区域、完全末节区域或 NSSA），情况可能会有所不同。

路由器 A 是一个自治系统边界路由器，连接外部路由区域或自治区域。

路由器 I 属于其他路由区域或自治系统。

4. 链路状态路由协议的要求

现代链路状态路由协议设计旨在尽量降低对内存、CPU 和带宽的影响。使用并配置多个区域可减小链路状态数据库。划分多个区域还可限制在路由域内泛洪的链路状态信息的数量，并可仅将 LSP 发送给所需的路由器。

例如，当拓扑发生变化时，仅处于受影响区域的那些路由器会收到 LSP 并运行 SPF 算法。这有助于将不稳定的链路隔离在路由域中的特定区域内。如图 10.3 所示，有三个独立的路由域：区域 1（Area 1）、区域 0（Area 0）和区域 10（Area 10）。

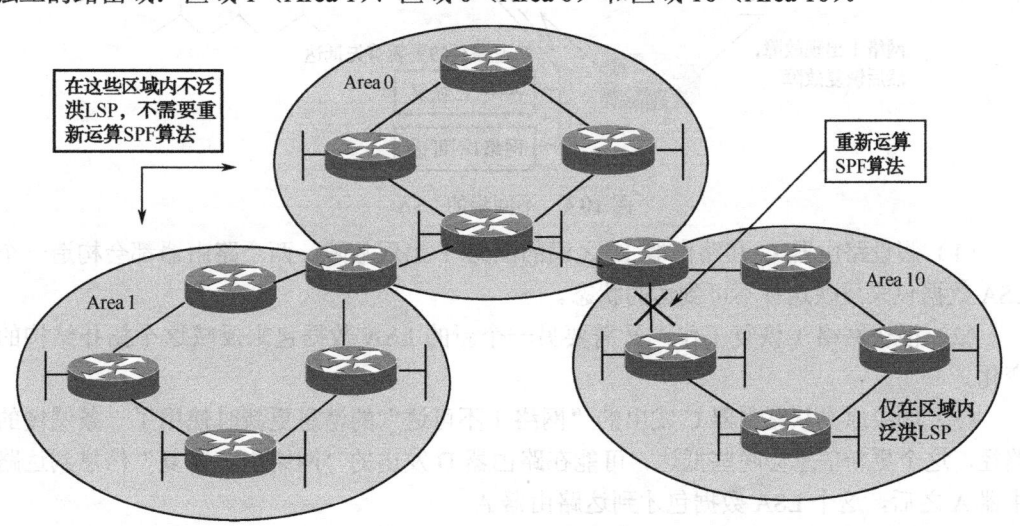

图 10.3 多区域和 SPF 算法

如果区域 10 内的一个网络发生故障，包含此故障链路的相关信息的 LSP 仅会泛洪给该区域内的其他路由器。仅区域 10 内的路由器需要更新其链路状态数据库，重新运行 SPF 算法，创建新的 SPF 树，并更新其路由表。其他区域内的路由器也会获悉此路由器发生了故障，但这是通过一种特殊的链路状态数据包来实现的。路由器接收到这种数据包时，无须重新运行 SPF 算法，即可直接更新其路由表。其他区域内的路由器可以直接更新其路由表。

(1) 内存要求。与距离矢量路由协议相比，链路状态路由协议通常需要占用更多的内存、CPU 运算量和带宽。对内存的要求源于使用了链路状态数据库和创建 SPF 树的需要。

(2) CPU 占用要求。与距离矢量路由协议相比，链路状态路由协议可能还需要占用更多的 CPU 运算量。与 Bellman-Ford 等距离矢量算法相比，SPF 算法需要更多的 CPU 时间，因为链路状态路由协议会创建完整的拓扑图。

(3) 带宽要求。链路状态数据包泛洪会对网络的可用带宽产生负面影响。这只应该出现在路由器初始启动过程中，但在不稳定的网络中也可能导致问题。

▶5. 不同步的 LSA 会导致路由器间不一致的路径决定

链路状态路由选择协议中最复杂和重要的方面是确保所有的路由器得到所有必要的 LSA 数据包。拥有不同 LSA 数据包集合的路由器会基于不同的拓扑计算路由。那么，各路由器关于同一条链路信息的不一致就会导致网络不可到达（如图 10.4 所示）。下面是一个路径信息不一致的例子。

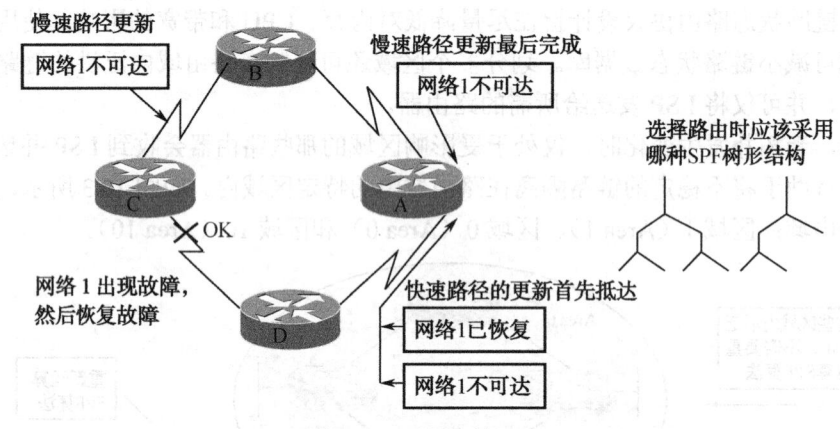

图 10.4 不同步的 LSA

(1) 假设路由器 C 和路由器 D 之间的网络 1 出现故障。两个路由器都会构造一个 LSA 数据包来反映这种不可到达的状态。

(2) 很快网络 1 恢复工作，又需要另一个新的 LSA 数据包来反映这个拓扑结构的变化。

(3) 如果原先从路由器 C 发出的"网络 1 不可达"的消息更新时使用了一条缓慢的路径，这个更新信息会晚些抵达。可能在路由器 D 发出的"网络 1 已恢复"信息到达路由器 A 之后，这个 LSA 数据包才到达路由器 A。

(4) 对于不同步的 LSA，路由器 A 面临一个困难的选择，不知道该建立哪个 SPF 树：对于最新收到的报告说是不可达的网络 1 而言，究竟是用包含网络 1 的路径，还是不用包含网络 1 的路径？

如果向所有路由器的 LSA 分发不正确的话，链路状态路由选择可能会导致不正确的路由。当把链路状态路由的规模扩展到非常大的网络时，问题会更加恶化。如果网络中的一部分先发生改变，而另一部分之后才发生，发送和接收 LSA 包的顺序就会不同，这种不同会改变和削弱收敛。路由器在构造自己的 SPF 树和路由选择表前，可能会得到不同版本的拓扑信息。在一个大型互联网中，更新比较迅速的部分可能会导致那些更新比较缓慢的部分出现问题。

10.2.2 OSPF 路由协议概述

开放最短路径优先（Open Shortest Path First，OSPF）是一种基于开放标准的典型的链路状态路由选择协议。采用 OSPF 的路由器彼此交换并保存整个网络的链路信息，从而掌握全网的拓扑结构，独立计算路由。

OSPF 作为一种内部网关协议（Interior Gateway Protocol，IGP），用于在同一个自治域系统（AS）中的路由器之间发布路由信息，也就是只能工作在自治域系统内部，不能跨自治域系统运行。区别于距离矢量协议，OSPF 具有支持大型网络、路由收敛快、占用网络资源少等优点，在目前应用的路由协议中占有相当重要的地位。

▶ 1. OSPF 路由协议的术语

在 OSPF 路由协议中有一些术语，了解这些术语对于学习 OSPF 路由协议是有帮助的，如图 10.5 所示。

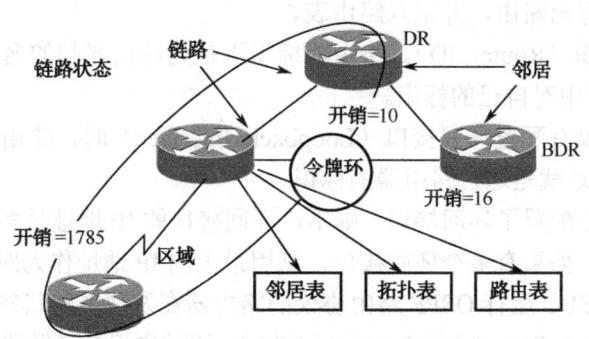

图 10.5 OSPF 路由协议术语

（1）链路。运行 OSPF 路由协议的路由器所连接的网络线路称为链路。路由器会检查其所连接网络的状态，然后将其信息由自己的所有接口向邻居传送，这个过程称为"泛洪（Flooding）"。

运行 OSPF 路由协议的路由器，由邻居处得到关于链路的信息，并且将该信息继续向其他邻居传递。

（2）链路状态。OSPF 路由器收集其所在网络区域上各路由器的连接状态信息，即链路状态信息（Link-State），生成链路状态数据库（Link-State Database）。路由器掌握了该区域上所有路由器的链路状态信息，也就等于了解了整个网络的拓扑状况。OSPF 路由器利用"最短路径优先算法（Shortest Path First，SPF）"，独立地计算出到达任意目的地的路由。

（3）区域。OSPF 路由协议引入"分层路由"的概念，将大型互连网络（自主系统）划分成多个区域，这种功能被称为层次性路由选择。

每个区域就如同一个独立的网络，该区域的 OSPF 路由器只保存该区域的链路状态。但区域之间仍会进行路由选择（区域间路由选择），但大多数内部路由选择操作（如重新计算数据库）是在区域内进行的。

（4）邻居。两台运行 OSPF 路由协议的相邻路由器位于同一区域里，它们就可以形成相邻关系。只有两台路由器成为邻居，它们之间才可能交换网络拓扑的信息。

（5）链路开销。OSPF 路由协议依靠计算链路的带宽，来得到到达目的地的最短路径（路由）。每条链路根据它的带宽不同会有一个度量值，OSPF 路由协议称该度量值为"开销"。

如图 10.5 所示，10Mbps 以太网链路的开销是 10，16Mbps 令牌环链路的开销是 16，而一条 56Kbps 的串行线路的链路开销是 1785。OSPF 路由协议把到达目的网段的链路开销相加，所得之和最小的路径即为最短路径，即到达该目的地的路由。

（6）邻居表。运行 OSPF 路由协议的路由器会维护三个表，邻居表是其中的一个表。凡是路由器认为和自己有邻居关系的路由器，都会出现在这个表中。只有形成了邻居表，路由器才可能向其他路由器学习网络拓扑。

（7）拓扑表。当路由器建立了邻居表之后，运行 OSPF 路由协议的路由器会互相通告自己所了解的网络拓扑，从而建立拓扑表。在一个区域里，所有的路由器应该形成相同的拓扑表。只有建立了拓扑表之后，路由器才能使用 SPF 算法从拓扑表里计算出路由。

（8）路由表。路由器依靠路由表来为数据包进行路由操作。在运行 OSPF 路由协议的路由器中，当完整的拓扑表建立起来之后，路由器就会按照链路的带宽不同，使用 SPF 算法从拓扑表里计算出路由，并记入路由表。

（9）路由器标识（Router ID）。路由器标识不是为路由器起的名字，而是路由器在 OSPF 路由协议操作中对自己的标识。

一般来说，在没有配置环回接口（Loopback Interface）时，路由器的所有物理接口上配置的最大 IP 地址就是这台路由器的标识。

如果在路由器上配置了环回接口，则不论环回接口的 IP 地址是多少，该地址都自动成为路由器的标识。如果有多个环回接口，则用最大的 IP 地址作为路由器的标识。

（10）LSA 和 LSU。运行 OSPF 路由协议的路由器在发现链路状态发生变化时，会发出链路状态通告（Link-State Advertisement，LSA）。该通告记录了链路状态变化信息的数据，它必须封装在链路状态更新包（Link-State Update，LSU）中，在网络上传递。一个 LSU 可以包含多个 LSA。

（11）OSPF 网络类型。根据路由器所连接的物理网络不同，OSPF 接口自动识别 3 种类型的网络：广播多路访问型（Broadcast MultiAccess）、非广播多路访问型（None Broadcast MultiAccess，NBMA）和点到点型（Point-to-Point）网络。网络管理员还可以配置点到多点型（Point-to-MultiPoint）网络。表 10.4 列出了这 4 种网络类型。

表 10.4 OSPF 网络类型

网络类型	决定特征	选举 DR 吗
广播多路访问型	以太网、令牌环网或 FDDI	是
非广播多路访问型	Frame Relay、X.25、SMDS	是
点到点型	PPP、HDLC	否
点到多点型	由管理员配置	否

（12）OSPF 数据包。OSPF 路由器是依靠五种不同种类的数据包来识别它们的邻居

并更新链路状态路由信息，如表 10.5 所示。

表 10.5　OSPF 数据包类型

参　　数	描　　述
类型 1：Hello 数据包	与邻居建立和维护毗邻关系
类型 2：数据库描述数据包	描述一个 OSPF 路由器的链路状态数据内容
类型 3：状态请求	请求相邻路由器发送链路状态数据库中的具体条目
类型 4：链路状态更新	向相邻路由器发送链路状态通告（LSA）
类型 5：链路状态确认	确认收到了邻居路由器的 LSA

（13）指派路由器（DR）和备份指派路由器（BDR）。在多路访问网络上可能存在多个路由器，为了避免路由器之间建立完全相邻关系而引起的大量开销，OSPF 要求在区域中选举一个 DR。每个路由器都与之建立完全相邻关系。DR 负责收集所有的链路状态信息，并发布给其他路由器。选举指派路由器的同时也选举出一个备份指派路由器，在 DR 失效的时候，BDR 担负起 DR 的职责。

点对点型网络不需要 DR，因为只存在两个节点，彼此间完全相邻。OSPF 协议由 Hello 协议、交换协议、扩散协议组成。

当路由器开启一个接口的 OSPF 路由时，将会从这个接口发出一个 Hello 报文，以后它也将以一定的间隔周期性地发送 Hello 报文。OSPF 路由器用 Hello 报文来初始化新的相邻关系及确认相邻的路由器邻居之间的通信状态。

对广播型网络和非广播型多路访问网络，路由器使用 Hello 协议选举出一个 DR。在广播型网络里，Hello 报文使用多播地址 224.0.0.5 周期性地广播，并通过这个过程自动发现路由器邻居。在 NBMA 网络中，DR 负责向其他路由器逐一发送 Hello 报文。

2. OSPF 的工作过程

运行 OSPF 路由协议的路由器，在刚刚开始工作的时候，首先和相邻路由器建立邻居关系，形成邻居表，然后互相交换自己所了解的网络拓扑。路由器在没有学习到全部网络拓扑之前，是不会进行任何路由操作的，因为这时路由表是空的。只有当路由器学习到了全部网络拓扑，建立了拓扑表（也称链路状态数据库）之后，它们会使用最短路径优先算法，从拓扑表中计算出路由来。因此，所有运行 OSPF 路由协议的路由器都维护着相同的拓扑表，路由器可以自己从中计算路由，所以，这些路由器不必周期性地传递路由更新包，OSPF 路由协议的更新是增量的更新。

在运行 OSPF 路由协议的网络里，当网络拓扑发生改变时（比如有新的路由器或网段加入网络，或者网络出现了故障，某个网段坏掉了），会发现该变化的路由器会向其他路由器发送触发的路由更新包——链路状态更新包（LSU）。在 LSU 中包含了关于发生变化的网段的信息——链路状态通告（LSA）。接收到该更新包的路由器，会继续向其他路由器发送更新，同时根据 LSA 中的信息，在拓扑表里重新计算发生变化的网段的路由。由于没有 Holddown 时间，OSPF 路由协议的收敛速度是相当快的。

OSPF 路由协议是为中等规模或大规模路由设计的一种路由协议，其工作原理和路由算法都是按照为大型网络提供路由能力这一目的而设计的。

OSPF 路由协议最多可以支持 1024 台路由器联合工作，一般跨区域或跨国的企业内部网络，国家机关在各地的办公网络，城域网甚至大规模的电信网络都可以应用 OSPF 路由协议来提供自动的路由学习和对路由信息正确性维护的能力，特别是在网络拓扑中为了增加冗余性而大量应用环路设计的网络，尤其适合应用 OSPF 路由协议。

OSPF 的良好扩展能力是通过体系化设计而获得的。网络管理员可以将一个 OSPF 网络划分成多个区域，它们允许进行全面的路由更新控制。通过在一个恰当设计的网络中定义区域，网络管理员可以减少路由额外开销并提高系统性能。在本课程中只讨论单区域 OSPF。

3. OSPF 基本算法

（1）SPF 算法及最短路径树。SPF 算法是 OSPF 路由协议的基础。SPF 算法有时也被称为 Dijkstra 算法，这是因为最短路径优先算法 SPF 是 Dijkstra 发明的。SPF 算法将每一个路由器作为根（Root）来计算其到每一个目的地路由器的距离，每一个路由器根据一个统一的数据库会计算出路由器的拓扑结构图，该结构图类似于一棵树，在 SPF 算法中，被称为最短路径树，然后使用这个树来路由网络数据流，如图 10.6 所示，其路由器 A 是根。

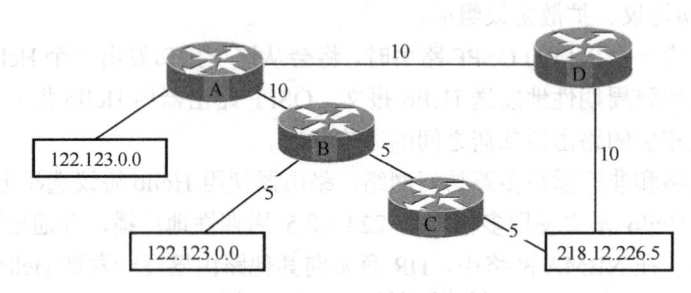

图 10.6　OSPF 最短路径树

在 OSPF 路由协议中，最短路径树的树干长度，即 OSPF 路由器至每一个目的地路由器的距离，称为 OSPF 的 Cost，其算法为：Cost = 100×106/链路带宽。

在这里，链路带宽以 bps 来表示。也就是说，OSPF 的 Cost 与链路的带宽成反比，带宽越高，Cost 越小，表示 OSPF 到目的地的距离越近。举例来说，FDDI 或快速以太网的 Cost 为 1，2Mbps 串行链路的 Cost 为 48，10Mbps 以太网的 Cost 为 10 等。

（2）链路状态算法。作为一种典型的链路状态的路由协议，OSPF 遵循链路状态路由协议的统一算法。链路状态的算法非常简单，在这里将链路状态算法概括为以下四个步骤。

① 当路由器初始化或当网络结构发生变化（例如增减路由器，链路状态发生变化等）时，路由器会产生链路状态广播数据包 LSA，该数据包里包含路由器上所有相连链路，也即为所有接口的状态信息。

② 所有路由器会通过一种被称为刷新（Flooding）的方法来交换链路状态数据。Flooding 是指路由器将其 LSA 数据包传送给所有与其相邻的 OSPF 路由器，相邻路由器根据其接收到的链路状态信息更新自己的数据库，并将该链路状态信息转送给与其相邻的路由器，直至稳定的一个过程。

③ 当网络重新稳定下来，也可以说 OSPF 路由协议收敛下来时，所有的路由器会根

据其各自的链路状态信息数据库计算出各自的路由表。该路由表中包含路由器到每一个可到达目的地的 Cost 及到达该目的地所要转发的下一个路由器（next-hop）。

④ 当网络状态比较稳定时，网络中传递的链路状态信息是比较少的，或者可以说，当网络稳定时，网络中是比较安静的。这也正是链路状态路由协议区别于距离矢量路由协议的一大特点。

4. OSPF 的运行步骤

OSPF 路由器的操作分为以下五个不同的步骤。

（1）建立路由器毗邻关系。所谓"毗邻关系"（Adjacency）是指 OSPF 路由器以交换路由信息为目的，在所选择的相邻路由器之间建立的一种关系。

在 OSPF 路由器可将其链路状态泛洪给其他路由器之前，必须确定在其每个链路上是否存在其他 OSPF 邻居。

两台路由器在建立 OSPF 相邻关系之前，必须统一三个值：Hello 间隔、Dead 间隔和网络类型。OSPF Hello 间隔表示 OSPF 路由器发送其 Hello 数据包的频度。默认情况下，在多路访问网段和点对点网段中每 10 秒钟发送一次 OSPF Hello 数据包，而在 NBMA 网段（帧中继、X.25 或 ATM）中则每 30 秒钟发送一次 OSPF Hello 数据包。

Dead 间隔是路由器在宣告邻居进入 Down（不可用）状态之前等待该设备发送 Hello 数据包的时长，单位为秒。Cisco 所用的默认断路间隔为 Hello 间隔的四倍。对于多路访问网段和点对点网段，此时长为 40 秒；而对于 NBMA 网络，则为 120 秒。

如果 Dead 间隔已到期，而路由器仍未收到邻居发来的 Hello 数据包，则会从其链路状态数据库中删除该邻居。路由器会将该邻居连接断开的信息通过所有启用了 OSPF 的接口以泛洪的方式发送出去。

如图 10.7 所示，图中的每台路由器都将试图与其所在 IP 网络上的另一台路由器建立毗邻关系。

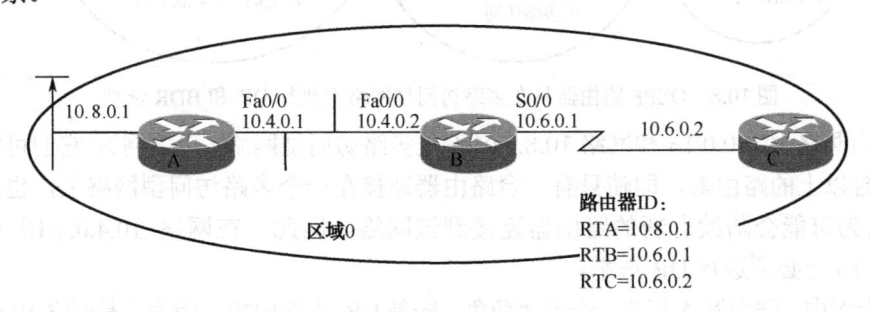

图 10.7 OSPF 路由器建立毗邻关系

如中间的路由器 B，要与另一台路由器建立毗邻关系。路由器 B 将首先从接口 Serial0/0 和 FastEthernet0/0 以多目组播方式向外发送拥有自身 ID 信息（Loopback 接口或最大的 IP 地址，本例中是 10.6.1.0）的 Hello 数据包。与之相邻的路由器 A 和 C 都应该能收到这个 Hello 数据包，随后它们将把路由器 B 加到它们自己 Hello 数据包的邻居 ID 域中，并与路由器 B 进入 init 状态。

路由器 B 的某接口从它的两个邻居路由器那里收到了 Hello 数据包，并在 Hello 数据包的邻居 ID 域中看到了自己的 ID 号码（10.6.0.1）。路由器 B 宣布它与路由器 A 和 C 进入了双向状态。

接下来，路由器 B 将根据各接口所连接的网络的类型决定和谁建立毗邻关系。在点对点网络中，路由器将直接和对端路由器建立起毗邻关系，并且该路由器将直接进入到第三步操作：发现其他路由器。若为多路访问型网络，该路由器将进入选举 DR 和 BDR 的过程。

（2）选举指定路由器（DR）和备用指定路由器（BDR）。不同类型的网络选举 DR 和 BDR 的方式不同。

为减小多路访问网络中的 OSPF 流量，OSPF 会选举一个指定路由器（DR）和一个备用指定路由器（BDR）。当多路访问网络中发生变化时，DR 负责使用该变化信息更新其他所有 OSPF 路由器（称为 DROther）。BDR 会监控 DR 的状态，并在当前 DR 发生故障时接替其角色。

选举利用 Hello 数据包内的优先权（Priority）和 ID 字段值来确定。优先权字段值大小为 0～255，优先权值最高的路由器成为 DR。如果优先权值大小一样，则 ID 值最高的路由器选举为 DR，优先权值次高的路由器选举为 BDR。优先权值和 ID 值都可以直接设置。

如图 10.8 所示，路由器 B 和 C 是在一个点对点链路上通过 PPP 协议连接起来的，所以 OSPF 路由器只在多路访问型网络上执行 DR 和 BDR 选举，而不需要在网络 10.6.0.0/16 上选举 DR，因为在该链路上只存在着两台路由器。

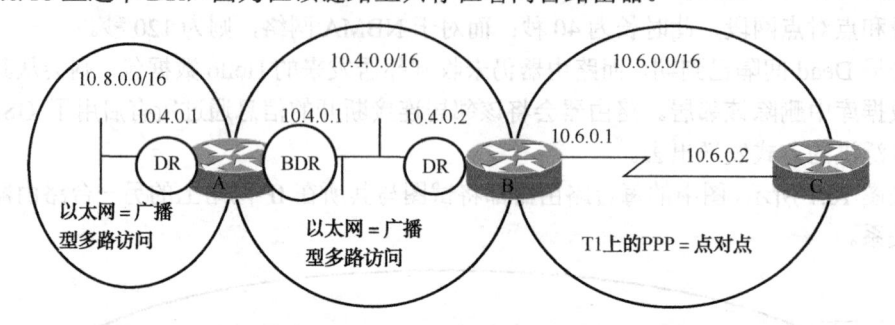

图 10.8　OSPF 路由器只在多路访问型网络上执行 DR 和 BDR 选举

因为网络 10.4.0.0/16 和网络 10.8.0.0/16 是多路访问型网络（以太网），它们可能会连接着两台以上的路由器。即使只有一台路由器连接在一个多路访问型网络上，也会选举 DR，因为可能会陆续有新的路由器连接到该网络。因此，在网络 10.4.0.0/16 和网络 10.8.0.0/16 上必须进行 DR 选举。

在上例中，路由器 A 担当一个双重角色，既是 DR 又是 BDR。因为它是网络 10.8.0.0/16 上的唯一路由器，所以路由器 A 选举它自己作为 DR。毕竟，网络 10.8.0.0/16 是一个多路访问型网络，存在着有更多路由器加入进来的可能性，所以要选举一个 DR。路由器 A 还是网络 10.4.0.0/16 选举的亚军，所以它是该网络的 BDR。尽管路由器 B 与路由器 A 有相同的优先级值，但它还是被选举为网络 10.4.0.0/16 的 DR，因为它的路由器 ID（10.4.0.2）比路由器 A 的（10.4.0.1）高。

选举结束并建立起双向通信之后，路由器就准备好与毗邻路由器共享路由信息并建立它们的链路状态数据库了。该过程将在下一节中讨论。

（3）发现路由。在一个多路访问型网络上，路由信息的交换发生在 DR 或 BDR 与其网络上的所有其他路由器之间。作为网络 10.4.0.0/16 上的 DR 和 BDR，路由器 A 和路由器 B 将交换链路状态信息。

在一个点对点或点对多点型网络中的链路伙伴也要参与到交换过程中。这意味着路由器 B 和 C 将共享链路状态数据。

（4）选择适当的路由。当路由器具有了完整的链路状态数据库时，它就准备好要创建它的路由表以便能够转发数据流。OSPF 采用成本（Cost）度量值来决定到目的地的最佳路径。默认的成本度量值是基于传输介质的带宽。一般来说，成本度量值随着链路速率的增大而降低。例如，路由器 B 的 100Mbps 以太网接口比它的 T1 串行接口的成本低，因为 100 Mbps 比 1.544 Mbps 速度快。

为计算到达目的地的最低路径成本，路由器 B 采用最短路径优先（SPF）算法（Dijkstra 算法）。简单地讲，SPF 算法将本地路由器（被称为根）到目的地网络之间的所有链路成本相加求和。如果存在多条到目的地的路径，则优先选用成本最低的路径。注意：OSPF 在路由表中最多保存四个等开销路由条目以进行负载均衡。

有时一条链路（比如串行线路）可能会快速地 up 和 down（被称为"翻动 [flapping]"）。如果一条翻动的链路导致产生了一系列 LSU，那么接收到这些更新的路由器将不得不重新运行 SPF 算法来计算新的路由表。长时间的翻动可能会严重影响路由器的性能：不断重复进行的 SPF 计算会导致路由器 CPU 负担过重。而且，连续不断的更新还可能会使链路状态数据库永远不能收敛。

要将这个问题的影响减小至最小，Cisco IOS 使用一个 SPF 保持计时器。每次接收到一个 LSU 时，路由器在重新计算它的路由表之前先等待由保持计时器所规定的一段时间。使用"spf holdtime"路由器配置命令可以调整该值，默认值是 10 秒。

（5）维护路由信息。在链路状态型路由环境中，所有路由器的拓扑结构数据库必须保持同步这一点很重要。所以当路由器 B 将路由安放到它的路由表中之后，它还必须坚持不懈地维护路由信息。在有链路状态发生变化时，OSPF 路由器通过扩散（Flooding）过程将这一变化通知给网络中的其他路由器。Hello 协议的 DOWN 机判定间隔（Dead Interval）为宣布一个链路伙伴出故障提供了一种简单的机制。如果路由器 B 在超过 DOWN 机判定间隔时间（通常为 40 秒）后还没有收到来自路由器 A 的消息，它就认为路由器 A 出故障了。

路由器 B 随后将发送一个含有该新链路状态信息的 LSU，但发送给谁呢？

在一个点对点型网络上，不存在 DR 或 BDR。新链路状态信息被发送给多目组播地址 224.0.0.5。所有的 OSPF 路由器都接收发往该地址数据包。

在一个多路访问型网络中，存在着 DR 和 BDR，它们与网络上的所有其他 OSPF 路由器维持着毗邻关系。当 DR 或 BDR 需要发送一个链路状态更新时，它会将该更新发送给多目组播地址 224.0.0.5（所有 OSPF 路由器）。而在该多路访问型网络网络中的所有其他路由器都只与 DR 和 BDR 建立毗邻关系，因此它们只将 LSU 发送给 DR 和 BDR。出于这个原因，DR 和 BDR 有它们自己的多目组播地址：224.0.0.6。非 DR/BDR 路由器将它们的 LSU 发送到地址 224.0.0.6，它被称为"所有 DR/BDR 路由器地址"。

当 DR 接收并确认了发送到多目组播地址 224.0.0.6 的 LSU 后，它用多目组播地址 224.0.0.5 将该 LSU 扩散给网络上的所有 OSPF 路由器。每台路由器用一个 LSAck 数据包确认收到了 LSU。

如果一台 OSPF 路由器还连接着另外的网络，它会通过将该 LSU 转发给那个网络上的 DR（如果它们一个多路访问型网络的话；当是一个点对点型网络，它就转发给其对端路由器）而把它扩散到其他网络。其他网络中的 DR 随后会将该 LSU 以多目组播方式扩散给其网络中的其他 OSPF 路由器。

如果一条路由已经存在于路由器中了，当路由器对新信息运行 SPF 算法时，该旧路由仍会继续被使用。但如果 SPF 算法是在计算一条新的路由，那么路由器 SPF 计算完毕之前是不会使用它的。

有重要的一点需要注意：即使链路状态没有发生变化，OSPF 路由信息也会被周期性地刷新。每个 LSA 条目都有它自己的生存计时器。默认的计时器值是 30 分钟。当一个 LSA 条目过期后，该条目的发源路由器会对网络发送一个 LSU 以核实该链路仍然是活跃的。

10.2.3　OSPF 协议配置

在单个区域内的路由器上配置 OSPF 路由协议的基本过程如下所述。

1. 声明使用 OSPF 路由协议

声明使用 OSPF 路由协议的命令如下：

```
Router(config)#router ospf  processs-id
```

其中，processs-id 是进程号，取值范围为 1～65535，由网络管理员选定。进程 ID 仅在本地有效，这意味着路由器之间建立邻接关系时无须匹配该值。在同一个使用 OSPF 路由协议的网络中的不同路由器可以使用不同的进程号。一台路由器可以启用多个 OSPF 进程。

但是在有些厂商生产的路由器上，只能启动一个 OSPF 路由协议进程，这时 processs-id 不能被配置。

2. 发布网段

在 OSPF 路由协议里发布网段的命令格式如下：

```
Router(config-router)#network adderss wildcard-mask area area-id
```

其中，adderss 可以是网段、子网或者接口的地址；wildcard-mask 成为通配符掩码，它与子网掩码正好相反，但是作用是一样的；area-id 是区域标识，它的范围是 0～65535，区域 0 是骨干区域，OSPF 路由协议在发布网段的时候必须指明其所属的区域。

OSPF 区域是共享链路状态信息的一组路由器。相同区域内的所有 OSPF 路由器的链路状态数据库中必须具有相同的链路状态信息，这通过路由器将各自的链路状态泛洪给该区域内的其他所有路由器来实现。在这里，将配置一个区域内的所有 OSPF 路由器，称为单区域 OSPF。

OSPF 网络也可配置为多区域。将大型 OSPF 网络配置为多区域可减小链路状态数据库，并可以将一个不稳定的网络隔离在一个区域之内。

如果所有路由器都处于同一个 OSPF 区域中，则必须在所有路由器上使用相同的 area-id 来配置 network 命令。尽管可使用任何 area-id，但比较好的做法是在单区域 OSPF 中使用 area-id 0。此惯例便于以后将该网络配置为多个 OSPF 区域，从而使区域 0 变成骨干区域。

3. 为提高稳定性而配置一个环回地址

当 OSPF 进程启动时，Cisco IOS 使用最高的本地 IP 地址作为其 OSPF 路由器 ID，但如果为环回接口配置了 IP 地址，它将会使用该环回接口地址，而不管它的值是大或是小。使用环回接口地址作为路由器 ID 可以确保其稳定性，因为该接口不会出现链路失效的情况。要取代最高的接口 IP 地址，该环回接口必须在 OSPF 进程开始之前被配置。

给一个环回接口配置一个 IP 地址为 192.168.1.1，使用的命令如下：

Router(config)#**interface** *loopback0*
Router(config-if)#**ip address** *192.168.1.1 255.255.255.255*

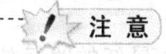

> **注意**
> 本例使用了一个 32 比特的掩码来防止路由器安装到网络 192.168.1.0/24 的路由上。

4. 修改 OSPF 路由器优先级

网络管理员可以通过修改默认的 OSPF 路由器优先级来操纵 DR/BDR 的选举。为 0 的优先级值将防止路由器被选举为 DR 或 BDR。与 OSPF 只有单个路由器 ID 不同，每个 OSPF 接口都可以宣告一个不同的优先级值。可以用 ip ospf priority 命令来配置优先级值（范围 0~255），其句法如下：

Router(config-if)#**ip ospf priority** *number*

要将路由器 B 接口 Fastethernet0/0 的优先级值设为 0（以使它不会赢得其网络上的 DR/BDR 选举），将使用下面的命令，在一个接口上配置 OSPF 优先级值：

Router(config)#**intface** *Fastethernet0/0*
Router(config-if)#**ip ospf priority**   *0*

要让该优先级值在选举中能起作用，必须在选举开始之前就将它配置好。可以用另一个重要的 OSPFshow 命令，即 show ip ospf interface 命令来显示接口的优先级值的其他关键信息。

5. 修改链路成本（Cost）

OSPF 路由器使用与接口相关联的链路成本（Cost）来确定最佳路由。Cisco IOS 用下面的公式根据接口的带宽来自动确定链路成本：Cost=10^8/带宽。

表 10.6 示出了各种传输介质的默认链路成本。

表 10.6 Cisco IOS 的默认 OSPF 链路成本

传 输 介 质	成 本	传 输 介 质	成 本
ATM，FDDI	1	E1（2.048 Mbps 串行链路）	48
100 Mbps 快速以太网或更高速以太网	1	T1（1.544 Mbps 串行链路）	64
16 Mbps 令牌环	6	56Kbps 重新链路	1785
以太网	10	X.25	5208
4 Mbps 令牌环	25		

要让 OSPF 能正确地计算路由，连接到同一条链路上的所有接口必须对该链路使用相同的链路成本。在一个多厂商设备的路由环境中，网络管理员可以用 ip ospf cost 命令来修改接口上的默认链路成本，以使之与其他厂商设备的值相等，该命令的句法如下：

Router(config-if)#**ip ospf cost** *number*

可以用该命令来修改路由器 B 接口 Serial0/0 的默认链路成本。新的链路成本值的取值范围为 1~65535。

在一个接口上配置 OSPF 链路成本值，使用的命令如下：

Router(config)#**interface** *Serial0/0*
Router(config-if)#**ip ospf cost** *1000*

ip ospf cost 命令也可以被用来操纵路由的选择，因为路由器是将成本最低的路径放到它的路由表中。

要让 Cisco IOS 的链路成本计算公式准确，必须为串行接口配置适当的带宽值。Cisco 路由器认为所有串行接口的默认速率是 T1（1.544 Mbps），所以对于所有其他带宽值都需要手工修改接口的带宽配置值。

在一个串行接口上设置带宽值，使用的命令如下：

Router(config)#**interface** *Serial0/1*
Router(config-if)#**bandwidth** *56*

6. 重分布 OSPF 默认路由

和其他路由协议一样，OSPF 可以传播默认路由。就像在 RIP 中一样，连接到 Internet 的路由器用于向 OSPF 路由域内的其他路由器传播默认路由。此路由器有时也称为边缘路由器、入口路由器或网关路由器。然而，在 OSPF 术语中，位于 OSPF 路由域和非 OSPF 网络间的路由器被称为自治系统边界路由器（ASBR）。

Router(config)#**ip route** *0.0.0.0 0.0.0.0 interface mod/num*

与 RIP 相似的一点是，OSPF 需要使用 default-information originate 命令来将 0.0.0.0/0 静态默认路由通告给区域内的其他路由器。如果未使用 default-information originate 命令，则不会将默认的"全零"路由传播给 OSPF 区域内的其他路由器。

使用的命令语法如下：

Router (config-router)#**default-information originate**

7. 检验 OSPF 配置的命令

可以使用多个 show 命令来显示有关 OSPF 配置的信息，常用的命令如下。

（1）命令 show ip protocols 显示路由器中有关定时器、过滤器、度量值和网络的参数及其他信息。

（2）命令 show ip route 显示路由器知道的路由及这些路由是如何获悉的，该命令判断当前路由器同互连网络其他部分的连接性的最佳途径之一。

（3）命令 show ip ospf interface 查看特定区域中的接口。如果没有指定环回地址，则最大的地址将被用做路由器 ID。该命令还显示定时器的值（包括 Hello 间隔）及邻接关系。

（4）命令 show ip ospf neighbor 显示接口上的 OSPF 邻居信息。

10.3 方案设计

为了将新合并的两所学校的校园网连接到主校区的校园网并从主校区的校园网连接到 Internet。这时可以通过将两个校区的局域网的路由器采用同步串口线路或快速以太网接口连接到主校区的路由器上，然后再连接到因特网上（用一台路由器和一台计算机来模拟）。然后通过分别对路由器的接口分配 IP 地址，并配置 OSPF 动态路由协议，从而使分布在不同地理位置的校园网之间互连互通。

10.4 项目实施

10.4.1 项目目标

通过本项目的完成，可以使学生掌握以下技能：
（1）能够进行 OSPF 配置；
（2）能够使用 OSPF 动态路由协议实现三个校区网络的连通；
（3）能够实现校园网通过主校区的路由器连接到 Internet。

10.4.2 实训任务

为了实现本项目，搭建如图 10.9 所示的网络实训环境或在 Packet Tracer 中模拟，将 4 台计算机连接到交换机上再连接到路由器上，完成如下的配置任务：
（1）配置路由器的名称、控制台口令、超级密码；
（2）配置路由器各接口地址；
（3）配置路由器的动态路由 OSPF 协议；
（4）配置默认静态路由。

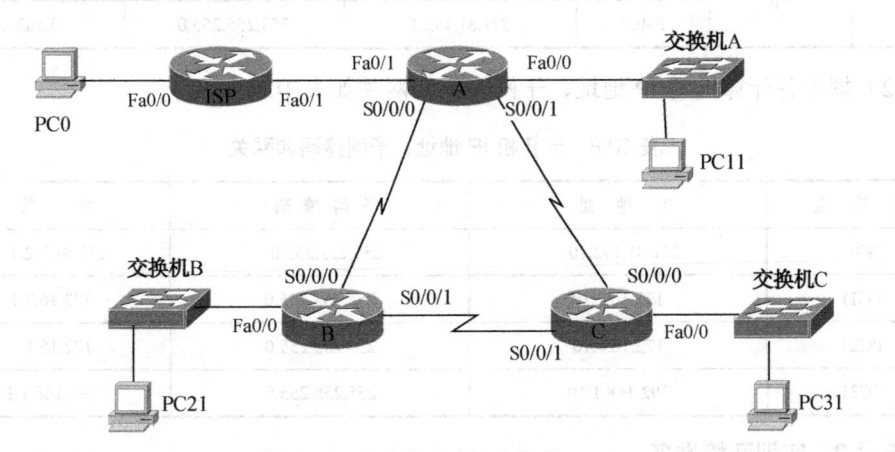

图 10.9 路由器动态路由协议 OSPF

10.4.3 设备清单

为了搭建如图 10.9 所示的网络环境，需要如下的网络设备：
（1）Cisco 2811 路由器（4 台）；
（2）Cisco 2960 交换机（3 台）；
（3）PC 4 台；
（4）双绞线（若干根）；
（5）反转电缆 2 根。

10.4.4 实施过程

步骤 1：规划设计

（1）规划各路由器名称、各接口 IP 地址和子网掩码如表 10.7 所示。

表 10.7 路由器名称、接口 IP 地址和子网掩码

部门	路由器名称	接口	IP 地址	子网掩码	描述
主校区 A	routera	S0/0/0	172.16.3.1	255.255.255.252	routerb-s0/0/0
		S0/0/1	192.168.10.9	255.255.255.252	routerc-s0/0/0
		Fa0/0	172.16.2.1	255.255.255.0	lan172.2
		Fa0/1	192.168.10.11	255.255.255.252	isp-f0/1
分校区 B	routerb	S0/0/0	172.16.3.2	255.255.255.252	routera-s0/0/0
		S0/0/1	192.168.10.5	255.255.255.252	routerc-s0/0/1
		Fa0/0	172.16.1.1	255.255.255.0	lan172.1
分校区 C	routerc	S0/0/0	192.168.10.10	255.255.255.252	routera-s0/0/1
		S0/0/1	192.168.10.6	255.255.255.252	routerb-s0/0/1
		Fa0/0	192.168.1.1	255.255.255.0	lan192.1
ISP	isp	Fa0/1	10.1.1.2	255.255.255.252	routera-f0/1
		Fa0/0	211.81.192.1	255.255.255.0	Lan211

（2）规划各计算机的 IP 地址、子网掩码和网关如表 10.8 所示。

表 10.8 计算机 IP 地址、子网掩码和网关

计算机	IP 地址	子网掩码	网关
PC0	211.81.192.10	255.255.255.0	211.81.192.1
PC11	172.16.2.10	255.255.255.0	172.16.2.1
PC21	172.16.1.10	255.255.255.0	172.16.1.1
PC31	192.168.1.10	255.255.255.0	192.168.1.1

步骤 2：实训环境准备

（1）在路由器、交换机和计算机断电的状态下连接硬件。

（2）给各设备供电。
步骤 3：设置各计算机的 IP 地址、子网掩码、默认网关
步骤 4：清除各路由器配置（略）
步骤 5：测试网络连通性
使用 ping 命令分别测试 PC0、PC11、PC21、PC31 四台计算机之间的连通性。
步骤 6：配置路由器 A、B、C 的名称和各接口 IP 地址（略）
步骤 7：查看各路由器的路由表（略）
步骤 8：配置各路由器都采用 OSPF 路由协议

```
routera(config)#router ospf 100
routera(config-router)#network 192.168.10.8    0.0.0.3      area 10
routera(config-router)#network 172.16.3.0      0.0.0.3      area 10
routera(config-router)#network 172.16.0.0      0.0.0.255    area 10
routera(config-router)#end
routera#write

routerb(config)#router ospf 100
routerb(config-router)#network 172.16.1.0      0.0.0.255    area 10
routerb(config-router)#network 172.16.3.0      0.0.0.3      area 10
routerb(config-router)#network 192.168.10.4    0.0.0.3      area 10
routerb(config-router)#end
routerb#write

routerc(config)#router ospf 100
routerc(config-router)#network 192.168.10.8    0.0.0.3      area 10
routerc(config-router)#network 192.168.10.4    0.0.0.3      area 10
routerc(config-router)#network 192.168.1.0     0.0.0.255    area 10
routerc(config-router)#end
routerc#write
00:07:33: %OSPF-5-ADJCHG: Process 100, Nbr 192.168.10.9 on Serial0/0/0 from LOADING to FULL, Loading Done
00:07:41: %OSPF-5-ADJCHG: Process 100, Nbr 192.168.10.5 on Serial0/0/1 from EXCHANGE to FULL, Exchange Done
routerc(config-router)#exit
routerc(config)#
```

当在第二个路由器上配置正确的 OSPF 路由时，就在建立邻接关系路由器上弹出上述信息。

步骤 9：查看各路由器的路由表

```
routera#show ip route
……
Gateway of last resort is not set
     172.16.0.0/16 is variably subnetted, 3 subnets, 2 masks
O       172.16.1.0/24 [110/65] via 172.16.3.2, 00:03:32, Serial0/ 0/0
C       172.16.2.0/24 is directly connected, FastEthernet0/0
C       172.16.3.0/30 is directly connected, Serial0/0/0
O    192.168.1.0/24 [110/65] via 192.168.10.10, 00:38:28, Serial0/ 0/1
     192.168.10.0/30 is subnetted, 2 subnets
O       192.168.10.4 [110/128] via 172.16.3.2, 00:38:28, Serial0/ 0/0
```

```
                            [110/128] via 192.168.10.10, 00:38:28, Serial0 /0/1
       C        192.168.10.8 is directly connected, Serial0/0/1
       routera#
```

其中：

- O：表示使用 OSPF 动态路由协议，该字符代表 OSPF。
- 192.168.1.0：该路由的网络地址。
- /24：该路由的子网掩码。该掩码显示在上一行（即父路由）中。
- [110/65]：该动态路由的管理距离（110）和度量（65）。
- via 192.168.10.10：下一跳路由器的 IP 地址。
- 00:38:28：自上次更新以来经过了多少秒。
- Serial0/0/1：路由器用来向该远程网络转发数据的送出接口。

```
routerb#show ip route
……
Gateway of last resort is not set
     172.16.0.0/16 is variably subnetted, 2 subnets, 2 masks
C       172.16.1.0/24 is directly connected, FastEthernet0/0
C       172.16.3.0/30 is directly connected, Serial0/0/0
O    192.168.1.0/24 [110/65] via 192.168.10.6, 00:39:20, Serial0/ 0/1
     192.168.10.0/30 is subnetted, 2 subnets
C       192.168.10.4 is directly connected, Serial0/0/1
O    192.168.10.8 [110/128] via 192.168.10.6, 00:39:20, Serial0 /0/1
                  [110/128] via 172.16.3.1, 00:39:20, Serial0/0/0
routerb#
routerc#show ip route
……
Gateway of last resort is not set
     172.16.0.0/16 is variably subnetted, 2 subnets, 2 masks
O    172.16.1.0/24 [110/65] via 192.168.10.5, 00:05:11, Serial0/0/1
O    172.16.3.0/30 [110/128] via 192.168.10.9, 00:40:01, Serial0/ 0/0
                   [110/128] via 192.168.10.5, 00:39:51, Serial0/ 0/1
C    192.168.1.0/24 is directly connected, FastEthernet0/0
     192.168.10.0/30 is subnetted, 2 subnets
C       192.168.10.4 is directly connected, Serial0/0/1
C       192.168.10.8 is directly connected, Serial0/0/0
routerc#
```

步骤 10：查看各路由器的路由协议及邻接关系

（1）查看路由器 A 的路由协议及邻接关系。

```
routera#show ip protocols
Routing Protocol is "ospf 100"
  Outgoing update filter list for all interfaces is not set
  Incoming update filter list for all interfaces is not set
  Router ID 192.168.10.9
  Number of areas in this router is 1. 1 normal 0 stub 0 nssa
  Maximum path: 4
  Routing for Networks:
    192.168.10.8 0.0.0.3 area 10
    172.16.3.0 0.0.0.3 area 10
```

```
        172.16.1.0 0.0.0.255 area 10
    Routing Information Sources:
        Gateway         Distance        Last Update
        192.168.10.10   110             00:07:18
        172.16.3.2      110             00:07:20
    Distance: (default is 110)
routera#show ip ospf neighbor
Neighbor ID     Pri   State      Dead Time   Address         Interface
192.168.10.10    0    FULL/   -   00:00:36   192.168.10.10   Serial0/0/1
192.168.10.5     0    FULL/   -   00:00:39   172.16.3.2      Serial0/0/0
routera#
```

（2）查看路由器 B 的路由协议及邻接关系。

```
routerb#show ip protocols
routerb#show ip ospf neighbor
Neighbor ID     Pri   State      Dead Time   Address         Interface
192.168.10.9     0    FULL/   -   00:00:33   172.16.3.1      Serial0/0/0
192.168.10.10    0    FULL/   -   00:00:32   192.168.10.6    Serial0/0/1
routerb#
```

（3）查看路由器 C 的路由协议及邻接关系。

```
routerc#show ip protocols
routerc#show ip ospf neighbor
Neighbor ID     Pri   State      Dead Time   Address         Interface
192.168.10.5     0    FULL/ -    00:00:37    192.168.10.5    Serial0/0/1
192.168.10.9     0    FULL/ -    00:00:39    192.168.10.9    Serial0/0/0
routerc#
```

步骤 11：测试计算机之间的连通性

使用 ping 命令分别测试 PC0、PC11、PC21、PC31 四台计算机之间的连通性。

步骤 12：配置路由器 A 的默认路由

```
routera(config)#interface Fastethernet0/1
routera(config-if)#ip adderss 10.1.1.1   255.255.255.252
routera(config-if)#no shutdown
routera(config-if)#exit
routera(config)#ip route 0.0.0.0 0.0.0.0 10.1.1.2
routera(config)#default-information originate
routera#show ip route
……
Gateway of last resort is 10.1.1.2 to network 0.0.0.0
        10.0.0.0/30 is subnetted, 1 subnets
C          10.1.1.0 is directly connected, FastEthernet0/1
        172.16.0.0/16 is variably subnetted, 2 subnets, 2 masks
C          172.16.2.0/24 is directly connected, FastEthernet0/0
C          172.16.3.0/30 is directly connected, Serial0/0/0
O       192.168.1.0/24 [110/65] via 192.168.10.10, 00:01:47, Serial0/0/1
        192.168.10.0/30 is subnetted, 2 subnets
O          192.168.10.4 [110/128] via 172.16.3.2, 00:01:47, Serial0/0/0
                        [110/128] via 192.168.10.10, 00:01:47, Serial0/0/1
C          192.168.10.8 is directly connected, Serial0/0/1
```

```
S*     0.0.0.0/0 [1/0] via 10.1.1.2
routera#
routerb#show ip route
routerc#show ip route
```

步骤 13：配置 ISP 路由器

（1）配置接口地址及名称（略）。

（2）配置路由。

```
isp(config)#ip route 172.16.2.0   255.255.255.0   10.1.1.1
isp(config)#ip route 172.16.1.0   255.255.255.0   10.1.1.1
isp(config)#ip route 192.168.1.0  255.255.255.0   10.1.1.1
isp(config)#exit
isp#write
isp#show ip route
……
Gateway of last resort is not set
     10.0.0.0/30 is subnetted, 1 subnets
C       10.1.1.0 is directly connected, FastEthernet0/0
     172.16.0.0/24 is subnetted, 2 subnets
S       172.16.1.0 [1/0] via 10.1.1.1
S       172.16.2.0 [1/0] via 10.1.1.1
S    192.168.1.0/24 [1/0] via 10.1.1.1
C    211.81.192.0/24 is directly connected, FastEthernet0/1
isp#
```

步骤 14：测试计算机之间的连通性

使用 ping 命令分别测试 PC0、PC11、PC21、PC31 四台计算机之间的连通性。

步骤 15：配置各路由器的各种口令，然后远程登录（略）

步骤 16：保存配置文件

通过控制台和远程终端分别保存配置文件为文本文件（略）。

步骤 17：清除路由器的所有配置

清除路由器启动配置文件（略）。

习 题

一、选择题

1. 链路状态路由协议与距离矢量路由协议相比有哪些优势？（　　）

   A. 可以路由 IPX　　　　　　　　　　B. 用定期更新对路由持续检查

   C. 更快的收敛速度　　　　　　　　　D. 更低的硬件需求

2. 为什么链路状态路由协议比距离矢量路由协议更快收敛？（　　）

   A. 距离矢量协议发送路由更新之前先计算路由表，而链路状态协议不这样

   B. 链路状态协议比距离矢量协议有更低的计算量

   C. 链路状态协议比距离矢量协议更频繁地发送更新

   D. 每个更新期间，距离矢量协议比链路状态协议接收的数据包更多

3. 与距离矢量路由协议相比，链路状态路由协议有哪些缺点？（　　）
    A. 收敛慢　　　　　B. 平的网络拓扑　　　C. 定期更新　　　　D. 高的处理器要求
4. 两台 OSPF 路由器已经交换了 Hello 数据包并形成邻接关系，下一步将发生什么？（　　）
    A. 它们互相广播完整的路由表　　　　B. 将开始发送链路状态数据包
    C. 它们将协商确定 OSPF 域的根路由器　D. 它们将调整 Hello 时间以防止互相干扰
5. 链路状态路由协议如何限制路由改变的范围？（　　）
    A. 通过支持主类地址　　　　　　　　B. 发送地址时也发送子网掩码
    C. 只发送拓扑变化更新　　　　　　　D. 将网络分为区域层次
6. LSA 的目的是什么？（　　）
    A. 构造拓扑数据库　　　　　　　　　B. 确定到达目的地的成本
    C. 确定到达目的地的最佳路径　　　　D. 检测邻居是否正常
7. 下列有关 OSPF 的说法哪些是正确的？（　　）
    A. 它是一种距离矢量协议　　　　　　B. 它是一种层次性协议
    C. 它使用多播更新　　　　　　　　　D. 它只在链路状态发生变化时才发送通告
    E. 它发送广播更新　　　　　　　　　F. 它是一种分类路由选择协议
8. 网络管理员输入 router ospf 100 命令，命令中数字 100 的作用是什么？（　　）
    A. 自治系统编号　　B. 度量　　　　　　C. 进程 ID　　　　　D. 管理距离
9. 使用 OSPF 协议，每个路由器都会根据相同的链路信息建立一颗自己的 SPF "树"，但是拓扑的什么不同？（　　）
    A. 状态　　　　　　B. 认识　　　　　　C. 版本　　　　　　D. 配置
10. OSPF 的管理距离是（　　）？
    A. 110　　　　　　B. 100　　　　　　C. 155　　　　　　D. 90
11. 要在地址为 192.168.255.1/27 的接口上运行 OSPF，并将其加入到区域 0 中，可使用下列哪个 network 命令？
    A. network 192.168.255.0 0.0.0.0 area 0
    B. network 192.168.255.0 0.0.0.255 area 1
    C. network 192.168.255.1 255.255.255.224 area 0
    D. network 192.168.255.1 0.0.0.0 area 0

二、简答题

1. 链路状态路由协议使用什么算法？
2. 在链路状态路由协议术语中，什么是链路？什么是链路状态？
3. 在链路状态路由协议术语中，什么是邻居？如何发现邻居？
4. 链路状态泛洪过程是什么？最后的结果是什么？
5. 两台路由器形成 OSPF 邻接关系前，什么值要匹配？
6. DR 和 BDR 的选择要解决什么问题？DR 和 BDR 是如何选择的？
7. 到达一个网络，有静态路由、RIP 路由、IGRP 路由、OSPF 路由四条可达路由，路由表首选的是哪条路由？为什么？
8. 使用 OSPF 传播默认路由必须使用什么命令？

三、实训题

1. 某公司搭建了如图 10.10 所示的计算机网络，共有 9 个网段，若采用静态路由配置解决路由问题，会比较复杂，且效率低下，因此，拟采用路由协议 OSPF 解决网络的路由问题。

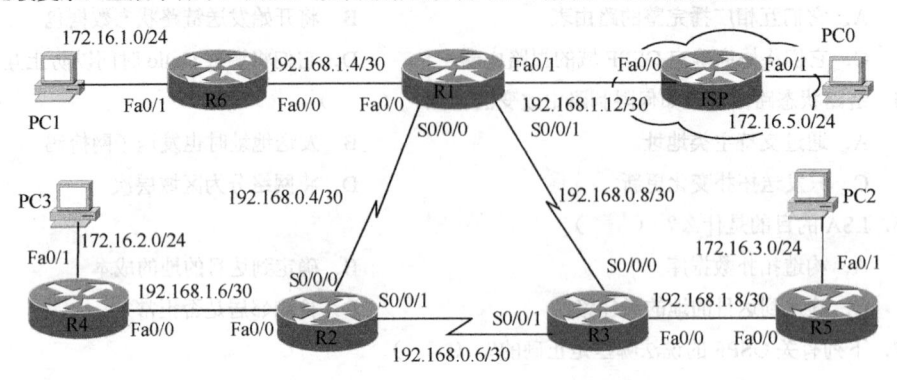

图 10.10　路由器动态路由协议 OSPF

（1）路由器 R1、R2、R3 之间的连接采用串口连接。
（2）路由器 R1 和 R6、R2 和 R4、R3 和 R5 之间采用以太网连接。
（3）ISP 路由器模拟因特网的路由器，从路由器 R1 到路由器 ISP 采用默认路由。
（4）配置完成后 PC0、PC1、PC2、PC3 四台计算机之间能够互连互通。

2. 某公司搭建了如图 10.11 所示的计算机网络，有 10 个网段，若采用静态路由配置解决路由问题，会比较复杂，且效率低下，因此，拟采用路由协议 OSPF 解决网络的路由问题。

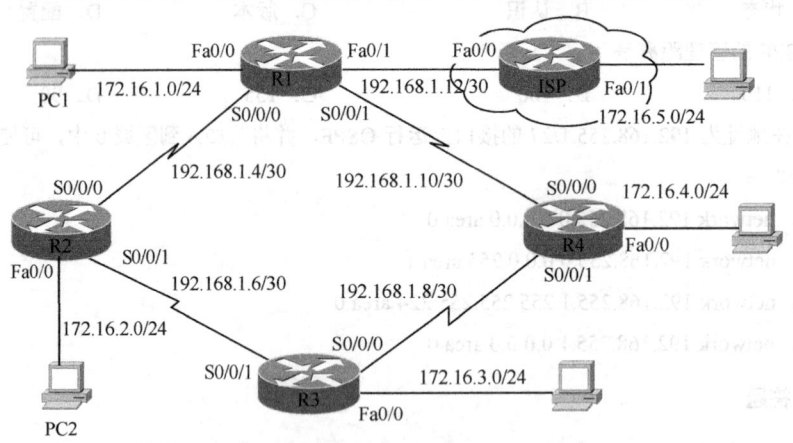

图 10.11　路由器动态路由协议 OSPF

（1）路由器 R1、R2、R3、R4 之间的连接采用串口连接。
（2）ISP 路由器模拟因特网的路由器，从路由器 R1 到路由器 ISP 采用默认路由。
（3）配置完成后 PC0、PC1、PC2、PC3、PC4 之间能够互连互通。

模块五　构建互连互通的单位局域网

VLAN 和中继用于把交换式 LAN 分段，用 VLAN 分段功能限定 LAN 中各广播域的范围，可提高整个网络的性能和安全。每个 VLAN 都是独立的广播域，所以，在默认情况下，不同 VLAN 之间无法通信。但不同 VLAN 的设备之间有时也需要相互通信，即 VLAN 间路由。

本模块通过以下两个项目的实施，可以了解如何在企业网中添加冗余链路来提高网络的可靠性和安全性。

项目 11：使用三层交换机实现 VLAN 间路由
项目 12：构建基于静态路由的多层交换网络

项目 11
使用三层交换机实现 VLAN 间路由

11.1　用户需求

某学校的网络为解决广播风暴，采用虚拟局域网技术，不仅提高了网络传输效率，还提高了网络中信息的安全性，但是在使用过程中感到很不方便，有时计算机系需要共享机电工程系的资源，有时需要共享学生机房的资源，也就是各个部门需要经常共享资源，而它们之间的网络是不互通的，怎样才能实现网络资源的共享呢？同时为了保证网络安全，办公楼上的财务处的计算机不允许从学生机房进行访问。

11.2　相关知识

11.2.1　VLAN 路由简介

第二层网络是一个广播域，也可以是位于一台或多台交换机内的 VLAN。每个 VLAN

都是独立的广播域，所以在默认情况下，不同 VLAN 中的计算机之间无法通信，VLAN 之间是彼此孤立的，一个 VLAN 内的分组不能进入另一个 VLAN。

VLAN 间的通信等同于不同广播域之间的通信，也就是要在 VLAN 之间传输分组，必须借助第三层设备。传统上，这是路由器的功能。要在 VLAN 之间转发分组，路由器就必须有到每个 VLAN 的物理或逻辑连接，这被称为 VLAN 间路由选择。

能够提供 VLAN 间路由选择功能的第三层设备包括任意第三层交换机和路由器，通常有以下三种实现方法。

▶ 1. 每个路由器接口对应一个 VLAN

传统上的 LAN 路由通过有多个物理接口的路由器来实现。各接口必须连接到一个独立网络，并配置不同的子网。

传统路由要求路由器具有多个物理接口，以便进行 VLAN 间路由。路由器通过每个物理接口连接到唯一的 VLAN，从而实现路由。各接口配置有一个 IP 地址，该 IP 地址与所连接的特定 VLAN 子网相关联。由于各物理接口配置了 IP 地址，各个 VLAN 相连的网络设备可通过连接到同一 VLAN 的物理接口与路由器通信。本配置中，网络设备可将路由器用做网关，以访问与其他 VLAN 相连接的设备。

路由的过程中，源设备必须确定目的设备相对本地子网而言是本地设备还是远程设备。要完成此任务，源设备将把源地址和目的地址与子网掩码作比较。如果目的地址在远程网络中，源设备必须确定将数据包转发到何处才能到达目的设备。源设备将检查本地路由表，确定将数据发送到何处。通常，对于所有需要离开本地子网的流量，设备将使用其默认网关作为目的地。默认网关是指设备在没有明确定义的路由通往目的网络时所使用的路由。本地子网上的路由器接口可作为发送设备的默认网关。

如果源设备确定数据包必须经由所连 VLAN 上的本地路由器接口传输，源设备将发出 ARP 请求以确定本地路由器接口的 MAC 地址。一旦 ARP 应答从路由器返回源设备，源设备就可以使用 MAC 地址完成数据包成帧，然后将帧作为单播流量发送到网络。

由于以太网帧包含路由器接口的目的 MAC 地址，交换机知道应该通过哪个端口将单播流量转发到 VLAN 上的路由器接口。帧到达路由器时，路由器删除源 MAC 地址和目的 MAC 地址信息，以检查数据包中的目的 IP 地址。路由器将目的地址与路由表中的条目相比较，以确定应将该数据从哪个位置转发到最终目的。如果路由器确定目的网络为本地连接的网络（VLAN 间路由即属于这种情况），路由器会将 ARP 请求从与目的 VLAN 相连接的物理接口发送出去。路由器收到目的设备返回的 MAC 地址后，便将其用于数据成帧。随后，路由器将单播流量发送到交换机，交换机再将流量从与目的设备相连的端口转发出去。

如图 11.1 所示，VLAN10 中的计算机 PC1 通过路由器 R1 与 VLAN30 中的计算机 PC3 开始通信。对于每个 VLAN，路由器 R1 都配置有独立的接口，R1 上有两条链路连接到交换机 S1，其中一条链路连接专门连接到 VLAN10，另一条链路连接专门连接到 VLAN30。计算机 PC1 和 PC3 位于不同的 VLAN，且各自的 IP 地址也属于不同的子网，网络中的通信过程如下。

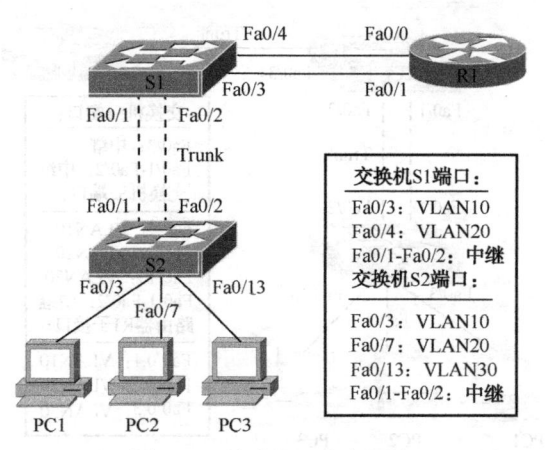

图 11.1　将路由器作为网关

（1）计算机 PC1 将发往 PC3 的单播流量发送到 VLAN10 中的交换机 S2，随后再从中继接口转发到交换机 S1。

（2）交换机 S1 通过 Fa0/4 端口将该单播流量转发至路由器 R1 的 Fa0/0 接口。

（3）路由器通过连接到 VLAN30 的接口 Fa0/1 发送单播流量。

（4）路由器又将该单播流量转发到 VLAN 30 中的交换机 S1。

（5）交换机 S1 通过中继链路将该单播流量转发到交换机 S2 后，交换机 S2 可将其转发到 VLAN30 中的计算机 PC3。

在上述 VLAN 间路由选择过程中，路由器配置有两个独立的物理接口，与不同的 VLAN 交互并执行路由。

2. 单臂路由器

要克服基于路由器物理接口的 VLAN 间路由的硬件局限，需使用虚拟子接口和中继链路。子接口是基于软件的虚拟接口，可分配到各物理接口。每个子接口配置有自己的 IP 地址、子网掩码和唯一的 VLAN 分配，使单个物理接口可同属于多个逻辑网络。这种方法适用于在网络中有多个 VLAN 但只有少数路由器物理接口的 VLAN 间路由。

使用单臂路由器模式配置 VLAN 间路由时，路由器的物理接口必须与相邻交换机的中继链路相连接。子接口针对网络上唯一的 VLAN/子网创建，每个子接口都分配有所属子网的 IP 地址，并对与其交互的 VLAN 帧添加 VLAN 标记。这样，路由器可以在流量通过中继链路返回交换机时区分不同子接口的流量。

从功能上说，使用单臂路由器模式配置 VLAN 间路由与使用传统路由模式相同，但这一模式使用单个接口的子接口执行路由，而不是使用物理接口。传统的 VLAN 间路由中，路由器和交换机都必须有多个物理接口。然而，并非所有的 VLAN 间路由配置都要求多个物理接口。许多路由器软件允许将路由器接口配置为中继链路，这是 VLAN 间路由的新应用方法。

子接口是与同一物理接口相关联的多个虚拟接口。这些子接口在路由器的软件中配置（子接口单独配置有 IP 地址和分配的 VLAN），以便在特定的 VLAN 上运行。根据各自的 VLAN 分配，子接口被配置到不同的子网，以便在数据帧被标记 VLAN 并从物理接口发送回之前进行逻辑路由。如图 11.2 所示，路由器 R1 与交换机 S1 通过单一的物理网络连接相连。

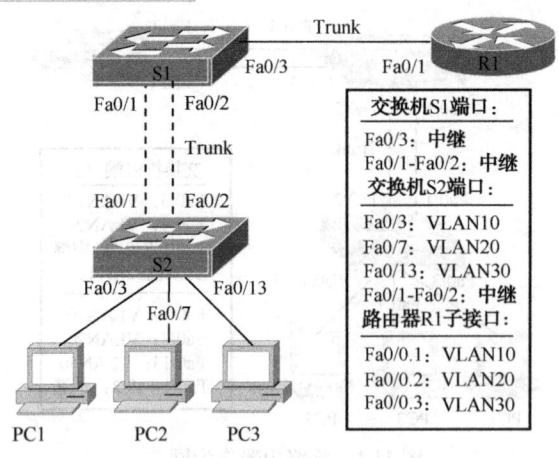

图 11.2 单臂路由器

利用单个物理路由器接口，VLAN10 中的计算机 PC1 经路由器 R1 与 VLAN30 中的计算机 PC3 通信过程如下。

（1）计算机 PC1 将它的单播流量发送到交换机 S2。

（2）交换机 S2 将该单播流量标记为来源于 VLAN10 后，将其从中继链路转发到交换机 S1。

（3）交换机 S1 将标记流量从端口 Fa0/3 上的另一个中继接口转发到路由器 R1 上的接口。

（4）路由器 R1 接收 VLAN10 上被标记的单播流量，并通过所配置的子接口发送到 VLAN30。

（5）单播流量从路由器接口发送到交换机 S1 时被标记为 VLAN30。

（6）交换机 S1 将被标记的单播流量从另一个中继链路转发到交换机 S2。

（7）交换机 S2 将单播帧的 VLAN 标记删除后，将该帧转发到端口 Fa0/13 上的计算机 PC3。

物理接口和子接口都可用于执行 VLAN 路由，但两者各有如下所述优缺点。

（1）端口限制：物理接口为网络上的每个 VLAN 配置一个接口。在拥有多个 VLAN 的网络上，无法使用单台路由器执行 VLAN 间路由。路由器有其物理局限性，不可能带有大量的物理接口。如果要尽量避免使用子接口，需要使用多台路由器执行所有 VLAN 的 VLAN 间路由。

与物理接口相比，子接口方式允许路由器容纳更多的 VLAN。对于有许多 VLAN 的大型网络环境下的 VLAN 间路由，更适合使用有多个子接口的单个物理接口。

（2）性能：由于独立的物理接口无带宽争用现象，与子接口相比，物理接口的性能更好。来自所连接的各 VLAN 流量可访问与 VLAN 相连的物理路由器接口的全部带宽，以实现 VLAN 间路由。

子接口用于 VLAN 间路由时，被发送的流量会争用单个物理接口的带宽。网络繁忙时，会导致通信瓶颈。为均衡物理接口上的流量负载，可将子接口配置在多个物理接口上，以减轻 VLAN 流量之间竞争带宽的现象。

（3）接入端口和中继端口：要连接物理接口用于 VLAN 间路由，需要将交换机端口配置为接入端口。而使用子接口则需要将交换机端口配置为中继接口，以接收中继链路上的 VLAN 标记流量。如果使用子接口，则多个 VLAN 可通过单个中继链路路由，而不需通过各个 VLAN 的单个物理接口。

（4）成本：从成本方面来说，使用子接口比独立的物理接口更经济。带有多个物理接口的路由器的成本显著高于带有单个接口的路由器。此外，如果使用带有多个物理接口的路由器，且各接口与单独的交换机端口相连，这将占用网络中更多的交换机端口。交换机端口是高性能交换机的宝贵资源。由于 VLAN 间路由功能占用了大量端口，VLAN 间路由解决方案的总成本会被交换机和路由器抬高。

（5）复杂性：如果使用子接口进行 VLAN 间路由，其物理配置的复杂性比单独的物理接口低，因为仅用少量的物理网络电缆就实现了路由器和交换机的交互。由于电缆数量少，交换机上的电缆连接并不混乱。由于 VLAN 在单条链路上进行中继，更易于排查物理连接的故障。

但是，使用配有中继端口的子接口会使软件配置更为复杂，不利于排查软件配置故障。在单臂路由器模式下，只使用单个接口来支持所有不同的 VLAN。如果某个 VLAN 路由到其他 VLAN 时出现故障，不能只查看电缆插入的端口是否正确。应查看交换机端口是否被配置为中继，并确保在到达路由器接口之前该 VLAN 不通过任何中继链路过滤。还需检查路由器子接口的配置，是否使用了该 VLAN 所关联子网的正确 VLAN ID 和 IP 地址。

3. 第三层交换机

某些可执行第三层功能的交换机可代替专用路由器，执行网络中的基本路由，即可以执行 VLAN 间路由。

三层交换（也称交换技术，或称 IP 交换技术）是相对于传统交换概念而提出的。三层交换技术在网络模型中的第三层实现了分组的高速转发。简单来说，三层交换技术就是"二层交换技术＋三层转发"。三层交换技术的出现，解决了传统路由器低速、复杂所造成的网络瓶颈问题。

从使用者的角度可以把三层交换机看成是一个带有第三层路由功能的第二层交换机，但它是两者的有机结合，而不是简单地把路由器设备的硬件和软件叠加到在局域网的交换机上。

如图 11.3 所示，VLAN10 中的计算机 PC1 通过三层交换机 S1 与 VLAN30 中的计算机 PC3 通信的过程如下。

（1）计算机 PC1 将它的单播流量发送到交换机 S2。

（2）交换机 S2 将该单播流量标记为来源于 VLAN10，并将其从中继链路转发到交换机 S1。

（3）交换机 S1 将 VLAN 标记删除后，将该单播流量转发到 VLAN10 接口。

（4）交换机 S1 将单播流量发送到它的 VLAN30 接口。

（5）交换机 S1 重新将单播流量标记为 VLAN30，并从中继链路转发回交换机 S2。

（6）交换机 S2 将单播帧的 VLAN 标记删除后，将该帧转发到端口 Fa0/13 上的计算机 PC3。

为实现多层交换机的路由功能，交换机上的 VLAN 接口需配置与子网匹配的正确 IP 地址，且 VLAN 应与网络相关联。多层交换机必须启用 IP 路由。

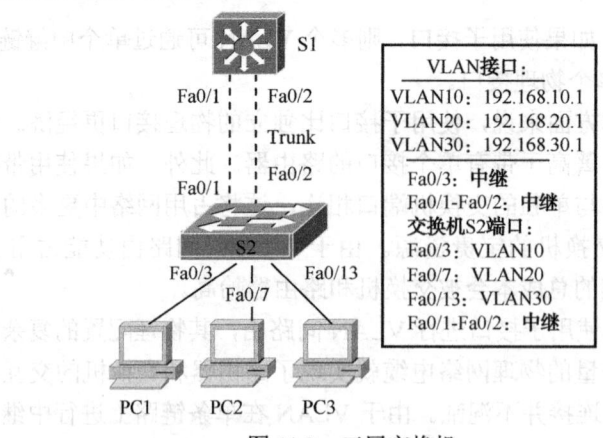

图 11.3 三层交换机

11.2.2 单臂路由器配置

在路由器上执行 VLAN 间路由的配置过程如下。

（1）在全局模式下创建各个子接口的命令为：

Router(config)#**interface** *type mod/num.subid*

（2）子接口创建后在子接口配置模式下运行如下命令分配 VLAN ID。

Router(config-subif)#**encapsulation dot1q** *vlan-id*

（3）为该子接口分配 IP 地址。

Router(config-subif)#**ip address** *ip-address subnetmask*

对网络上配置的 VLAN 间需要路由的所有路由器子接口重复以上步骤。要实现路由，各路由器子接口应分配唯一子网上的 IP 地址。

（4）启用该物理接口。所有子接口都配置到路由器的物理接口后，启用该物理接口，进而启动所有配置好的子接口。

Router(config-if)#**no shutdown**

11.2.3 使用第三层交换机进行 VLAN 间路由

单臂路由实现了 VLAN 间的路由，由于路由器的转发速率较慢，常常不能满足主干网络上的快速交换的需求，于是三层交换技术随之产生。三层交换机通常采用硬件来实现三层的交换，其路由数据包的速率是普通路由器的几十倍。

▶1. 交换机接口类型

在适当的情况下，多层交换机可执行第二层交换和第三层 VLAN 间路由选择。第二层交换可在被分配给第二层 VLAN（或在第三层中继链路）的接口之间进行。第三层交换可在任何接口之间进行，第三层路由选择可在任何接口之间进行，这需要给接口指定第三层地址。

交换机接口类型分为两大类：二层接口和三层接口（三层设备支持）。

（1）二层接口。二层接口的类型又分为：Switch Port 及 L2 Aggreate Port。

Switch Port：Switch Port 由设备上的单个物理端口构成，只有二层交换功能。该端口可以是一个 Access Port 或一个 Trunk Port。在项目 3、4、5 中早已经使用过。

Aggreate Port：Aggreate Port 是由多个物理成员端口聚合而成的。可以把多个物理连接捆绑在一起形成一个简单的逻辑链接，这个逻辑链接称之为一个 Aggregate Port（简称 AP）。在项目 6 中已经介绍过。

（2）三层接口。Catalyst 多层交换机支持以下三种不同类型的第三层接口。

第三层路由端口（Routed Port）：第三层路由端口是一个物理接口，它类似于传统路由器上配置了第三层地址的接口，能用一个三层路由协议配置。在多层交换网络中，路由端口大多数都配置于园区主干子模块中的交换机之间，如果分布层采用了第三层路由选择，那么园区主干和建筑物分布子模块之间的交换机也会配置路由端口。可使用 no switchport 接口配置命令配置一个物理接口作为第三层接口。

交换虚拟接口（Switch Virtual Interface，SVI 接口）：SVI 是虚拟的路由 VLAN 接口，是代表整个 VLAN 的逻辑接口；使用 interface VLAN vlan-id 全局配置命令和第三层接口创建一个 VLAN 接口。

三层模式的 EtherChannel 接口：使用 interface port-channel port-channel-number 全局配置命令和绑定以太网接口到 channel 组来创建一个 port-channel 逻辑接口。

2. 第三层交换 IP 路由选择类型

VLAN 之间的通信必须借助第三层交换机或路由器。VLAN 间路由选择要求为第三层设备启用路由选择。就 IP 网络而言，这要求启用 IP 路由选择。另外，必须配置静态路由或动态路由协议。

三层交换机可以通过以下三种方式进行路由选择。

（1）使用预先设置的静态路由。手工设定某些目的 IP 地址的报文发送指定的接口。静态路由很可靠并且使用很少的带宽，但是它不能自动响应网络中的变化，所以可能会导致目的地不可达。当网络规模不断扩大时，手工设置静态路由将是一件很复杂的工作。

（2）使用动态路由协议生成的路由。三层交换机通过动态路由协议来计算转发报文的最佳路径。动态路由协议有两种类型：

- 距离矢量路由协议（如 RIP 协议）通过距离值维护路由表，并且周期性地将路由表向它们的相邻设备传送。距离矢量路由协议通过跳数单位计算出最佳路由。特点是易于配置和使用。
- 链路状态路由协议（如 OSPF 协议）维护了一个网络拓扑图结构的数据库，该数据库基于路由器之间链路状态通告（LSA）的交换。

（3）使用默认路由。通过静态路由和动态路由方法无法寻径的 IP 报文发送到默认的接口。

3. 第二层接口的配置

交换机接口要么处于第二层模式，要么处于第三层模式，这取决于是否使用了接口配置命令 switchport。要显示端口的当前模式，可使用下面的命令：

```
Switch#show interfaces FastEthernet 0/1 switchport
Name: Fa0/1
Switchport: Enabled    //表示是第三层接口，如为 Disabled 则为第二层接口
Administrative Mode: dynamic auto
Operational Mode: down
……
Switch#
```

如果接口处于第三层模式，可以将其重新配置为第二层接口，使用命令如下：

```
Switch(config)#interface type mod/num
Switch(config-if)#switchport
```

然后就可以使用 switchport 命令的其他关键字来配置中继、接入 VLAN 等。

4. 第三层接口的配置

物理接口也可以在第三层模式下运行，这种接口可以分配第三层网络地址，能够进行路由选择。要支持第三层功能，配置命令如下：

```
Switch(config)#interface type mod/num
Switch(config-if)#no switchport
Switch(config-if)#ip address ip-address mask [secondary]
```

第三层接口将网络地址分配给特定的物理接口。如果多个接口被捆绑为以太信道，则该以太信道也可成为第三层接口。在这种情况下，网络地址被分配给 port-channel 接口，而不是以太信道中的物理链路。

5. SVI 接口的配置

在多层交换机中，还可以为整个 VLAN 启用第三层功能，相关内容在介绍 VLAN 的时候已经介绍过。也就是将网络地址分配给一个逻辑接口，即 VLAN 的逻辑接口。当交换机将很多接口分配给同一个 VLAN，并需要对进出该 VLAN 的数据流进行路由时，配置的第三层网络地址将是连接到该接口或 VLAN 的所有主机的默认网关，主机将通过这个第三层接口与其所属的广播域外部通信。

第三层逻辑接口称为 SVI。配置 SVI 时，首先要指定 VLAN 接口，使用命令如下：

```
Switch(config)#interface vlan vlan-id
Switch(config-if)#ip address ip-address mask [secondary]
Switch(config-if)#no shutdown
```

6. IP 路由配置过程

（1）启动路由功能。在三层交换机全局配置模式下使用 ip routing 命令启用路由功能。

```
Switch(config)#ip routing
```

(2) 创建 VLAN。为了支持 VLAN 接口，用户必须在交换机创建和配置 VLAN，同时配置二层接口的 VLAN 成员。

```
Switch(config)#vlan vlan-id
Switch(config-vlan)#name vlan-name
Switch(config-vlan)#exit
Switch(config)#interface vlan vlan-id
Switch(config-if)#ip address ip-address mask [secondary]
Switch(config-if)#no shutdown
```

(3) 配置三层网络接口。

```
Switch(config)#interface type mod/num
Switch(config-if)#no switchport
```

(4) 配置三层网络接口的 IP 地址。

```
Switch(config-if)#ip address ip-address mask [secondary]
Switch(config-if)#no shutdown
```

11.3 方案设计

为了解决不同虚拟局域网之间的通信问题，保证全校网络之间互连互通，需要启用三层交换技术，来解决不同虚拟局域网之间安全数据通信问题，实现部门之间数据信息资源共享，数据信息安全传输。

在三层交换机上建立三个 VLAN：VLAN10 分配给计算机系，VLAN20 分配给机电工程系，VLAN30 分配给汽车工程系。为了实现三部门的主机能够相互访问，在三层交换机上开启路由功能。

购买一台三层交换机（Cisco 3560）作为核心交换机，从而实现全网之间的互连互通，如图 11.4 所示。

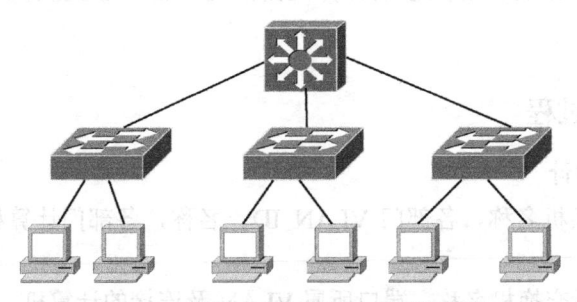

图 11.4 利用三层交换机实现互连互通

为了保证网络安全，个别部门不允许其他个别部门访问，可以在中继链路上配置不允许的 VLAN 数据流。

11.4 项目实施

11.4.1 项目目标

通过本项目的完成，可以使学生掌握以下技能：
（1）能够配置三层交换机启用路由功能；
（2）能够配置三层交换机实现 VLAN 之间的通信。

11.4.2 项目任务

为了实现本项目，构建如图 11.5 所示的网络实训环境，或在 Packet Tracer 中模拟。

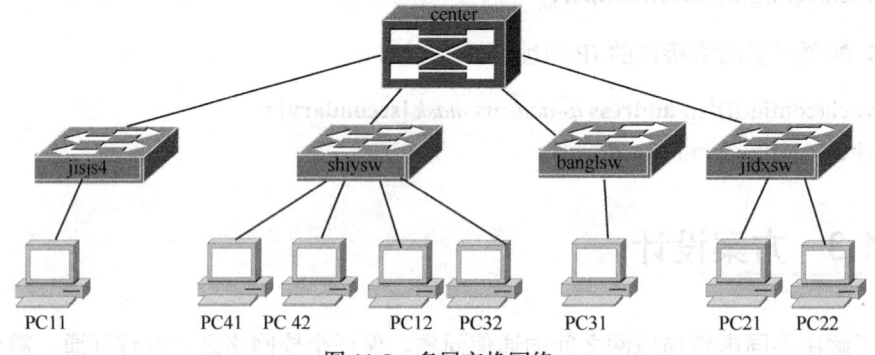

图 11.5 多层交换网络

（1）配置交换机 center 为核心，创建 4 个 VLAN，分别属于计算机系、机电工程系、财务处和学生机房。
（2）配置三层交换机的路由功能，使 VLAN 之间互连互通。

11.4.3 设备清单

在项目 4 的基础上将信息大楼的计算机更换为一台三层交换机，如 Cisco Catalyst 3560。

11.4.4 实施过程

步骤 1：规划设计

（1）规划各交换机名称，各部门 VLAN ID、名称，各部门计算机 IP 地址、子网掩码和网关同项目 4。
（2）规划各场所交换机名称、端口所属 VLAN 及连接的计算机，如表 11.1 所示。各交换机端口之间的连接关系如表 11.2 所示。

表 11.1 各交换机之间连接及端口与 VLAN 的关联关系

办公场所	交换机型号	交换机名称	远程管理地址	端口	所属 VLAN	连接计算机
信息大楼	Cisco Catalyst 3560	center	192.168.100.205			
信息大楼	Cisco Catalyst 2960	jisjsw	192.168.100.201	Fa0/2-20	10	PC11
				Fa0/21	20	
				Fa0/22-23	30	
				Fa0/24	40	
机电大楼	Cisco Catalyst 2960	jidxsw	192.168.100.204	Fa0/2-20	20	PC21 PC22
				Fa0/21	10	
				Fa0/22-23	30	
				Fa0/24	40	
办公楼	Cisco Catalyst 2960	banglsw	192.168.100.202	Fa0/2-20	30	PC31
				Fa0/21	10	
				Fa0/22-23	20	
				Fa0/24	40	
实验中心	Cisco Catalyst 2960	shiysw	192.168.100.203	Fa0/2-16	40	PC41、PC42
				Fa0/17-20	10	PC12
				Fa0/21-24	30	PC32

表 11.2 交换机端口之间的连接关系

交换机	上联端口 接口	上联端口 描述	下联端口 交换机	下联端口 接口	下联端口 描述
center	Gi0/1	link to banglsw-g1/1	banglsw	Gi1/1	link to center-g0/1
center	Gi0/2	link to jisjsw-g1/1	jisjsw	Gi1/1	link to center-g0/2
center	Fa0/1	link to shiysw-f0/1	shiysw	Fa0/1	link to center-f0/1
center	Fa0/2	link to jidxsw-g1/1	jidxsw	Fa0/1	link to center-f0/2

步骤 2：实训环境准备

（1）硬件连接。在交换机和计算机断电的状态下，按照图 11.5、表 11.1 和表 11.2 所示连接硬件。交换机之间的连接采用交叉线。

（2）打开各设备，给设备供电。

步骤 3：设置各计算机的 IP 地址、子网掩码、默认网关

步骤 4：清除交换机配置

（1）清除交换机的启动配置。

switch#**erase startup-config**

（2）删除交换机 VLAN。

```
switch#delete vlan.dat
```

步骤 5：测试连通性

使用 ping 命令分别测试 PC11、PC12、PC21、PC22、PC31、PC32、PC41、PC42 八台计算机之间的连通性。

步骤 6：配置交换机 center

（1）配置信息大楼中的核心交换机的名称。

```
switch#config terminal
switch(config)#hostname center
center(config)#no ip domain lookup
center(config)#exit
center#
```

（2）在核心交换机 center 上配置 VLAN（略）。
（3）在核心交换机 center 上配置 VTP 服务器（略）。
（4）配置交换机 center 和 jisjsw、banglsw、shiysw、jidxsw 之间的中继链路。

```
center(config)#interface GigabitEthernet 0/1
center(config-if)#description link to banglsw-g1/1
center(config-if)#switchport
center(config-if)#switchport mode trunk
Command rejected: An interface whose trunk encapsulation is "Auto" can not be configured to "trunk" mode.
center(config-if)#switchport trunk encapsulation dot1q
center(config-if)#switchport trunk allowws vlan 10,20,30,99
center(config-if)#no shutdown
center(config-if)#exit
center(config-if)#interface GigabitEthernet 0/2
center(config-if)#description link to jisjsw-g1/1
center(config-if)#switchport
center(config-if)#switchport mode trunk
center(config-if)#switchport trunk encapsulation dot1q
center(config-if)#no shutdown
center(config-if)#exit
center(config)#interface FastEthernet 0/1
center(config-if)#description link to shiysw-f0/1
center(config-if)#switchport
center(config-if)#switchport mode trunk
center(config-if)#switchport trunk encapsulation dot1q
center(config-if)#no shutdown
center(config-if)#exit
```

```
center(config)#interface FastEthernet 0/2
center(config-if)#description link to jidxsw-f0/1
center(config-if)#switchport
center(config-if)#switchport mode trunk
center(config-if)#switchport trunk encapsulation dot1q
center(config-if)#no shutdown
center(config-if)#end
center#write
center#show interface trunk
center#
```

没有输出,因为链路对端口还没有配置。

(5) 启用核心交换机 center 的三层路由功能。

```
center(config)#ip routing
```

步骤 7:配置交换机 banglsw

(1) 设置交换机名称(略)。
(2) 配置 VTP 客户端(略)。
(3) 配置中继链路。

```
banglsw(config)#interface GigabitEthernet 1/1
banglsw(config-if)#description link to center-g0/1
banglsw(config-if)#switchport mode trunk
banglsw(config-if)#switchport trunk allowed vlan 10,20,30,99
banglsw(config-if)#no shutdown
banglsw(config-if)#exit
banglsw(config)#exit
banglsw#write
banglsw#show interfaces trunk
Port        Mode        Encapsulation    Status        Native vlan
Gi1/1       on          802.1q           trunking      1
Port        Vlans allowed on trunk
Gi1/1       10,20,30,99
Port        Vlans allowed and active in management domain
Gi1/1       none
Port        Vlans in spanning tree forwarding state and not pruned
Gi1/1       none
banglsw#
```

(4) 按照表 11.1 所示给交换机的端口分配 VLAN(略)。

步骤 8:配置交换机 jisjsw、shiysw 和 jidxsw

和配置 banglsw 交换机基本上类似,鉴于篇幅(略)。配置完成后,结果如下。

```
center#show interfaces trunk
Port      Mode    Encapsulation    Status     Native vlan
Fa0/1     on      802.1q           trunking   1
Fa0/2     on      802.1q           trunking   1
Gi0/1     on      802.1q           trunking   1
Gi0/2     on      802.1q           trunking   1
……
center#
```

步骤 9：测试及查看交换机状态

（1）使用 ping 命令分别测试 PC11、PC12、PC21、PC22、PC31、PC32、PC41、PC42 八台计算机之间的连通性。

（2）分别打开各交换机，查看交换机的配置信息。

```
center#show running-config
jisjsw#show running-config
jidxsw#show running-config
banglsw#show running-config
shiysw#show running-config
```

步骤 10：配置各交换机的口令（略）

步骤 11：配置远程管理

在所有计算机上分别 Telnet 各交换机，观察其结果，和前边的项目有何区别？

步骤 12：保存配置文件

通过控制台和远程终端分别保存配置文件为文本文件（略）。

步骤 13：清除交换机的所有配置

（1）清除交换机启动配置文件（略）。

（2）删除交换机 VLAN（略）。

习　题

一、填空题

1. 三层交换技术在网络模型中的第_____层实现了分组的高速转发。
2. Catalyst 多层交换机支持三种不同类型的第三层接口_____、_____、_____。
3. 执行 VLAN 间路由的众多方法各需多少个物理接口？

（1）传统 VLAN 间路由：_____每个 VLAN 对应一个接口。

（2）单臂路由器：_____一个中继接口。

（3）多层交换：_____没有物理接口。

二、选择题

1. 三层交换机在转发数据时，可以根据数据包的（　　）进行路由的选择和转发。

A．源 IP 地址 B．目的 IP 地址
C．源 MAC 地址 D．目的 MAC 地址
2．在进行网络规划时，选择使用三层交换机而不选择路由器，下列哪个原因不正确？（ ）
A．在一定条件下，三层交换机的转发性能要远远高于路由器
B．三层交换机可以实现路由器的所有功能
C．三层交换机组网比路由器组网更灵活
D．三层交换机的网络接口数相比路由器的接口数要多很多
3．以下三层交换机中的三层表示的含义不正确的是哪项？（ ）
A．是指网络结构层次的第三层
B．是指 OSI 模型的网络层
C．是指交换机具备 IP 路由、转发的功能
D．和路由器的功能类似
4．启用第三层交换需要什么条件？（ ）
A．第三层交换机必须启用 IP 路由
B．参与的所有交换机必须具有唯一的 VLAN 编号
C．路由的所有子网必须处于同一个 VLAN 中
D．第三层交换的 VLAN 间路由必须使用单臂路由器
5．实施单臂路由器时，VLAN 间建立通信必须具有什么要素？（ ）
A．多个交换机接口连接到一个路由器接口
B．路由器物理接口上配置的本征 VLAN IP 地址
C．在接入模式下配置所有中继接口
D．路由器子接口
6．网络管理员使用下列哪个命令来确定 VLAN 间通信是否正常？（ ）
A．show vlan B．ping C．ipconfig D．show interface
7．在四个 VLAN 间实现"单臂路由器"VLAN 间路由选择时，需要几个接口？（ ）
A．1 B．2 C．4 D．无法确定
8．下面哪条命令将交换机端口配置为第三层模式？（ ）
A．switchport B．no switchport
C．ip address 192.168.100.1 255.255.255.0 D．no ip adderss
9．下面哪条命令可将交换机端口配置为第二层模式？（ ）
A．switchport B．no switchport
C．ip address 192.168.100.1 255.255.255.0 D．no ip adderss
10．下面哪个接口是 SVI？（ ）
A．interface fastethernet 0/1 B．interface gigabit 0/1
C．interface vlan 10 D．intreface svi 10

三、简答题

1．实现 VLAN 间路由选择需要什么？
2．可通过单条中继链路执行 VLAN 间路由选择吗？
3．要配置 SVI，需要什么命令？

四、实训题

现在公司财务处、市场部、技术部分别在自己的虚拟局域网内,为了信息安全要在各部门局域网之间进行隔离,但有时各部门为了资源共享,又需要各部门局域网之间连通,这时就需要采用三层交换机。网络物理连接如图 11.6 所示。

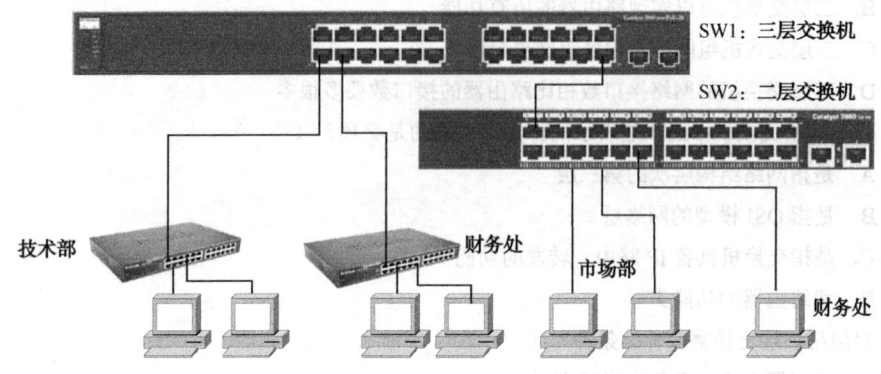

图 11.6 各局域网之间的互连互通

请实现以下任务:

(1) 按照图 11.6 所示进行物理连接;

(2) 规划设计计算机的 IP 地址、子网掩码、默认网关;

(3) 在计算机上配置超级终端,分别启动交换机 SW1、SW2 进行配置;

(4) 分别配置交换机 SW1、SW2 的名称,交换机的口令(终端口令、远程登录口令、特权用户口令,并进行加密);

(5) 在交换机 SW1、SW2 上配置 VLAN;

(6) 配置交换机 SW1、SW2 的端口及所属的 VLAN;

(7) 在三层交换机上启动三层路由功能;

(8) 配置两台交换机之间的链路状态;

(9) 配置交换机后计算机通过 Telnet 访问配置交换机 SW1、SW2;

(10) 测试各计算机之间的连通性。

项目 12
构建基于静态路由的多层交换网络

12.1 用户需求

随着实验中心学生机房计算机数量的增加，学生在使用网络的过程中，经常从网上下载一些网络测试软件，难免会出现问题，影响学院其他用户的正常使用。

12.2 相关知识

由于局域网交换机的三层路由结构相对简单，且路由设备数量较少，因此，通常情况下，可以采用效率最高、占用系统资源最少的静态路由配置方式。

12.2.1 配置静态路由

（1）启用 IP 单播路由。在默认情况下，交换机处于二层交换模式，并且 IP 路由是不可用的。要使用三层交换机，必须启用 IP 路由。

```
Switch(config)#ip routing                                //启用 IP 路由
Switch(config)#router ip_routing_protocol //指定一个 IP 动态路由协议，在本书中不介绍
```

（2）设置静态路由。

```
Switch(config)#ip route destination-network network-mask {next- hop-address | interface}
```

其中：
- destination-network：所要到达的目标网络号或目标子网号。
- network-mask：目标网络的子网掩码。可对此子网掩码进行修改，以汇总一组网络。
- next-hop-address：到达目标网络所经由的下一跳路由器的 IP 地址，即相邻路由器的接口地址。
- interface：将数据包转发到目的网络时使用的送出接口（用于到达目标网络的本机出口）。

12.2.2 配置三层 EtherChannel 接口

（1）创建 port-channel 逻辑接口。

    Switch(config)#**interface port-channel** *port_channel_number*   //创建 port-channel 接口，port_channel_number 取值范围为 1~64
    Switch(config-if)#**no switchport**
    Switch(config-if)#**ip address** *ip-address subnetmask*   //为该 EtherChannel 接口分配 IP 地址和子网掩码
    Switch(config-if)#**no shutdown**

（2）将物理端口配置为三层 EtherChannel 接口。

    Switch(config)#**interface** type mod/num   //选择要配置的物理接口
    Switch(config-if)#**no switchport**   //创建三层路由端口
    Switch(config-if)#**no ip address**   //确保该物理接口没有指定 IP 地址
    Switch(config-if)#**switchport**
    Switch(config-if)#**channel-group** *port_channel_number* mode { auto | desirable | on }
                                                             //将该接口配至 port-channel，并指定 PAgP 模式

12.3 方案设计

为了解决由于学生机房网络的不正常中断影响全院网络的正常运行这个问题，将实验中心的交换机更换为三层交换机。

12.4 项目实施

12.4.1 项目目标

通过本项目的完成，可以使学生掌握以下技能：
（1）理解三层交换机的静态路由原理；
（2）掌握三层交换机的静态路由配置方法；
（3）掌握三层端口聚合的静态路由配置方法。

12.4.2 实训任务

为了实现项目，构建如图 12.1 所示的网络实训环境，或在 Packet Tracer 中模拟。配置交换机 center 为核心交换机，创建 4 个 VLAN，分别属于计算机系、机电工程系、财务处和学生机房。请完成以下任务。
（1）配置网络中心和计算机系的三层交换机通过静态路由连接。
（2）配置网络中心和实验中心的三层交换机端口聚合通过静态路由连接。

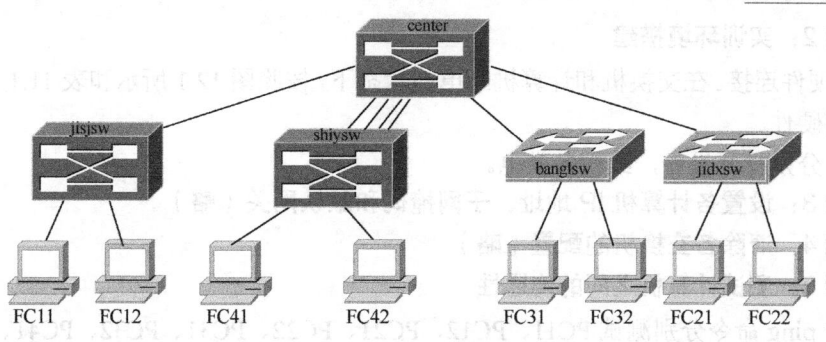

图 12.1 多层交换网络

12.4.3 设备清单

为了搭建如图 12.1 所示的网络拓扑需要下列设备：
(1) Cisco 2950 交换机 2 台；
(2) Cisco 3560 交换机 3 台；
(3) PC 8 台；
(4) 直通线若干。

12.4.4 项目实施

步骤 1：规划设计

（1）规划各部门 VLAN ID、名称，各部门计算机 IP 地址、子网掩码和网关，同项目 4。

（2）规划各场所交换机名称、端口所属 VLAN 及连接的计算机，和各交换机之间的连接关系。同项目 11。

（3）规划各交换机之间的连接关系及各端口工作的层次和三层端口的 IP 地址等，如表 12.1 所示

表 12.1 交换机之间的连接及接口地址

上联端口						下联端口				
交换机	端口	层数	描述	IP 地址及子网掩码	交换机	端口	描述	层数	IP 地址及子网掩码	
center	Gi0/1	二层	banglsw-g1/1		banglsw	Gi1/1	center-g0/1	二层	
	Gi0/2	三层	jisjsw-g0/1	192.168.101.1/24	jisjsw	Gi0/1	center-g0/2	三层	192.168.101.2/24
	Fa0/1	三层	shiysw-f0/1	192.168.102.1/24	Shiysw	Fa0/1	center-f0/1	三层	192.168.102.2/24
	Fa0/2		shiysw-f0/2			Fa0/2	center-f0/2		
	Fa0/3		shiysw-f0/3			Fa0/3	center-f0/3		
	Fa0/4		shiysw-f0/4			Fa0/4	center-f0/4		
	Fa0/5	二层	jidxsw-f0/1		jidxsw	Fa0/1	center-f0/5	二层	

步骤2：实训环境搭建

（1）硬件连接。在交换机和计算机断电的状态下，按照图12.1所示和表11.1和表11.2所列连接硬件。

（2）分别打开设备，给设备供电。

步骤3：设置各计算机IP地址、子网掩码和默认网关（略）

步骤4：清除各交换机的配置（略）

步骤5：测试计算机之间的连通性

使用ping命令分别测试PC11、PC12、PC21、PC22、PC31、PC32、PC41、PC42八台计算机之间的连通性。

步骤6：配置交换机center和banglsw、jidxsw之间的连通性

（1）配置核心交换机。

① 配置信息大楼中的核心交换机的名称（略）。

② 在核心交换机center上配置VLAN（略）。

③ 在核心交换机center上配置VTP服务器（略）。

④ 配置交换机center和banglsw、jidxsw等之间的中继链路。

```
center(config)#interface GigabitEthernet 0/1
center(config-if)#description banglsw-g1/1
center(config-if)#switchport mode trunk
Command rejected: An interface whose trunk encapsulation is "Auto" can not be configured to "trunk" mode.
center(config-if)#switchport trunk encapsulation dot1q
center(config-if)#no shutdown
center(config)#interface FastEthernet 0/5
center(config-if)#description jidxsw-f0/1
center(config-if)#switchport mode trunk
Command rejected: An interface whose trunk encapsulation is "Auto" can not be configured to "trunk" mode.
center(config-if)#switchport trunk encapsulation dot1q
center(config-if)#no shutdown
center(config-if)#exit
center(config)#ip routing
center(config-if)#end
center#write
```

（2）配置banglsw交换机。

① 配置办公楼中的交换机的名称（略）。

② 配置VTP客户端（略）。

③ 配置交换机center和banglsw之间的中继链路。

```
banglsw(config)#interface GigabitEthernet 1/1
banglsw(config-if)#description center-g0/1
```

banglsw(config-if)#**switchport mode** *trunk*

%LINEPROTO-5-UPDOWN: Line protocol on Interface GigabitEthernet1/ 1, changed state to down

%LINEPROTO-5-UPDOWN: Line protocol on Interface GigabitEthernet1/ 1, changed state to up

banglsw(config-if)#**no shutdown**
banglsw(config-if)#**end**
banglsw#**write**
Building configuration...
[OK]
banglsw#**show vlan**

VLAN	Name	Status	Ports
1	default	active	Fa0/1, Fa0/2, Fa0/3, Fa0/4
			Fa0/5, Fa0/6, Fa0/7, Fa0/8
			Fa0/9, Fa0/10, Fa0/11, Fa0/12
			Fa0/13, Fa0/14, Fa0/15, Fa0/16
			Fa0/17, Fa0/18, Fa0/19, Fa0/20
			Fa0/21, Fa0/22, Fa0/23, Fa0/24
			Gi1/2
20	jidx20	active	
30	caiwc30	active	
99	manage	active	

……

表示两者之间的中继已经连通。

banglsw(config)#**interface range** *FastEthernet 0/2-20*
banglsw(config-if-range)#**switchport mode** *access*
banglsw(config-if-range)#**switchport access vlan** *30*
banglsw(config-if-range)#**no shutdown**
banglsw(config-if-range)#**end**
bsanglsw#**show interface trunk**

Port	Mode	Encapsulation	Status	Native vlan
Gi1/1	on	802.1q	trunking	1

Port	Vlans allowed on trunk
Gi1/1	1-1005

Port	Vlans allowed and active in management domain
Gi1/1	1

| Port | Vlans in spanning tree forwarding state and not pruned |

```
Gi1/1          1
banglsw#
```

④ 配置交换机 jidxsw（略）。

```
center#show interfaces trunk
Port        Mode       Encapsulation    Status      Native vlan
Fa0/5       auto       n-802.1q         trunking    1
Gi0/1       on         802.1q           trunking    1
……
```

请注意粗体、斜体部分，找出问题所在。

⑤ 使用 ping 命令分别测试计算机 PC21、PC22、PC31 和 PC32 之间的连通性。

步骤 7：配置交换机 center 和 jisjsw 之间的连通性

（1）继续配置交换机 center。

```
center#config terminal
Enter configuration commands, one per line.  End with CNTL/Z.
center(config)#interface GigabitEthernet 0/2
center(config-if)#description jisjsw-g0/1
center(config-if)#no switchport
center(config-if)#ip address 192.168.101.1 255.255.255.0
center(config-if)#no shutdown
center(config-if)#exit
center(config)#ip route 192.168.10.0 255.255.255.0 192.168.101.2
center(config)#exit
center#show interface trunk
……
```

（2）配置交换机 jisjsw。

```
Switch>enable
Switch#config terminal
Enter configuration commands, one per line.  End with CNTL/Z.
Switch(config)#hostname jisjsw
jisjsw(config)#no ip domain lookup
jisjsw(config)#interface GigabitEthernet 0/1
jisjsw(config-if)#description center-g0/2
jisjsw(config-if)#no switchport
jisjsw(config-if)#ip address 192.168.101.2   255.255.255.0
jisjsw(config-if)#exit
jisjsw(config)#vlan 10
jisjsw(config-vlan)#name jisj10
```

```
jisjsw(config-vlan)#exit
jisjsw(config)#interface vlan 10
jisjsw(config-if)#ip address 192.168.10.1   255.255.255.0
jisjsw(config-if)#exit
jisjsw(config)#interface range f0/2-20
jisjsw(config-if-range)#switchport mode access
jisjsw(config-if-range)#switchport access vlan 10
jisjsw(config-if-range)#no shutdown
jisjsw(config-if-range)#exit
jisjsw(config)#ip route 192.168.20.0   255.255.255.0   192.168.101.1
jisjsw(config)#ip route 192.168.30.0   255.255.255.0   192.168.101.1
jisjsw(config)#ip routing
```

（3）网络测试。使用 ping 命令分别测试计算机 PC11 、PC12 与 PC21、PC22、PC31、PC32 之间的连通性。

步骤 8：配置交换机 center 和 shiysw 之间的连通性

（1）再次继续配置交换机 center。

```
center#config terminal
center(config)#interface port-channel 10
center(config-if)#no switchport
center(config-if)#ip address 192.168.102.1   255.255.255.0
center(config-if)#no shutdown
center(config-if)#exit
center(config)#interface range FastEthernet 0/1 - 4
center(config-if-range)#no switchport
center(config-if-range)#no ip address
center(config-if-range)#switchport
center(config-if-range)#channel-group 10 mode on
center(config-if-range)#no shutdown
center(config-if-range)#exit
center(config)#ip route 192.168.40.0   255.255.255.0   192.168.102.2
center(config)#end
center#write
center#show ip route
```

（2）配置 shiysw 交换机。

```
switch#config terminal
shiysw(config)#interface port-channel 10
shiysw(config-if)#no switchport
shiysw(config-if)#ip address 192.168.102.2   255.255.255.0
```

```
shiysw(config-if)#no shutdown
shiysw(config-if)#exit
shiysw(config)#interface range FastEthernet 0/1 - 4
shiysw(config-if-range)#no switchport
shiysw(config-if-range)#no ip address
shiysw(config-if-range)#switchport
shiysw(config-if-range)#channel-group 10 mode on
shiysw(config-if-range)#no shutdown
shiysw(config-if-range)#exit
shiysw(config)#ip route 0.0.0.0   0.0.0.0   192.168.102.1
shiysw(config)#
shiysw(config)#vlan 40
shiysw(config-vlan)#name xsjf40
shiysw(config-vlan)#exit
shiysw(config)#ip routing
shiysw(config)#interface vlan 40
shiysw(config-if)#ip address 192.168.40.1   255.255.255.0
shiysw(config-if)#exit
shiysw(config)#interface range FastEthernet 0/5- 20
shiysw(config-if-range)#switchport mode access
shiysw(config-if-range)#switchport access vlan 40
shiysw(config-if-range)#end
shiysw#write
Building configuration...
[OK]
shiysw#
shiysw#show ip route
……
Gateway of last resort is 192.168.102.1 to network 0.0.0.0
  C    192.168.102.0/24 is directly connected, Port-channel 10
  S*   0.0.0.0/0 [1/0] via 192.168.102.1
shiysw#
```

（3）测试。使用 ping 命令分别测试计算机 PC41、PC42 与 PC11、PC12、PC21、PC22、PC31、PC32 之间的连通性。

步骤 9：配置交换机的口令（略）

步骤 10：配置交换机远程管理（略）

步骤 11：保存配置文件（略）

步骤 12：清除交换机的所有配置（略）

12.5 扩展知识：多层交换中的路由器冗余

如果对网络稳定性要求较高，多层交换应提供防止某台交换机出现故障而导致整个 VLAN 被隔离的机制，这时可以使用两台核心交换机。

提供路由器冗余的方式通常有以下几种：
- 热备份路由器协议（HSRP）；
- 虚拟路由器冗余协议（VRRP）。

12.5.1 热备份路由器协议（HSRP）

热备份路由器协议（Hot Standy Router Protocol，HSRP）是一种 Cisco 专用协议，它让几台路由器（或多层交换机）能够使用同一个网关 IP 地址。

为给定网关地址提供冗余的所有路由器都分配到同一个 HSRP 组，其中一台路由器当选为主（活动）HSRP 路由器，另一台选做备用 HSRP 路由器，其他所有路由器都处于监听 HSRP 状态。路由器定期地交换 HSRP Hello 消息，以便能够知道彼此的存在和活动路由器的存在。

一种方法是，给 HSRP 组分配 0~255 的任何组号。如果在多个 VLAN 接口上配置 HSRP 组，可将组号设置为与 VLAN 号相同。但是大多数 Cisco 交换机最多支持 16 个不同的 HSRP 组号。如果 VLAN 超过 16 个，就会很快用完组号。另一种方法是，让每个 VLAN 接口的组号都相同（即 1）。因为 HSRP 组只在接口本地有意义。接口 VLAN10 上的 HSRP 第 1 组和接口 VLAN11 上的 HSRP 第 1 组是不同的。

1. HSRP 路由器选择

HSRP 选举基于组中每台路由器配置的优先级（0~255）。默认情况下，优先级为 100。优先级最高的路由器成为组中的活动路由器。如果所有路由器的优先级都相等或都设置为默认值，则 HSRP 接口的 IP 地址最高的路由器成为活动路由器。要设置优先级，可使用如下命令：

Switch(config-if)#**standy** group **priority** priority

在接口上配置 HSRP 后，路由器进入活动状态前将经历一系列状态。这迫使路由器监听组中的其他路由器，以确定自己的排列位置。参与 HSRP 的设备必须使用接口经历禁用、初始化、监听、发言和备用等活动状态序列。

只有备用（优先级次高）路由器监控来自活动路由器的 Hello 消息。默认情况下，Hello 消息每隔 3 秒钟发送一次，如果保持时间（默认 10 秒或 Hello 定时器的 3 倍）内没有收到 Hello 消息，就认为活动路由器已失效，备用路由器将承担活动角色。

此时，如果其他路由器处于监听状态，优先级次高的路由器就会成为备用路由器。

要修改定时器的值，可使用下面的命令：

Switch(config-if)#**standy** group **timers** [**msec**] hello [**msec**] holdtime

Hello 和保持定时器的值可以以秒或毫秒为单位。如果以毫秒为单位，则需要在值前面指定关键字 msec。Hello 定时器的取值范围为 1～254 秒或 15～999 毫秒。保持时间应为 Hello 定时器的 3 倍，其取值范围为 1～255 秒或 50～300 毫秒。

通常情况下，活动路由器出现故障后，备用路由器将进入活动状态；而原来的活动路由器恢复后，并不能立即进入活动状态（即使优先级高）。路由器启动或加入到网络中时，最先启动的路由器就成为 HSRP 活动路由器，即使其优先级是最低的。

如果某台路由器的优先级在任何时候都是最高的，可将其配置为抢占路由器（立即接管活动角色），使用命令如下：

Switch(config-if)#**standy** *group* **preempt** [**delay**[**minunum** *seconds*] [**rload** *seconds*]]

默认情况下，路由器将立即抢占其他路由器的活动角色。要推迟抢占，可使用关键字 delay。

▶ 2. 明文 HSRP 认证

HSRP 还可以使用认证方法来防止意外的设备进行欺骗或参与 HSRP。在同一备用组中，所有路由器都必须使用相同的认证方法和密钥。

明文 HSRP 认证是发送的 HSRP 消息包含明文密钥字符串（最多 8 个字符）。如果消息中的密钥字符串与 HSRP 路由器上配置的密钥相同，消息就会被接受。使用命令如下：

Switch(config-if)#**standy** *group* **authentications** *string*

▶ 3. MD5 认证

MD5 认证比明文认证更安全，使用命令如下：

Switch(config-if)#**standy** *group* **authentication md5 key-string** [0|7] *string*

默认情况下，密钥字符串（最多 64 个字符）是以明文方式指定的。输入密钥字符串后，已加密的方法存储在交换机配置文件中。

▶ 4. 退出选举

HSRP 有一种检测链路故障并重新选举的机制，让其他路由器有机会接管活动角色。HSRP 跟踪接口，发现接口失败后，它将路由器的优先级降低一个可配置的值。要配置接口跟踪，可使用下面的命令：

Switch(config-if)#**standy** *group* **track** *type mod/num* [*decrementvalue*]

默认情况下，decrementvalue 为 10。接口跟踪不会影响 HSRP 接口的状态，相反，其他接口的状态将影响路由器成为网关的可行性。

▶ 5. HSRP 网关地址

HSRP 组中的每台路由器都为接口分配了一个唯一的 IP 地址。该地址用于所有路由选择协议和来自或前往该路由器的管理数据流。另外，每台路由器都有一个通用的网关 IP 地址（虚拟路由器地址），由 HSRP 确保其可用。该地址也被称为 HSRP 地址或备用地址。客户端可以将这个虚拟路由器地址作为默认网关，它们知道后总有一台路由器使该地址可用。但必须将实际的接口地址和虚拟（备用）地址配置为位于同一个 IP 子网中。

> Switch(config-if)#**standy** *group* **ip** *ip-address* [**secondary**]

如图 12.2 所示，其中两台多层交换机使用 HSRP 第 1 组来提供冗余网关地址 192.168.1.1。Catalyst A 是活动路由器，优先级是 200，负责响应 ARP 网关地址请求。Catalyst B 处于备用状态，优先级是 100，不处理发送到 192.168.1.1 的数据流。相反，只有 Catalyst A 执行网关路由选择的功能，只有它的接入层上行链路被使用。

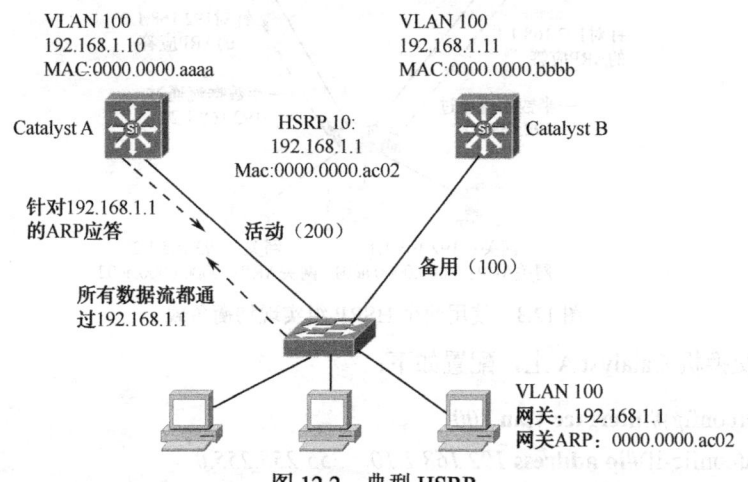

图 12.2　典型 HSRP

在多层交换机 Catalyst A 上，配置如下：

> Switcha(config)#**interface vlan** *100*
> Switcha(config-if)#**ip address** *192.168.1.10　255.255.255.0*
> Switcha(config-if)#**standy** *10* **priority** *200*
> Switcha(config-if)#**standy** *10* **preempt**
> Switcha(config-if)#**standy** *10* **ip** *192.168.1.1*

在多层交换机 Catalyst B 上，配置如下：

> Switchb(config)#**interface vlan** *100*
> Switchb(config-if)#**ip address** *192.168.1.11　255.255.255.0*
> Switchb(config-if)#**standy** *10* **priority** *100*
> Switchb(config-if)#**standy** *10* **preempt**
> Switchb(config-if)#**standy** *10* **ip** *192.168.1.1*

▶6. 使用 HSRP 的负载均衡

在图 12.2 所示的网络中，两台多层交换机只有一台在使用，所有用户通过连接到 Catalyst A 的上行链路将数据流发送给活动路由器 A。备用路由器及其上行链路处于空闲状态，直到活动路由器出现故障。

这时可以使用 HSRP 的负载均衡，方法是使用两个 HSRP 组：一组让一台交换机成为活动路由器；另一组让另一台交换机成为活动路由器。

这样可以同时使用两个不同的虚拟路由器或网关地址。然后，将每台交换机用做另一个 HSRP 组的备用路由器，如图 12.3 所示。

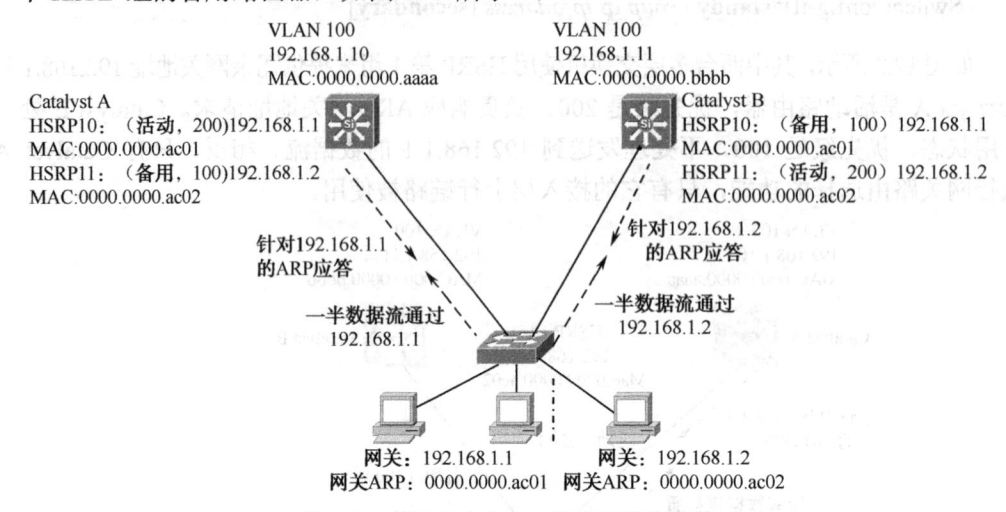

```
                    VLAN 100              VLAN 100
                    192.168.1.10          192.168.1.11
                    MAC:0000.0000.aaaa    MAC:0000.0000.bbbb
Catalyst A                                                    Catalyst B
HSRP10：（活动，200）192.168.1.1                                HSRP10：（备用，100）192.168.1.1
MAC:0000.0000.ac01                                            MAC:0000.0000.ac01
HSRP11：（备用，100）192.168.1.2                                HSRP11：（活动，200）192.168.1.2
MAC:0000.0000.ac02                                            MAC:0000.0000.ac02

                 针对192.168.1.1         针对192.168.1.2
                  的ARP应答              的ARP应答

                一半数据流通过           一半数据流通过
                 192.168.1.1            192.168.1.2

                        网关：192.168.1.1   网关：192.168.1.2
                        网关ARP：0000.0000.ac01   网关ARP：0000.0000.ac02
```

图 12.3 使用两个 HSRP 组实现均衡负载

在多层交换机 Catalyst A 上，配置如下：

```
Switcha(config)#interface vlan 100
Switcha(config-if)#ip address 192.168.1.10    255.255.255.0
Switcha(config-if)#standy 10 priority 200
Switcha(config-if)#standy 10 preempt
Switcha(config-if)#standy 10 ip 192.168.1.1
Switcha(config-if)#standy 10 authentication mykey
Switcha(config-if)#standy 11 priority 100
Switcha(config-if)#standy 11 ip 192.168.1.2
Switcha(config-if)#standy 11 authentication mykey
```

在多层交换机 Catalyst B 上，配置如下：

```
Switchb(config)#interface vlan 100
Switchb(config-if)#ip address 192.168.1.11 255.255.255.0
Switchb(config-if)#standy 10 priority 100
Switchb(config-if)#standy 10 preempt
Switchb(config-if)#standy 10 ip 192.168.1.1
Switchb(config-if)#standy 10 authentication mykey
Switchb(config-if)#standy 11 priority 200
Switchb(config-if)#standy 11 preempt
Switchb(config-if)#standy 11 ip 192.168.1.2
Switchb(config-if)#standy 11 authentication mykey
```

要显示有关一个或多个 HSRP 组和接口的信息，使用命令如下：

Switch#**show standy** [**brief**] [**vlan** *vlan-id*][*type mod/num*]

12.5.2 虚拟路由器冗余协议（VRRP）

虚拟路由器冗余协议（Virtual Router Redundancy Protocol，VRRP）是一种基于标准的协议，可替代 HSRP。VRRP 与 HSRP 类似，只是术语稍有不同。

（1）VRRP 让一组路由器能够提供冗余网关地址。活动路由器被称为主路由器，其他所有路由器都处于备用状态。主路由器在 VRRP 组中的优先级最高。

（2）VRRP 组号的范围为 0～255；路由器的优先级范围为 1～254（默认为 100）。

（3）虚拟路由器的 MAC 地址格式为 0000.2321.01XX，其中 XX 表示 VRRP 组号的十六进制位。

（4）VRRP 通告每隔 1 秒发送一次。备用路由器可从主路由器那里获悉通告时间间隔。

（5）默认情况下，如果 VRRP 路由器的优先级更高，将抢占当前路由器的角色。

（6）VRRP 没有用于跟踪接口的机制，无法让能力更强的路由器接管主路由器的角色。

要配置 VRRP，使用命令如下：

Switch(config-if)#**vrrp** *group* **priority** *level*　　　　//指定 VRRP 路由器优先级
Switch(config-if)#**vrrp** *group* **timer advertise** [**msec**] *interval*　　//修改通告定时器
Switch(config-if)#**vrrp** *group* **timer learn**　　　　//从主路由器那里获悉通告时间间隔
Switch(config-if)#**no vrrp** *group* **preempt**　　　　//禁用抢占（默认可抢占）
Switch(config-if)#**vrrp** *group* **preempt** [**delay** *seconds*]　　//修改抢占延迟（默认 0 秒）
Switch(config-if)#**vrrp** *group* **authentication** *string*　　//对通告进行修改
Switch(config-if)#**vrrp** *group* **ip** *ip-address* [**secondary**]　　//指定虚拟 IP 地址

同样，对图 12.3 所示的网络环境，使用 VRRP 配置均衡负载如下。

在多层交换机 Catalyst A 上，配置如下：

Switcha(config)#**interface vlan** *100*
Switcha(config-if)#**ip address** *192.168.1.10　255.255.255.0*
Switcha(config-if)#**vrrp** *10* **priority** *200*
Switcha(config-if)#**vrrp** *10* **ip** *192.168.1.1*
Switcha(config-if)#**vrrp** *11* **priority** *100*
Switcha(config-if)#**no vrrp** *11* **preempt**
Switcha(config-if)#**vrrp** *11*　**ip** *192.168.1.2*

在多层交换机 Catalyst B 上，配置如下：

Switchb(config)#**interface vlan** *100*
Switchb(config-if)#**ip address** *192.168.1.11　255.255.255.0*
Switchb(config-if)#**vrrp** *10* **priority** *100*
Switchb(config-if)#**no vrrp** *10* **preempt**

Switchb(config-if)#**vrrp** *10* **ip** *192.168.1.1*
Switchb(config-if)#**vrrp** *11* **priority** *200*
Switchb(config-if)#**vrrp** *11* **ip** *192.168.1.2*

要显示有关一个或多个 HSRP 组和接口的信息，使用命令如下：

Switch#**show vrrp [brief]**

习 题

一、选择题

1. 要将三层交换机的端口配置为三层端口，应在对应的接口配置执行（　　）命令。

   A．switch(config-if)#switchport　　　　B．switch(config-if)#no switchport
   C．switch(config-if)#undo swithport　　D．switch(config-if)#ip routing

2. 为 HSRP 组配置了两台路由器，其中一台路由器使用默认的 HSRP 优先级。要使另一台路由器成为活动路由器，应给它配置什么优先级？（　　）

   A．1　　　　B．100　　　　C．200　　　　D．400

3. 在 HSRP 组中，有多少台路由器处于备用状态？（　　）

   A．0　　　　　　　　　　　　　　　B．1
   C．2　　　　　　　　　　　　　　　D．除活动路由器外的所有路由器

二、实训题

1. 某学校现有计算机 1300 台，15 个分部门，每个部门大约有计算机 30 台，计算机中心有计算机 500 台，图书馆的一个机房有计算机 50 台，学生宿舍有计算机 300 台。学校共有办公楼、教学楼、图书馆、实训楼 8 座，学生宿舍 5 座。

   该学校从中国教育网申请了 211.80.192.0～211.81.199.0 共 8 个 C 类的真实 IP 地址，校园网出口路由器的 IP 地址为 202.202.102.105，接入 ISP 的路由器的接口地址为 202.202.102.106。用一台路由器和计算机来模拟因特网。

   为了完成本项目，搭建如图 12.4 所示的网络拓扑结构。请同学们在 Packet Tracer 模拟实现本校园网的网络配置。

   请规划设计校园网，主要包括以下内容。

   （1）VLAN 划分及各部门 IP 子网分配。
   （2）各网络设备的设备名称、口令、远程管理地址。
   （3）网络中心和图书馆、计算机中心通过三层连接。
   （4）配置 OSPF 协议使校园网中各计算机之间连通。
   （5）配置 RIPv2 协议使校园网中各计算机之间连通。
   （6）配置静态路由使校园网中各计算机之间连通。

图 12.4　中小型校园网的网络拓扑图

2. 对本项目进行了修改，现每个校区至少有 500 台，最多有 2000 台计算机，各有若干个部门（每个校区按 3 个部门模拟），每个校区都采用三层交换，在 A 校区接入因特网。

在 Packet Tracer 中构建如图 12.5 所示的网络拓扑结构，请规划各校区各部门网络，并通过配置路由使三个校区都互连互通。

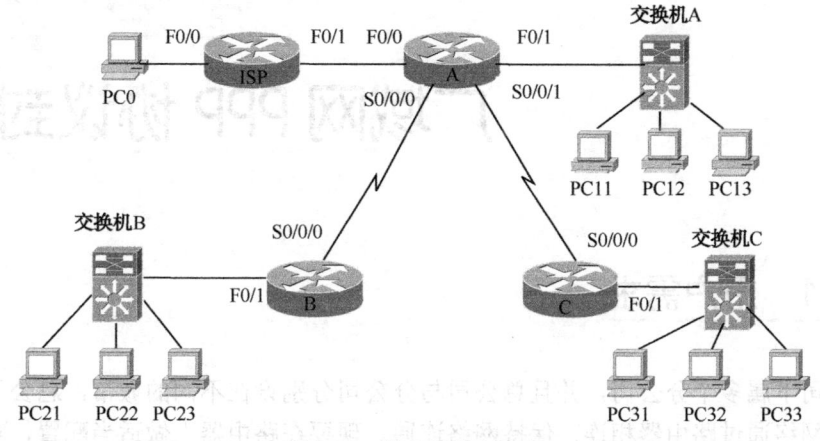

图 12.5　路由器静态路由

模块六　构建跨区域互连网络

当企业发展到拥有分支机构、电子商务业务或需要跨国运营的规模时，单一的 LAN 网络已不足以满足其业务需求。广域网（WAN）接入成为当今大型企业的重要需求。

各种各样的 WAN 技术足以满足不同企业的需求，网络的扩展方法亦层出不穷。企业在引进 WAN 接入时需考虑网络安全性和地址管理等因素。因此，设计 WAN 和选择合适的电信网络服务并非易事。

为了掌握广域网技术和对路由器进行 PPP、帧中继和 VPN 配置，下面通过两个项目来实现。

项目 13：广域网 PPP 协议封装
项目 14：广域网帧中继连接

项目 13　广域网 PPP 协议封装

13.1　用户需求

某公司下属多个分公司，并且总公司与分公司分别设在不同的城市，总公司与分公司之间的网络通过路由器相连，保持网络连通。现要在路由器上做适当配置，实现公司内部主机相互通信。

13.2　相关知识

路由器主要用于广域网。当前存在着各种各样的广域网技术，性能和价格有着千差万别的变化。专线、帧中继、ISDN、xDSL 技术是目前企业经常采用的服务。

13.2.1　广域网简介

▶ 1．广域网（WAN）的概念

WAN 是一种超越 LAN 地理范围的数据通信网络，如图 13.1 所示。WAN 与 LAN 的不同之处在于：LAN 连接一栋大楼内或其他较小地理区域内的计算机、外围设备和其他设备，而 WAN 则允许跨越更远的地理距离传输数据。此外，企业必须向 WAN 服务提供商订购服务才可使用 WAN 电信网络服务，而 LAN 通常归使用 LAN 的公司或组织所有。

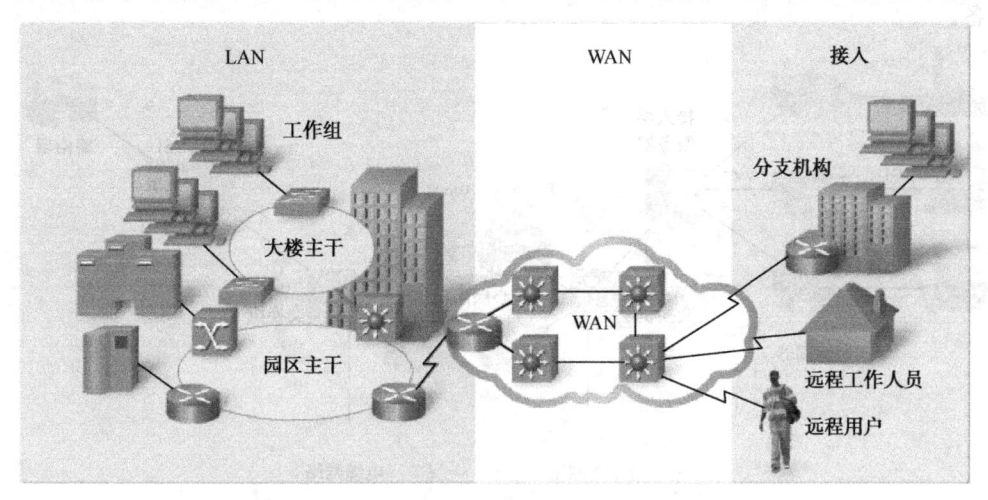

图 13.1　WAN 所处的位置

WAN 借助服务提供商或运营商（如电话或电缆公司）提供的设施来实现组织内部场所之间、与其他组织场所、外部服务及远程用户的互连。WAN 常用来传输多种类型的流量，例如语音、数据和视频。

WAN 有三大特性，分别是：

（1）WAN 中连接设备跨越的地理区域通常比 LAN 的作用区域更广；

（2）WAN 使用运营商（例如电话公司、电缆公司、卫星系统和网络提供商）提供的服务；

（3）WAN 使用各种类型的串行连接提供对大范围地理区域带宽的访问功能。

2．应用 WAN 的场所

对于地理跨度较小的组织而言，使用 LAN 技术传输数据便可实现较高的速度和成本效益。但是，有一些组织需要在远程场所之间进行通信，例如：分区或分支机构的员工需要与总部通信并共享数据；公司经常需要与其他公司远距离共享信息，如，软件生产商通常需要与将其产品销售给最终用户的经销商交流产品和促销信息；经常出差的员工需要访问公司网络信息。

此外，家庭用户收发数据的地理区域也在日趋扩大。下面是远距离通信的两个例子：许多家庭消费者常常通过计算机与银行、商店和各种商品与服务的提供商进行通信；学生通过访问本国或其他国家的图书馆的索引和出版物来开展课题研究。

但是，要像局域网中的计算机那样，通过电缆来连接一个国家乃至整个世界的计算机，这显然不切实际。为满足上述需求，新的技术就应运而生。对于某些方面的应用，企业越来越多地使用 Internet 代替昂贵的企业 WAN。新技术为它们的 Internet 通信和事务提供安全和隐私保护。广域网的使用（无论是单独使用，还是与 Internet 结合使用）无疑满足了组织和个人的广域通信需求。

3. WAN 设备

根据具体的 WAN 环境，WAN 使用的设备有许多种，如图 13.2 所示，主要包括如下设备。

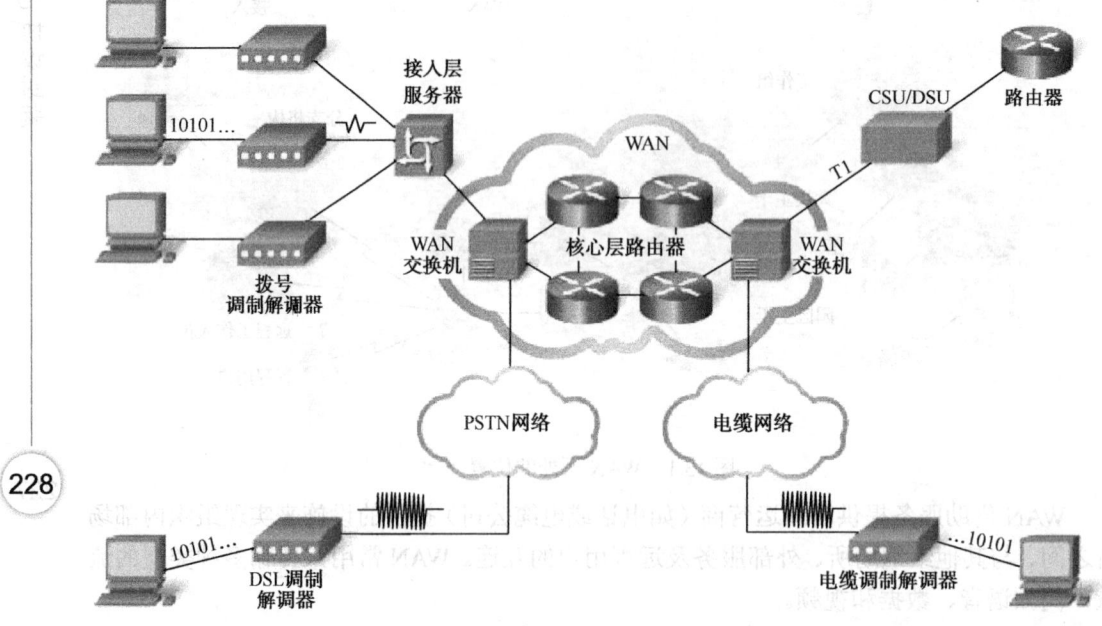

图 13.2 WAN 设备

（1）调制解调器：调制模拟载波信号以便编码为数字信息，还可接收调制载波信号以便对传输的信息进行解码。

（2）CSU/DSU：数字线路（例如 T1 或 T3 电信线路）需要一个通道服务单元（CSU）和一个数据服务单元（DSU）。

（3）接入服务器：集中处理拨入和拨出用户通信。接入服务器可以同时包含模拟和数字接口，能够同时支持数以百计的用户。

（4）WAN 交换机：电信网络中使用的多端口互连设备。这些设备通常交换帧中继、ATM 或 X.25 之类的流量并在 OSI 参考模型的数据链路层上运行。在网云中还可使用公共交换电话网（PSTN）交换机来提供电路交换连接，如综合业务数字网络（ISDN）或模拟拨号。

（5）路由器：提供网际互连和用于连接服务提供商网络的 WAN 接入接口。

（6）核心路由器：驻留在 WAN 中间或主干（而非外围）上的路由器。要能胜任核心路由器的角色，路由器必须能够支持多个电信接口在 WAN 核心中同时以最高速度运行，还必须能够在所有接口上同时全速转发 IP 数据包。另外，路由器还必须支持核心层中需要使用的路由（Routing）协议。

4. WAN 物理层标准

在介绍 OSI 参考模型时提到，WAN 主要运行在第一层（物理层）和第二层（数据链路层）。

WAN 物理层协议描述连接 WAN 服务所需的电气、机械、操作和功能特性。WAN

物理层还描述 DTE 和 DCE 之间的接口。DTE/DCE 接口使用不同的物理层协议，包括 EIA/TIA-232、EIA/TIA-449/530、EIA/TIA-612/613、V.35、X.21 等。

这些协议制定了设备之间相互通信所必须遵循的标准和电气参数。协议的选择主要取决于服务提供商的电信服务方案。

▶ 5．数据链路层协议

WAN 要求数据链路层协议建立穿越整个通信线路（从发送设备到接收设备）的链路。数据链路层协议定义如何封装传向远程站点的数据及最终数据帧的传输机制。采用的技术有很多种，如 ISDN、帧中继或 ATM。最常用的 WAN 数据链路协议有 HDLC、PPP、帧中继和 ATM 等。

▶ 6．WAN 封装

从网络层发来的数据会先传到数据链路层，然后通过物理链路传输，这种传输在 WAN 连接上通常是点对点进行的。数据链路层会根据网络层数据构造数据帧，以便可以对数据进行必要的校验和控制。所有 WAN 连接都使用第二层协议对在 WAN 链路上传输的数据包进行封装。为确保使用正确的封装协议，必须为每台路由器的串行接口配置所用的第二层封装类型。封装协议的选择取决于 WAN 技术和设备。HDLC 最初是在 1979 年提出的，之后开发的大多数组帧协议都是在它的基础上制定的。

常用的帧的封装格式有 HDLC（高级数据链路控制）、PPP（点对点）、帧中继、ISDN 等，不同的帧封装适合应用在不同的场合。

▶ 7．WAN 链路连接方式

目前，WAN 解决方案的实施有许多方案。各种方案之间存在技术、速度和成本方面的差异。WAN 连接可以构建在私有基础架构之上，也可以构建在公共基础架构（例如 Internet）之上，如图 13.3 所示。

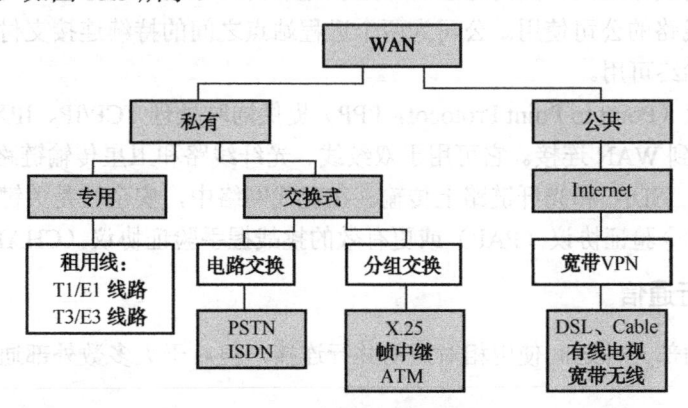

图 13.3　WAN 链路连接方式

（1）私有 WAN 连接方案。私有 WAN 连接包括专用通信链路和交换通信链路两种方案。

① 专用通信链路。需要建立永久专用连接时，可以使用点对点线路，其带宽受到底层物理设施的限制，同时也取决于用户购买这些专用线路的意愿。点对点链路通过服务提供商网络预先建立从客户驻地到远程目的位置的 WAN 通信路径。点对点线路通常向运营商租用，因此也叫做租用线路。

② 交换通信链路。交换通信链路可以是电路交换或分组交换。

（2）公共 WAN 连接方案。公共连接使用全球 Internet 基础架构。对许多企业来说，Internet 都不是可行的网络方案，因为端对端的 Internet 连接存在严重的安全风险，而且缺乏充分的性能保证。但随着 VPN 技术的应用，现在，在性能保证并非关键因素的情况下，Internet 已成为连接远程工作人员和远程办公室的经济又安全的方案。Internet WAN 连接链路通过宽带服务（例如 DSL、电缆调制解调器和无线宽带）提供网络连接，同时利用 VPN 技术确保 Internet 传输的隐私性。

8. 电路交换连接方式

电路交换网络在发送方和接收方之间建立专用连接用于传输语音或数据。要进行通信，必须通过服务提供商网络建立连接。通常有模拟拨号、综合业务数字网等。

9. 分组交换连接

在包交换式网络中，提供商通过配置自己的交换设备产生虚拟电路（Virtual Circuit，VC）来提供端到端连接。

帧中继、SMDS 和 X.25 都属于包交换式的广域网技术。

10. Internet 连接方式

宽带连接方案通常用于通过 Internet 将远程工作人员连接到公司站点。这些方案包括电缆、DSL 和无线。

13.2.2 点对点连接（PPP）

点对点连接是最常见的一种 WAN 连接。点对点连接用于将 LAN 连接到服务提供商 WAN 及将企业网络内部的各个 LAN 段互连在一起。LAN 到 WAN 的点对点连接也称为串行连接或租用线路连接，因为这些线路是从电信公司（通常是电话公司）租用的，并且专供租用该线路的公司使用。公司为两个远程站点之间的持续连接支付费用，该线路将持续活动，始终可用。

点对点协议（Point to Point Protocol，PPP）提供同时处理 TCP/IP、IPX 和 AppleTalk 的多协议 LAN 到 WAN 连接。它可用于双绞线、光纤线路和卫星传输链路上。PPP 可在 ATM、帧中继、ISDN 和光纤链路上传输。在现代网络中，安全性是关键的考虑因素。PPP 允许使用口令验证协议（PAP）或更有效的挑战握手验证协议（CHAP）。

1. 串行通信

计算机在内部元件之间使用相对短的并行连接，但对于大多数外部通信则采用串行总线转换信号。

利用串行连接，信息通过一条导线发送时，每次发送一个位。大多数 PC 上的 9 针串行连接器使用两个环路进行数据通信，每个方向一个环路，其他导线则用于控制信息的流动。在任意指定的方向上，数据都只在一根导线上流动。

2. 串行通信标准

所有长距离通信和大多数计算机网络都使用串行连接，因为电缆的成本和同步的难度让并行连接方案不切实际。串行通信最大的优势是布线简单。

串行通信标准有许多种，每种标准使用的信号传输方法各不相同。影响 LAN 到 WAN 连接的串行通信标准主要有以下三种。

（1）RS-232：个人计算机上的大多数串行端口都符合 RS-232C 或更新的 RS-422 和 RS-423 标准。这些标准都使用 9 针和 25 针连接器。

（2）V.35：通常用于调制解调器到复用器的通信，此 ITU 标准可以同时利用多个电话电路的带宽，适合高速同步数据交换。

（3）HSSI：高速串行接口（HSSI）支持最高 52Mbps 的传输速率。工程师使用 HSSI 将 LAN 上的路由器连接到诸如 T3 线路之类的高速 WAN 线路。工程师还通过 HSSI 提供了采用令牌环或以太网的 LAN 之间的高速互连。HSSI 是由 Cisco Systems 和 T3plus Networking 联合开发的 DTE/DCE 接口，用于满足在 WAN 链路上实现高速通信的需求。

3. 数据终端设备和数据通信设备

数据终端设备（DTE）是指用于用户－网络接口的用户端的设备，它充当信源、目的地或两者。DTE 通过数据通信设备（DCE）连接到网络。DCE 提供了到网络的物理连接，提供时钟信号用于同步 DCE 和 DTE 之间的数据传输，并转发数据流。

（1）DTE-DCE。从 WAN 连接的角度来看，串行连接的一端连接的是 DTE 设备，另一端连接的是 DCE 设备。两个 DCE 设备之间的连接是 WAN 服务提供商传输网络。

① CPE 通常是路由器，也就是 DTE。如果 DTE 直接连接到服务提供商网络，那么 DTE 也可以是终端、计算机、打印机或传真机。

② DCE 通常是调制解调器或 CSU/DSU，DCE 设备用于将来自 DTE 的用户数据转换为 WAN 服务提供商传输链路所能接受的格式。此信号由远程 DCE 接收，远程 DCE 将信号解码为位序列，然后，远程 DCE 将该序列传送到远程 DTE。

（2）电缆标准。两种不同类型的电缆：一种用于将 DTE 连接到 DCE，另一种用于直接互连两个 DTE。

用于连接 DTE 和 DCE 的电缆是屏蔽串行转接电缆。屏蔽串行转接电缆的路由器端可以是 DB-60 连接器，用于连接串行 WAN 接口卡的 DB-60 端口。串行转接电缆的另一端可以带有适合待用标准的连接器。WAN 提供商或 CSU/DSU 通常决定了此电缆的类型。Cisco 设备支持 EIA/TIA-232、EIA/TIA-449、V.35、X.21 和 EIA/TIA-530 串行标准，如图 7.14 所示。

为了以更小的尺寸支持更高的端口密度，Cisco 开发了智能串行电缆。智能串行电缆的路由器接口端是一个 26 针连接器，此连接器要比 DB-60 连接器小得多，如图 13.4 所示。

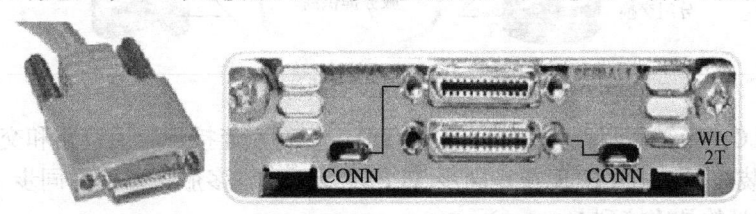

图 13.4　Cisco 路由器的智能串行电缆连接器

在使用调制解调器时，切记同步连接需要时钟信号。时钟信号可由外部设备或某一台 DTE 设备生成。在连接 DTE 和 DCE 时，默认情况下，路由器上的串行端口用于连接

DTE，而时钟信号通常由 CSU/DSU 或类似的 DCE 设备提供，如图 13.5 所示。但是，在路由器到路由器的连接中使用调制解调器时，要为该连接提供时钟信号，必须将其中一个串行接口配置为 DCE 端。

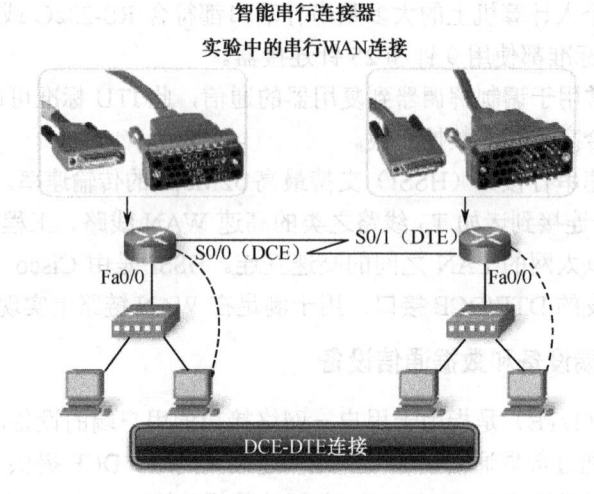

图 13.5 实验室串行 WAN 连接

4. HDLC 封装

WAN 使用多种第二层协议，包括 PPP、帧中继、ATM、X.25 和 HDLC。

（1）第 2 层 WAN 封装协议。在每个 WAN 连接上，数据在通过 WAN 链路传输之前都会封装成帧。要确保使用正确的协议，需要配置适当的第二层封装类型。协议的选择取决于 WAN 技术和通信设备。如图 13.6 所示为常见的 WAN 协议及其适用场合。

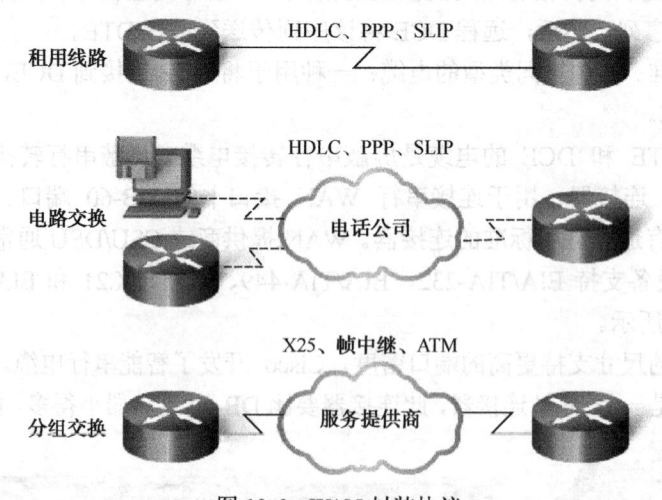

图 13.6 WAN 封装协议

① HDLC：当链路两端均为 Cisco 设备时，点对点连接、专用链路和交换电路连接上的默认封装类型。HDLC 现在是同步 PPP 的基础，许多服务器使用同步 PPP 连接到 WAN（最常见的是连接到 Internet）。

② PPP：通过同步电路和异步电路提供路由器到路由器和主机到网络的连接。PPP 可以和多种网络层协议协同工作，例如 IP 和互联网分组交换（IPX）。PPP 还具有内置

安全机制，例如 PAP 和 CHAP。

③ 串行线路 Internet 协议（SLIP）：使用 TCP/IP 实现点对点串行连接的标准协议。在很大程度上，SLIP 已被 PPP 取代。

④ X.25/平衡式链路接入协议（LAPB）：ITU-T 标准，它定义了如何为公共数据网络中的远程终端访问和计算机通信维持 DTE 与 DCE 之间的连接。X.25 指定了一种数据链路层协议 LAPB。X.25 是帧中继的前身。

⑤ 帧中继：行业标准，是处理多个虚电路的交换数据链路层协议。帧中继是 X.25 之后的下一代协议。帧中继消除了 X.25 中使用的某些耗时的过程（例如纠错和流控制）。

⑥ ATM：信元中继的国际标准，在此标准下，设备以固定长度（53 字节）的信元发送多种类型的服务（例如语音、视频或数据）。固定长度的信元可通过硬件处理，从而减少了传输延迟。ATM 使用高速传输介质（Media），例如 E3、SONET 和 T3。

（2）HLDC 封装。HDLC 是由国际标准化组织（ISO）开发的、面向比特的同步数据链路层协议。当前的 HDLC 标准是 ISO13239。HDLC 是根据 20 世纪 70 年代提出的同步数据链路控制（SDLC）标准开发的。HDLC 同时提供面向连接的服务和无连接服务。

HDLC 采用同步串行传输，可以在两点之间提供无错通信。HDLC 定义的第二层帧结构采用确认机制进行流量控制和错误控制。每个帧的格式都相同，无论是数据帧还是控制帧。

（3）配置 HLDC 封装。Cisco HDLC 是 Cisco 设备在同步串行线路上使用的默认封装方法。

在连接两个 Cisco 设备的租用线路上，可以使用 Cisco HDLC 作为其点对点协议。如果连接的不是 Cisco 设备，则应使用同步 PPP。

如果已更改默认封装方法，则可以在特权模式下使用 encapsulation hdlc 命令重新启用 HDLC。

启用 HDLC 封装的步骤如下。

① 进入串行接口的接口配置模式。

Router(config)#**interface** *serial0/0/0*

② 输入 encapsulation hdlc 命令指定接口的封装协议。

Router(config-if)#**encapsulation** *hdlc*

③ 查看串行接口的封装配置。在项目 4～6 中查看路由器 A 的串行接口配置如下。

routera#**show** interfaces *Serial 0/0/0*
Serial0/0/0 is up, line protocol is up (connected)
    Hardware is HD64570
    Internet address is 192.168.100.1/24
    MTU 1500 bytes, BW 1544 Kbit, DLY 20000 usec,
       reliability 255/255, txload 1/255, rxload 1/255
    Encapsulation HDLC, loopback not set, keepalive set (10 sec)
    Last input never, output never, output hang never
    Last clearing of "show interface" counters never

```
……
routera#
routera#show controllers Serial 0/0/0
Interface Serial0/0/0
Hardware is PowerQUICC MPC860
DCE V.35, clock rate 64000
idb at 0x81081AC4, driver data structure at 0x81084AC0
……
```

5. PPP 协议

HDLC 是连接两台 Cisco 路由器的默认串行封装方法。Cisco 版本的 HDLC 是专有版本，它增加了一个协议类型字段。因此，Cisco HDLC 只能用于连接其他 Cisco 设备。但是，在需要连接非 Cisco 路由器时，应该使用 PPP 封装。

（1）PPP 简介。PPP 封装能够与最常用的支持硬件兼容。PPP 对数据帧进行封装以便在第二层物理链路上传输。PPP 使用串行电缆、电话线、中继（Trunk）线、手机、专用无线链路或光缆链路建立直接连接。PPP 具有许多优点，包含 HDLC 中没有的许多功能：

- 链路质量管理功能监视链路的质量。如果检测到过多的错误，PPP 会关闭链路。
- PPP 支持 PAP 和 CHAP 身份验证。

（2）PPP 包含三个主要组件：

- 用于在点对点链路上封装数据包的 HDLC 协议。
- 用于建立、配置和测试数据链路连接的可扩展链路控制协议（LCP）。
- 用于建立和配置各种网络层协议的一系列网络控制协议（NCP）。PPP 允许同时使用多个网络层协议。较常见的 NCP 有 Internet 控制协议、AppleTalk 控制协议、Novell IPX 控制协议、Cisco 系统控制协议、SNA 控制协议和压缩控制协议。

（3）PPP 分层架构。如图 13.7 所示描绘了 PPP 的分层体系结构与开放式系统互联（OSI）模型的对应关系。PPP 和 OSI 有相同的物理层，但 PPP 将 LCP 和 NCP 功能分开设计。

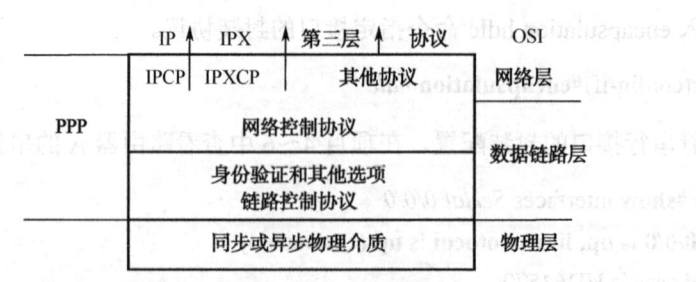

	IP / IPX / 第三层协议	OSI
PPP	IPCP / IPXCP / 其他协议	网络层
	网络控制协议	数据链路层
	身份验证和其他选项 链路控制协议	
	同步或异步物理介质	物理层

图 13.7 PPP 分层体系结构与 OSI 模型的对应关系

① PPP 架构：物理层。在物理层，可在一系列接口上配置 PPP，这些接口包括异步串行接口、同步串行接口、HSSI、ISDN 等。

PPP 可在任何 DTE/DCE 接口（RS-232-C、RS-422、RS-423 或 V.35）上运行。PPP 唯一的必要条件是要有可在异步或同步位串行模式下运行、对 PPP 链路层帧透明的双工电路（专用电路或交换电路）。除非正在使用的 DTE/DCE 接口对传输速率有限制，PPP

本身对传输速率没有任何强制性的限制。

PPP 的大部分工作都在数据链路层和网络层由 LCP 和 NCP 执行。LCP 设置 PPP 连接及其参数，NCP 处理更高层的协议配置，LCP 切断 PPP 连接。

② PPP 架构：链路控制协议层。LCP 是 PPP 中实际工作的部分。LCP 位于物理层的上方，其职责是建立、配置和测试数据链路连接。LCP 建立点对点链路。LCP 还负责协商和设置 WAN 数据链路上的控制选项，这些选项由 NCP 处理。LCP 自动配置链路两端的接口，包括：
- 处理对数据包大小的不同限制；
- 检测常见的配置错误；
- 切断链路；
- 确定链路何时运行正常或者何时发生故障。

一旦建立了链路，PPP 还会采用 LCP 自动批准封装格式（身份验证、压缩、错误检测）。

③ PPP 体系结构：网络控制协议层。PPP 允许多个网络层协议在同一通信链路上运行。对于所使用的每个网络层协议，PPP 都分别使用独立的 NCP。例如，IP 使用 IP 控制协议（IPCP），IPX 使用 Novell IPX 控制协议（IPXCP）。

（4）建立 PPP 会话。建立 PPP 会话包括三个阶段，这些操作是由 LCP 执行的。

第一阶段（链路建立和配置协商）：在 PPP 交换任何网络层数据包（例如 IP）之前，LCP 必须先打开链接并协商配置选项。当接收路由器向启动连接的路由器发送配置确认帧时，此阶段结束。

第二阶段（链路质量确认（可选））：LCP 测试链路以确定链路质量是否足以启用这些网络层协议。LCP 可将网络层协议信息的传输延迟到此阶段结束之前。

第三阶段（网络层协议配置协商）：在 LCP 完成链路质量确认阶段之后，适当的 NCP 可以独立配置网络层协议，还可以随时启动或关闭这些协议。如果 LCP 关闭链路，它会通知网络层协议以便协议采取相应的措施。

（5）PPP 配置选项。对 PPP 进行配置，使之支持各种功能，包括：使用 PAP 或 CHAP 验证身份，使用 Stacker 或 Predictor 进行压缩，合并两个或多个通道以增加 WAN 带宽的多链路。

（6）PPP 配置命令。

① 封装 PPP 协议。要将 PPP 设置为串行或 ISDN 接口使用的封装方法，可使用接口配置命令：

Router(config-if)#**encapsulation** *ppp*

要使用 PPP 封装，必须给路由器配置 IP 路由选择协议。

② 设置压缩算法。启用 PPP 封装后，可在串行接口上配置点到点软件压缩。该选项将调用软件压缩进程，因此可能影响系统性能。

Router(config-if)#**compress** [*predictor*| *stac*| *MPPC*]

Cisco 路由器支持 stacker、predictor 和 MPPC 压缩。

其中，stacker、MPPC 压缩更耗费 CPU 资源，predictor 压缩更耗费内存资源。

Cisco 建议如果 CPU 负载超过 65%，要关闭压缩。可以使用 show proc cpu 命令来显示 CPU 负载。

当瓶颈是路由器上的高负载时，推荐使用 predictor 压缩；当瓶颈是线路带宽限制时，推荐使用 stacker 压缩。

③ 链路质量监视。LCP 负责可选的链路质量确认阶段。在此阶段中，LCP 将对链路进行测试，以确定链路质量是否足以支持第三层协议的运行。ppp quality percentage 命令用于确保链路满足设定的质量要求；否则链路将关闭。

Router(config-if)#**ppp quality** *percentage*

百分比是针对入站和出站两个方向分别计算的。出站链路质量的计算方法是将已发送的数据包及字节总数与目的节点收到的数据包及字节总数进行比较。入站链路质量的计算方法是将已收到的数据包及字节总数与目的节点发送的数据包及字节总数进行比较。

如果未能控制链路质量百分比，链路的质量注定不高，链路将陷入瘫痪。链路质量监控（LQM）实现了时滞功能，这样，链路不会时而正常运行，时而瘫痪。

使用 no ppp quality 命令禁用 LQM。

6. PPP 身份验证协议

在 PPP 会话中验证阶段是可选的。如果需要验证，那么验证将发生在网络层协议配置阶段之前，在链路建立完毕并且已经选择了验证协议之后，通信双方就可以被验证了。

在验证阶段要求链路的发起方在验证选项中填写验证信息，以便确认用户得到了网络管理员能够发起通信的许可。在验证过程中，通信双方对等的路由器要交换彼此的验证信息。

在配置 PPP 验证时，可以选择使用密码验证协议（Password Authentication Protocol，PAP）或询问握手验证协议（Challenge Handshake Authentication Protocol，CHAP）。在一般情况下，CHAP 是首选协议。使用这两种验证方式必须使用 PPP 封装。

PAP 或 CHAP 验证是一个双向的过程。在该过程中，被验证方（如主叫用户）向验证方（如接入服务器）不断发送一个身份识别/密码对，直到该验证通过或者连接被拆除。

（1）密码验证协议（Password Authentication Protocol，PAP）。如图 13.8 所示，密码验证协议利用双向握手信号的简单方法建立远端节点的验证。在 PPP 链路建立阶段完成后，远端节点会通过链路反复传送用户名和密码到路由器，直到验证确认完成，否则连接被终止。

图 13.8　密码验证协议

PAP 并不是一个功能很强大的验证协议，并且验证过程不是很安全，密码在链路上是以明文传输的，如果在线路上设置一个协议分析仪就能看到用户口令。并且此验证协议不能提供回放（Playback）模仿（通过连接到线路上的捕获数据包一起就可以捕获带有用户名和密码的数据包，然后就可以通过回放这个被捕获的用户名和密码登录到网络上）或重复尝试型攻击的保护。远端节点能控制验证重试的频率和时间。

如果对安全接入控制有较高的要求，就应该采用 CHAP 验证方式。只有当 PAP 是远程节点唯一支持的验证方式时，才使用 PAP。

当 PAP 用于主机和接入服务器之间时，它是单向验证。而当它用于两个路由器之间时，则是一个双向验证。

PAP 可用于如下情形：安装了大量不支持 CHAP 的客户端应用程序；不同厂商的 CHAP 实现互不兼容；必须使用明文密码模拟主机远程登录。

（2）询问握手验证协议（Challenge Handshake Authentication Protocol，CHAP）。如图 13.9 所示，询问握手验证协议利用三次握手周期性地检验远端节点的身份。这一过程在初始链路建立时便完成，而且在链路完成后建立随时可以重复执行。

CHAP 通过三次握手验证对等体的身份，是一种比 PAP 更强大的身份验证方法。CHAP 验证过程如图 13.9 所示。

在 PPP 链路建立阶段完成后，本地路由器向远程接点发送一个"挑战"信息，远端节点用密码和单向散列函数（典型为 MD5）对挑战信息进行计算，会产生一个回应的计算结果值返回给本地路由器。本地路由器将该结果与根据它本身按同样方法计算出来的结果值进行比较来检验回应，如果两个值相互匹配则验证通过，否则连接中断。

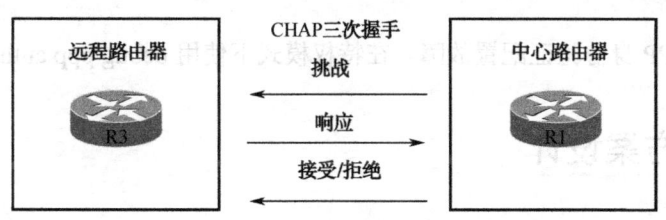

图 13.9　询问握手验证协议

CHAP 使用不同的挑战值来防御重放攻击，挑战值是独一无二的、不可预测的。由于挑战值是独一无二的和唯一的，因此，计算得到的散列值也是独一无二和随机的。使用重复挑战旨在限制向任何一次攻击暴露的时间。本地路由器（或者是第三方的验证服务器，如 Netscape Commerce Server）可以控制挑战的频率和时间。

7. 配置 PPP 身份验证

要在接口上启用使用 PAP 或 CHAP 身份验证的 PPP 封装，可按照如下步骤进行。
（1）启用 PPP 封装，将其作为接口的第二层协议。

```
router#config terminal
Enter configuration commands, one per line.    End with CNTL/Z.
router(config)#interface serial 0/0/0
router(config-if)#encapsulation ppp
```

（2）配置路由器的主机名以标识路由器。要指定主机名，可在全局配置模式下使用命令 hostname name。该名称必须与链路另一端的对等路由器上配置的某个用户名相同。

（3）配置用户名和密码以便验证 PPP 对等体的身份。在每台路由器使用全局配置命令 **username** *name* **password** {0|7} *password* 定义远程路由器的用户名和密码。

其中，Name：是远程路由器的主机名，区分大小写。Password：在 Cisco 路由器上，连接双方的密码必须相同。

对于本地路由器要与之通信并验证其身份的路由器，都添加一个用户名条目；同时，在远程设备上也需要添加一个对应于本地路由器的用户名条目，并使用匹配的密码。

（4）使用接口配置命令使用身份验证方法。要在接口上指定使用身份验证方法（CHAP 和 PAP）的顺序，可使用如下接口配置命令：

```
routera(config-if)#ppp authentication ?
    chap   Challenge Handshake Authentication Protocol <CHAP>
    pap    Password Authentication Protocol <PAP>
routera(config-if)#ppp authentication {pap | chap | pap chap |chap pap}
```

其中：
- PAP：在串行接口上启用 PAP。
- CHAP：在串行接口上启用 CHAP。
- CHAP 和 PAP：在串行接口上启用 CHAP 和 PAP，并在 PAP 之前执行 CHAP 身份验证。
- PAP CHAP：在串行接口上启用 CHAP 和 PAP，并在 CHAP 之前执行 PAP 身份验证。

（5）排除 PPP 身份验证配置故障。在特权模式下使用 debug ppp authentication 命令。

13.3 方案设计

针对客户提出的要求，公司网络工程师计划通过广域网端口 S0/0 连接总公司与公司间的网络，将分公司两台路由器通过 Serial 接口与总公司路由器的 Serial 接口相连接。分别对路由器的端口分配 IP 地址，并配置 PPP 协议和静态路由协议，这样，对总公司与公司网内的主机设置 IP 地址及网关后就可以相互通信了。

13.4 项目实施

13.4.1 项目目标

通过本项目的完成，可以使学生掌握以下技能：
（1）能够在串行接口上配置 PPP 封装；
（2）能够在串行接口上配置 PAP 验证；
（3）能够在串行接口上配置 CHAP 验证。

13.4.2 实训任务

为了实现本项目，搭建如图 13.10 所示的网络实训环境，或在 Packet Tracer 中模拟，完成如下的配置任务：

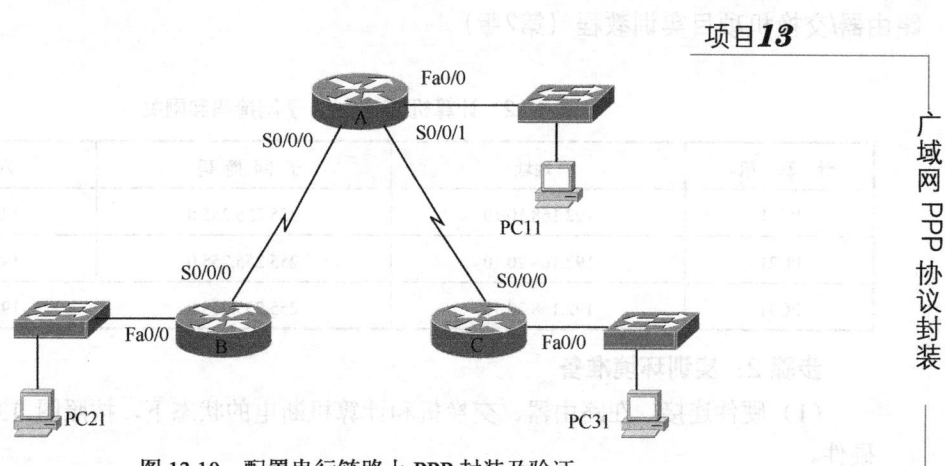

图 13.10 配置串行链路上 PPP 封装及验证

（1）配置 PPP 封装；
（2）配置 PAP 验证；
（3）配置 CHAP 验证。

13.4.3 设备清单

为了构建如图 13.10 所示的网络实训环境，需要如下网络设备：
（1）Cisco 2811 路由器（3 台）；
（2）Cisco 2960 交换机（3 台）；
（3）PC 3 台；
（4）双绞线（若干根）；
（5）反转电缆 2 根。

13.4.4 实施过程

步骤 1：规划设计

（1）规划各路由器名称、各接口 IP 地址和子网掩码如表 13.1 所示。

表 13.1 路由器名称、接口 IP 地址和子网掩码

部　门	路由器名称	接　口	IP 地址	子 网 掩 码	描　述
总公司	routera	S0/0/0	192.168.100.1	255.255.255.0	routerb-s0/0/0
		S0/0/1	192.168.200.1	255.255.255.0	routerc-s0/0/0
		Fa0/0	192.168.10.1	255.255.255.0	lan10
分公司 1	routerb	S0/0/0	192.168.100.2	255.255.255.0	routera-s0/0/0
		Fa0/0	192.168.20.1	255.255.255.0	lan20
分公司 2	routerc	S0/0/0	192.168.200.2	255.255.255.0	routera-s0/0/1
		Fa0/0	192.168.30.1	255.255.255.0	lan30

（2）规划各计算机的 IP 地址、子网掩码和网关如表 13.2 所示。

表 13.2　计算机 IP 地址、子网掩码和网关

计算机	IP 地址	子网掩码	网关
PC11	192.168.10.10	255.255.255.0	192.168.10.1
PC21	192.168.20.10	255.255.255.0	192.168.20.1
PC31	192.168.30.10	255.255.255.0	192.168.30.1

步骤 2：实训环境准备

（1）硬件连接。在路由器、交换机和计算机断电的状态下，按照图 13.10 所示连接硬件。

（2）给各设备供电。

步骤 3：按照表 13.2 所列设置各计算机的 IP 地址、子网掩码和默认网关

步骤 4：清除各路由器配置（略）

步骤 5：测试网络连通性

使用 ping 命令分别测试 PC11、PC21、PC31 三台计算机之间的连通性。

步骤 6：按照项目 3 配置路由器 A、B、C（略）

配置完成后，PC11、PC21、PC31 三台计算机之间应该是互通的。

步骤 7：查看路由器的串行接口的状态

```
routera#show ip interface brief
Interface          IP-Address       OK? Method Status                Protocol
FastEthernet0/0    192.168.10.1     YES manual up                    up
FastEthernet0/1    unassigned       YES unset  administratively down down
Serial0/0/0        192.168.100.1    YES manual up                    up
Serial0/0/1        192.168.200.1    YES manual up                    up
Vlan1              unassigned       YES unset  administratively down down
routera#
routera#show interfaces Serial 0/0/0
Serial0/0/0 is up, line protocol is up (connected)
  Hardware is HD64570
  Internet address is 192.168.100.1/24
  MTU 1500 bytes, BW 1544 Kbit, DLY 20000 usec,
     reliability 255/255, txload 1/255, rxload 1/255
  Encapsulation HDLC, loopback not set, keepalive set (10 sec)
  Last input never, output never, output hang never
  Last clearing of "show interface" counters never
  Input queue: 0/75/0 (size/max/drops); Total output drops: 0
  ……
routera#

routerb#show interfaces Serial 0/0/0
```

```
Serial0/0/0 is up, line protocol is up (connected)
    Hardware is HD64570
    Internet address is 192.168.100.2/24
    MTU 1500 bytes, BW 1544 Kbit, DLY 20000 usec,
        reliability 255/255, txload 1/255, rxload 1/255
    Encapsulation HDLC, loopback not set, keepalive set (10 sec)
    Last input never, output never, output hang never
……
routerb#
routerc#show ip interface brief
Interface          IP-Address      OK? Method Status                Protocol
FastEthernet0/0    192.168.30.1    YES manualup                     up
FastEthernet0/1    unassigned      YES unset  administratively down down
Serial0/0/0        192.168.200.2   YES manualup                     up
Vlan1              unassigned      YES unset  administratively down down
routerc#
routerc#show interfaces Serial 0/0/0
Serial0/0/0 is up, line protocol is up (connected)
    Hardware is HD64570
    Internet address is 192.168.200.2/24
    MTU 1500 bytes, BW 1544 Kbit, DLY 20000 usec,
        reliability 255/255, txload 1/255, rxload 1/255
    Encapsulation HDLC, loopback not set, keepalive set (10 sec)
    Last input never, output never, output hang never
……
routerc#
```

步骤 8：封装不带认证的 PPP 协议

（1）配置 PPP 封装。

```
routera(config)#interface Serial 0/0/0
routera(config-if)#encapsulation ppp
routera(config-if)#exit
routera(config)#interface Serial 0/0/1
routera(config-if)#encapsulation ppp
routerb(config)#interface Serial 0/0/0
routerb(config-if)#encapsulation ppp
routerc(config)#interface Serial 0/0/0
routerc(config-if)#encapsulation ppp
```

（2）查看各串行接口的封装。

```
routera#show interfaces Serial 0/0/0
```

```
    Serial0/0/0 is up, line protocol is up (connected)
      Hardware is HD64570
      Internet address is 192.168.100.1/24
      MTU 1500 bytes, BW 1544 Kbit, DLY 20000 usec,
         reliability 255/255, txload 1/255, rxload 1/255
      Encapsulation PPP, loopback not set, keepalive set (10 sec)
      LCP Open
      Open: IPCP, CDPCP
    ……
    routera#
    routerb#show interfaces Serial 0/0/0
    Serial0/0/0 is up, line protocol is up (connected)
      Hardware is HD64570
      Internet address is 192.168.100.2/24
      MTU 1500 bytes, BW 128 Kbit, DLY 20000 usec,
         reliability 255/255, txload 1/255, rxload 1/255
      Encapsulation PPP, loopback not set, keepalive set (10 sec)
      LCP Open
      Open: IPCP, CDPCP
    ……
    routerb#
    routerc#show interfaces Serial 0/0/0
    Serial0/0/0 is up, line protocol is up (connected)
      Hardware is HD64570
      Internet address is 192.168.200.2/24
      MTU 1500 bytes, BW 128 Kbit, DLY 20000 usec,
         reliability 255/255, txload 1/255, rxload 1/255
      Encapsulation PPP, loopback not set, keepalive set (10 sec)
      LCP Open
      Open: IPCP, CDPCP
    ……
    routerc#
```

（3）使用 ping 命令分别测试 PC11、PC21、PC31 三台计算机之间的连通性。

步骤 9：封装带 PAP 认证的 PPP 协议

（1）配置 PPP 封装。

```
    routera(config)#interface Serial 0/0/0
    routera(config-if)#encapsulation ppp
    routera(config-if)#ppp authentication pap
    routera(config-if)#ppp pap sent-username routera password router
    routera(config-if)#no shutdown
```

```
routera(config-if)#interface Serial 0/0/1
routera(config-if)#encapsulation ppp
routera(config-if)#ppp authentication pap
routera(config-if)# ppp pap sent-username routera password router
routera(config-if)#no shutdown
routera(config-if)#exit
routera(config)#username routerb password router
routera(config)#username routerc password router
routera(config)#
routerb(config)#interface Serial 0/0/0
routerb(config-if)#encapsulation ppp
routerb(config-if)#ppp authentication pap
routerb(config-if)#ppp pap sent-username routerb password router
routerb(config-if)#no shutdown
routerb(config-if)#exit
routerb(config)#username routera password router
routerb(config)#
routerc(config)#interface Serial 0/0/0
routerc(config-if)#encapsulation ppp
routerc(config-if)#ppp authentication pap
routerc(config-if)#ppp pap sent-username routerc password router
routerc(config-if)#no shutdown
routerc(config-if)#exit
routerc(config)#username routera password router
routerc(config)#
```

（2）使用 ping 命令分别测试 PC11、PC21、PC31 三台计算机之间的连通性。

步骤 10：封装带 CHAP 认证的 PPP 协议

（1）配置 PPP 封装。

```
routera(config)#interface Serial 0/0/0
routera(config-if)#encapsulation ppp
routera(config-if)#ppp authentication chap
routera(config-if)#no shutdown
routera(config-if)#interface Serial 0/0/1
routera(config-if)#encapsulation ppp
routera(config-if)#ppp authentication chap
routera(config-if)#no shutdown
routera(config-if)#exit
routera(config)#username routerb password router
routera(config)#username routerc password router
routera(config)#
```

```
routerb(config)#interface Serial 0/0/0
routerb(config-if)#encapsulation ppp
routerb(config-if)#ppp authentication chap
routerb(config-if)#no shutdown
routerb(config-if)#exit
routerb(config)#username routera password router
routerb(config)#
routerc(config)#interface Serial 0/0/0
routerc(config-if)#encapsulation ppp
routerc(config-if)#ppp authentication chap
routerc(config-if)#no shutdown
routerc(config-if)#exit
routerc(config)#username routera password router
routerc(config)#
```

（2）使用 ping 命令分别测试 PC11、PC21、PC31 三台计算机之间的连通性。

步骤 11：配置路由器口令，然后进行远程登录（略）

步骤 12：保存配置文件（略）

步骤 13：清除路由器的配置（略）

习　题

一、选择题

1. CSU/DSU 是什么角色？（　　）
   A. 按照服务提供商网络能接受的格式传输数据
   B. 按照 CPE DCE 设备能接受的格式传输数据
   C. 按照本地 DCE 设备能接受的格式传输数据
   D. 按照串行接口能接受的格式传输数据

2. 在 Cisco 路由器上串行线路默认的二层封装是什么？（　　）
   A. CHAP　　　　B. HDLC　　　　C. PPP　　　　D. SLIP

3. 以下哪种类型的验证使用三次握手？（　　）
   A. CHAP　　　　B. HDLC　　　　C. PPP　　　　D. SLIP

4. 如果配置了 PPP 身份验证协议，将在什么时候验证客户端或用户工作站的身份？（　　）
   A. 建立链路前　　　　　　　　B. 链路建立阶段
   C. 配置网络层协议前　　　　　D. 配置网络层协议后

5. 下面哪项正确描述了 PAP 身份验证协议？（　　）
   A. 默认情况下发送加密的密码　　　B. 使用两次握手验证身份
   C. 可防范试错攻击　　　　　　　　D. 要求在每台路由器中配置相同的用户名

6. 使用 CHAP 身份验证时，要在两台路由器之间成功地建立连接，必须满足下面哪种条件？（　　）
   A. 两台路由器的主机名必须相同

B. 两台路由器的用户名必须相同
C. 两台路由器配置的特权加密密码必须相同
D. 在两台路由器中，配置的用户名和密码必须相同
E. 在两台路由器中配置的命令 PPP chap sent-username 必须相同

7. 在下列哪几种接口上可配置 PPP？（　　）
A. 异步串行接口　　B. HSSI　　C. 同步串行接口　　D. 以太网口

8. PPP 的哪部分负责协商链路选项？（　　）
A. MP　　B. NCP　　C. LCP　　D. CDPCP

9. 在两台路由器之间的连接上启用 PPP 身份验证后，哪台路由器必须配置用户名和密码？（　　）
A. 主机路由器
B. 主叫路由器
C. PAP 主机路由器
D. CHAP 路由器
E. 两台路由器

二、复习题

1. PPP 和 HDLC 相比的优势是什么？
2. PPP 和 CHAP 是如何工作的？
3. Cisco 路由器串行接口的默认第二层封装是什么？
4. 如何启用 PPP 封装？
5. PPP 有哪两种身份验证方式？哪种验证方式是以明文的方式发送的？
6. 如果同时启用了 PAP 和 CHAP，将首先尝试哪种方法？
7. 哪条命令用于查看封装配置？

三、实训题

某公司是一家国内企业，经过多年的发展，成为一家著名的跨国公司，分别在国内、国外各设有三家分公司，逐步建成了如图 13.11 所示的计算机广域网。

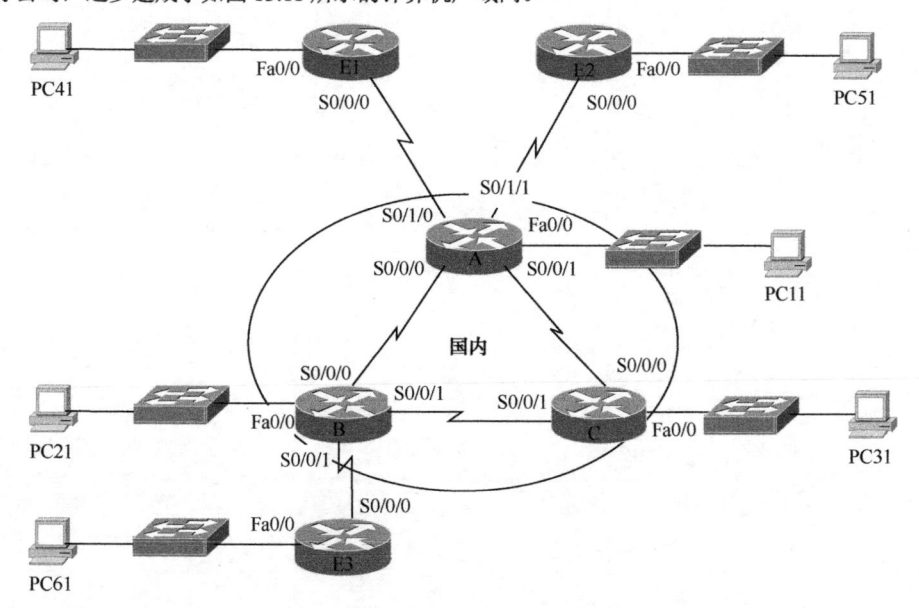

图 13.11　配置 PPP 封装及验证

公司决定国内部分路由器与公司分部路由器之间的广域网链路的连接，必须封装 PPP，并配置 PAP 或 CHAP 认证。

国外 E1、E2 两地的网络连接到公司总部，E3 连接到分公司 B。要求封装 PPP，并配置 CHAP 认证。

请规划设计：

(1) 各路由器接口子网地址；

(2) 国内、国外各部门子网划分；

(3) 采用静态路由；

(4) 采用动态路由协议。

达到国内和国外总公司与分公司网络互连互通。

项目 14
广域网帧中继连接

14.1 用户需求

某公司下属多个分公司，并且总公司与分公司分别设在不同的城市，总公司与分公司之间的网络由于业务的需要，需要连接起来。目前公司计划花费较少的费用来实现公司内部主机相互通信。

14.2 相关知识

帧中继是一种在 OSI 参考模型的物理层和数据链路层工作的高性能 WAN 协议。帧中继是 X.25 协议的简化版，起初用于综合业务数字网络（ISDN）接口。如今，在其他各种网络接口上也得到了广泛应用。

14.2.1 帧中继简介

随着企业公司的发展壮大，它越来越依赖于公司内部之间的数据传输，而传统租用线路解决方案的成本高得难以承受。在这种情况下，成本比专用线路低的帧中继就成为应用最广泛的 WAN 协议之一。

1. 帧中继：一种高效而灵活的 WAN 技术

帧中继已成为世界上使用最广泛的 WAN 技术。大型企业、政府、ISP 和小公司纷纷选用帧中继，主要是因为帧中继具有成本低、灵活性高的优点。

由于所需的设备较少，复杂性较低，并且更容易实现，因此帧中继可以降低网络的成本。更重要的是，与私有或租用线路相比，帧中继提供更高的带宽、可靠性和弹性。为了顺应全球化与一对多分支机构拓扑的发展潮流，帧中继提供更简单的体系结构和更低的拥有成本。

2. 帧中继的成本效益

帧中继是较具成本效益的方案，原因有两个：（1）使用专用线路时，用户需要为端对端连接付费，这包括本地环路和网络链路。而使用帧中继时，用户只需为本地环路及从网络提供商购买的带宽付费。节点之间的距离无关紧要。（2）帧中继允许众多用户共享带宽。通常，网络提供商通过一条 T1 电路可以为 40 个乃至更多带宽需求为 56Kbps

的用户提供服务。使用专用线路则需要更多的 DSU/CSU（每条线路一个）及更复杂的路由和交换技术。由于需要购买和维护的设备减少了，网络提供商因此节约了成本。

3. 帧中继的灵活性

在网络设计中，虚电路能够提供很高的灵活性。如图 14.1 所示，公司的所有办公室都通过各自的本地环路连接到帧中继网云。暂不考虑帧中继网云内部的通信机制，现在要知道的是：任何公司办公室希望与其他公司办公室通信时，它所需要做的只是连接到通往其他办公室的虚电路。在帧中继中，每个连接的端点都有一个标识该连接的编号，该编号称为数据链路连接标识符（DLCI）。只需提供对方站点的地址和要使用的线路的DLCI 编号，任何站点都可方便地连接到其他站点。并且，帧中继可以经过配置，使得来自所有已配置 DLCI 的数据都流经路由器的同一端口。

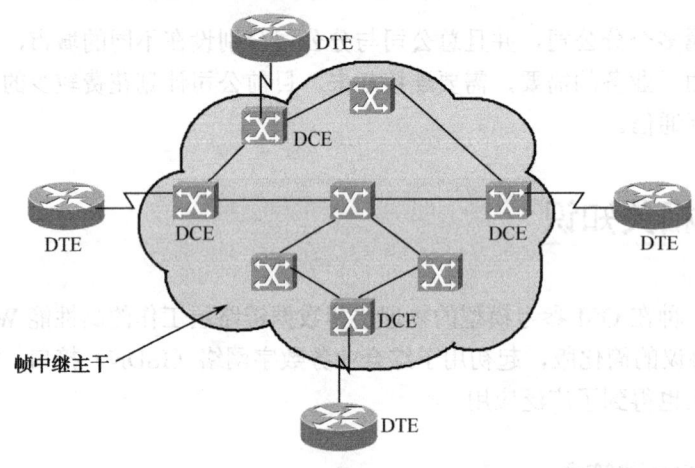

图 14.1　典型的帧中继网络

4. 帧中继 WAN

在架设帧中继 WAN 时，无论选择何种传输方案，也无论是连接哪两个站点，都至少需要涉及三个基本的组件或组件群。每个站点都需要有自己的设备（DTE）来访问为该地区服务的电话公司的中心局（DCE）。第三个组件位于两者中间，负责连接两个接入点。在图 14.1 中的帧中继主干即为第三个组件，也就是通常所说的帧中继网络云。

5. 帧中继的工作原理

DTE 设备和 DCE 设备之间的连接由物理层组件和数据链路层组件组成。
（1）物理层组件定义设备间连接的机械、电气、功能和规程规范。最常用的一种物理层接口规范是 RS-232 规范。
（2）数据链路层组件定义在 DTE 设备（例如路由器）和 DCE 设备（例如交换机）之间建立连接的协议。

网络运营商使用帧中继互连 LAN 时，每个 LAN 中的路由器充当 DTE。串行连接（例如 T1/E1 租用线路）在运营商最近的入网点（POP）将路由器连接到运营商的帧中继交换机。帧中继交换机是 DCE 设备。网络交换机在网络上传输来自某个 DTE 的帧，这些帧途经各个 DCE 设备后被发送到另一个 DTE。即使计算设备不在 LAN 上，数据也可通过帧中继网络来发送。计算机设备使用帧中继接入设备（FRAD）作为 DTE。FRAD 有时也称为帧中继组合器/分解器，是一种专用设备或为支持帧中继而配置的路由器。它位于用户驻地并连接到服务提供商网络上的交换机端口上，而服务提供商会将各台帧中继交换机相互连接起来。如图 14.2 所示说明了帧中继的工作原理。

（1）① DTE 将帧发送到 WAN 边缘的 DCE。

（2）②~④帧在 WAN 中从一台交换机传递到另一台交换机，最终到达 WAN 边缘的目标 DCE 交换机。

（3）⑤目标 DCE 将帧传输给目标 DTE。

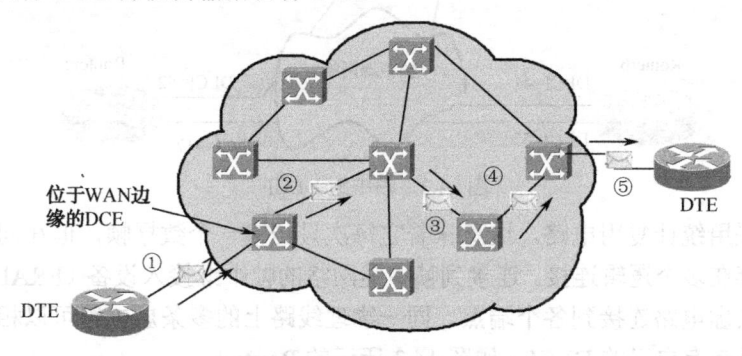

图 14.2 帧中继的工作原理

14.2.2 虚电路和 DLCI

两个 DTE 之间通过帧中继网络实现的连接叫做虚电路（VC）。这种电路之所以叫做虚电路是因为端到端之间并没有直接的电路连接。这种连接是逻辑连接，数据不通过任何直接电路即从一端移动到另一端。通过使用虚电路，帧中继允许多个用户共享带宽，而无须使用多条专用物理线路，便可在任意站点间实现通信。

帧中继虚电路分为以下两类。

（1）SVC，即交换虚电路，是临时性连接，适用于只需偶尔通过帧中继网络在 DTE 设备之间传输数据的情形。使用 SVC 进行的通信会话有四种运行状态：呼叫建立、数据传输、空闲和呼叫终止。

（2）PVC，即永久虚电路，是永久性建立的连接，适用于需要不断通过帧中继网络在 DTE 设备之间传输数据的情形。通过 PVC 进行通信时，不需要用于 SVC 的呼叫建立和终止状态。PVC 总是处于两种状态之一：数据传输和空闲。有时也称为私有虚电路，即 PVC。

帧中继创建虚电路的过程如下：在每台帧中继交换机的内存中存储输入端口到输出端口的映射，以便将各台交换机首尾相接，直到找到从电路的一端到另一端的连续路径为止。虚电路可以经过帧中继网络范围内任意数量的中间设备（交换机）。

虚电路提供一台设备到另一台设备之间的双向通信路径。虚电路是以 DLCI 来标识的。DLCI 值通常由帧中继服务提供商（例如电话公司）分配。帧中继 DLCI 仅具有本地意义，也就是说这些值本身在帧中继 WAN 中并不是唯一的。DLCI 标识的是通往端点处设备的虚电路。DLCI 在单链路之外没有意义。虚电路连接的两台设备可以使用不同的 DLCI 值来引用同一个连接。

具有本地意义的 DLCI 已成为主要的编址方法，因为同一地址可用于若干不同的位置并引用不同的连接。本地编址方案可防止因网络的不断发展导致用户用尽 DLCI。

如图 14.3 所示，当数据帧在网络中移动时，帧中继会为每条虚电路标注 DLCI。DLCI 存储在被传输的每个数据帧的地址字段中，用来告诉网络如何发送该数据帧。帧中继服务提供商负责分配 DLCI 编号。

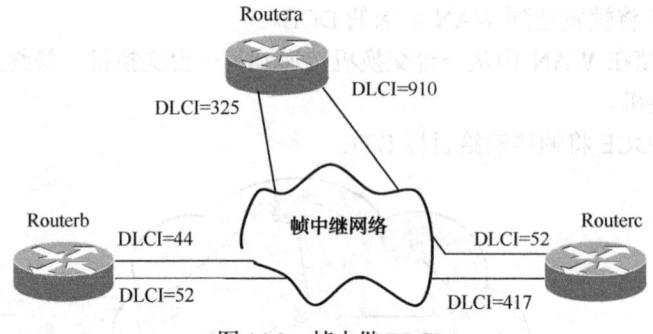

图 14.3　帧中继 DLCI

帧中继采用统计复用电路，这意味着它每次只传输一个数据帧，但在同一物理线路上允许同时存在多个逻辑连接。连接到帧中继网络的帧中继接入设备（FRAD）或路由器可能通过多条虚电路连接到各个端点。同一物理线路上的多条虚电路可以相互区分，因为每条虚电路都有自己的 DLCI，如图 14.3 所示的 Routerb。

当帧中继为许多逻辑数据会话提供多路复用的手段时，第一步，服务提供商的交换设备将建立一个表，用来把不同的 DLCI 值映射到出站端口；第二步，当接收到一个帧时，交换设备将分析这个连接标识并将该帧传递到相应的出站端口；第三步，在第一帧发送之前，将建好一条通往目的地的完全路径。

14.2.3　帧中继中的帧

帧中继将来自网络层协议（如 IP 或 IPX）的分组封装在帧中继的帧中作为数据部分，然后将帧传递给物理层通过电缆传输。

如图 14.4 所示说明了帧中继如何封装要传输的数据，并将其传递给物理层进行传输。

首先，帧中继接收网络层协议（如 IP）发来的数据分组，然后将其放在包含 DLCI 的地址字段和校验和之间。接下来，添加标识字段以标识帧的开头和结尾，这种标识总是不变的，为十六进制值 7E 或二进制值 01111110。封装分组后，帧中继将其传递给物理层以便传输。

帧头（地址字段）如图 14.4 所示，包含以下内容。

（1）DLCI：10 位的 DLCI 是必不可少的帧头内容。它表示 DTE 设备和交换机之间的虚连接。复用到物理信道中的每个虚连接都由唯一的 DLCI 标识。连接两端的设备可使用不同的 DLCI 值标识同一条虚连接。DLCI 通常由服务提供商来分配而且是本地唯一的。实际上，服务提供商分配给用户的 DLCI 号码一般在 16～1007 中。DLCI 号码 0～15 和 1008～1023 被保留用于特殊的用途。根据供应商的配置，DLCI0 和 DLCI1023 用于发送身份信息。DLCI19 和 DLCI20 被保留用于组播信息。

（2）C/R：当前无意义。

（3）EA：扩展地址。如果 EA 的值为 1，则当前字节为 DLCI 的最后一个字节。

（4）拥塞控制：用于控制帧中继拥塞通知机制。包含 FECN（前向显式拥塞通知）、BECN（后向显式拥塞通知）和 DE（丢弃）位。

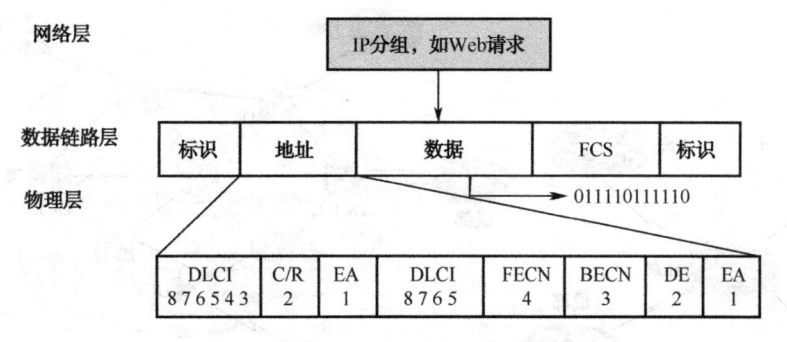

图 14.4　帧中继封装和标准的帧结构

物理层通常有 EIA/TIA-232、EIA/TIA-449、V.35、X.21 或 EIA/TIA-503。帧中继帧是一种 HDLC 帧，因此使用标识字段定界。

14.2.4　帧中继拓扑

在连接两个以上的站点时，必须考虑各个站点间的连接拓扑。拓扑是指帧中继网络图或可视化的网络布局。要了解架设网络所用的网络和设备，需要从以下几个角度来考虑拓扑。用于设计、实现、操作和维护等因素的完整拓扑包括总图、逻辑连接图、功能图和显示具体设备和通道链接的地址图。

具有成本效益的帧中继网络可以连接数十个乃至数百个站点。如果公司网络可能同时由多个服务提供商提供服务，所收购公司的网络在设计上与公司网络又可能截然不同，那么拓扑的绘制就会非常复杂。但是，每个网络或网段均可视做以下三种拓扑之一：星形、全网状或部分网状。

1. 星形拓扑（中央－分支拓扑）

最简单的 WAN 拓扑是星形拓扑，如图 14.5 所示。此拓扑中，公司在北京有一个中心站点，该站点相当于网络枢纽，托管主要的服务。注意，公司在不断发展，最近又在上海设立了一个分支机构。采用帧中继，相对来说，此次扩展还算比较轻松。

五个远程站点的连接就是一个星形。在星形拓扑中，网络枢纽位置的选择通常是以租用线路成本最低为原则。在使用帧中继实现星形拓扑时，每个远程站点都通过一条虚电路接入链路连接到帧中继网云，如图 14.6 所示。

2. 全网状拓扑

全网状拓扑适用的情况是：要访问的服务位置在地理上分散，并且对这些服务的访问必须确保很高的可靠性。在全网状拓扑中，每个站点都连接到其他所有站点。如果使用租用线路实现这种互连，则需要更多的串行接口和线路，从而导致成本的增加。

使用帧中继时，网络设计人员只需在现有的每条链路上配置更多虚电路即可构建多个连接。从星形拓扑转变为全网状拓扑只需升级软件，而不需要增加硬件或专用线路，从而节省了开支。由于虚电路使用统计复用（Statistical Multiplexing）技术，因此，与每条接入链路上只建立一条虚电路相比，在每条接入链路上建立多条虚电路通常可以更充分地利用帧中继，如图 14.7 所示。

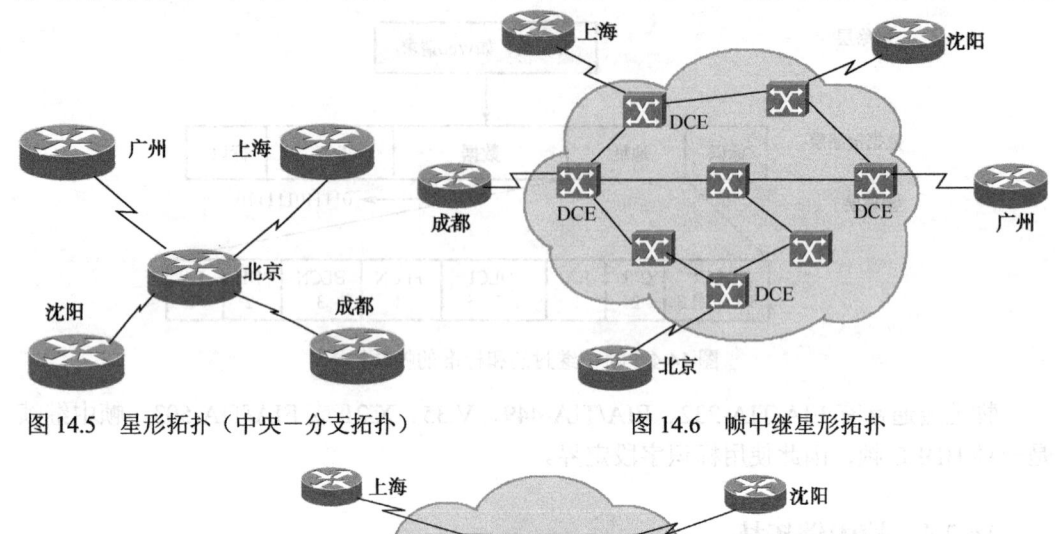

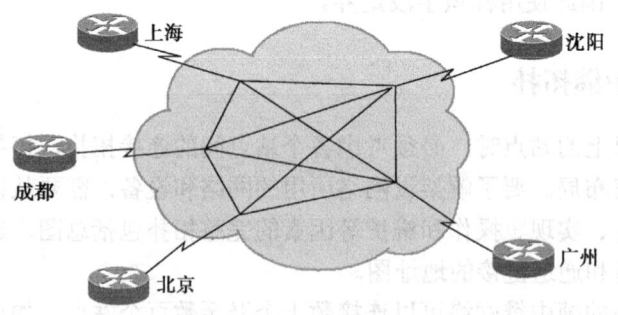

图 14.5　星形拓扑（中央-分支拓扑）　　　　图 14.6　帧中继星形拓扑

图 14.7　帧中继全网状拓扑

3. 部分网状拓扑

对于大型网络，由于所需的链路数量急剧增加，导致全网状拓扑几乎无法承受。这并非硬件成本问题，而是因为每条链路所支持的虚电路数量在理论上上限为 1000。实际限制甚至比理论限制更小。

为此，大型网络通常采用部分网状拓扑的配置。使用部分网状拓扑时，所需的互连连接比星形拓扑多，但比全网状拓扑少。实际模式取决于数据流量的需求。

14.2.5　帧中继地址映射

Cisco 路由器要在帧中继上传输数据，需要先知道哪个本地 DLCI 映射到远程目的地的第三层地址。Cisco 路由器支持帧中继上的所有网络层协议，例如 IP、IPX 和 AppleTalk。这种地址到 DLCI 的映射可通过静态映射或动态映射来完成。

1. 逆向 ARP

逆向地址解析协议（ARP）从第二层地址（例如帧中继网络中的 DLCI）中获取其他站点的第三层地址。逆向地址解析协议主要用于帧中继和 ATM 网络，在这两种网络中，虚电路的第二层地址有时从第二层信号中获取，但在虚电路投入使用之前，必须解析出对应的第三层地址。ARP 将第三层地址转换为第二层地址，逆向 ARP 则反其道而行之。

2. 动态映射

动态地址映射依靠逆向 ARP 将下一跳的网络协议地址解析为本地 DLCI 值。帧中继路由器在其永久虚电路上发送逆向 ARP 请求，以向帧中继网络告知远程设备的协议地址。路由器将请求的响应结果填充到帧中继路由器或接入服务器上的地址到 DLCI 的映射表中。路由器建立并维护该映射表，映射表中包含所有已解析的逆向 ARP 请求，包括动态和静态映射条目。

在 Cisco 路由器上，对于物理接口上启用的所有协议默认启用逆向 ARP。对于接口上未启用的协议，则不会发送逆向 ARP 数据包。

3. 配置静态映射

静态映射的建立应根据网络需求而定。要在下一跳协议地址和 DLCI 目的地址之间进行映射，请使用以下命令：

router(config-if)#**frame-relay map** *protocol protocol-address dlci* **[broadcast] [ietf][cisco]**

在连接到非 Cisco 路由器时，请使用关键字 ietf。

在配置开放最短路径优先（OSPF）协议时，可以添加可选的关键字 broadcast，这样可以大大简化配置过程。

4. 本地管理接口（LMI）

本地管理接口（Local Management Interface，LMI）是一种 keepalive（保持连接）的机制，提供路由器（DTE）和帧中继交换机（DCE）之间的帧中继连接的状态信息。终端设备每 10 秒（或大概如此）轮询一次网络，请求哑序列响应或通道状态信息。如果网络没有响应请求的信息，用户设备可能会认为连接已关闭。网络作出 FULLSTATUS 响应时，响应中包含为该线路分配的 DLCI 的状态信息。终端设备可以使用此信息判断逻辑连接是否能够传递数据。

LMI 和封装这两个术语很容易弄混淆。LMI 的定义是 DTE（R1）和 DCE（服务提供商拥有的帧中继交换机）之间使用的消息。而封装定义 DTE 用来将信息传送到虚电路另一端的 DTE 所用的头部。交换机及其连接的路由器都需要使用相同的 LMI。封装对交换机来说并不重要，但对终端路由器（DTE）来说很重要。

5. LMI 扩展

除了传输数据所用的帧中继协议功能之外，帧中继规格中还包含可选的 LMI 扩展，LMI 扩展在网间互连环境中非常有用。下面是部分 LMI 扩展：

（1）虚电路状态信息：通过在设备之间通信和同步，定期报告是否存在新的永久虚电路及是否有现有的永久虚电路被删除，提供有关永久虚电路完整性的信息。虚电路状态消息可以防止将数据发送到黑洞（不再存在的 PVC）中。

（2）组播：允许发送方将单个帧发送给多个接收者。组播支持高效的路由协议消息传输和地址解析过程，可将路由协议消息同时传送到多个目的地。

（3）全局寻址：通过将连接标识符指定为全局性（而非仅具本地意义），可利用此标识符向帧中继网络标识特定的接口。全局寻址使得帧中继网络的寻址方式与 LAN 相似，ARP 执行的工作与其在 LAN 上完全相同。

（4）简单流量控制：用于 XON/XOFF 流量控制机制，此机制应用于整个帧中继接口。控制的对象是那些高层无法使用拥塞通知位并需要进行某种级别的流量控制的设备。

10 位 DLCI 字段支持 1024VC 标识符：0～1023。LMI 扩展保留了部分标识符，因此允许的虚电路数量也随之减少。可以使用这些保留的 DLCI 在 DTE 和 DCE 之间交换 LMI 消息。

LMI 有几种类型，每一种都与其他类型不兼容。路由器上配置的 LMI 类型必须与服务提供商使用的类型一致。Cisco 路由器支持以下三种 LMI：

- cisco：原始 LMI 扩展。
- ansi：对应于 ANSI 标准 T1.617 Annex D。
- q933a：对应于 ITU 标准 Q933 Annex A。

从 Cisco IOS 软件版本 11.2 开始，默认的 LMI 自动感应功能可以检测直接连接的帧中继交换机所支持的 LMI 类型。根据从帧中继交换机收到的 LMI 状态消息，路由器自动使用经帧中继交换机确认受支持的 LMI 类型配置其接口。

如需设置 LMI 类型，可以使用接口配置命令如下。

Router(config-if)#**frame-relay lmi-type** [*cisco* | *ansi* | *q933a*]

配置 LMI 类型，禁用自动检测功能。

手动设置 LMI 类型时，必须在帧中继接口上配置存活消息间隔，以防止路由器和交换机之间的状态交换超时。LMI 状态交换消息确定永久虚电路连接的状态。例如，路由器和交换机之间的存活消息间隔差距太大会导致交换机认为路由器已断开。

6. 使用 LMI 和逆向 ARP 来映射地址

通过结合使用 LMI 状态消息和逆向 ARP 消息，路由器可以将网络层和数据链路层的地址相关联。

如果路由器需要将虚电路映射为网络层地址，则会在每条虚电路上发送一条逆向 ARP 消息。逆向 ARP 消息包括路由器的网络层地址，因此远程 DTE 或路由器也可执行映射。逆向 ARP 回复允许路由器在其地址到 DLCI 映射表中建立必要的映射条目。如果链路上支持多个网络层协议，系统会为每个协议发送逆向 ARP 消息。

14.2.6 帧中继配置

在 Cisco 路由器上配置帧中继是一个相当简单的过程。这归功于 IOS 能够自动检测 LMI 类型及通过逆向 ARP 自动配置 DLCI，通常就能够建立基本的连接了。

必须执行的任务：在接口上启用帧中继封装；配置动态或静态地址映射。

可选任务：配置 LMI；配置帧中继 SVC；配置帧中继流量整形；为网络定制帧中继；监视和维护帧中继连接。

帧中继使用 Cisco IOS 命令行界面（CLI）在 Cisco 路由器上配置。按照如图 14.8 所示进行帧中继的配置。

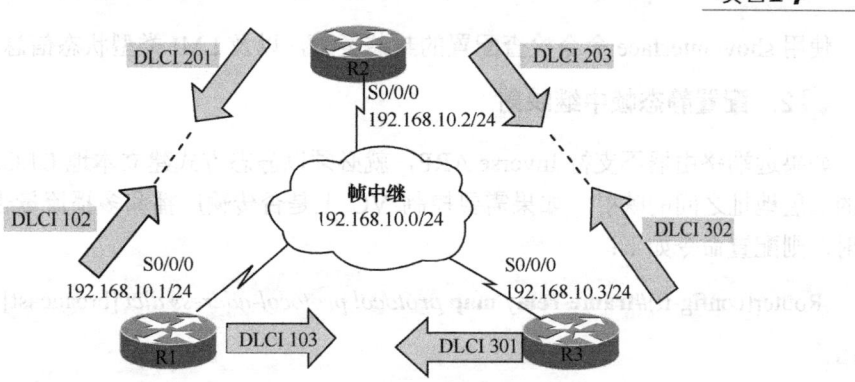

图 14.8 帧中继配置

1. 启用帧中继封装

在连接本地 DTE 帧中继交换机的串行接口上配置帧中继。

（1）配置 IP 地址。在 Cisco 路由器中，同步串行接口通常都支持帧中继。使用 ip address 命令设置接口的 IP 地址。

Router(config-if)#**ip address** *ip_address ip_netmask*

配置如下：

Router1(config-if)#**ip adderss** *192.168.10.1 255.255.255.0*
Router2(config-if)#**ip adderss** *192.168.10.2 255.255.255.0*
Router3(config-if)#**ip adderss** *192.168.10.3 255.255.255.0*

（2）配置封装。在一个同步串行接口上启用帧中继封装，并开始处理帧中继。

在 Cisco 路由器上默认的封装类型是 Cisco 公司私有的 HDLC 协议。要将封装从 HDLC 改为帧中继，可使用下面的命令：

Router(config-if)#**encapsulation** *frame-relay* [*cisco|ietf*]

如果连接一个非 Cisco 设备，应该选择 ietf。

Router1(config-if)#**encapsulation** *frame-relay*
Router2(config-if)#**encapsulation** *frame-relay*
Router3(config-if)#**encapsulation** *frame-relay*

（3）配置带宽。如果必要，设置串行接口带宽。指定带宽时以 Kbps 为单位。该命令通知路由选择协议，已静态地配置了链路的带宽。EIGRP 和 OSPF 路由协议使用带宽值计算并确定链路的度量。

Router(config-if)#**bandwidth**　*bandwidth*

（4）设置 LMI 类型（可选）。在 Cisco 路由器自动感应 LMI 类型时，此步骤为可选步骤。前面讲过 Cisco 支持三种类型的 LMI：Cisco、NSI Annex D 和 Q933-A Annex A，Cisco 路由器默认的 LMI 类型为 cisco。

Router(config-if)#**frame-relay lmi-type** [*ansi* | *cisco* | *q933a*]

使用 show interface 命令检查配置的封装类型，以及 LMI 类型状态信息。

▶ 2. 配置静态帧中继映射

如果远端路由器不支持 Inverse ARP，就必须以静态方式建立本地 DLCI 与远端路由器的三层地址之间的映射。如果需要控制 VC 上是否传输广播和多播流量也要建立静态映射，则配置命令如下：

> Router(config-if)#**frame-relay map** *protocol protocol-address dlci* [broadcast]

其中：

- protocol：指定支持的协议、桥接或逻辑链路控制，可能的取值为 appletalk、decnet、dlsw、ip、ipx、llc2、rsrb、vines 和 xns。
- protocol-address：指定目标路由器接口的网络层地址。
- dlci：指定用于连接到远程协议地址的本地 DLCI。
- broadcast 参数允许通过 VC 传输广播和多播。这样才允许动态路由协议运行。

如图 14.9 所示，显示了网络中三个节点通过帧中继云相连且每个节点只用一条接入线路。在全网状设计中，每个远端节点必须为另外两个网络建立一个静态映射。

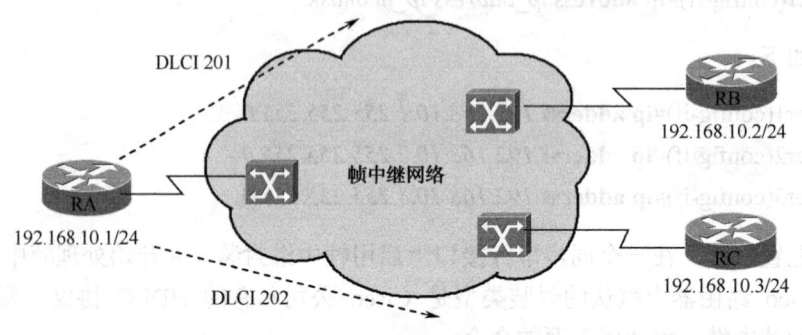

图 14.9　全网状帧中继网络

在路由器 RA 上的配置如下：

```
Interface serial 0/1
    bandwidth 56
    ip address 192.168.10.1 255.255.255.0
        encapsulation frame-relay ietf
    frame-relay map ip 192.168.10.2 201 broadcast
    frame-relay map ip 192.168.10.3 202 broadcast
    frame-relay lmi-type ansi
```

▶ 3. 相关调试明令

在 EXEC 模式下监控帧中继连接，可使用下面的命令：

show interface serial number：显示帧中继 DLCI 和 LMI 信息。
show frame-relay lmi [type number]：显示 LMI 状态。
show frame-relay PVC [type number[dlci]]：显示 PVC 状态。
show frame-relay map：显示网络层协议和 DLCI 间的映射及帧中继接口的状态和封装。

show frame-relay route：显示帧中继传输状态。

14.2.7 帧中继子接口

在帧中继网络中为了能够完全路由选择更新消息，可以为路由器配置逻辑划分的接口，这些接口也叫做子接口。它们是物理接口的逻辑划分块。在子接口的配置过程中，每个 PVC 可被当做一个点对点的连接，从而允许子接口像专线那样使用，如图 14.10 所示。

图 14.10　帧中继子接口

通过把一个单独的广域网串行物理接口逻辑地划分成多个虚拟的子接口，可以使一个帧中继的总体成本大大降低。如图 14.11 所示，单独的一个路由器通过不同的子接口可以为多个远端单元提供服务。

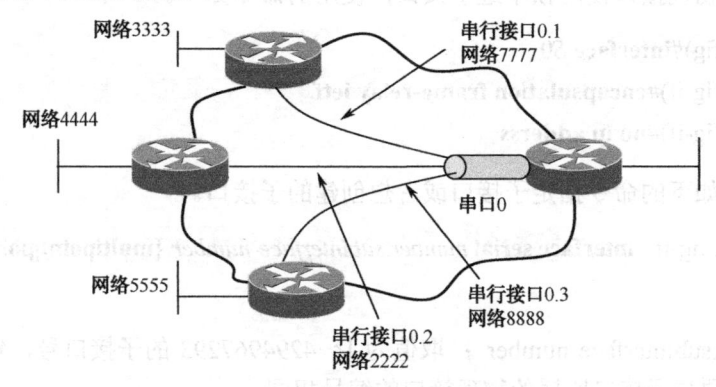

图 14.11　帧中继逻辑子接口

1. 水平分割路由选择环境

在水平分割路由选择环境中，路由依赖于一个可以被其他子接口通告的子接口。因此，当一个物理接口接收到路由选择更新消息之后，通过拒绝向同一物理接口广播该路由选择的更新消息，水平分割可以降低路由选择环路的发生。

2. 帧中继子接口的类型

帧中继子接口有两种类型：点到点和点到多点，如图 14.12 所示。

（1）点到点：在一个子接口上建立一条到远端路由器上某个物理接口或某个子接口的 PVC 连接。在这种情况下，一条 PVC 连接两端的接口在同一子网中，并且每个（子）接口都有一个 DLCI 号码。在这种情况下，广播不是什么问题，因为路由器的连接是点到点的，如同专线一样。

（2）点到多点：在一个子接口上建立多条到远端路由器上某个物理接口或某个子接

口的 PVC 连接。在这种情况下，所有涉及的接口都在同一个子网中，并且每个（子）接口都有自己的本地 DLCI 号。在这种情况下，因为每个子接口像一个常规的 NBMA 帧中继网络物理接口一样工作，对路由更新广播数据包的转发遵从水平分割示例。

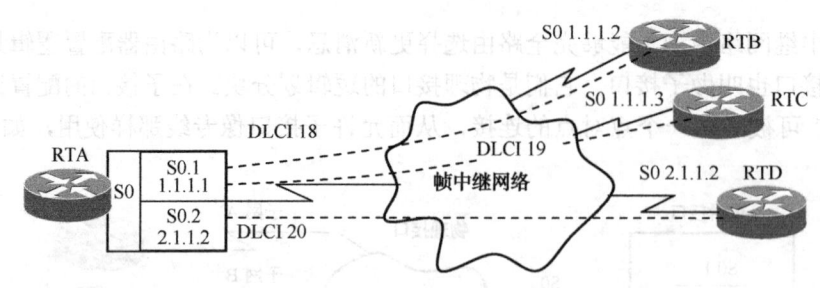

图 14.12 帧中继点到点和多点配置示例

3. 配置帧中继子接口

如图 14.12 所示给出了帧中继点到点和点到多点子接口配置示例。在一个物理接口上配置子接口，必须使用帧中继封装配置接口（Cisco 或 IETF）。同时，必须删除在物理接口上配置的任何 IP 地址，因为每个子接口都有其自己的 IP 地址。如果物理接口有一个地址，数据帧就不会被本地子接口接收。

（1）配置物理接口使用帧中继子接口，使用的命令如下。

RTA(config)#**interface** *S0*
RTA(config-if)#**encapsulation frame-relay ietf**
RTA(config-if)#**no ip adderss**

（2）使用如下的命令指定子接口或者想创建的子接口。

Router(config-if)#**interface serial** *number.subinterface-number* {**multipoint**|**point–to–point**}

其中：

- number.subinterface-number：取值为 1～4294967293 的子接口号，句点前面的接口号必须与子接口所属的物理接口的编号相同。
- multipoint：如果所有路由器都位于同一个子网内，则指定该关键字。
- point–to–point：如果每对点对点路由器都位于独立的子网中，则指定该关键字。点到点链路通常使用子网掩码：255.255.255.252。

创建一个在串口 0 上的点到点子接口 2，使用的命令如下：

RTA(config-if)#**interface serial** *S0.2* **point-to-point**
RTA(config-subif)# //注意：提示符发生变化时，处于子接口配置模式

（3）可以在接口配置模式或者全局配置模式中指定子接口数。Cisco IOS 将取 1～4294967295 之间的任何数作为子接口的序号。序号 0 指物理接口，而不是子接口。在配置点到点子接口时，一般会根据 PVC 的 DLCI 号码给子接口分配序号。例如，在串口 0 上创建一个连接到使用 DLCI16 的 PVC 的子接口时，使用如下命令：

RTX(config-if)#**interface serial** *S0.16* **point-to-point**

指定逻辑配置参数,比如 IP 地址,对图 14.9 中的路由器 RA,可以使用如下命令:

RA(config-if)#**ip address** *2.1.1.2 255.255.255.0*

如果为一个点到点子接口配置 IP 地址,也可以指定无 IP 地址,使用的命令如下:

Router(config-if)#**ip unnumbered** *interface*

(4)在子接口配置模式上,既可以配置静态帧中继映射,也可以使用 frame-relay interface-dlci 命令。

Router(config-if)#**frame-relay interface-dlci** *dlci-number*

frame-relay interface-dlci 命令与用 DLCI 选择的子接口有关。该命令对所有点到点子接口都是必需的。对逆向 ARP 启用的多点子接口也要求使用该命令。但对用静态映射配置的多点子接口不需要使用该命令。

RTA(config)#**interface serial** *Serial0.1* **multipoint**
RTA(config-subif)#**ip address** *1.1.1.1 255.255.255.0*
RTA(config-subif)#**frame-relay interface-dlci** *18*
RTA(config-fr-dlci)#**exit**
RTA(config-subif)#**frame-relay interface-dlci** *19*
RTA(config-fr-dlci)#**exit**
RTA(config-subif)#**exit**
RTA(config)#**interface serial** *Serial0.2* **point-to-point**
RTA(config-subif)#**ip address** *2.1.1.1 255.255.255.0*
RTA(config-subif)#**frame-relay interface-dlci** *20*
RTA(config-subif)#**^z**

14.3　方案设计

为了将分布在三个城市的总公司和两个分公司之间的网络连接起来,从经济上考虑,目前最便宜的方法就是采用帧中继将分布于不同城市的网络互连起来。

14.4　项目实施

14.4.1　项目目标

通过本项目的完成,可以使学生掌握以下技能:
(1)在路由器上执行基本配置任务;
(2)配置并激活接口;
(3)在所有路由器上配置 EIGRP 路由;
(4)在所有串行接口上配置帧中继封装;

（5）理解 show frame-relay 命令的输出；
（6）刻意中断帧中继链路，然后再恢复。

14.4.2 实训任务

为了在实训室完成本项目，构建如图 14.13 所示的网络实训环境。在 Packet Tracer 中选用帧中继云作为帧中继交换机使用。完成如下的配置任务：

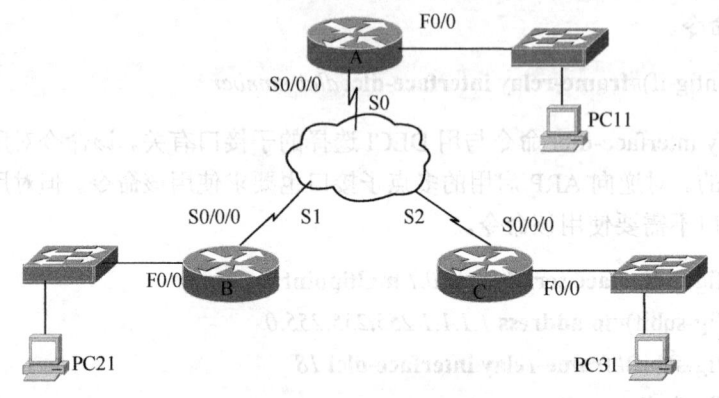

图 14.13 配置帧中继

（1）配置帧中继交换机；
（2）配置 PAP 验证；
（3）配置 CHAP 验证。

14.4.3 设备清单

为了构建如图 14.13 所示的网络实训环境，需要如下网络设备：
（1）帧中继交换机（1 台）。实际也可用路由器模拟；
（2）Cisco 2811 路由器（3 台）；
（3）Cisco 2960 交换机（3 台）；
（4）PC 3 台；
（5）双绞线（若干根）；
（6）反转电缆 2 根。

14.4.4 实施过程

步骤 1：规划设计

（1）规划各路由器名称，各接口 IP 地址、子网掩码如表 14.1 所示。

表 14.1 路由器名称、接口 IP 地址及子网掩码

部门	路由器名称	接口	IP 地址	子网掩码	描述
总公司	routera	S0/0/0	192.168.100.1	255.255.255.0	frame-serial0
		Fa0/0	192.168.10.1	255.255.255.0	lan10

续表

部门	路由器名称	接口	IP地址	子网掩码	描述
分公司1	routerb	S0/0/0	192.168.100.2	255.255.255.0	frame-serial1
		Fa0/0	192.168.20.1	255.255.255.0	lan20
分公司2	routerc	S0/0/0	192.168.100.3	255.255.255.0	frame-serial2
		Fa0/0	192.168.30.1	255.255.255.0	lan30

（2）规划各计算机的 IP 地址、子网掩码和网关同项目 13。

（3）ISP 分配的 DLCI 号，如表 14.2 所示

表 14.2　DLCI 号

路由器	接口	PVC	DLCI
routera	S0/0/0	R1-fr-r2	102
routera	S0/0/0	R1-fr-r3	103
routerb	S0/0/0	R1-fr-r2	201
routerc	S0/0/0	R1-fr-r3	301

步骤 2：实训环境准备

（1）硬件连接。在路由器、交换机和计算机断电的状态下，按照图 14.13 所示连接硬件。

（2）打开各设备，给设备供电。

步骤 3：按照表 13.2 所列设置各计算机的 IP 地址、子网掩码、默认网关

步骤 4：测试网络连通性

使用 ping 命令分别测试 PC11、PC21、PC31 三台计算机之间的连通性。

步骤 5：配置帧中继云

表 14.2 中的 DLCI 信息是通过配置帧中继云来完成的。帧中继云有 4 个串口，分别是 Serial0、Serial1、Serial2、Serial3。在这里使用 3 个串口。

（1）配置串口的 DLCI 号。单击帧中继云的"Config"选项卡，单击"INTERFACE"选项，打开帧中继云接口。

单击串口"Serial0"选项，在"DLCI"文本框中输入串口 Serial0 的 DLCI 号，在"Name"文本框中输入名称，如图 14.14 所示。在这里创建 102、103 两个，是 routera 的物理接口 serial0/0/0 的两条 PVC，即 R1-fr-R2 和 R1-fr-R3。

单击串口"Serial1"选项，在"DLCI"文本框中输入串口 Serial1 的 DLCI 号，在"Name"文本框中输入名称，如图 14.15 所示。在这里创建 201，是 routerb 的物理接口 serial0/0/0 的一条 PVC，即 R1-fr-R2。

单击串口"Serial2"选项，在"DLCI"文本框中输入串口 Serial2 的 DLCI 号，在"Name"文本框中输入名称，如图 14.16 所示。在这里创建 301，是 routerc 的物理接口 serial0/0/0 的一条 PVC，即 R1-fr-R3。

（2）配置 Frame Relay。单击"CONNECTIONS"选项，打开帧中继连接。单击串口"Frame Relay"选项，如图 14.17 所示，得到两条 PVC。

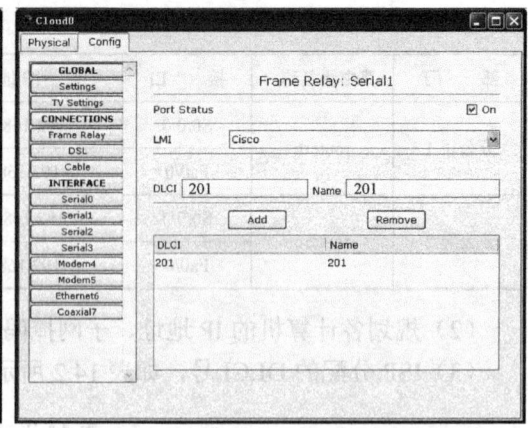

图 14.14　配置 Serial0 的帧中继参数　　　　图 14.15　配置 Serial1 的帧中继参数

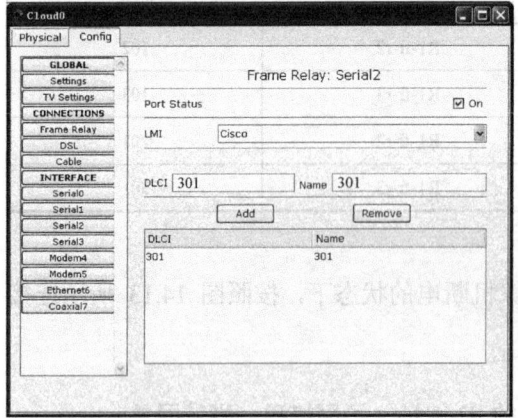

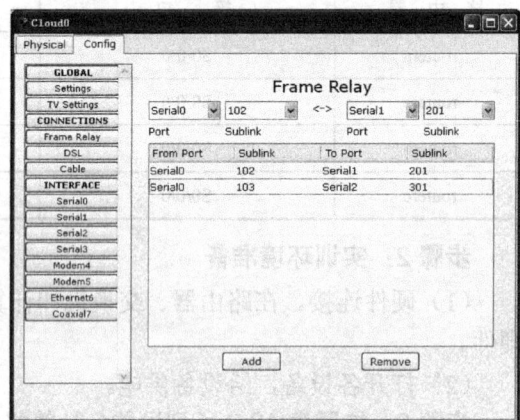

图 14.16　配置 Serial2 的帧中继参数　　　　图 14.17　配置帧中继线路

步骤 6：配置各路由器的名称、接口地址

```
Router>enable
Router#config terminal
Router(config)#hostname routera
routera(config)#interface FastEthernet 0/0
routera(config)#description lan10
routera(config-if)#ip address 192.168.10.1 255.255.255.0
routera(config-if)#no shutdown
routera(config-if)#exit
routera(config)#interface Serial 0/0/0
routera(config)#description frame-serial0
routera(config-if)#ip address 192.168.1.1 255.255.255.0
routera(config-if)#no shutdown

Router>enable
Router#config terminal
```

```
Router(config)#hostname routerb
routerb(config)#interface FastEthernet 0/0
routerb(config)#description lan20
routerb(config-if)#ip address 192.168.20.1 255.255.255.0
routerb(config-if)#no shutdown
routerb(config-if)#exit
routerb(config)#interface Serial 0/0/0
routerb(config)#description frame-serial1
routerb(config-if)#ip address 192.168.1.2 255.255.255.0
routerb(config-if)#no shutdown

Router>enable
Router#config terminal
Router(config)#hostname routerc
routerc(config)#interface FastEthernet 0/0
routerc(config)#description lan30
routerc(config-if)#ip address 192.168.30.1 255.255.255.0
routerc(config-if)#no shutdown
routerc(config-if)#exit
routerc(config)#interface Serial 0/0/0
routerc(config)#description frame-serial2
routerc(config-if)#ip address 192.168.1.3 255.255.255.0
routerc(config-if)#no shutdown
```

步骤7：配置路由

```
routera(config)#router rip
routera(config-router)#network 192.168.10.0
routera(config-router)#network 192.168.1.0
routera(config-router)#end
routera#
routerb(config)#router rip
routerb(config-router)#network 192.168.20.0
routerb(config-router)#network 192.168.1.0
routerb(config-router)#end
routerb#
routerc(config)#router rip
routerc(config-router)#network 192.168.1.0
routerc(config-router)#network 192.168.30.0
routerc(config-router)#end
routerc#
```

步骤 8：查看路由器的路由表

```
routera#show ip route
……
Gateway of last resort is not set
C    192.168.10.0/24 is directly connected, FastEthernet0/0
```

发现路由器只有直连路由。为什么配置了 RIP 路由，路由器却没有学习到路由呢？

```
routera#show interface Serial 0/0/0
Serial0/0/0 is up, line protocol is down (disabled)
   Hardware is HD64570
   Internet address is 192.168.1.1/24
……
```

可看到链路状态处于 up 状态，而链路协议处于 down 状态，因此，该接口工作不正常。该路由器收不到其他路由器的路由通告信息，因此，上述路由表中无动态路由表项。该接口工作不正常的原因是没有配置帧中继协议。

步骤 9：配置帧中继协议

```
routera(config)#interface Serial 0/0/0
routera(config-if)#encapsulation frame-relay
routera(config-if)#frame-relay lmi-type cisco
routera(config-if)#end
routera#write

routerb(config)#interface Serial 0/0/0
routerb(config-if)#encapsulation frame-relay
routerb(config-if)#frame-relay lmi-type cisco
routerb(config-if)#end
routerb#write

routerc(config)#interface Serial 0/0/0
routerc(config-if)#encapsulation frame-relay
routerc(config-if)#frame-relay lmi-type cisco
routerc(config-if)#end
routerc#write
```

步骤 10：查看各路由器的路由表

```
routera#show ip route
……
Gateway of last resort is not set
C    192.168.1.0/24 is directly connected, Serial0/0/0
```

C   192.168.10.0/24 is directly connected, FastEthernet0/0
R   192.168.20.0/24 [120/1] via 192.168.1.2, 00:00:25, Serial0/0/0
R   192.168.30.0/24 [120/1] via 192.168.1.3, 00:00:14, Serial0/0/0
routera#

routerb#**show ip route**
……
Gateway of last resort is not set
C   192.168.1.0/24 is directly connected, Serial0/0/0
R   192.168.10.0/24 [120/1] via 192.168.1.1, 00:00:18, Serial0/0/0
C   192.168.20.0/24 is directly connected, FastEthernet0/0
R   192.168.30.0/24 [120/2] via 192.168.1.1, 00:00:47, Serial0/0/0
routerb#

routerc#**show ip route**
……
Gateway of last resort is not set
C   192.168.1.0/24 is directly connected, Serial0/0/0
R   192.168.10.0/24 [120/1] via 192.168.1.1, 00:00:11, Serial0/0/0
R   192.168.20.0/24 [120/2] via 192.168.1.1, 00:00:39, Serial0/0/0
C   192.168.30.0/24 is directly connected, FastEthernet0/0
routerc#

步骤 11：使用 ping 命令分别测试 PC11、PC21、PC31 三台计算机之间的连通性
步骤 12：查看路由器的静态映射

routera#**show frame-relay map**
Serial0/0/0 (up): ip 192.168.1.2 dlci 102, dynamic, broadcast, CISCO, status defined, active
Serial0/0/0 (up): ip 192.168.1.3 dlci 103, dynamic, broadcast, CISCO, status defined, active
routera#

routerb#**show frame-relay map**
Serial0/0/0 (up): ip 192.168.1.1 dlci 201, dynamic, broadcast, CISCO, status defined, active
routerb#

routerc#**show frame-relay map**
Serial0/0/0 (up): ip 192.168.1.1 dlci 301, dynamic, broadcast, CISCO, status defined, active
routerc#

步骤 13：查看帧中继虚电路

routera#**show frame-relay pvc**
PVC Statistics for interface Serial0/0/0 (Frame Relay DTE)
DLCI = 102, DLCI USAGE = LOCAL, PVC STATUS = ACTIVE, INTERFACE = Serial0/0/0
  input pkts 14055   output pkts 32795   in bytes 1096228

```
        out bytes 6216155        dropped pkts 0          in FECN pkts 0
        in BECN pkts 0           out FECN pkts 0         out BECN pkts 0
        in DE pkts 0             out DE pkts 0
        out bcast pkts 32795     out bcast bytes 6216155
          DLCI = 103, DLCI USAGE = LOCAL, PVC STATUS = ACTIVE, INTERFACE = Serial0/0/0
        input pkts 14055         output pkts 32795       in bytes 1096228
        out bytes 6216155        dropped pkts 0          in FECN pkts 0
        in BECN pkts 0           out FECN pkts 0         out BECN pkts 0
        in DE pkts 0             out DE pkts 0
        out bcast pkts 32795     out bcast bytes 6216155
        routera#

    routerb#show frame-relay map
    Serial0/0/0 (up): ip 192.168.1.1 dlci 201, dynamic, broadcast, CISCO, status defined, active
    routerb#show frame-relay pvc
    PVC Statistics for interface Serial0/0/0 (Frame Relay DTE)
          DLCI = 201, DLCI USAGE = LOCAL, PVC STATUS = ACTIVE, INTERFACE = Serial0/0/0
        input pkts 14055         output pkts 32795       in bytes 1096228
        out bytes 6216155        dropped pkts 0          in FECN pkts 0
        in BECN pkts 0           out FECN pkts 0         out BECN pkts 0
        in DE pkts 0             out DE pkts 0
        out bcast pkts 32795     out bcast bytes 6216155
        routerb#
    routera#show frame-relay lmi
    LMI Statistics for interface Serial0/0/0 (Frame Relay DTE) LMI TYPE = CISCO
        Invalid Unnumbered info 0        Invalid Prot Disc 0
        Invalid dummy Call Ref 0         Invalid Msg Type 0
        Invalid Status Message 0         Invalid Lock Shift 0
        Invalid Information ID 0         Invalid Report IE Len 0
        Invalid Report Request 0         Invalid Keep IE Len 0
        Num Status Enq. Sent 450         Num Status msgs Rcvd 449
        Num Update Status Rcvd 0         Num Status Timeouts 16
        routera#
    routerb#show frame-relay lmi
    LMI Statistics for interface Serial0/0/0 (Frame Relay DTE) LMI TYPE = CISCO
        Invalid Unnumbered info 0        Invalid Prot Disc 0
        Invalid dummy Call Ref 0         Invalid Msg Type 0
        Invalid Status Message 0         Invalid Lock Shift 0
```

```
        Invalid Information ID 0        Invalid Report IE Len 0
        Invalid Report Request 0        Invalid Keep IE Len 0
        Num Status Enq. Sent 452        Num Status msgs Rcvd 451
        Num Update Status Rcvd 0        Num Status Timeouts 16
routerb#
```

步骤 14：关闭 routera 的水平分割功能

```
routera(config)#interface serial 0/0/0
routera(config-if)#no ip split-horizon
routera(config-if)#end
routera#
```

步骤 15：配置路由器口令，然后进行远程登录（略）

步骤 16：保存配置文件（略）

步骤 17：清除配置文件（略）

习　题

一、选择题

1. 帧中继经常部署在什么地方？（　　）
   A. 在端用户的 DCE 设备和服务提供商的 DTE 设备之间
   B. 在端用户的 DTE 设备和服务提供商的 DCE 设备之间
   C. 在服务提供商的 DCE 设备之间
   D. 在端用户的 DTE 设备之间

2. 帧中继工作在 OSI 参考模型的哪一层？（　　）
   A. 应用层　　　B. 网络层　　　C. 物理层　　　D. 数据链路层

3. Cisco 设备上默认的 LMI 类型是什么？（　　）
   A. ANSI　　　　B. Cisco　　　　C. IETF　　　　D. q933a

4. 为什么帧中继路径被称为虚电路？（　　）
   A. 没有连接到帧中继运营商的专用电路
   B. 根据需要创建和拆除帧中继 PVC
   C. PVC 端点之间的连接类似于电话拨号
   D. 帧中继运营商网络云中没有专用电路

5. 使用什么标识通往帧中继网络中下一台帧中继交换机的路径？（　　）
   A. CIR　　　　B. DLCI　　　　C. FECN　　　　D. BECN

6. 在帧中继环境中配置子接口有何优点？（　　）
   A. DLCI 将有全局意义　　　　　B. 避免了使用逆向 ARP
   C. 解决了水平分割问题　　　　　D. 改善了流量控制和带宽使用效率

7. DLCI 号是如何分配的？（　　）
   A. 由 DLCI 服务器分配　　　　　B. 由用户随意分配

C．由服务供应商分配　　　　　　D．根据主机 IP 地址分配

8．某台路由器可通过同一帧中继接口到达多个网络，该路由器如何知道远程网络 IP 地址对应的 DLCI？（　　）

A．查询帧中继映射

B．查询路由选择表

C．使用帧中继交换机表将 DLCI 映射到 IP 地址

D．使用 RARP 查找 DLCI 对应的 IP 地址

9．要通过帧中继网络连接到一台非 Cisco 设备，必须配置下列哪些选项？（　　）

A．LMI 类型 ANSI　　　　　　　B．LMI 类型 q933a

C．封装 IETF　　　　　　　　　D．IP 逆向 ARP

10．在 Cisco 路由器的帧中继接口上执行命令 frame-relay map ip 192.168.1.1 130 后，下述哪些说法是正确的？（　　）

A．远程设备的 IP 地址为 192.168.1.1

B．远端 DLCI 为 130

C．本地 DLCI 为 130

D．要达到远程网络，可能需要静态路由

二、简答题

1．路由器和帧中继交换机之间的本地逻辑连接有什么标识？

2．帧中继使用哪种方法动态地将地址映射到 DLCI？

3．Cisco 路由器支持哪些 LMI 类型？

4．在 Cisco 路由器上，默认的帧中继封装类型是什么？

5．默认的子接口类型是点对点还是多点连接？

6．在帧中继网络中，LMI 有什么作用？

7．什么是 Inverse ARP？它是如何工作的？

三、实训题

1．在 Packet Tracer 中模拟如图 14.18 所示的网络拓扑图。调试路由器、帧中继云使 PC11、PC21、PC31、PC41 等计算机之间互连互通。

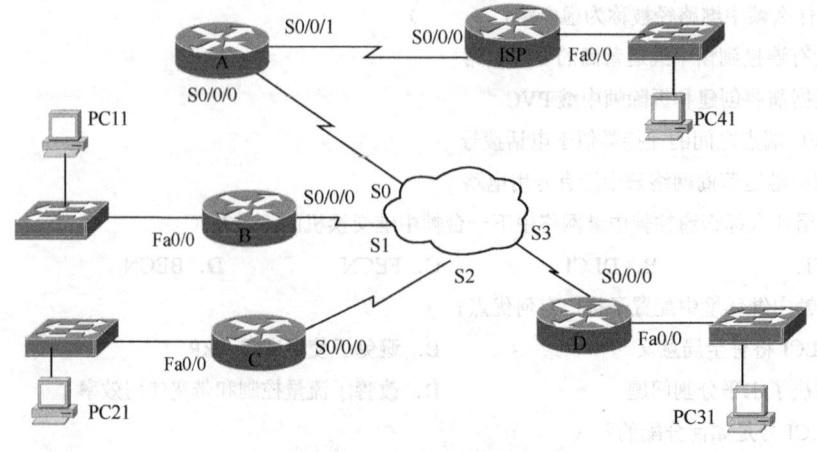

图 14.18　配置帧中继

请规划设计：

(1) 设计路由器各接口 IP 地址、子网掩码；

(2) 计算机 IP 地址、子网掩码；

(3) 各虚电路 DLCI；

(4) 配置路由（静态或动态）。

使各计算机之间互连互通。

模块七　局域网接入 Internet

随着网络技术和通信技术的高速发展，特别是 Internet 的飞速发展，全球一体化的学习、生活和工作方式越来越凸现出来。人们不再仅仅满足于单位内部网络的信息共享，更需要和单位外部的网络尤其是因特网相互连接，享受因特网上的信息服务，但在共享资源的同时需要保证网络数据的安全。

由于 Internet 增长迅速，可用 IPv4 地址正在快速耗尽，为了应付 IP 地址枯竭问题，开发了几种短期解决方案：

- 采用 DHCP 技术；
- 使用私有地址和 NAT 转换。

下面就通过两个实际工程项目来进行学习。

项目 15：使用访问控制列表管理数据流

项目 16：私有局域网接入 Internet

项目 15　使用访问控制列表管理数据流

15.1　用户需求

某公司组建自己的企业网，在企业网内有公司的财务处、公司领导、企业员工等部门，并且其合作伙伴的局域网也接入了其企业网。为保证公司信息安全，公司决定不允许合作伙伴的局域网访问公司的财务处，但允许与其他部门的主机之间通信；不允许企业员工部门访问公司的 FTP 服务器和使用 Telnet。

15.2　相关知识

15.2.1　ACL 概述

1. ACL 功能

网络管理员经常面临必须设法拒绝那些不希望的访问连接，同时又要允许那些正常访问的连接问题。例如，网络管理员或许想允许局域网内的用户访问 Internet，同时他又不愿意局域网以外的用户通过 Internet 使用 Telnet 登录到本局域网。访问控制列表（Access Control List，ACL）是一个控制网络的有力工具，使用 ACL 可以完成两项主要功能：分类和过滤。

（1）分类。路由器使用 ACL 来识别特定的数据流。ACL 识别数据流并将其分类后，便可通过配置指示路由器如何处理这些数据流。例如，可使用 ACL 来识别来自 XX 子网的数据流，然后在拥塞的 WAN 链路上授予这些数据流高于其他数据流的优先级。

分类可以让网络管理员对 ACL 定义的数据流进行特殊的处理，例如：
- 识别通过虚拟专用网（VPN）连接进行传输时需要加密的数据流；
- 识别要将其从一种路由选择协议重分发到另一种路由选择协议中的路由；
- 结合使用路由过滤来确定要将哪些路由包含在路由器之间传输的路由选择更新中；
- 结合使用基于策略的路由选择来确定通过专用链路传输哪些数据流；
- 结合使用网络地址转换（NAT）来确定要转发哪些地址；
- 结合使用服务质量（QoS）来确定发生拥塞时应调度队列中的哪些数据包。

（2）过滤。ACL 通过在路由器接口处控制路由数据包是被转发还是被阻塞来过滤网络通信流量。路由器根据 ACL 中指定的条件来检测通过路由器的每个数据包，从而决定是转发还是丢弃该数据包。ACL 中的条件，既可以是数据包的源地址，也可以是目的地址，还可以是上层协议或其他因素。

Cisco 提供了拒绝或允许如下数据流通过的 ACL：
- 前往或来自特定路由器接口的数据流；
- 前往或离开路由器 VTY 端口，用于管理路由器的 Telnet 数据流。

默认情况下，所有数据流都被允许进入和离开所有的路由器接口。

ACL 可以当做一种网络控制的有力工具，用来过滤流入、流出路由器接口的数据包。

2. 建立 ACL 的作用

建立 ACL 主要有以下几方面的作用：

（1）控制网络流量、提高网络性能。将 ACL 应用到路由器接口，对经过接口的数据包进行检查，并根据检查的结果决定数据包被转发还是被丢弃，达到控制网络流量，提高网络性能的目的。例如，通过 ACL 限制用户访问大型的 P2P 站点，以及过滤常用 P2P 软件使用的端口方式来达到限制网络流量的目的。

（2）控制用户网络行为。在路由器接口处，决定哪种类型的通信流量被转发、哪种类型的通信流量被阻塞。例如，禁止单位员工看股票、用 QQ 聊天，只靠管理手段是不够的，还必须从技术上进行控制。可以用两种方法限制用户的行为：第一种是使用 ACL 限制用户只能使用常用的因特网服务，其他服务全部过滤掉；第二种是封堵软件的端口或禁止用户登录软件的服务器。

（3）控制网络病毒的传播。这是 ACL 使用最广泛的功能。例如，蠕虫病毒在局域网传播的常用端口为 TCP 135、139 和 445，通过 ACL 过滤掉目的端口为 TCP 135、139 和 445 的数据包，就可控制病毒的传播。

（4）提供网络访问的基本安全手段。例如，ACL 允许某一主机访问某网络，而阻止另一主机访问同样的网络。

3. ACL 的工作原理

ACL 定义了一组规则，来控制进入入站接口的数据包、通过路由器进行转发的数据包及离开路由器出站接口的数据包；ACL 不影响源自当前路由器的数据包，而是一些指定路由器如何对流经指定接口的数据流进行处理的语句。ACL 以下列两种方式运行。

（1）入站 ACL。负责过滤进入路由器接口的数据流量。在到来的数据包被转发到出站接口前对其进行处理。入站 ACL 的效率很高，因此当数据包因未能通过过滤测试而被丢弃时，将节省查找路由选择表的时间。仅当数据包通过测试后，才对其做路由选择方面的处理。

（2）出站 ACL。负责过滤从路由器接口发出的数据流量。入站数据包首先被转发到出站接口，然后根据出站 ACL 对其进行处理。

路由器出站 ACL 的工作原理如图 15.1 所示，当一个数据包进入了一个入站接口时，路由器对它进行检查，看它是否是可路由的。如果遇到任何不可路由的情况，这个数据包就会被丢弃。要是数据包是可路由的，一个路由选择表的入口为它指出了一个目标网络，以及要使用的具体接口。

然后路由器检查出站接口是否有 ACL。如果出站接口没有 ACL，就把这个数据包直接送到出站接口 S0 输出；如果出站接口有 ACL，则将根据该 ACL 中的语句进行测试，再根据测试结果决定拒绝还是允许数据包。

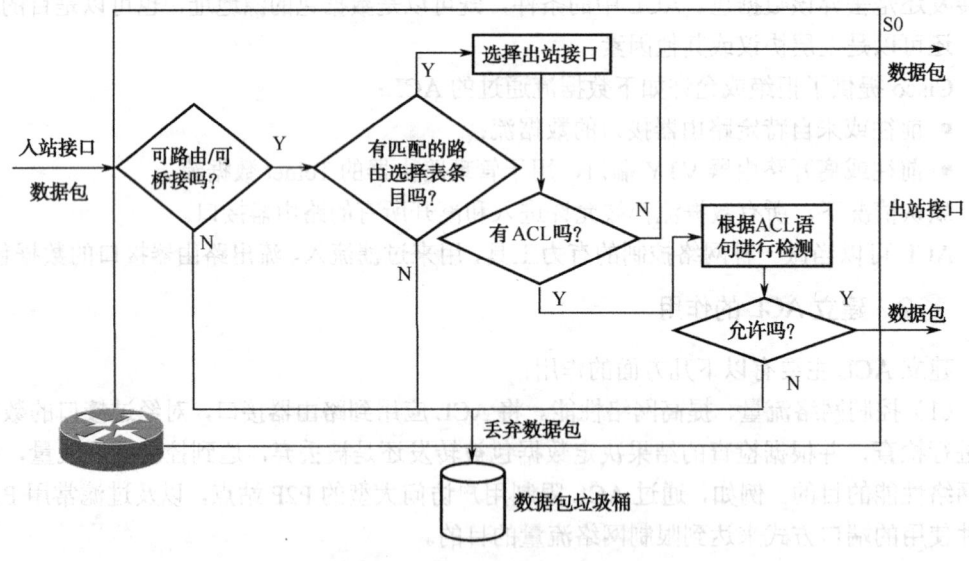

图 15.1　出站 ACL 的工作原理

对于入站 ACL，当数据包接入接口后，路由器检查该接口是否有 ACL。如果入站接口没有 ACL，路由器将检查路由选择表以确定数据包是否是可路由的。如果数据包不可路由，则路由器将丢弃它。如果入站接口有 ACL，那么路由器将根据该 ACL 中的语句进行测试，再根据测试结果决定拒绝还是允许数据包。就入站 ACL 而言，允许意味着数据包将被接着处理，而拒绝则意味着数据包将被丢弃。

路由器按顺序自上而下地处理 ACL 中的语句，每次将数据包与一条语句进行比较。找到与数据包报头匹配的语句后，将跳过其他语句，并根据匹配的语句允许或拒绝数据包。如果数据包报头与当前语句不匹配，则将其与下一跳语句进行比较。这一过程将不断地进行下去，直到到达 ACL 末尾。如图 15.2 所示说明了语句的匹配过程。

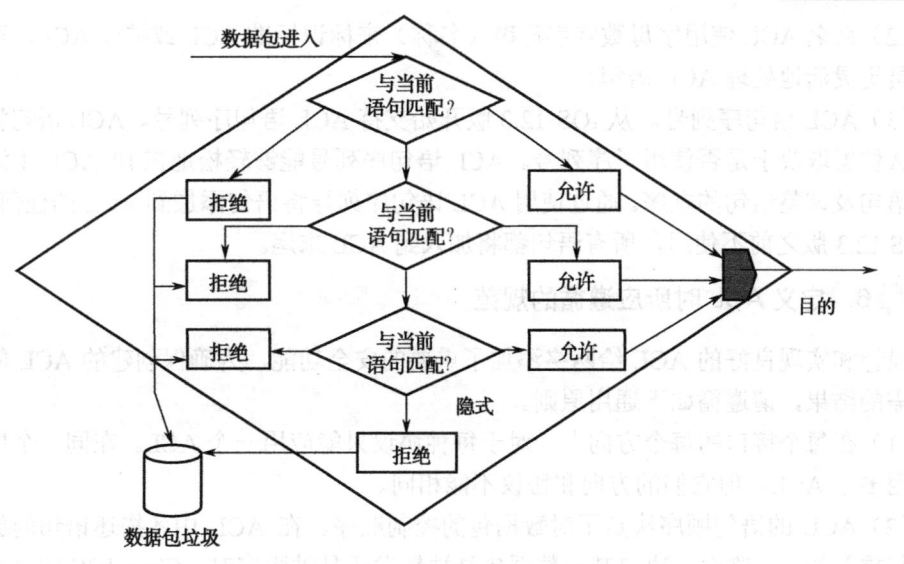

图 15.2 ACL 中语句的匹配过程

最后的隐式语句同不符合任何条件的数据包匹配。这个测试条件与遗留的所有数据包匹配，并执行拒绝操作，因此，路由器不是将它们发送到出站接口，而是将它们丢弃。这条最后的语句常被称为"拒绝一切的隐式语句"。鉴于这条隐式语句，ACL 至少应包含一条允许语句，否则它将拒绝所有数据流。在路由器配置中，不会显示拒绝所有数据流的隐式语句。

4. ACL 的类型

根据所使用的判断条件不同，ACL 分为以下两大类。

（1）标准 ACL。标准 ACL 检查数据包的源地址，结果是根据源网络、子网或主机 IP 地址允许或拒绝整个协议簇。

（2）扩展 ACL。扩展 ACL 检查数据包的源地址、目的地址、协议及数据所要访问的端口及其他参数。在判断条件上，扩展 ACL 具有比标准 ACL 更加灵活的优势，能够完成很多的标准 ACL 不能完成的工作。

可使用以下两种方式标识标准 ACL 和扩展 ACL。

（1）编号 ACL 使用数字进行标识。

（2）命名 ACL 使用描述性名称或编号进行标识。

5. 标识 ACL

（1）创建编号的 ACL 时，将 ACL 编号作为全局 ACL 语句的第一个参数。根据 ACL 编号可以判断是标准 ACL 还是扩展 ACL。如表 15.1 所示列出了每种协议的 ACL 编号范围。

表 15.1 协议及其所允许的 ACL 编号的取值范围

协　　议	ACL 编号的取值范围	是有名字的访问列表吗？
IP 标准	1~99	是
	1300~1999（IOS 从 12.0 开始支持）	
Extended IP（扩展）	110~199	是
	2000~2699（IOS 从 12.0 开始支持）	

（2）命名 ACL 使用字母数字字符串（名称）来标识标准 ACL 或扩展 ACL，可以让管理员更灵活地处理 ACL 语句。

（3）ACL 语句序列号。从 IOS 12.3 版开始支持 ACL 语句序列号。ACL 语句将加入到什么位置取决于是否使用了序列号。ACL 语句序列号能够轻松地在 IP ACL 中添加或删除语句及调整语句的顺序。通过使用 ACL 语句序列号将语句添加到 ACL 的任何位置。在 IOS 12.3 版之前不使用，所有语句都将加入到 ACL 末尾。

▶6．定义 ACL 时所应遵循的规范

设计和实现良好的 ACL 给网络添加了重要的安全功能，为确保创建的 ACL 能够得到所需的结果，请遵循如下通用原则。

（1）在每个接口的每个方向上，对于每种协议只能应用一个 ACL。在同一个接口上可应用多个 ACL，但它们的方向和协议不能相同。

（2）ACL 的语句顺序决定了对数据包的控制顺序。在 ACL 中各描述语句的放置顺序是很重要的。当路由器决定某一数据包是被转发还是被阻塞时，Cisco IOS 软件按照各描述语句在 ACL 中的顺序，根据各描述语句的判断条件，对数据包进行检查，一旦找到了某一匹配条件，就结束比较过程，不再检查以后的其他条件判断语句。

（3）最有限制性的语句应该放在 ACL 语句的首行。把最有限制性的语句放在 ACL 语句的首行或者语句中靠近前面的位置上，把"全部允许"或者"全部拒绝"这样的语句放在末行或接近末行，可以防止出现诸如本该拒绝的数据包被放过的情况。

（4）在 ACL 末尾有一条隐含的"deny any"语句，所以每个 ACL 都应至少包含一条 permit 语句，否则所有数据流都将被拒绝。

（5）通常应将扩展 ACL 放在离要拒绝的数据流的信源尽可能近的地方。由于标准 ACL 没有指定目标地址，必须将标准 ACL 放在离要拒绝的数据流的目的地尽可能近的地方，以便信源无法将数据流传输到中转网络。

15.2.2　通配符掩码位

地址过滤是根据 ACL 地址通配符进行的，通配符掩码是一个 32 比特位的数字字符串，它被用点号分成 4 个 8 位组，每组包含 8 比特位。在通配符掩码位中，0 表示"检查相应的位"，而 1 表示"不检查（忽略）相应的位"。

ACL 使用通配符掩码位来标志一个或几个地址是被允许，还是被拒绝的。通配符掩码位是"ACL 掩码位配置过程"的简称，和 IP 子网掩码不同。它是一个颠倒的子网掩码（如 0.255.255.255 和 255.255.255.0）。

通配符掩码还有两个特殊的关键字，即 any 和 host。

（1）通配符 any。表示所有主机，是通配符掩码 255.255.255.255 的简写形式。例如，允许所有 IP 地址的数据都通过，可使用以下两种 ACL 语句。

Router(config)#**access-list** *1 permit* 0.0.0.0　255.255.255.255

等于：

Router(config)#**access-list** *1 permit*　*any*

（2）通配符 host。表示一台主机，是通配符掩码 0.0.0.0 的简写形式。例如，只检查 IP 地址为 172.33.160.69 的数据包，可以使用以下两种 ACL 语句。

Router(config)#**access-list** *1* **permit** *172.33.160.69   0.0.0.0*

等于：

Router(config)#**access-list** *1* **permit** host *172.33.160.69*

15.2.3　ACL 的配置

1. 标准 IP ACL 配置过程

（1）定义。使用全局配置命令 access-list 来定义一个标准 ACL，并给它分配一个数字编号。使用的命令如下。

Router(config)#**access-list** *access-list-number* {**perrmit**|**deny**} *source-address* [*source-wildcard*]

其中：

- access-list-number：ACL 编号。
- deny：匹配的数据包将被过滤掉。
- permit：允许匹配的数据包通过。
- source-address：数据包的源地址，可以是主机 IP 地址，也可以是网络地址。
- source-wildcard：用来跟源地址一起决定哪些位需要进行匹配操作。

在全局模式下采用 no access-list *access-list-number* 可以删除整个 ACL，然后再重新创建。在 12.3 版及更高版本的 IOS 中，可使用命令 no sequence-number 来删除特定的 ACL 语句。

（2）应用到接口。access-group 命令可以把某个现存的 ACL 与某个接口联系起来。在每个端口、每个协议、每个方向上只能有一个 ACL。access-group 命令的语法格式如下：

Router(config-if)#**ip access-group** *access-list-number* {*in*|*out*}

其中，access-list-number：ACL 编号，用来指出链接到这一接口的 ACL 编号。in|out：用来指示该 ACL 是被应用到流入接口（in），还是流出接口（out）。如果 in 和 out 都没有指定，那么默认为 out。

删除：首先输入"no access-group"命令，并带有它的全部设定参数，然后再输入"no access-list"命令，并带有 access-list-number。

2. 扩展 ACL 配置过程

（1）定义扩展 ACL。

Router(config)#**access-list** *access-list-number* {**permit**|**deny**} *{protocol} source-address source-wildcard* [**operator** *source-port-number*] *destination-address destination-wildcard* [**operator** *destination-port- number*] [*established*] [*options*]

表 15.2 列出了扩展 ACL 命令参数及其详细说明。

表 15.2 扩展 ACL 命令参数及其说明

参　数	参　数　说　明
access-list-number	ACL 编号，使用一个 100～199 或 2300～2699 之间的数字来标识一个 ACL
permit | deny	指定允许还是拒绝符合指定条件的数据流通过
protocol	协议，定义了需要被过滤的协议类型，如 IP、TCP、UDP、ICMP、IGRP（内部网关路由选择协议）、GRE（通用路由选择封装）等
source-address and destination-address	分别用来标识源地址和目的地址
source-wildcard and destination-wildcard	通配符掩码，source-wildcard 是源掩码，跟源地址相对应；destination-wildcard 是目的掩码，跟目的地址相对应。0 表示该比特位必须严格匹配；而 1 则表示该比特位不需要进行检查
operator source-port-number/ destination-port-number	lt（小于）、gt（大于）、eq（等于）或 neq（不等于）。source-port-number 源端口号；destination-port-number 目标端口号。也可使用著名的应用程序名（如 Telnet、FTP 或 SMTP）来替代端口号
established	只适用于入站 TCP 数据流。如果 TCP 数据流是对出站会话的响应，则允许它通过。这种数据流的确认（ACK）被设置

（2）应用到接口

Router(config-if)#**ip access-group** *access-list-number* {**in**|**out**}

其中，access-list-number：用来指出连接到这个接口的 ACL 编号。in|out：指示该 ACL 是应用到入站接口还是出站接口。如果 in 和 out 都没有指定，那么默认为 out。

3. 查看 ACL 正确性的命令

在配置完访问列表之后，可以使用以下的命令查看所配制的 ACL。

（1）Router#**show** {*protocol*} **access-list** {*access-lis-number*}：用来查看所建立的 ACL。

（2）Router#**show** {*protocol*} **interface** {*type*|*number*}：用来查看在接口上应用的 ACL 及其方向。

（3）Router#**show running-config**：用来显示所配置过的所有命令，包括 ACL。

4. ACL 的位置

在适当的位置放置 ACL 可以过滤掉不必要的流量，使网络更加高效。ACL 可以充当防火墙来过滤数据包并去除不必要的流量。ACL 的放置位置决定了是否能有效地减少不必要的流量。例如，会被远程目的地拒绝的流量不应该消耗通往该目的地的路径上的网络资源。

每个 ACL 都应该放置在最能发挥作用的位置，基本的规则是：

- 将扩展 ACL 尽可能靠近要拒绝流量的源。这样，才能在不需要的流量流经网络之前将其过滤掉。
- 因为标准 ACL 不会指定目的地址，所以其位置应该尽可能靠近目的地。

对于过滤从同一个源到同一个目的的数据流量，在网络中应用标准 ACL 和应用扩展 ACL 的位置是不同的，如图 15.3 所示。

如果要禁止主机 C 访问主机 A，可以在网络中使用标准 ACL，使用的命令如下：

```
Router(config)#access-list 10 deny host 192.166.0.11
Router(config)#access-list 10 permit any
```

或者扩展 ACL，命令如下：

```
Router(config)#access-list 101 deny ip host 192.166.0.11 host 11.1.0.1
Router(config)#access-list 101 permit ip any any
```

使用的位置如图 15.3 所示。如果把使用两种 ACL 的位置颠倒，比如在路由器的 S0/0 接口上应用标准 ACL，那么主机 C 将会无法访问其他网段的主机，如主机 B，这显然是错误的。

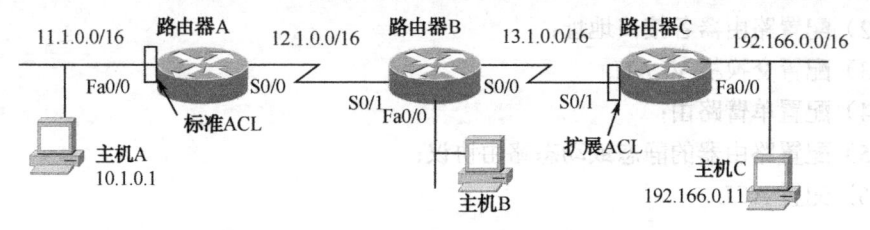

图 15.3　不同种类的 ACL 在网络中的位置

15.3　方案设计

首先，在公司内部的局域网，为了管理方便，划分四个子网，VLAN10 为财务处，VLAN20 为公司员工，VLAN30 为公司领导，VLAN99 为服务器使用。而公司的路由器上只有两个以太网口，将服务器连接到以太网端口 F0/0，另四个子网连接到 F0/1，通过在二层交换机上划分 VLAN，在路由器上通过单臂路由来实现 VLAN 之间通信。为了不允许公司临时员工访问公司的 FTP 服务器和使用 Telnet，可以通过在路由器上使用扩展 ACL 来实现。不允许合作伙伴的局域网访问公司的财务部门而可以访问公司的其他部门，可以通过在路由器上使用标准 ACL 来实现。

15.4　项目实施

15.4.1　项目目标

通过本项目的完成，可以使学生掌握以下技能：
（1）能够配置标准访问控制列表；
（2）能够使用 IP 标准访问控制列表控制数据包的流向；
（3）能够对 IP 扩展访问控制列表进行配置；
（4）能够应用 IP 扩展访问控制列表对不同的数据包进行流向的控制。

15.4.2　实训任务

为了实现本项目，构建如图 15.4 所示的网络实训环境，并完成如下的配置任务：

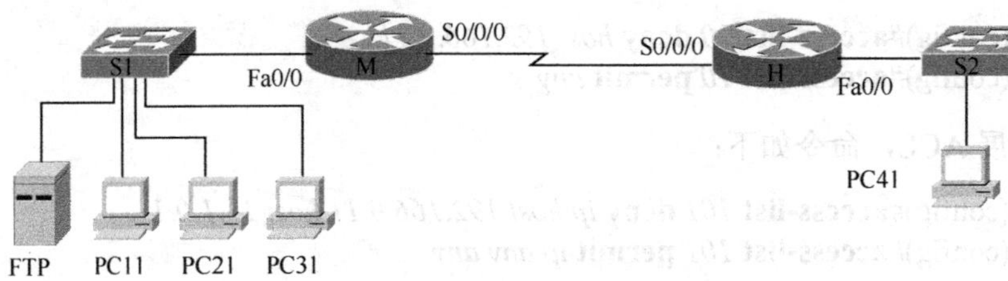

图 15.4 使用 ACL 控制数据流

（1）配置路由器的名称、控制台口令、超级密码；
（2）配置路由器各接口地址；
（3）配置交换机 VLAN；
（4）配置单臂路由；
（5）配置路由器的静态或动态路由协议；
（6）配置 ACL。

15.4.3 设备清单

为了完成本项目，搭建如图 15.4 所示的网络实训环境，需要如下的设备及材料：
（1）Cisco 2811 路由器（2 台）；
（2）Cisco Catalyst 2960 交换机（2 台）；
（3）PC 4 台；
（4）双绞线（若干根）；
（5）反转电缆 2 根；
（6）V.35 电缆。

15.4.4 实施过程

步骤 1：规划设计

（1）规划各路由器名称，各接口 IP 地址、子网掩码如表 15.3 所示。

表 15.3 路由器名称、接口 IP 地址及子网掩码

部门	路由器名称	接口		IP 地址	子网掩码	描述
公司	mrouter	S0/0/0		192.168.100.1	255.255.255.0	link to hrouter-s0/0/0
		Fa0/0	Fa0/0.1	192.168.200.1	255.255.255.0	link to sw1
			Fa0/0.2	192.168.10.1	255.255.255.0	
			Fa0/0.3	192.168.20.1	255.255.255.0	
			Fa0/0.4	192.168.30.1	255.255.255.0	
合作伙伴	hrouter	S0/0/0		192.168.100.2	255.255.255.0	link to mrouter-s0/0/0
		Fa0/0		192.168.40.1	255.255.255.0	link to sw3

（2）规划各计算机的 IP 地址、子网掩码和网关如表 15.4 所示。

表 15.4 计算机 IP 地址、子网掩码和网关

计算机	VLAN ID	VLAN 名称	IP 地址	子网掩码	网关
PC11	10	finance	192.168.10.10	255.255.255.0	192.168.10.1
PC21	20	lead	192.168.20.10	255.255.255.0	192.168.20.1
PC31	30	employee	192.168.30.10	255.255.255.0	192.168.30.1
PC41			192.168.40.10	255.255.255.0	192.168.40.1
FTP	99	Server	192.168.200.10	255.255.255.0	192.168.200.1

（3）规划交换机的名称、管理地址等。

在本项目中，交换机 S2 作为傻瓜交换机使用，不用进行配置。在交换机 S1 上需要划分 VLAN，进行配置，端口所属 VLAN 见表 15.5 所示。

表 15.5 交换机 S1 端口所属 VLAN、管理地址

交换机	管理地址	端口	所属 VLAN
S1	192.168.100.200/24	Fa0/2	VLAN 99
		Fa0/3	VLAN 10
		Fa0/4	VLAN 20
		Fa0/15	VLAN 30

步骤 2：实训环境准备

（1）硬件连接。在路由器、交换机和计算机断电的状态下，按照图 15.3 所示连接硬件。
（2）分别打开设备，给各设备供电。

步骤 3：按照表 15.4 所列设置各计算机的 IP 地址、子网掩码、默认网关

步骤 4：清除各网络设备配置（略）

步骤 5：测试网络连通性

使用 ping 命令分别测试 PC11、PC21、PC31、PC41、FTP 五台计算机之间的连通性。

步骤 6：配置交换机

（1）按照表 15.4 和表 15.5 在交换机 S1 上创建 VLAN，配置端口（略）。
（2）配置交换机 S1 的中继端口。

```
Switch(config)#interface FastEthernet0/1
Switch(config-if)#switchport mode trunk
```

步骤 7：配置公司路由器

在 PC11 上通过超级终端登录到路由器 M 上，进行配置。

（1）配置路由器主机名。

```
Router#config terminal
Router(config)#hostname mrouter
mrouter(config)#exit
```

（2）为路由器 M 各接口分配 IP 地址（单臂路由器）。

```
mrouter(config)#interface Serial0/0/0
mrouter(config)#description link to hrouter-s0/0/0
mrouter(config-if)#ip address 192.168.100.1 255.255.255.0
mrouter(config-if)#clock rate 64000
mrouter(config-if)#no shutdown
mrouter(config-if)#exit
mrouter(config)#interface FastEthernet0/0
mrouter(config)#description link to sw1
mrouter(config-if)#no shutdown
mrouter(config-if)#exit
mrouter(config-if)#interface FastEthernet0/1.1
mrouter(config-subif)#encapsulation dot1Q 200
mrouter(config-subif)#ip address 192.168.200.1 255.255.255.0
mrouter(config-subif)#no shutdown
mrouter(config-subif)#interface FastEthernet0/0.2
mrouter(config-subif)#encapsulation dot1Q 10
mrouter(config-subif)#ip address 192.168.10.1 255.255.255.0
mrouter(config-subif)#interface FastEthernet0/0.3
mrouter(config-subif)#encapsulation dot1Q 20
mrouter(config-subif)#ip address 192.168.20.1 255.255.255.0
mrouter(config-subif)#interface FastEthernet0/0.4
mrouter(config-subif)#encapsulation dot1Q 30
mrouter(config-subif)#ip address 192.168.30.1 255.255.255.0
mrouter(config-subif)#exit
mrouter(config-if)#no shutdown
mrouter(config-if)#exit
```

（3）配置静态路由。

```
mrouter#config terminal
mrouter(config)#ip route 192.168.40.0    255.255.255.0    192.168.100.2
```

或

```
mrouter(config)#ip route 192.168.40.0    255.255.255.0    Serial 0/0/0
mrouter(config)#end
mrouter#write
```

步骤 8：配置合作伙伴路由器

在 PC41 通过超级终端登录到合作伙伴路由器上，进行配置。

（1）配置路由器主机名（略）。

（2）为路由器 H 各接口分配 IP 地址（略）。

（3）配置静态路由。

```
hrouter#config terminal
hrouter(config)#ip route 192.168.10.0    255.255.255.0    192.168.100.1
hrouter(config)#ip route 192.168.20.0    255.255.255.0    192.168.100.1
hrouter(config)#ip route 192.168.30.0    255.255.255.0    192.168.100.1
hrouter(config)#ip route 192.168.200.0    255.255.255.0    192.168.100.1
hrouter(config)#end
hrouter#write
```

步骤 9：测试网络的连通性

（1）使用 ping 命令分别测试 PC11、PC21、PC31、PC41、FTP 五台计算机之间的连通性。此时应该是全通的。如果有部分不通，请检查原因。

（2）在 PC41 的 MS-DOS 方式下：

```
PC>telnet 192.168.100.1
Trying 192.168.100.1 ...Open
User Access Verification
Password:
mrouter>
```

（3）在 PC41 的 MS-DOS 方式下：

```
PC>ftp 192.168.100.100
Trying to connect...192.168.100.100
Connected to 192.168.100.100
220- Welcome to PT Ftp server
Username:cisco
331- Username ok, need password
Password:cisco
230- Logged in
(passive mode On)
ftp>
```

步骤 10：在路由器 M 上配置 IP 标准 ACL

```
//允许来自 192.168.10.0/24、192.168.20.0/24 和 192.168.30.0/24 网段的主机发出的数据包通过
mrouter(config)#access-list 10 permit 192.168.10.0    0.0.0.255
mrouter(config)#access-list 10 permit 192.168.20.0    0.0.0.255
mrouter(config)#access-list 10 permit 192.168.30.0    0.0.0.255
//不允许来自和 192.168.40.0 / 24 网段（合作伙伴）主机发出的数据包通过
mrouter(config)#access-list 10 deny 192.168.40.0    0.0.0.255
//查看 ACL
mrouter#show access-list 10
Standard IP access list 10
permit 192.168.10.0 0.0.0.255 (4 match(es))
permit 192.168.20.0 0.0.0.255 (4 match(es))
permit 192.168.30.0 0.0.0.255 (4 match(es))
deny 192.168.40.0 0.0.0.255 (6 match(es))
mrouter#         //把 ACL 应用在公司路由器的 Fa0/0 接口输出方向上
mrouter(config)#interface FastEthernet0/0
mrouter (config-if)#ip access-group 10 out
```

步骤 11：在路由器 M 上配置 IP 扩展 ACL

FTP 使用端口 20 和 21，因此为拒绝 FTP 需要指定 eq 20 和 eq 21。

```
//不允许使用 ftp
mrouter(config)#access-list 110 deny tcp 192.168.40.0 0.0.0.255 192.168.100.0 0.0.0.255 eq 20
mrouter(config)#access-list 110 deny tcp 192.168.40.0 0.0.0.255 192.168.100.0 0.0.0.255 eq 21
// 不允许 telnet
mrouter(config)#access-list 110 deny tcp 192.168.40.0 0.0.0.255 any eq 23
```

```
//允许其他数据流
mrouter(config)#access-list 110 permit ip any any
//查看 ACL
mrouter#show access-lists
Extended IP access list 110
    deny tcp 192.168.40.0 0.0.0.255 192.168.100.0 0.0.0.255 eq 20
    deny tcp 192.168.40.0 0.0.0.255 192.168.100.0 0.0.0.255 eq 21
    deny tcp 192.168.40.0 0.0.0.255 any eq telnet
    permit ip any any
mrouter#
mrouter#           //把 ACL 应用在公司路由器的 fa0/1.4 接口输出方向上
mrouter(config)#interface fastethernet 0/1
mrouter(config-if)#ip access-group 110 in
```

步骤 12：测试网络的连通性

（1）使用 ping 命令分别测试 PC11、PC21、PC31、PC41、FTP 五台计算机之间的连通性。

（2）在 PC41 的 MS-DOS 方式下：

```
PC>telnet 192.168.100.1
Trying 192.168.100.1 ...
% Connection timed out; remote host not responding
PC>
```

表示已经不能远程登录到路由器了。

（3）在 PC41 的 MS-DOS 方式下：

```
PC>ftp 192.168.100.100
Trying to connect...192.168.100.100
%Error opening ftp://192.168.100.100/ (Timed out)
Packet Tracer PC Command Line 1.0
PC>(Disconnecting from ftp server)
Packet Tracer PC Command Line 1.0
PC>
```

表示已经不能连接到 FTP 服务器了。

步骤 13：配置各路由器的各种口令，然后进行远程登录（略）
步骤 14：保存路由器的配置文件（略）
步骤 15：清除各网络设备的配置（略）
步骤 16：测试网络的连通性（略）

15.5 扩展知识：命名 ACL

不管是标准 IP ACL，还是扩展 IP ACL，仅用编号区分的 ACL 不便于网络管理员对 ACL 作用的识别。所以，Cisco 公司在 IOS 11.2 中引入了命名的 ACL。

命名的 ACL 可用于标准和扩展 ACL 中，名称区分大小写，并且必须以字母开头。在名称的中间可以包含任何字母数字混合使用的字符，也可以在其中包含 [、]、{、}、_、

一、+、/、\、&、$、#、@、!及?等特殊字符。名称的最大长度为 100 个字符。

15.5.1 命名 IP ACL 的特性

命名 IP ACL 和编号 ACL 的工作原理是一样的，其主要区别如下。
（1）名字能更直观地反映出 ACL 完成的功能。
（2）命名 ACL 没有数目的限制。
（3）命名 ACL 允许删除个别语句，而编号 ACL 只能删除整个 ACL。把一个新语句加入命名的 ACL 需要删除和重新加入该新语句之后的各语句。
（4）单个路由器上命名 ACL 的名称在所有协议和类型的命名 ACL 中必须是唯一的，而不同路由器上的命名 ACL 名称可以相同。
（5）命名 ACL 是一个全局命令，它将使用者进入到命名 IP 列表的子模式，在该模式下建立匹配和允许/拒绝动作的相关语句。

15.5.2 命名标准 ACL 配置

（1）给标准 ACL 命名的命令，语法格式如下：

Router(config)#**ip access-list standard** *name*

（2）指定检测参数。在 ACL 子模式下，通过指定一个或多个允许及拒绝条件，来决定一个数据包是允许通过还是被丢弃。语法格式如下：

Router(config-std-nacl)# [sequence-number] **deny** {*source-address* [*source-wildcard*]|*any*}
Router(config-std-nacl)#[sequence-number] **permit** {*source-address* [*source-wildcard*]|*any*}

（3）删除 ACL。
（4）应用于接口。

15.6 拓展训练

15.6.1 拓展训练 1：应用 ACL 控制远程登录路由设备

由于 VTY 线路不是路由器的接口，在其上没有绑定任何 IP 地址，所以对路由器的任何接口地址的 Telnet 操作都可以远程登录到路由器上，因此 ACL 没有必要限制目的地址和端口号。所以只需要使用标准的 ACL 对访问 VTY 线路的数据流源 IP 地址进行过滤。

在 Cisco 的路由器设备上限制对远程登录的访问，只能通过应用 ACL 来实现。通过在路由器的 VTY 线路上使用已经定义好的 ACL，就可以过滤访问路由器的 VTY 线路的数据流，将 ACL 中允许的数据流放过，而拦截那些未经 ACL 允许的数据流。

假设网络技术公司对该企业路由器进行管理的技术人员的 IP 地址是 211.81.193.10，则应该在该企业路由器的 VTY 线路上应用一个标准 ACL，只允许以 211.81.193.0/24 为源地址的数据包通过，如图 15.5 所示。

图 15.5 用 ACL 限制 VTY 的访问实例拓扑

在配置 VTY 连接的 ACL 时要注意：
- 在配置接口的访问时可以使用带名字的或数字的 ACL；
- 只有数字的访问列表才可以应用到虚拟连接中；
- 因为用户可以连接所有的虚拟终端，因此所有的虚拟终端连接都应用相同的 ACL；
- 应用 VTY ACL 到虚拟连接时，使用命令 access-class 代替命令 access-group。

```
Routerb(config)#access-list 10 permit 211.82.193.0    0.0.0.255
Routerb(config)#access-list 10 deny any

Routerb(config)#line vty 0 4
Routerb(config)#login
Routerb(config)#password cisco
Routerb(config)#access-list 10 in
```

15.6.2 拓展训练 2：应用 ACL 实现单方向访问

某企业有两个办公场所，一个办公场所在市中心，集中了一些管理、财务、人力资源等部门，另一个办公场所在开发区，集中了技术、工程、项目等部门。在市中心的企业总部安装了一台服务器，要求开发区的技术、工程、项目等部门的人员每天将工程进度、计划等信息传递到该服务器，同时出于企业信息安全考虑，公司领导要求开发区办公的各个部门只能访问总部的这台服务器，而不能访问其他部门（如财务等）的主机。

网络拓扑如图 15.6 所示，在本案例中，企业领导要求企业总部的网络能够访问开发区部门的网络，而不允许开发区部门的网络访问企业总部的网络，这就是一个典型的单方向访问的案例。

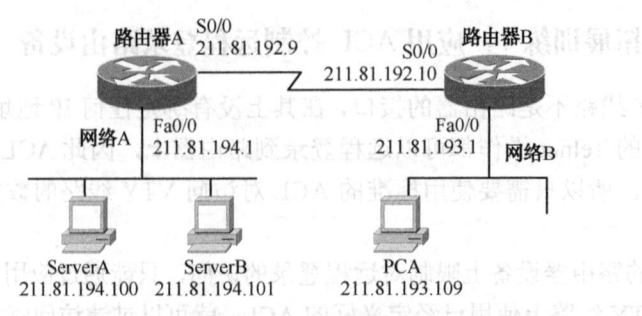

图 15.6 使用扩展的 ACL 过滤数据流实例拓扑

所谓单方向访问，即一部分网络主机可以访问另一部分网络主机，反之则不允许访问。对于单方向访问不能简单地通过 ACL 的 deny 语句来实现，因为在 deny 掉 A 主机向 B 主机访问的同时，B 主机也无法去访问 A 主机。虽然 B 主机的数据流可以到达 A 主机，但是 A 主机向 B 主机回复的数据流被 ACL deny 掉了。

要实现单方向访问，应该使用 permit 语句，让 B 主机访问 A 主机时，A 主机回送的响应数据流通过，而不允许 A 主机发起的向 B 主机的访问通过，这样就实现了主机 B 向主机 A 的单方向访问。这时需要在 permit 语句中应用 established 参数。

在本案例中，假定 211.81.194.100 设备需要访问 211.91.193.109 设备，而不允许 211.91.193.109 设备访问 211.81.194.100。

以下给出了具体的配置文档，以供参考，其中黑体字为关键的配置步骤。

市内总部路由器 A 的配置：

RTA(config)#**interface** *Serial 0/0*
RTA(config-if)#**ip address** *211.81.192.9 255.255.255.0*
RTA(config-if)#**ip access-group** *100 in*   //将已经定义好的扩展 ACL 应用在接口上
RTA(config-if)#**interface** *FastEthernet0/0*
RTA(config-if)#**ip address** *211.81.194.1 255.255.255.0*
RTA(config-if)#**ip address** *211.81.194.100 255.255.255.0 secondary*
RTA(config-if)#**ip address** *211.81.194.101 255.255.255.0 secondary*
RTA(config-if)#**speed** *auto*
RTA(config-if)#**ip route** *211.81.193.0 255.255.255.0 Serial 0/0*
RTA(config-if)#**access-list** *100* **permit** *tcp any host 211.81.194.100 established log*
RTA(config-if)#**access-list** *100* **deny** *ip any any log*
//定义扩展的单方向 ACL，established 参数表示允许 211.81.193.100 建立的连接回送数据

开发区部门路由器 B 的配置：

RTB(config)#**interface** *Serial 0/0*
RTB(config-if)#**ip address** *211.81.192.10 255.255.255.0*
RTB(config-if)#**interface** *FastEthernet0/0*
RTB(config-if)#**ip address** *211.81.193.1 255.255.255.0*
RTB(config-if)#**ip address** *211.81.193.109 255.255.255.0 secondary*
RTB(config-if)#**speed** *auto*
RTB(config-if)#**exit**
RTB(config)#**ip route** *211.81.194.0 255.255.255.0 Serial 0/0*

习　题

一、选择题

1. 对于与 ACL permit 语句匹配的分组，Cisco 路由器将如何处理？（　　）
   A. 将其丢弃　　　　　　　　　　B. 将其返回给发送方
   C. 将其发送到输出缓冲区　　　　D. 将其做进一步处理

2. 对于与 ACL deny 语句匹配的分组，Cisco 路由器将如何处理？（　　）
   A. 将其丢弃　　　　　　　　　　B. 将其返回给发送方
   C. 将其发送到输出缓冲区　　　　D. 将其做进一步处理

3. 可将同一个 ACL 应用于多个接口，在每个接口的每个方向上，针对每种协议可应用多少个 ACL？（　　）
   A. 1　　　　　B. 2　　　　　C. 4　　　　　D. 没有限制

4. 在每个 ACL 末尾的默认语句被称为什么？（　　）

A. 隐式拒绝一切　　　　　　　B. 隐式拒绝主机

C. 隐式允许一切　　　　　　　D. 隐式允许主机

5. 按从上到下的顺序处理 ACL 语句，将具体的语句与匹配的可能性较大的语句放在 ACL 的开头有何好处？（　　）

A. 可减少处理开销　　　　　　B. ACL 将可用于其他路由器

C. ACL 编辑起来将更容易　　　D. 将更容易插入更一般的测试

6. 根据 Cisco 的说法，标准型 ACL 应放置在网络中什么位置？（　　）

A. 路由器接口的入方向　　　　B. 离源最近的接口

C. 最靠近该 ACL 所检查控制的流量源头

D. 离目的地址越近越好，使流量不会由于错误而影响通信

7. 标准 ACL 通过以下哪个选项影响网络安全？（　　）

A. 数据包的数据内容　　　　　B. 数据包的目的子网

C. 数据包的源地址　　　　　　D. 路由通过网络的媒介类型

8. 给定地址 192.168.255.3 和通配符掩码 0.0.0.255，下述哪些地址与之匹配？（　　）

A. 192.168.255.3　　　　　　　B. 192.168.255.7

C. 192.168.255.19　　　　　　 D. 192.168.255.255

E. 192.168.255.51

9. 按照 Cisco 的说法，哪里是在网络中放置扩展 ACL 的最佳位置？（　　）

A. 目的路由器接口的出方向　　B. 离源最近的接口

C. 离被控流量源尽可能近的地方

D. 目的地址越近越好，使流量不会由于错误而影响通信

10. 考虑下面的 ACL 陈述，哪个描述选项是正确的？（　　）

access-list 128 deny udp 123.12.220.0 0.0.255.255 any eq 161

access-list 128 permit ip any any

A. 源自主机 123.12.220.12 的流量将被拒绝

B. 源自主机 123.12.210.15 的流量将被允许

C. 源自 123.12.220.0 的 ping 流量将被允许

D. 源自 123.12.220.0 的 Web 流量将被拒绝

11. 下面哪个 ACL 将被过滤掉 Telnet 流量，但是允许源自 172.17.0.0 网络中主机的 Web 流量？（　　）

A. access-list 168 deny tcp 172.17.0.0 0.0.255.255 any eq 80

　　access-list 168 permit ip any any

B. access-list 168 deny tcp 172.17.0.0 0.0.255.255 any eq 23

　　access-list 168 permit ip any any

C. access-list 168 deny tcp 172.17.0.0 0.0.255.255 any eq www

　　access-list 168 permit ip any any

D. access-list 168 deny tcp 172.17.0.0 0.0.255.255 any eq 23

　　access-list 168 permit ip any any

12. 要允许来自子网 192.168.100.0 的数据流进入接口 fastethernet0/0，需要使用下列哪些命令？（　　）

A. access-list 10 permit 192.168.100.0

B. ip access-group 10 in

C. access-group 101 permit 192.168.100.0 0.0.0.255
D. interface fastethernet0/0
E. access-list standard ok-traffic
F. permit 192.168.100.0 0.0.0.255

二、复习题

1．将 ACL 用做数据流过滤有何用途？
2．ACL 可用于接口的哪个方向？
3．在接口的同一个方向上，可应用多少个 IP ACL？
4．用做数据包过滤器的所有 ACL 都必须包含一条什么语句？
5．如果数据包不符合 ACL 的任何测试条件，情况将如何？
6．在通配符掩码中，什么值表示相应的地址位必须匹配？
7．如何将 ACL 从接口中删除？
8．IP 扩展 ACL 的编号范围是多少？

三、实训题

1．如图 15.7 所示，拒绝计算机 PC2 所在网段访问路由器 R2，同时只允许计算机 PC3 访问路由器 R2 的 Telnet 服务。整个网络配置 RIPv2 保证 IP 的连通性。

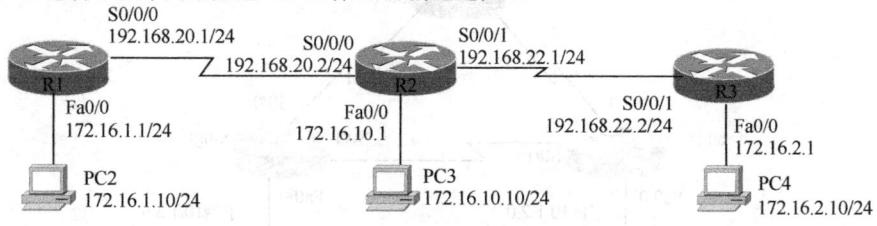

图 15.7　标准 ACL 配置

2．如图 15.8 所示，shijz1 不能被允许进入 hand1 或者 hand2；xingt 以太网上的主机不能访问 shijz 以太网上主机；允许其他的所有组合。整个网络配置 OSPF 保证网络的连通性。

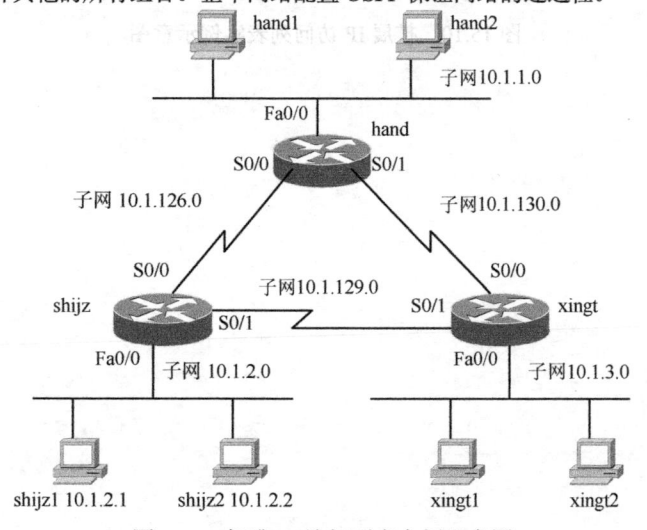

图 15.8　标准 IP 访问列表实例示意图

3. 如图 15.9 所示，要求只允许计算机 PC2 所在网段的主机访问路由器 R2 的 Www 和 Telnet 服务，并拒绝计算机 PC3 所在网段 Ping 路由器 R2。整个网络配置 OSPF 保证网络的连通性。

4. 如图 15.10 所示，Web 服务器是所有使用者可利用的；在 hand2 上的基于 UDP 客户和服务器对于 IP 地址为每个子网的有效 IP 地址的上半部分的主机来说，是不可利用的（所使用的子网掩码是 255.255.255.0）；shijz 以太网上的主机和 xingt 以太网上的主机之间的包仅当包由直接连续链路所路由时才可使用；客户 hand1 和 hand4 可以和 xingt2 以外的所有主机通信；任何其他连接都是可行的。

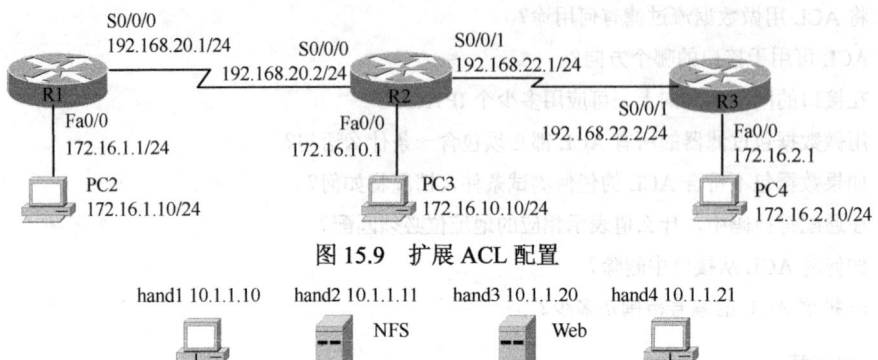

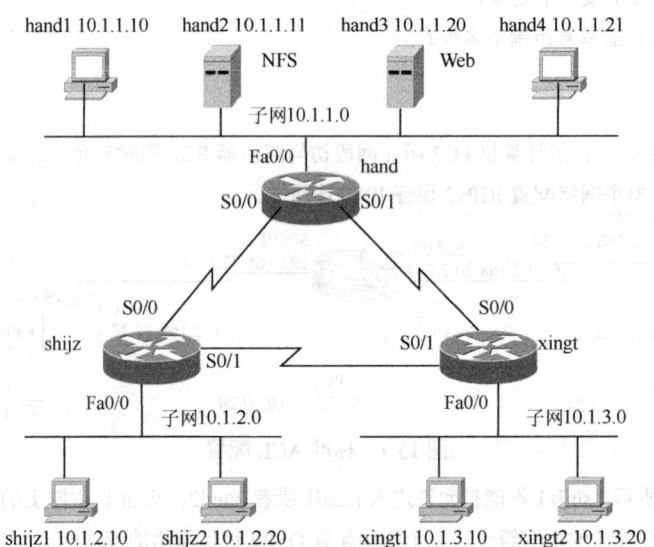

图 15.9 扩展 ACL 配置

图 15.10 扩展 IP 访问列表实例示意图

项目 16
私有局域网接入 Internet

16.1 用户需求

某单位组建了一个局域网络，有 500 台计算机，5 个部门，通过路由器上联到 Internet。该单位申请了 8 个公网地址，单位开发了自己的单位主页，要求单位内部的局域网用户能够访问 Internet，单位主页能够被世界各地的 Internet 用户访问。

16.2 相关知识

16.2.1 NAT 技术的产生原理

随着 Internet 的快速发展，IP 地址短缺及路由规模越来越大已成为一个相当严重的问题。为了节约 IP 地址，因特网 IP 地址分配与管理机构（ICANN）将 IP 地址划分了一部分出来，规定作为私网地址使用，不同的局域网可重复使用这些私有地址，因特网中的路由器将丢弃源地址或目的地址为私有地址的数据包，以实现局域网间的相互隔离。但这样一来，局域网用户就无法直接访问因特网，位于因特网中的用户也无法访问局域网。

为了解决局域网用户访问因特网的问题，从而诞生了网络地址转换（Network Address Translation，NAT）技术，它是一种将一个 IP 地址转换为另一个 IP 地址的技术。

网络地址转换技术是一个 Internet 工程工作组（Internet Engineering Task Force，IETF）标准。如图 16.1 所示为在路由器上使用 NAT 技术所实现的功能。

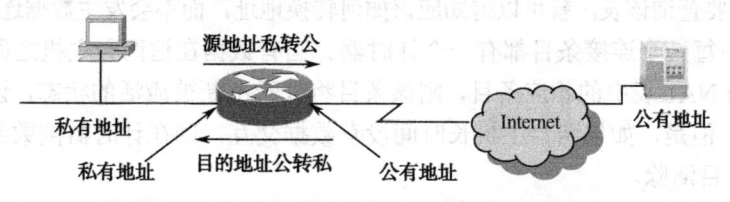

图 16.1 在路由器上使用 NAT 技术实现的功能

如图 16.1 所示，设置 NAT 功能的路由器至少要有一个 Inside（内部）接口及至少一个 Outside（外部）接口。当内部网络上的一台主机访问因特网上的一台主机时，内部网络主机所发出的数据包的源 IP 地址是私有地址，这个数据包到达路由器后，路由器使用事先设置好的公用地址替换掉私有地址，这样这个数据包的源 IP 地址就变成了因特网上唯一的公用地址了，然后此数据包被发送到因特网上的目的主机处。因特网上的主机并不认为是内部网络中的主机在访问它，而认为是路由器在访问它，因为数据包的源 IP 地址是路由器的地址，换句话说，在使用了 NAT 技术之后，因特网上的主机无法"看到"内部网络的地址，提高了内部网络的安全性。因特网上的主机会把内部网络主机所请求的数据以路由器的公用地址为目的 IP 地址发送数据包，当数据包到达路由器时，路由器再用内部网络主机的私有地址替换掉数据包的目的 IP 地址，然后把这个数据包发送给内部网络主机，则内部网络主机和因特网上主机的通信完成。

16.2.2 NAT 技术的术语

▶ 1．NAT 表

当内部网络有多台主机访问因特网上的多个目的主机的时候，路由器必须记住内部网络的哪一台主机访问因特网上的哪一台主机，以防止在地址转换时将不同的连接混淆，所以路由器会为 NAT 的众多连接建立一个表，即 NAT 表，如图 16.2 所示。

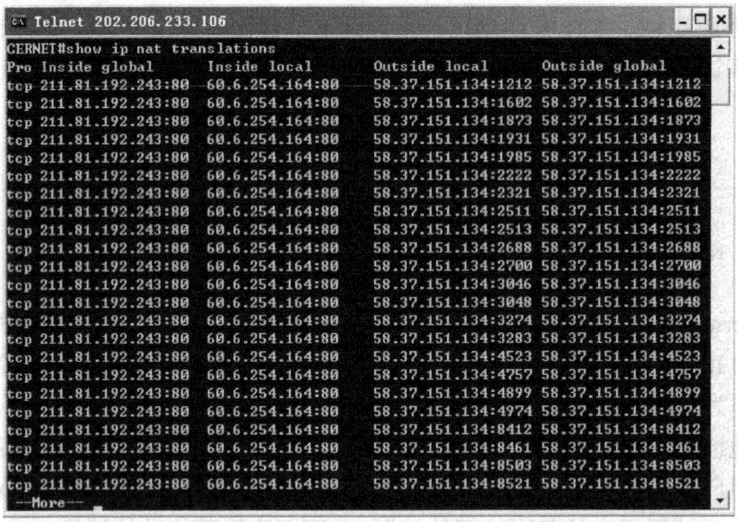

```
CERNET#show ip nat translations
Pro Inside global      Inside local       Outside local         Outside global
tcp 211.81.192.243:80  60.6.254.164:80    58.37.151.134:1212    58.37.151.134:1212
tcp 211.81.192.243:80  60.6.254.164:80    58.37.151.134:1602    58.37.151.134:1602
tcp 211.81.192.243:80  60.6.254.164:80    58.37.151.134:1873    58.37.151.134:1873
tcp 211.81.192.243:80  60.6.254.164:80    58.37.151.134:1931    58.37.151.134:1931
tcp 211.81.192.243:80  60.6.254.164:80    58.37.151.134:1985    58.37.151.134:1985
tcp 211.81.192.243:80  60.6.254.164:80    58.37.151.134:2222    58.37.151.134:2222
tcp 211.81.192.243:80  60.6.254.164:80    58.37.151.134:2321    58.37.151.134:2321
tcp 211.81.192.243:80  60.6.254.164:80    58.37.151.134:2511    58.37.151.134:2511
tcp 211.81.192.243:80  60.6.254.164:80    58.37.151.134:2513    58.37.151.134:2513
tcp 211.81.192.243:80  60.6.254.164:80    58.37.151.134:2688    58.37.151.134:2688
tcp 211.81.192.243:80  60.6.254.164:80    58.37.151.134:2700    58.37.151.134:2700
tcp 211.81.192.243:80  60.6.254.164:80    58.37.151.134:3046    58.37.151.134:3046
tcp 211.81.192.243:80  60.6.254.164:80    58.37.151.134:3048    58.37.151.134:3048
tcp 211.81.192.243:80  60.6.254.164:80    58.37.151.134:3274    58.37.151.134:3274
tcp 211.81.192.243:80  60.6.254.164:80    58.37.151.134:3283    58.37.151.134:3283
tcp 211.81.192.243:80  60.6.254.164:80    58.37.151.134:4523    58.37.151.134:4523
tcp 211.81.192.243:80  60.6.254.164:80    58.37.151.134:4757    58.37.151.134:4757
tcp 211.81.192.243:80  60.6.254.164:80    58.37.151.134:4899    58.37.151.134:4899
tcp 211.81.192.243:80  60.6.254.164:80    58.37.151.134:4974    58.37.151.134:4974
tcp 211.81.192.243:80  60.6.254.164:80    58.37.151.134:8412    58.37.151.134:8412
tcp 211.81.192.243:80  60.6.254.164:80    58.37.151.134:8461    58.37.151.134:8461
tcp 211.81.192.243:80  60.6.254.164:80    58.37.151.134:8503    58.37.151.134:8503
tcp 211.81.192.243:80  60.6.254.164:80    58.37.151.134:8521    58.37.151.134:8521
--More--
```

图 16.2 NAT 表

由图 16.2 可以看出，NAT 在做地址转换时，依靠在 NAT 表中记录内部私有地址和外部公有地址的映射关系来保存地址转换的依据。当执行 NAT 操作时，路由器在做某一数据连接操作时只需要查询该表，就可以得知应该如何转换地址，而不会发生数据连接的混淆。

NAT 表中每一个连接条目都有一个计时器。当有数据在这两台主机之间传递时，数据包不断刷新 NAT 表中的相应条目，则该条目将处于不断被激活的状态，该条目不会被 NAT 表清除。但是，如果两台主机长时间没有数据交互，则在计时器倒数到零时，NAT 表将把这一条目清除。

路由器所能够保留的 NAT 连接数目与路由器的缓存芯片的空间大小有关，一般情况下，设备越高档，其 NAT 表的空间应该越大。当 NAT 表被装满后，为了缓存新的连接，就会把 NAT 表中时间最久、最不活跃的那一个条目删除掉，所以当网络中的一些连接频繁地被关闭时（如 QQ 频繁掉线），有可能是路由器上的 NAT 表缓存已经不够使用的原因。

▶ 2．内部地址和全局地址

在图 16.2 中，可以看到在 NAT 表中有四种地址，它们分别是：Inside Local Address

（内部本地地址）、Inside Global Address（内部全局地址）、Outside Local Address（外部本地地址）、Outside Global Address（外部全局地址）。

如图 16.3 所示表示了这些地址之间的关系，在图 16.3 中可以看到，网络被分成内部网络和外部网络两部分。

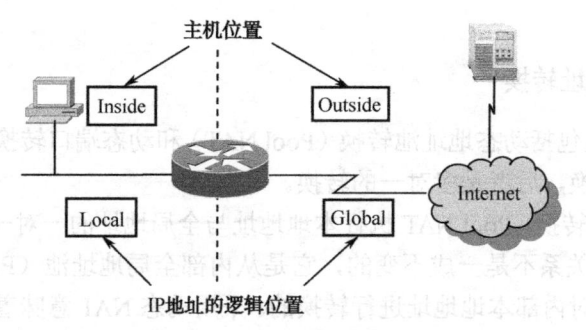

图 16.3　内部地址和外部地址

Inside：表示内部网络，这些网络的地址需要被转换。在内部网络，每台主机都分配一个内部 IP 地址，但与外部网络通信时，又表现为另外一个地址。

Outside：是指内部网络需要连接的网络，一般指因特网，也可以是另外一个机构的网络。

Inside Local Address：内部本地地址，是指在一个企业或机构内部网络内分配给一台主机的 IP 地址。这个地址通常是私有地址。

Inside Global Address：内部全局地址，是指设置在路由器等因特网接口设备上，用来代替一个或多个私有 IP 地址的公有地址，在因特网上应该是唯一的。

Outside Local Address：外部本地地址，是指因特网上的一个公有地址，该地址可能是因特网上的一台主机。

Outside Global Address：外部全局地址，是指因特网上另一端网络内部的地址，该地址可能是私有的。

一般情况下，Outside Local Address 和 Outside Global Address：是同一个公有地址，它们就是内部网络主机所访问的因特网上的主机，只有在特殊情况下，两个地址才不一样。

3. 私有地址

私有地址（Private Address）属于非注册地址，专门为组织机构内部使用。在 IPv4 地址中下列地址为私有地址：

A 类：10.0.0.0～10.255.255.255。
B 类：172.16.0.0～172.31.255.255。
C 类：192.168.0.0～192.168.255.255。

16.2.3　NAT 类型

按转换方式来分类，NAT 有静态和动态两大类。

1. 静态 NAT

静态 NAT 是指内部网络中的主机 IP 地址（内部本地地址）一对一地永久映射成外

部网络中的某个合法的地址。当要求外部网络能够访问内部设备时，静态 NAT 特别有用。如内部网络有 Web 服务器、E-mail 服务器或 FTP 服务器等可以为外部用户提供的服务，这些服务器的 IP 地址必须采用静态地址转换（将一个合法 IP 地址映射到一个内部地址，静态映射将一直存在于 NAT 表中，直到被管理员取消），以便外部用户可以使用这些服务。

2. 动态地址转换

动态 NAT 转换包括动态地址池转换（Pool NAT）和动态端口转换（Port NAT）两种，前者是一对一的转换，后者是多对一的转换。

（1）Pool NAT 转换。Pool NAT 执行本地地址与全局地址的一对一转换，但全局地址与本地地址的对应关系不是一成不变的，它是从内部全局地址池（Pool）中动态地选择一个未使用的地址对内部本地地址进行转换的。采用动态 NAT 意味着可以在内部网络中定义很多的内部用户，通过动态分配的方法，共享很少的几个外部 IP 地址。而静态 NAT 则只能形成一对一的固定映射关系。

（2）Port NAT 转换。端口地址转换（Port Address Translation，PAT）又称复用动态地址转换或 NAT 重载，是把内部本地地址映射到外部网络的一个 IP 地址的不同端口上，因一个 IP 地址的端口数有 65535 个，即一个全局地址可以和最多达 65535 个内部地址建立映射，因此，从理论上说一个全局地址可供 65535 个内部地址通过 NAT 连接 Internet。在实际应用过程中，仅使用了大于或等于 1024 的端口。在只申请到少量 IP 地址却经常同时有多于合法地址个数的用户访问外部网络的情况下，这种转换极为有用。

16.2.4 NAT 配置

1. 静态 NAT 配置基本过程

（1）配置静态 NAT 地址映射。在路由器的全局模式下配置静态 NAT 地址映射的命令如下：

```
Router(config)#ip nat inside source static local-ip global-ip
```

其中，local-ip：内部本地地址，分配给内部网络中的计算机的 IP 地址，通常可使用保留地址。

global-ip：内部全局地址，表示外部的一个公用 IP 地址。

（2）配置连接 Internet 的接口。在路由器连接 Internet 的接口（一般是以太网接口或快速以太网接口）上首先要配置 IP 地址，这个地址为公用地址，并且要启动该接口。

```
Router(config)#interface type mod/num
Router(config-if)#ip address ip-address subnet-mask
```

然后声明该接口是 NAT 转换的外部网络接口，命令格式如下：

```
Router(config-if)#ip nat outside
```

（3）配置连接企业内部网络的接口。在路由器连接企业内部网络的接口（一般是路由器的另一个以太网接口或快速以太网接口）上也要配置 IP 地址，这个地址应该是私有地址，并且要启动该接口。

Router(config)#**interface** *type mod/num*
Router(config-if)#**ip address** *ip-address subnet-mask*

然后声明该接口是 NAT 转换的内部网络接口，命令格式如下：

Router(config-if)#**ip nat inside**

（4）显示活动的转换条目，命令格式如下：

Router#**show ip nat** *translation* [*verbose*]

2. 动态 NAT 配置基本过程

（1）定义一个用于分配地址的全局地址池。在全局配置模式下，通过在路由器上定义一个分配地址的全局地址池，可以把用来进行 NAT 转换的全局地址池放在该池中，以供 NAT 使用。定义全局地址池的命令如下：

Router(config)#**ip nat pool** *pool-name start-ip end-ip* {**netmask** *netmask*|**prefix-length** *prefix-length*}[*rotary*]

其中：

- pool-name：地址池的名称。
- start-ip：在地址池中定义地址范围的起始 IP 地址。
- end-ip：在地址池中定义地址范围的终止 IP 地址。
- netmask netmask：指示哪些地址比特属于网络和子网络域，哪些比特属于主机域的网络掩码。规定地址池所属网络的网络掩码。
- prefix-length prefix-length：指示网络掩码中有多少个比特是 1（多少个地址比特代表网络）。规定地址池所属网络的网络掩码。
- rotary（任选项）：该参数指示地址池的地址范围标识了 TCP 负载分担将要发生的真实、内部主机。

> ⚠ 注意
> 要删除地址池，可使用全局配置命令 no ip nat pool。

（2）定义一个标准 ACL，以允许那些需要转换的地址通过。在全局设置模式下，定义一个标准 ACL，该列表的作用是用来筛选允许上网的企业内部主机，通过在该列表中使用"允许"语句，能够指定哪些人可以上网，使用的命令如下：

Router(config)#**access-list** *access-list-number* **permit** *source* [*source- wildcard*]

其中各参数的含义见项目 15 标准 ACL 的应用。

（3）定义内部网络私有地址与外部网络公用地址之间的映射。在全局配置模式下，将由 access-list 指定的内部私有地址与指定的公用地址池相映射，从而提供内网私有地址和外网公用地址之间的 NAT 转换，其命令如下：

Router(config)#**ip nat inside source** { **list**{*access-list-number* | *name*} **pool** *pool-name* [**overload**]|**static** *local-ip global-ip* }

其中：
- list access-list-number：标准 IP ACL 编号。如果数据包中含有在该 ACL 中所定义范围内的源地址，则它就被动态地用所指定地址池中的全球地址进行转换。
- list name：标准 ACL 的名称。如果数据包中含有在该 ACL 中所定义范围内的源地址，则它就被动态地用所指定地址池中的全球地址进行转换。
- pool-name：要被动态分配的全球 IP 地址池的名称。
- overload（任选项）：使路由器可以用一个全球地址代表许多本地地址的参数。当配置了复用参数时，由每个内部主机的 TCP 和 UDP 端口号区分使用同一本地 IP 地址的多个会话。

（4）配置连接 Internet 的接口，使用的命令如下：

Router(config-if)#**ip nat outside**

（5）配置连接企业内部网络的接口，使用的命令如下：

Router(config-if)#**ip nat inside**

（6）定义指向外网的默认路由，使用的命令如下：
经过以上步骤后应定义指向外网的默认路由，其命令格式如下：

Router(config)#**ip route** 0.0.0.0　　0.0.0.0 next-hop-ip

其中，next-hop-ip 即专线在 ISP 端的连接地址。

3．Port NAT 配置的基本过程

（1）定义标准访问列表，允许那些需要转换的内部网络地址通过，使用的命令如下：

Router(config)#**access-list** *access-list-number* **permit** *source* [*source- wildcard*]

其中，各参数的含义见项目 15 标准 ACL 的应用。

（2）启用动态地址转换，使用前面定义的 ACL 来指定哪些地址将被转换，并指定其地址将被重载的接口，使用的命令如下：

Router(config)#**ip nat inside source list** *acess-list-number* **interface** *interface* **overload**

（3）配置连接 Internet 的接口，使用的命令如下：

Router(config-if)#**ip nat outside**

（4）配置连接企业内部网络的接口，使用的命令如下：

Router(config-if)#**ip nat inside**

Port NAT（重载）解决了静态转换的管理问题和动态转换中地址有限的问题。这是通过使用连接唯一的端口号将所有指定的内部本地地址转换为同一个全局地址来实现的。

16.2.5　查看和删除 NAT 配置

配置 NAT 后，应该核实它是否按预期的计划运行，为此可以使用 clear 和 show 命令来实现。

默认情况下，一段时间内未被使用后，NAT 转换表中的动态地址转换将过期。过期

之前，可以使用表 16.1 中的命令之一清除转换条目。

表 16.1 用于清除 NAT 转换条目的命令

命令	描述
clear ip nat translation *	清除 NAT 转换表中所有的动态地址转换条目
clear ip nat translation inside global-ip local-ip [outside local-ip global-ip]	清除包含一个内部转换或者同时包含内部和外部转换的动态转换条目
clear ip nat translation outside local-ip global-ip	清除包含一个外部转换的动态转换条目
clear ip nat translation protocol inside global-ip global-port local-ip local-port [outside local-ip local-port global-ip global-port]	清除一条扩展的动态转换条目

也可以在 EXEC 模式下使用表 16.2 中的命令显示转换信息。

表 16.2 用于查看网络地址转换配置的命令

命令	描述
show ip nat translation [verbose]	显示活跃的转换
show ip nat statistic	显示有关转换的统计信息

还可以使用命令 show running-config 查看 NAT、访问控制列表、接口和地址池的信息。

默认情况下，动态转换条目在 NAT 转换表中会因超时而被取消。但也可以通过在超时之前就手工清除转换条目。

16.3 方案设计

某单位内部共有 500 台计算机，5 个部门，可以组建基于三层交换技术的交换网络，为了便于管理和维护，划分 6 个子网，其中 5 个子网分属 5 个部门，1 个子网属于网络服务器，通过路由器与 Internet 相连。单位主页通过静态 NAT 转换使 Internet 用户能够访问，单位局域网内用户通过动态 NAT 转换能够访问 Internet。该单位申请的 8 个公网 IP 地址，实际可用的 IP 地址只有 6 个，1 个为 Web 服务器静态 NAT 映射的地址，2 个地址作为地址池，通过地址池进行网络地址转换访问 Internet，其余的地址作为备用。

16.4 项目实施

16.4.1 项目目标

通过本项目的完成，可以使学生掌握以下技能：
（1）能够通过配置静态 NAT 提供 Web 等服务；
（2）能够通过配置动态 NAT 使网络访问 Internet。

16.4.2 实训任务

为了完成本项目，搭建如图 16.4 所示网络拓扑图。

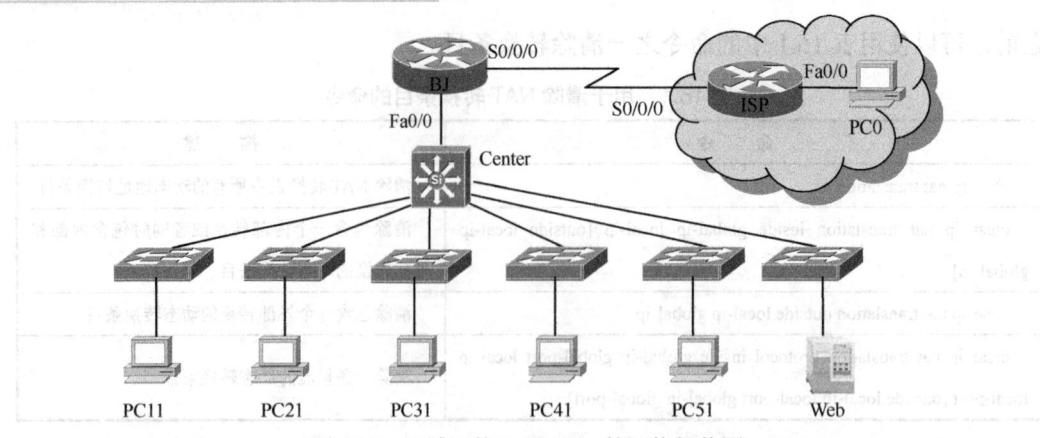

图 16.4 局域网接入 Internet 的网络拓扑图

（1）采用一台三层交换机作为核心层，6 台二层交换机作为汇聚层兼接入层交换机。为了在实训室模拟本项目，采用一台路由器和一台主机模拟 Internet。该单位申请的 8 个公网 IP 地址为 216.12.228.32/29，分配给边界路由器的外网接口的 IP 地址为 202.206.233.106/30。

（2）在局域网内划分 7 个 VLAN：VLAN10 分配给部门 1，VLAN20 分配给部门 2，VLAN30 分配给部门 3，VLAN40 分配给部门 4，VLAN50 分配给部门 5，VLAN100 分配给服务器组，VLAN99 分配给管理 VLAN。

（3）为了实现各部门的主机能够相互访问，在三层交换机上开启路由功能。

（4）在边界路由器上配置静态 NAT，实现 Web 服务器上网和能够让外网用户访问。

（5）在边界路由器上配置动态 NAT，实现局域网内用户能够访问 Internet。

16.4.3 设备清单

为了搭建如图 16.4 所示的网络环境，需要如下的设备：
（1）Cisco 2811 路由器（2 台）；
（2）Cisco 3560 交换机（1 台）；
（3）Cisco 2960 交换机（6 台）；
（4）PC 7 台；
（5）双绞线（若干根）。

16.4.4 实施过程

步骤 1：规划设计

（1）规划各部门子网地址、VLAN ID，名称如表 16.3 所示。

表 16.3 各部门子网、VLAN ID 及名称

部门	IP 子网	VLAN ID	VLAN 名称
部门 1	192.168.10.0/24	10	bumen10
部门 2	192.168.20.0/24	20	bumen20
部门 3	192.168.30.0/24	30	bumen30
部门 4	192.168.40.0/24	40	bumen40

续表

部　门	IP 子网	VLAN ID	VLAN 名称
部门 5	192.168.50.0/24	50	bumen50
服务器	192.168.100.0/24	100	server100
管理	192.168.101.0/24	99	manage101

（2）规划各部门计算机 IP 地址、子网掩码和网关如表 16.4 所示。

表 16.4　各部门计算机 IP 地址、子网掩码和网关

计 算 机	IP 地址	子 网 掩 码	网　　关
PC11	192.168.10.10	255.255.255.0	192.168.10.1
PC21	192.168.20.10	255.255.255.0	192.168.20.1
PC31	192.168.30.10	255.255.255.0	192.168.30.1
PC41	192.168.40.10	255.255.255.0	192.168.40.1
PC51	192.168.50.10	255.255.255.0	192.168.50.1
Sever-web	192.168.100.10	255.255.255.0	192.168.100.1
PC0	211.81.192.10	255.255.255.0	211.81.192.1

（3）规划各交换机名称、端口所属 VLAN 及连接的计算机，以及各交换机之间的连接关系，如表 16.5 所示。

表 16.5　各交换机之间连接及接口与 VLAN 的关联关系

部　门	交换机型号	交换机名称	远程管理地址	接　口	所属 VLAN	连接计算机
部门 1	Cisco Catalyst 2960	bumen10	192.168.100.201	Fa0/2-24	10	PC11
部门 2	Cisco Catalyst 2960	bumen20	192.168.100.202	Fa0/2-24	20	PC21
部门 3	Cisco Catalyst 2960	bumen30	192.168.100.203	Fa0/2-24	30	PC31
部门 4	Cisco Catalyst 2960	bumen40	192.168.100.204	Fa0/2-24	40	PC41
部门 5	Cisco Catalyst 2960	bumen50	192.168.100.205	Fa0/2-24	50	PC51
服务器	Cisco Catalyst 3560	server100	192.168.100.210	Fa0/2-24	100	Server-web

（4）规划网络中三层交换机和路由器相连接口三层 IP 地址、路由器各接口 IP 地址，如表 16.6 所示。

表 16.6　三层交换机路由器接口地址

设　备	名　称	接　口	IP 地址	子 网 掩 码	描　述
三层交换机	centersw	Fa0/24	192.168.1.1	255.255.255.0	bjrouter-f0/0
边界路由器	bjrouter	Fa0/0	192.168.1.2	255.255.255.0	centersw-f0/24
		S0/0/0	202.206.233.106	255.255.255.252	isprouter-s0/0/0
ISP 路由器	isprouter	S0/0/0	202.206.233.105	255.255.255.252	bjrouter-s0/0/0
		Fa0/0	211.81.192.1	255.255.255.0	lan-pc0

（5）NAT 转换使用公网 IP 地址。Web 服务器静态映射使用公网 IP 地址 216.12.228.37，216.12.228.35 和 216.12.228.36 为动态地址池地址使用。

步骤2：实训环境准备

（1）硬件连接。在交换机和计算机断电的状态下，按照图 16.4 和表 16.7、表 16.8 所示连接硬件。

表 16.7　计算机连接的接口

计算机	部门	交换机名称	接口	跳线类型	备注
PC11	部门 1	bumen10	Fa0/2	直通线	F0/2-24 中任意
PC21	部门 2	bumen20	Fa0/2		F0/2-24 中任意
PC31	部门 3	bumen30	Fa0/2		F0/2-24 中任意
PC41	部门 4	bumen40	Fa0/2		F0/2-24 中任意
PC51	部门 5	bumen50	Fa0/2		F0/2-24 中任意
Sever-web	服务器	server100	Fa0/2		F0/2-24 中任意
PC0	ISP 路由器		Fa0/0		

表 16.8　设备之间的互联

	上联接口			下联接口			跳线类型
设备名称	接口	描述	设备名称	接口	描述		
centersw	F0/1	bumen10-f0/1	bumen10	Fa0/1	centersw-f0/1		交叉线
	F0/2	bumen20-f0/1	bumen20	Fa0/1	centersw-f0/2		
	F0/3	bumen30-f0/1	bumen30	Fa0/1	centersw-f0/3		
	F0/4	bumen40-f0/1	bumen40	Fa0/1	centersw-f0/4		
	F0/5	bumen50-f0/1	bumen50	Fa0/1	centersw-f0/5		
	F0/6	server100-f0/1	server100	Fa0/1	centersw-f0/6		
isproute	S0/0/0	bjrouter-s0/0/0	bjrouter	S0/0/0	isprouter-s0/0/0		
				Fa0/24	centersw-f0/24		直通线

（2）打开各设备，给设备供电。

步骤3：按照表 16.4 所列设置各计算机的 IP 地址、子网掩码、默认网关

步骤4：清除各网络设备的配置（略）

步骤5：使用 ping 命令分别测试 PC11、PC21、PC31、PC41、PC51、Sever-web 五台计算机之间的网络连通性。

步骤6：配置单位内部局域网各部门用户互连互通

在单位内部局域网内通过配置 VTP 来实现各部门 VLAN 划分。

（1）配置核心交换机。

① 配置核心交换机的主机名、密码（略）。

② 配置核心交换机为 VTP 服务器端（略）。

③ 在核心交换机上划分 VLAN（略）。

④ 配置三层交换机的三层接口。

```
centersw#config terminal
centersw(config-if)#interface FastEthernet0/24
centersw(config-if)#description link to bjrouter-f0/0
centersw(config-if)#no switchport
```

```
centersw(config-if)#ip address 192.168.1.1 255.255.255.0
centersw(config-if)#no shutdown
centersw(config-if)#
```

（2）配置其他交换机的名称及 VTP。

下面以部门 1 的交换机为例。

```
Switch#config terminal
Switch(config)#hostname bumen1
bumen1(config)#vtp domain nat
bumen1(config)#vtp version 2
bumen1(config)#vtp password nat
bumen1(config)#vtp mode client
bumen1(config)#exit
bumen1#show vlan
```

（3）配置核心交换机和部门 1 交换机之间的链路中继。

① 配置核心交换机。

```
centersw#config terminal
centersw(config)#interface FastEthernet0/1
centersw(config-if)#description link to bumen10-f0/1
centersw(config-if)#switchport mode trunk
centersw(config-if)#switchport trunk encapsulation dot1q
centersw(config-if)#
```

② 配置部门交换机。

```
bumen1#config terminal
bumen1(config)#interface FastEthernet0/1
bumen1(config-if)#description link to centersw-f0/1
bumen1(config)#
bumen1(config-if)#switchport mode trunk
bumen1(config-if)#end
bumen1#show vlan
bumen1#config terminal
Enter configuration commands, one per line.   End with CNTL/Z.
bumen1(config)#interface range FastEthernet0/2 – 24
bumen1(config-if-range)#switchport mode access
bumen1(config-if-range)#switchport access vlan 10
bumen1(config-if-range)#end
bumen1#show vlan
……
bumen1#
```

（4）配置其他部门交换机（略）。

把相应部门的计算机划分到相应的 VLAN 中。

（5）查看核心交换机的接口 Trunk 等信息。

```
centersw#show interface trunk
```

Port	Mode	Encapsulation	Status	Native vlan
Fa0/1	on	802.1q	trunking	1
Fa0/2	on	802.1q	trunking	1
Fa0/3	on	802.1q	trunking	1
Fa0/4	on	802.1q	trunking	1
Fa0/5	on	802.1q	trunking	1
Fa0/6	on	802.1q	trunking	1

……
centersw#

（6）测试连通性。

使用 ping 命令分别测试 PC11、PC21、PC31、PC41、PC51、Sever-web 五台计算机之间的网络连通性。

（7）启动三层核心交换机的路由功能。

```
centersw (config)#ip routing
centersw(config)#ip route 0.0.0.0 0.0.0.0 192.168.1.2
centersw(config)#exit
centersw#show ip route
……
Gateway of last resort is 192.168.1.2 to network 0.0.0.0
C    192.168.1.0/24 is directly connected, FastEthernet0/24
C    192.168.10.0/24 is directly connected, Vlan10
C    192.168.20.0/24 is directly connected, Vlan20
C    192.168.30.0/24 is directly connected, Vlan30
C    192.168.40.0/24 is directly connected, Vlan40
C    192.168.50.0/24 is directly connected, Vlan50
C    192.168.100.0/24 is directly connected, Vlan100
S*   0.0.0.0/0 [1/0] via 192.168.1.2
centersw#
```

再次使用 ping 命令分别测试 PC11、PC21、PC31、PC41、PC51、Sever-web 五台计算机之间的网络连通性。此时各计算机之间是连通的。

步骤 7：配置边界路由器

（1）配置边界路由器的接口地址。

```
Router>enable
Router#config terminal
Router(config)#hostname bjrouter
bjrouter(config-if)#interface FastEthernet0/24
bjrouter (config-if)#description link to centersw-f0/0
bjrouter(config-if)#ip address 192.168.1.2 255.255.255.0
bjrouter(config-if)#no shutdown
bjrouter(config-if)#exit
bjrouter(config)#interface Serial0/0/0
bjrouter (config-if)#description link to isprouter-s0/0/0
bjrouter(config-if)#ip address 202.206.233.106 255.255.255.252
bjrouter(config-if)#clock rate 64000
bjrouter(config-if)#no shutdown
bjrouter(config-if)#end
```

（2）配置边界路由器的默认路由。

```
bjrouter#config terminal
bjrouter(config)#ip route 0.0.0.0 0.0.0.0 202.206.233.105
bjrouter(config)#
```

（3）配置边界路由器到三层交换机的路由。

```
bjrouter(config)#ip route 192.168.10.0   255.255.255.0   192.168.1.1
bjrouter(config)#ip route 192.168.20.0   255.255.255.0   192.168.1.1
bjrouter(config)#ip route 192.168.30.0   255.255.255.0   192.168.1.1
bjrouter(config)#ip route 192.168.40.0   255.255.255.0   192.168.1.1
```

```
bjrouter(config)#ip route 192.168.50.0    255.255.255.0    192.168.1.1
bjrouter(config)#ip route 192.168.100.0   255.255.255.0    192.168.1.1
bjrouter(config)#exit
%SYS-5-CONFIG_I: Configured from console by console
bjrouter#show ip route
……
Gateway of last resort is 202.206.233.105 to network 0.0.0.0
C       192.168.1.0/24 is directly connected, FastEthernet0/1
S       192.168.10.0/24 [1/0] via 192.168.1.1
S       192.168.20.0/24 [1/0] via 192.168.1.1
S       192.168.30.0/24 [1/0] via 192.168.1.1
S       192.168.40.0/24 [1/0] via 192.168.1.1
S       192.168.50.0/24 [1/0] via 192.168.1.1
S       192.168.60.0/24 [1/0] via 192.168.1.1
S       192.168.100.0/24 [1/0] via 192.168.1.1
        202.206.233.0/30 is subnetted, 1 subnets
C       202.206.233.104 is directly connected, FastEthernet0/0
S*      0.0.0.0/0 [1/0] via 202.206.233.105
bjrouter#
```

(4) 配置 NAT 转换。

① 配置 Web 服务器的静态 NAT 转换。

```
bjrouter#config terminal
bjrouter(config)#ip nat inside source static 192.168.100.11   216.12.228.37
bjrouter(config)#
```

② 配置动态 NAT 转换。

```
bjrouter#config terminal
! 定义地址池
bjrouter(config)#ip nat pool mypool 216.12.228.35 216.12.228.36 netmask 255.255.255.248
! 定义 ACL
bjrouter(config)#access-list 1 permit 192.168.10.0 0.0.0.255
bjrouter(config)#access-list 1 permit 192.168.20.0 0.0.0.255
bjrouter(config)#access-list 1 permit 192.168.30.0 0.0.0.255
bjrouter(config)#access-list 1 permit 192.168.40.0 0.0.0.255
bjrouter(config)#access-list 1 permit 192.168.50.0 0.0.0.255
bjrouter(config)#exit
! 配置内部源地址转换
bjrouter(config)#ip nat inside source list 1 pool mypool
bjrouter(config)#exit
bjrouter#config terminal
bjrouter(config)#interface FastEthernet0/0
bjrouter(config-if)#ip nat inside
bjrouter(config-if)#exit
bjrouter(config)#interface Serial0/0/0
bjrouter(config-if)#ip nat outside
bjrouter(config-if)#exit
bjrouter(config)#exit
bjrouter#show access-lists
Standard IP access list 1
permit 192.168.40.0 0.0.0.255
permit 192.168.10.0 0.0.0.255
permit 192.168.20.0 0.0.0.255
```

```
permit 192.168.30.0 0.0.0.255
permit 192.168.50.0 0.0.0.255
bjrouter#
```

步骤 8：配置 ISP 路由器

（1）配置 ISP 路由器的接口地址。

```
Router>enable
Router#config terminal
Router(config)#hostname isprouter
isprouter(config)#interface Serial0/0/0
isprouter (config-if)#description link to bjrouter-s0/0/0
isprouter(config-if)#ip address 216.12.228.34 255.255.255.252
isprouter(config-if)#no shutdown
isprouter(config-if)#exit
isprouter(config)#interface FastEthernet 0/0
isprouter(config-if)#description link to pc0
isprouter(config-if)#ip address 211.81.192.1 255.255.255.0
isprouter(config-if)#no shutdown
%LINK-5-CHANGED: Interface FastEthernet0/1, changed state to up
isprouter(config-if)#
```

（2）配置到边界路由器的路由。

```
isprouter(config)#ip route 216.12.228.32 255.255.255.224 202.206.233.106
```

步骤 9：测试及检查

（1）在 Web 服务器的计算机上 ping ISP 路由器的接口及 PC0 的连通性，如测试连通，则表示静态 NAT 配置正确。

（2）在其他计算机上 ping ISP 路由器的接口及 PC0 的连通性，如测试连通，则表示动态 NAT 配置正确。

（3）在边界上路由器查看 NAT 转换。

```
bjrouter#show ip nat statistics
……
access-list 1 pool mypool refCount 0
pool mypool: netmask 255.255.255.248
 start 216.12.228.35 end 216.12.228.36
 type generic, total addresses 2 , allocated 0 (0%), misses 0
bjrouter#show ip nat translations
Pro    Inside global       Inside local        Outside local        Outside global
icmp 216.12.228.35:1    192.168.10.10:1     211.81.192.11:1      211.81.192.11:1
icmp 216.12.228.35:2    192.168.10.10:2     211.81.192.11:2      211.81.192.11:2
icmp 216.12.228.35:3    192.168.10.10:3     211.81.192.11:3      211.81.192.11:3
icmp 216.12.228.35:4    192.168.10.10:4     211.81.192.11:4      211.81.192.11:4
---    216.12.228.37       192.168.100.10      ---                  ---

bjrouter#
```

步骤 10：配置各网络设备口令，然后进行远程登录（略）

步骤 11：保存各网络设备配置文件（略）

步骤 12：清除各网络设备配置（略）

16.5 拓展训练

16.5.1 拓展训练1：通过静态 NAT 技术提供企业内指定子网上网

该单位在开通专线上网后，随机带来了很多员工在上班时间浏览网页、聊 QQ 的问题。员工工作效率明显下降，在这种情况下，决定只允许单位内部部门 1、2、3 和 Web 服务器等个别人员上网，其他人员不能上网。网络拓扑如图 16.4 所示。

在路由器上配置如下：

```
bjrouter#config terminal
!定义 Web 服务器静态 NAT 转换
bjrouter(config)#ip nat inside source static 192.168.100.11 216.12.228.37
! 定义地址池
bjrouter(config)#ip nat pool mypool 216.12.228.35 216.12.228.36 netmask 255.255.255.248
! 定义 ACL
bjrouter(config)#access-list 1 permit 192.168.10.0 0.0.0.255
bjrouter(config)#access-list 1 permit 192.168.20.0 0.0.0.255
bjrouter(config)#access-list 1 permit 192.168.30.0 0.0.0.255
bjrouter(config)#exit
! 配置内部源地址转换
bjrouter(config)#ip nat inside source list 1 pool mypool overload
bjrouter(config)#exit
bjrouter#config terminal
bjrouter(config)#interface FastEthernet 0/0
bjrouter(config-if)#ip nat inside
bjrouter(config-if)#exit
bjrouter(config)#interface serial0/0/0
bjrouter(config-if)#ip nat outside
bjrouter(config-if)#exit
bjrouter(config)#exit
```

16.5.2 拓展训练2：通过 Port NAT 提供企业内多台主机上网

在本项目中，假设该单位只申请了 2 个公网 IP 地址，边界路由器的外网接口和 ISP 路由器的接口各占用 1 个。在这种情况下，可以直接使用路由器的外网接口地址进行 NAT 转换，但如果单位内网建立了自己的 Web 服务器和 FTP 服务器，可又没有剩余的公网 IP 地址，若要实现因特网中的用户能访问内网中的 Web 服务器和 FTP 服务器，该如何实现呢？

路由器的外网接口地址进行 NAT 转换时，仅使用了大于或等于 1024 的端口，而 Web 服务器使用的 TCP 80 端口和 FTP 服务器使用的 TCP 20、21 端口没有被使用，因此，可将路由器外网接口的 TCP 80 端口映射到内网 Web 服务器的 TCP 80 端口，将 TCP 20、21 端口映射到内网 FTP 服务器的 TCP 20、21 端口。

在路由器上配置如下：

```
bjrouter#config terminal
! 定义 ACL
bjrouter(config)#access-list 1 permit 192.168.10.0 0.0.0.255
```

```
bjrouter(config)#access-list 1 permit 192.168.20.0 0.0.0.255
bjrouter(config)#access-list 1 permit 192.168.30.0 0.0.0.255
bjrouter(config)#access-list 1 permit 192.168.40.0 0.0.0.255
bjrouter(config)#access-list 1 permit 192.168.50.0 0.0.0.255
bjrouter(config)#exit
! 配置内部源地址转换
bjrouter(config)#ip nat inside source list 1 interface serial0/0/0 overload    !定义Web服务器静态NAT转换
bjrouter(config)#ip nat inside source static tcp 192.168.100.1080 202.206.233.106 80
bjrouter(config)#ip nat inside source static tcp 192.168.100.1020 202.206.233.106 20
bjrouter(config)#ip nat inside source static tcp 192.168.100.1021 202.206.233.106 21
bjrouter(config)#exit
bjrouter#config terminal
bjrouter(config)#interface FastEthernet 0/0
bjrouter(config-if)#ip nat inside
bjrouter(config-if)#exit
bjrouter(config)#interface serial0/0/0
bjrouter(config-if)#ip nat outside
bjrouter(config-if)#exit
bjrouter(config)#exit
```

习 题

一、选择题

1. 网络地址转换有哪些优点？（　　）

   A. 避免了重新给网络分配地址

   B. 避免了给非 IP 网络提供 IP 地址

   C. 通过在转换时复用端口和地址，可节省地址空间

   D. 只能在 3600 系列路由器上配置

   E. 通过隐藏内部网络地址提高了网络的安全性

2. 网络地址转换可用下述哪些方式实现？（　　）

   A. 一对一的静态转换   B. 一对多的动态转换

   C. 多对多的动态转换   D. 多对一的端口转换

   E. 多对一的静态转换

3. 在大型机构中通常配置哪种 NAT 来提供用户连接因特网？（　　）

   A. 静态转换   B. 动态转换   C. 过载转换   D. 手工转换

4. 外部网络中的主机通过哪种地址看到同一外部网络中的其他主机？（　　）

   A. 内部本地   B. 内部全局   C. 外部本地   D. 外部全局

5. 当已配置的地址池中第一个内部全局地址的源端口被使用时，PAT 将如何做？（　　）

   A. PAT 使用下一个地址并检查其源端口是否可用

   B. PAT 检查第一个可用全局地址的同一端口范围中的其他可用端口

   C. PAT 在第一个全局地址中随机挑选一个源端口用来转换

   D. PAT 从可用资源中随机挑选一个源端口——全局地址组合

   E. PAT 不对这个数据包进行转换

6. 要配置动态 NAT 地址池,可使用下列哪个命令?(　　)
   A. ip nat inside source static *local-ip global-ip*
   B. ip nat inside source list *listnumber* interface *interface* overload
   C. access-list standard pool permit *192.168.22.0 0.0.0.255*
   D. ip nat inside source list *listnumber* pool *poolname*
   E. ip nat pool name *start-ip end-ip*
7. 下列哪个命令用于查看或获得 NAT 转换条目?(　　)
   A. show ip nat translations   B. show nat translations
   C. show activenat   D. debug ip nat
   E. show nat statistics

二、简答题

1. 在 NAT 上下文中,内部、外部、本地和全局的含义分别是什么?
2. 有哪几种网络地址转换?有何功能?
3. 仅当使用了哪个接口配置命令后,NAT 才能在路由器上正确运行?
4. 配置一对多 NAT 时,如何指定内部地址范围?
5. 哪个命令用于清除当前的动态 NAT 转换条目?
6. 对于一对多 NAT,需要定义多少个 NAT 池?
7. 哪个命令用于配置 NAT 池?
8. 使用 NAT 来提供到使用重叠地址空间网络的连接性时,需要定义多少个 NAT 池?
9. 定义 NAT 时,使用路由映射表而不是访问列表有何优点?

三、实训题

1. 某公司建设了自己的企业网,随着网络用户的增加,网络速度越来越慢,公司领导决定升级单位网络出口,采用专线连入 Internet,给公司分配了 8 个 C 类的 IP 地址(218.81.192.0~218.81.199.0),路由器端的 IP 地址为 211.207.236.100/23(ISP 的 IP 地址为 211.207.236.99/23),公司又架设了自己的 Web 服务器,介绍自己的公司,现在需要解决公司网络采用专线连入 Internet,同时 Web 服务器为公司内外部用户提供信息浏览服务。内部网络有财务部、技术部、市场部 3 个部门,分别在 VLAN10、VLAN20、VLAN30 中。服务器群在 VLAN50 中。连接到三层核心交换机,核心交换机连接到路由器。企业网络拓扑如图 16.5 所示。

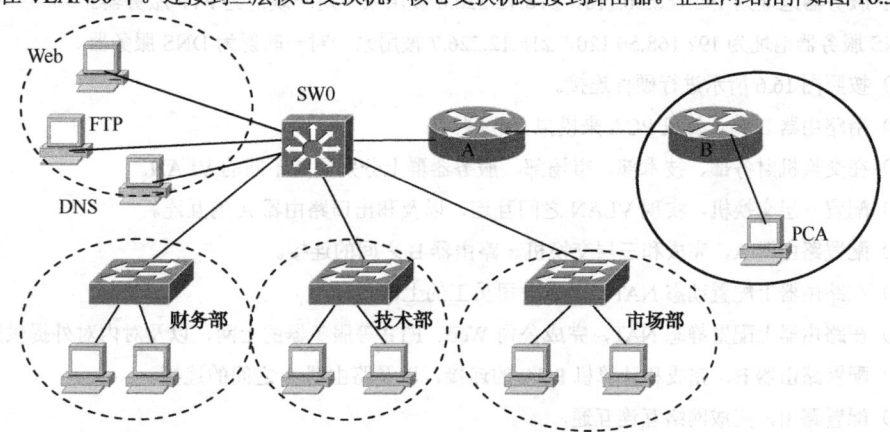

图 16.5　企业网络拓扑图

(1) 按照图 16.5 所示进行硬件连接。
(2) 用路由器 B 和计算机 PCA 来模拟 Internet。
(3) 在交换机财务部、技术部、市场部、服务器群上分别配置不同的 VLAN。
(4) 配置三层交换机，实现 VLAN 之间互连，以及和出口路由器 A 的互连。
(5) 配置路由器 A，完成和三层交换机、路由器 B 之间的连接。
(6) 配置路由器 B，完成和计算机 PCA 的连接，以及路由器 A 之间的连接。
(7) 配置路由，完成网络互连互通。

2. 某公司建设了自己的企业网，随着网络用户的增加，网络速度越来越慢，公司领导决定升级单位网出口，采用专线连入 Internet，ISP 给公司分配了 8 个 C 类的 IP 地址（218.12.226.0/ 255.255.255.224），但公司内部用户因为没有足够的公网 IP 地址，采用的都是私有地址，公司又架设了自己的 Web 服务器，介绍自己的公司，现在需要解决公司网络采用专线连入 Internet，同时 Web 服务器为公司内外用户提供信息浏览服务。

企业网络拓扑图如图 16.6 所示。内部网络有财务部、技术部、市场部 3 个部门，分别在 VLAN10、VLAN20、VLAN30 中。服务器群在 VLAN50 中。连接到三层核心交换机，核心交换机连接到路由器。

路由器的地址为 218.12.226.1。218.12.226.3 和 218.12.226.4 这两个地址被用来进行 NAT 转换，单位网 192.168.10.0/24、192.168.20.0/24、192.168.30.0/24 中的主机都通过这两个地址上网。

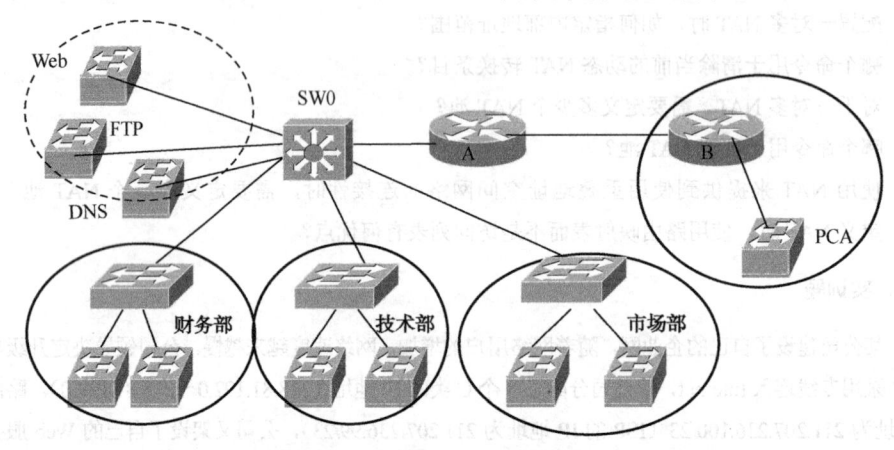

图 16.6 企业网络拓扑图

Web 服务器地址为 192.168.50.100，218.12.226.5 被用来一对一映射为 Web 服务器。
FTP 服务器地址为 192.168.50.110，218.12.226.6 被用来一对一映射为 FTP 服务器。
DNS 服务器地址为 192.168.50.120，218.12.226.7 被用来一对一映射为 DNS 服务器。

(1) 按照图 16.6 所示进行硬件连接。
(2) 用路由器 B 和计算机 PCA 来模拟互联网。
(3) 在交换机财务部、技术部、市场部、服务器群上分别配置不同的 VLAN。
(4) 配置三层交换机，实现 VLAN 之间互连，以及和出口路由器 A 的互连。
(5) 配置路由器 A，完成和三层交换机、路由器 B 之间的连接。
(6) 在路由器上配置动态 NAT，完成公司员工的上网。
(7) 在路由器上配置静态 NAT，完成公司 Web、FTP 等服务器的上网，以及对内对外提供服务。
(8) 配置路由器 B，完成和计算机 PCA 的连接，以及路由器 A 之间的连接。
(9) 配置路由，完成网络互连互通。

模块八 管理网络环境

保护网络的重要任务之一是保护路由器和交换机。路由器是进入网络的网关,也是显而易见的攻击目标。

网络管理员的职责是确保底层的通信基础设施能够支持目标和相关的应用。网络管理员还负责按照行业最佳实践管理网络中的每台设备并缩短设备的宕机时间。

通过本模块以下两个项目的实践,可以掌握如何通过在网络设备上启用安全功能,来保护网络设备安全运行。

项目 17:网络设备的安全保护
项目 18:管理网络设备的 IOS 映像和配置文件

项目 17 网络设备的安全保护

17.1 用户需求

在企事业单位的网络上都运行着少则一台或多台交换机、路由器,怎样才能最大限度地保护这些网络设备安全运行呢?

17.2 相关知识

17.2.1 路由器的安全问题

路由器安全性在安全部署中至关重要。网络攻击者不可能放过路由器。如果攻击者能够侵入并访问路由器,整个网络都将面临威胁。了解路由器在网络中所扮演的角色可以帮助了解路由器的漏洞所在。

1. 路由器在网络安全中的角色

在一个网络中,路由器扮演着以下角色:
- 路由器是内部网络和 Internet 之间的网关,可以过滤网络使用者;

- 路由器提供对网段和子网的访问。

Cisco 网络设备经常将其他 Cisco 网络设备作为网络邻居，而获悉这些设备的信息有助于作出网络设计决策、排除故障和更换设备。

2. 路由器是攻击目标

因为路由器是通往其他网络的网关，所以它们是明显的攻击目标，容易遭受各种各样的攻击。以下是可能威胁路由器的各种安全问题。

（1）访问控制遭到破坏会暴露网络配置的详细信息，从而可以借此攻击其他网络组件。

（2）路由表遭到破坏会降低网络性能、拒绝网络通信服务并暴露敏感数据。

（3）错误配置的路由器流量过滤器会暴露内部网络组件，致使其被扫描或被攻击，并使攻击者更容易避开检测。

3. 保护网络安全

要确保网络安全，首先要为网络边界上的路由器提供安全保护。保护路由器安全需从以下几方面着手。

（1）物理安全。为确保物理安全，请将路由器放置在上锁的房间内，只允许授权人员进入该房间。此外设备不能受到任何静电或电磁干扰，房间内的温度和湿度也需要进行相应的控制。为减少由于电源故障而导致的宕机，请安装不间断电源（UPS）并储备备用组件。

用于连接路由器的物理设备应该放置在上锁的设备间内，或者交由可信人员保管，以免设备遭到破坏。不加保护的设备容易被装上特洛伊木马或其他类型的可执行文件。

（2）随时更新路由器 IOS。尽可能为路由器安装大容量的内存。大容量内存有助于抵御某些 DoS 攻击，而且可以支持尽可能多的安全服务。

操作系统的安全功能随时间的推移而不断发展。但是，最新版本的操作系统可能不是最稳定的版本。要使操作系统具有最佳安全性能，请使用能够满足网络需要的最新的稳定版本。

（3）备份路由器配置和 IOS。确保手头始终拥有配置文件和现有 IOS 映像的备份副本，以便应对路由器发生故障的情况。在 TFTP 服务器上妥善保存路由器操作系统映像和路由器配置文件的副本，以做备份之用。

（4）加固路由器以避免未使用端口和服务遭到滥用，尽可能加强路由器的安全性。默认情况下，路由器上启用了许多服务。其中许多服务都是没有必要的，而且还可能被攻击者利用来收集信息或进行探查。应该禁用不必要的服务以加强路由器配置的安全性。

17.2.2 将 Cisco IOS 安全功能应用于路由器

在路由器进行配置安全功能前，需要规划 Cisco IOS 安全配置步骤。保护路由器的步骤如下。

（1）管理路由器安全。确保基本路由器安全的方法之一是配置路由器口令。强口令是控制安全访问路由器的最基本要素。因此，应该始终配置强口令。

（2）保护对路由器的远程管理访问。对于需要管理许多设备的管理员来说，远程管理访问比本地访问更加方便。但是，如果执行方式不够安全，攻击者可能会从中收集到宝贵的机密信息。例如，使用 Telnet 执行远程管理访问就非常不安全，因为 Telnet 以明文方式发送所有网络流量。攻击者可以在管理员远程登录到路由器时捕获网络流量，并嗅探到管理员口令或路由器配置信息。因此，必须使用附加的安全防范措施来配置远程管理访问。

要保护到路由器和交换机的管理访问，首先需要保护管理线路（VTY、AUX），然后还需要配置网络设备在 SSH 隧道中加密流量。

（3）使用日志记录路由器的活动。日志可用于检验路由器是否工作正常或路由器是否已遭到攻击。在某些情况下，日志能够显示出企图对路由器或受保护的网络进行的探测或攻击的类型。

（4）保护易受攻击的路由器服务和接口。Cisco 路由器支持第二、三、四和七层上的大量网络服务。其中部分服务属于应用层协议，用于允许用户和主机进程连接到路由器。其他服务则是用于支持传统或特定配置的自动进程和设置，这些服务具有潜在的安全风险。可以限制或禁用其中某些服务以提升安全性，同时不会影响路由器的正常使用。路由器上应通过部署常规安全措施，以便仅为网络所需的流量和协议提供支持。

（5）保护路由协议。作为网络管理员，必须意识到路由器遭受攻击的可能性与最终用户系统不相上下。任何使用数据包嗅探器（如 Wireshark）的人都可以读取路由器之间传播的信息。

RIPv2、EIGRP、OSPF、IS-IS 和 BGP 都支持各种形式的 MD5 验证。

（6）控制并过滤网络流量。使用 ACL 可以过滤（允许或拒绝）某种类型的网络的流量。

其中第（1）、（2）步也适用于交换机。

下面以路由器为例重点介绍确保为网络设备而进行远程访问的安全。

网络管理员可以从本地或远程连接到路由器或交换机上。管理员倾向于通过本地连接控制台端口来管理设备，因为此方法的安全性更高。随着公司规模的扩大和网络中路由器和交换机数量的增加，本地连接到所有设备的工作量将变得极大，管理员难以承受。

要保护到路由器和交换机的管理访问，首先需要保护管理线路（VTY、AUX），然后还需要配置网络设备在 SSH 隧道中加密流量。

▶ 1. 使用 Telnet 和 SSH 进行远程管理访问

远程访问网络设备对于网络管理效率而言至关重要。远程访问通常指与路由器处于相同网际网络的计算机通过 Telnet、安全外壳（SSH）、HTTP、安全 HTTP（HTTPS）或 SNMP 连接到路由器。

如果需要远程访问，可以选择以下几种方式。

- 建立专用管理网络。管理网络应该仅包括经过标识的管理主机和到基础设备的连接。可以通过使用管理VLAN或连接到这些设备的附加物理网络来实现管理网络。
- 加密管理员计算机与路由器之间的所有流量。无论哪种情况，都可以将数据包过滤器配置为仅允许标识的管理主机和协议访问路由器。例如，仅允许管理主机 IP 地址发起到网络中路由器的 SSH 连接。

远程访问不仅适用于路由器的 VTY 线路，它也适用于 TTY 线路和辅助（AUX）端口。TTY 线路通过调制解调器提供到路由器的异步访问。

保护系统的最佳方法是确保在所有线路（包括 VTY、TTY 和 AUX 线路）上应用适当的控制措施。

管理员应该使用身份验证机制确保所有线路上的登录都在控制之下，即便是来自不受信任的网络、被认定无法进行访问的计算机也不例外。这对 VTY 线路及连接到调制解调器或其他远程访问设备的线路尤其重要。

在路由器上配置 login 和 no password 命令可以完全禁止线路上的登录。这是 VTY 的默认配置，但 TTY 和 AUX 端口的默认设置并不是这样的。因此，如果不需要使用这些线路，请务必在其上配置 login 和 no password 命令。

```
Router(config)#line aux 0
Router(config-line)#no password
Router(config-line)#login
Router(config-line)#end
```

2. 控制 VTY

默认情况下，所有 VTY 线路都配置为可以接受任何类型的远程连接。出于安全原因，VTY 线路应该配置为仅接受实际所需协议的连接。这可通过 transport input 命令来实现。例如，如果希望 VTY 仅接受 Telnet 会话，可以配置 transport input telnet 命令；如果希望 VTY 接受 Telnet 和 SSH 会话，则可以配置 transport input all 命令。

```
Router(config)#line vty 0 4
Router(config-line)#no transport input
Router(config-line)#transport input ?
    all     All protocols            //接受 Telnet 和 SSH 连接
    none    No protocols             //都不接受
    ssh     TCP/IP SSH protocol      //接受 SSH 连接
    telnet  TCP/IP Telnet protocol   //接受 Telnet
Router(config-line)#end
```

Cisco IOS 设备上的 VTY 线路有限，通常是五条。当所有的 VTY 线路都在使用时，将无法建立更多的远程连接。这为 DoS 攻击创造了机会。如果攻击者可以打开到系统上所有 VTY 的远程会话，就可能导致合法的管理员无法登录。结果攻击者不必登录即可实现攻击。

避免这类攻击的方法通常有以下两种。

（1）将最后一条 VTY 线路配置为仅接受来自某特定管理工作站的连接，而其他 VTY 则可以接受来自企业网络中任意地址的连接。这样可以确保管理员始终可以使用最后一条 VTY 线路。为此，必须在最后一条 VTY 线路上配置 ACL，并使用 ip access-class 命令。

假设配置只允许来自子网 192.168.1.0 的用户才能使用第五条 VTY 线路。

```
Router(config)#access-list 11 permit 192.168.1.0 0.0.0.255
```

```
Router(config)#access-list 11 deny any
Router(config)#line vty 4
Router(config-line)#login
% Login disabled on line 70, until 'password' is set
Router(config-line)#password cisco123455
Router(config-line)#access-class 11 in
Router(config-line)#end
```

（2）使用 exec-timeout 命令配置 VTY 超时。这样可以防止空闲会话无止尽地消耗 VTY。尽管这种方法防御蓄意攻击的能力相对有限，但它有助于应对意外处于空闲的会话。类似地，使用 service tcp-keepalives-in 命令对传入连接启用 TCP keepalive，有助于抵御恶意攻击和由于远程系统崩溃而造成的孤儿会话。

```
Router(config)#line vty 0 4
Router(config-line)#exec-timeout 3
Router(config-line)#exit
Router(config)#service tcp-keepalives-in
```

3. 采用 SSH 保护远程管理访问

以前，人们使用 Telnet 通过 TCP 端口 23 配置路由器远程管理访问。但是，Telnet 被开发出来的时候还不存在网络安全威胁。因此，所有 Telnet 流量都以明文形式发送。

SSH 的特点：SSH 已取代 Telnet 成为执行远程路由器管理的最佳做法，SSH 连接能够加强隐私性和会话完整性，SSH 使用 TCP 端口 22，SSH 使用身份验证和加密在非安全网络中进行安全通信。

并非所有 Cisco IOS 映像都支持 SSH，只有加密映像才支持 SSH。通常，此类映像的名称中包含映像 IDk8 或 k9。

利用 SSH 终端线路访问功能，管理员能够为路由器配置安全访问并执行以下操作。
- 连接到一台通过多条终端线路与其他路由器、交换机和设备的控制台端口或串行端口相连的路由器。
- 通过安全连接到特定线路上的终端服务器，简化从任意位置到路由器的连接。
- 允许使用连接到路由器的调制解调器进行安全拨号。
- 要求使用本地定义的用户名和口令或者安全服务器（例如 TACACS+或 RADIUS 服务器）对每条线路进行身份验证。

Cisco 路由器能够充当 SSH 客户端和服务器。默认情况下，当启用 SSH 时，路由器自动启用两项功能：作为客户端，路由器可以通过 SSH 连接到另一台路由器；作为服务器，路由器可以接受来自 SSH 客户端的连接。

4. 配置 SSH 安全功能

要在路由器上启用 SSH，必须配置以下参数：主机名、域名、非对称密钥、本地身份验证。

可选配置参数包括：超时时间和重试次数。

在路由器上配置 SSH 的步骤如下。

（1）设置路由器参数。在配置模式下使用 hostname 命令配置路由器主机名。

```
Router(config)#hostname r1
```

（2）设置域名。必须设置有域名才可启用 SSH。在本例中，在全局配置模式下输入 ip domain-name cisco.com 命令。

```
R1(config)#ip domain-name cisco.com
```

（3）生成非对称密钥。在配置模式下使用 crypto key generate rsa 命令创建密钥，以便路由器用来加密其 SSH 管理流量。路由器会发回一条消息，告知密钥的命名约定。在 360~2048 范围内，为一般用途密钥选择密钥系数的大小。选择大于 512 的密钥系数可能会花费几分钟时间。Cisco 建议系数长度不要短于 1024。需注意的是，较长的系数生成和使用都较耗时，但安全性更高。

```
r1(config)#crypto key generate rsa
The name for the keys will be: r1.cisco.com
Choose the size of the key modulus in the range of 360 to 2048 for your
General Purpose Keys. Choosing a key modulus greater than 512 may take
a few minutes.
How many bits in the modulus [512]: 1024
% Generating 1024 bit RSA keys, keys will be non-exportable...[OK]
r1(config)#
```

（4）配置本地身份验证和 VTY。必须定义本地用户，并按照以下方法将 SSH 通信分配给 VTY 线路。

```
r1(config)#username shiyan14 secret cisco123456
r1(config)#line vty 0 4
r1(config-line)#no transport input
r1(config-line)#transport input ssh
r1(config-line)#login local
r1(config-line)#end
r1#
```

（5）配置 SSH 超时（可选）。超时能够终止长时间不活动的连接，为连接提供额外的安全保护。使用命令 ip ssh time-out seconds 和 ip ssh authentication-retries integer 启用超时和身份验证重试次数。将 SSH 超时设置为 15 秒，重试次数为 2 次。

```
r1(config)#ip ssh time-out 15
r1(config)#ip ssh authentication-retries 2
```

（6）建立 SSH 客户端连接。要连接到配置了 SSH 的路由器，必须使用 SSH 客户端应用程序，例如 PuTTY 或 TeraTerm。必须确保选择 SSH 选项并且 SSH 使用 TCP 端口 22。

使用 TeraTerm 通过 SSH 安全地连接到 R1 路由器，一旦发起连接，R1 将显示用户名提示符，然后显示口令提示符。如果提供了正确的凭证，TeraTerm 将显示路由器 R1 的用户执行模式提示符。

17.2.3 交换机安全

不要认为连接到网络的人都是最守规则的，包括内部用户。因此，应事先考虑并尽可能防范各种可能被攻击者利用的因素。通常交换机安全有以下几种。

（1）配置加密口令。确保基本交换机安全的方法之一是配置交换机口令。强口令是控制安全访问交换机的最基本要素。因此，应该始终配置强口令。

（2）使用系统登录标语。在项目 1 已经介绍过。

（3）确保 Web 接口的安全。确定是否要使用 Web 接口来管理或监控交换机。如果网络管理员使用命令行界面，应使用全局配置命令 no ip http server 禁用 Web 接口。

如果确实需要使用 Web 接口，则使用 https 接口。使用全局配置命令 ip https secure server 来启用 https 接口。

（4）确保 SNMP 的安全。为防止未经授权的用户修改交换机的配置，应禁用任何读写 SNMP 访问。

```
Switch(config)#snmp-server community string ro
```

（5）确保未用交换机端口的安全。应禁用所有未用的交换机端口，以防用户自行连接并使用它们。为此，可使用接口配置命令 shutdown。

另外，应使用 switchport mode access 将每个用户端口配置为接入端口，否则，恶意用户可能连接这种端口并协商中继模式。

为了确保交换机的安全，在项目 2 中已经介绍了交换机的端口安全，另外，还可以通过配置 802.1x 端口认证来加强安全。有兴趣的同学可以参考其他 Cisco 书籍。

恶意用户可能发送伪造的信息、欺骗交换机或主机将不可靠的计算机作为网关。攻击者的目标是中间人，让无判断能力的用户将其作为网关，向其发送分组，这样攻击者可以在将发送给他的分组正常发送前，收集其中的信息。

Catalyst 交换机具有防范欺骗攻击的功能：如 DHCP 探测、源地址防护和动态 ARP 检查。有兴趣的同学可以参考其他 Cisco 书籍。

17.4 项目实施

17.4.1 项目目标

通过本项目的完成，可以使学生掌握以下技能：
（1）能够配置强口令；
（2）能够进行复杂的五类加密的配置；
（3）能够配置 SSH 远程登录；
（4）配置确保为未使用的端口的安全。

17.4.2 实训任务

为了实现本项目，构建如图 17.1 所示的网络实训环境，完成如下的实训：

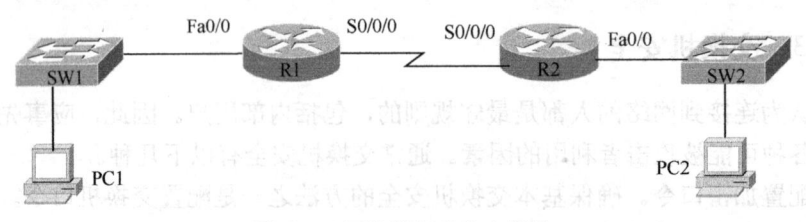

图 17.1 网络设备的安全保护

（1）在网络设备上设置强口令；
（2）配置 SSH 远程登录；
（3）配置未使用的接口。

17.4.3 设备清单

为了搭建如图 17.1 所示的网络环境，需要如下的网络设备：
（1）Cisco 2811 路由器（2 台）；
（2）Catalyst 2960 交换机（2 台）；
（3）PC 2 台；
（4）双绞线（若干根）。

17.4.4 项目实施

步骤 1：规划设计

（1）规划各路由器名称，各接口 IP 地址、子网掩码如表 17.1 所示。

表 17.1 路由器名称、接口 IP 地址及子网掩码

路由器名称	接口	IP 地址	子网掩码	描述
R1	Fa0/0	192.168.10.1	255.255.255.0	sw1-f0/1
R1	S0/0/0	192.168.1.5	255.255.255.252	r2-s0/0/0
R2	Fa0/0	192.168.20.1	255.255.255.0	sw2-f0/1
R2	S0/0/0	192.168.1.6	255.255.255.252	r1-s0/0/0

（2）规划各计算机的 IP 地址、子网掩码和网关如表 17.2 所示。

表 17.2 计算机 IP 地址、子网掩码和网关

计算机	IP 地址	子网掩码	网关
PC1	192.168.10.10	255.255.255.0	192.168.10.1
PC2	192.168.20.10	255.255.255.0	192.168.20.1

步骤 2：实训环境准备

（1）硬件连接。在路由器、交换机和计算机断电的状态下，按照图 17.1 所示连接硬件。

（2）分别打开设备，给设备加电。

步骤 3：按照表 17.2 设置各计算机的 IP 地址、子网掩码、默认网关

步骤 4：清除各网络设备配置（略）

步骤 5：配置路由器 R1 和 R2，并采用 OSPF 动态路由协议，使计算机 PC1 和 PC2 之间连通（略）

步骤 6：配置口令

（1）在路由器上加密所有的口令（略）。

（2）复杂的五类加密（略）。

（3）配置最短口令长度（略）。

步骤 7：配置 SSH 远程登录

本步骤参考前面的内容。

步骤 8：配置交换机的远程管理地址

步骤 9：配置到交换机 SSH 连接

步骤 10：关闭交换机未使用的端口

步骤 11：保存网络设备的配置文件

步骤 12：删除网络设备的配置

习　题

一、选择题

1. 要进行远程路由器管理时，如果要求高度私密性和会话完整性，应使用哪种协议？（　　）
   A．Telnet　　　　B．SSH　　　　C．HTTP　　　　D．SNMP

2. 要确保进入交换机的 CLI 会话的安全，应使用下面哪两种方法？（　　）
   A．禁用所有进入的 CLI 连接　　　　B．只使用 SSH
   C．只使用 Telnet　　　　　　　　　D．对 VTY 线路应用一个访问列表

二、简答题

1. 保护路由器通常需要进行哪几步的配置？
2. 路由器在网络安全中起什么作用？
3. 交换机的安全包含哪些类别？

三、实训题

在项目 3、项目 4、项目 6 中应用安全功能保护路由器。

项目 18
管理网络设备的 IOS 映像和配置文件

18.1 用户需求

路由器启动并运行之后，网络技术人员必须对路由器进行维护，主要包括备份和恢复网络设备的配置文件，清除配置信息和删除配置文件，升级或更换 IOS，以及恢复路由器的口令。

18.2 相关知识

18.2.1 Cisco IOS 文件系统

1. IFS 文件

Cisco IOS 文件系统（Cisco IFS）提供了一个到路由器使用的所有文件系统的接口，这些文件系统包括：

- 闪存文件系统。
- 网络文件系统：TFTP、远程复制协议（RCP）和 FTP。
- 其他数据读写端点（如 NVRAM、RAM 中的运行配置等）。

Cisco IOS 的 IFS 文件系统，能够让用户创建、浏览和操纵 Cisco 设备中的目录。设备包含的目录随平台而异。

例如，show file systems 命令的输出，此命令列出 Cisco 1841 路由器上所有可用的文件系统。此命令可提供有价值的信息，例如可用内存和空闲内存的大小、文件系统的类型及其权限。权限包括只读（ro）、只写（wo）和读写（rw）权限。

```
Router#show file systems
File Systems:
        Size(b)          Free(b)         Type       Flags    Prefixes
*       64016384         12822561        flash      rw       flash:
        29688            23590           nvram      rw       nvram:
Router#
Router#dir
Directory of flash:/
    3 -rw-    50938004    <no date> c2800nm-advipservicesk9-mz.124-15.T1.bin
```

```
    2   -rw-    28282      <no date>    sigdef-category.xml
    1   -rw-    227537     <no date>    sigdef-default.xml
64016384 bytes total (12822561 bytes free)
Router#
```

2. URL 前缀

IFS 的重要特征之一是利用 URL 来指定设备和网络上的文件。表 18.1 列出了一些常用的 Cisco 文件系统的 URL 前缀。

表 18.1 常用的 Cisco IFS 文件系统 URL 前缀

前缀	描述
bootflash:	引导闪存
flash:	闪存。该前缀可用于所有平台。在没有名为 flash:的设备的平台上，前缀 flash:的含义与 slot0:相同。因此，在所有平台上，都可使用前缀 flash:来表示主闪存存储区域
flh:	闪存中的加载辅助日志文件
ftp:	FTP 网络服务器
nvram:	NVRAM
rcp:	远程复制协议（RCP）网络服务器
slot0:	路由器上的第一块 PCMCIA 闪存卡
slot1:	路由器上的第二块 PCMCIA 闪存卡
system:	系统存储器，包括 RAM 中的运行配置
tftp:	TFTP 网络服务器

3. 用于管理配置文件的命令

从 Cisco IOS 12.0 版起，用于复制和传输配置文件和系统文件的命令开始遵循 IFS 规范。表 18.2 列出了 12.0 版之前和之后的 Cisco IOS 中用于移动和管理配置文件的命令。

表 18.2 配置文件命令的两种风格

Cisco IOS12.0 之前的命令	IFS 的新命令（版本 12.0 以后）
copy rcp running-config copy tftp running-config	copy rcp: system: running-config copy tftp: system:running-config copy ftp: system:running-config
copy rcp startup-config copy rcp startup-config	copy rcp: nvram: running-config copy tftp: nvram:running-config copy ftp: nvram:running-config
copy running-config rcp copy running-config tftp	copy system: running-config rcp: copy system:running-config tftp: copy system:running-config ftp:
copy running-config startup-config	copy system:running-config nvram:startup-config

Cisco IOS12.0 之前的命令	IFS 的新命令（版本 12.0 以后）
show startup-config	more nvram:startup-config
erase startup-config	erase nvram:startup-config
show running-config	more system:running-config
erase running-config	erase system:running-config

可使用 FTP、RCP 或 TFTP 将配置文件从路由器复制到文件服务器中，例如，修改配置文件前，可将其复制到服务器以备份它，这使得可从该服务器恢复原始配置文件。

在下述情况下，可将配置文件从 FTP、RCP 或 TFTP 服务器中复制到路由器的 RAM（用做运行配置）或 NVRAM（用做启动配置）中。

- 恢复备份的配置文件。
- 将配置文件用于另一台路由器。例如，新增了一台和原有的路由器类似配置的路由器。通过将文件复制到网络服务器，并根据新路由器的配置需求对其进行修改。
- 将相同的配置命令加载到网络中的所有路由器，使所有路由器有类似的配置。

表 18.2 所示显示了各种可用于移动配置文件的 copy 命令。

（1）在路由器内部备份和恢复文件。参看项目 1。

（2）将配置文件备份到 TFTP 服务器。在路由器上配置好所有要设置的选项之后，最好在网络上备份配置，以使该配置可与其他每夜备份的网络数据归档在一起。将配置安全地存储在路由器之外有利于在路由器出现重大灾难性问题时保护配置。

某些路由器配置需要数小时才能正常工作。如果由于路由器硬件故障而丢失配置，就需要配置新的路由器。如果有故障路由器的备份配置，就可以将备份配置迅速加载到新路由器中。如果没有备份配置，则必须从头开始配置新路由器。

可以使用 TFTP 通过网络备份配置文件。Cisco IOS 软件随附提供了内置的 TFTP 客户端，使用它可连接到网络上的 TFTP 服务器。

TFTP 服务器和 FTP 服务器类似，提供文件上传和下载的功能，不过它使用的是 TFTP 协议，而不是 TCP 协议。TFTP 协议是应用层的协议，采用 UDP 协议，一般用于局域网内部。TFTP 服务器的软件可以从 Cisco 或其他许多的网站下载。TFTP 软件安装后需要启动 TFTP 服务。

① 备份配置文件。要将配置文件从路由器上传到 TFTP 服务器，请按照以下步骤执行。

步骤 1：验证 TFTP 服务器是否正在网络上运行。

步骤 2：通过控制台端口或 Telnet 会话登录到路由器。启用路由器，然后 ping TFTP 服务器。

步骤 3：将路由器配置上传到 TFTP 服务器。指定 TFTP 服务器的 IP 地址或主机名及目标文件名。Cisco IOS 命令为：

#**copy** *system:running-config tftp:*[[[//*location*]/*directory*]/*filename*]

或者

#**copy** *nvram:startup-config tftp:*[[[//*location*]/*directory*]/*filename*]

要保存配置文件到 TFTP 服务器上，首先要保证路由器和 TFTP 服务器能够通信，可以用 ping 命令来进行测试；其次 TFTP 服务器要正在运行；最后需要知道在 TFTP 服务器上保存文件的确切目录。

② 恢复配置文件。当配置成功存储在 TFTP 服务器上之后，可以使用以下步骤将配置复制回路由器上。

步骤 1：如果 TFTP 目录中还没有配置文件，请先将配置文件复制到 TFTP 服务器上相应的 TFTP 目录中。

步骤 2：验证 TFTP 服务器是否正在网络上运行。

步骤 3：通过控制台端口或 Telnet 会话登录到路由器。启用路由器，然后 ping TFTP 服务器。

步骤 4：从 TFTP 服务器上下载配置文件以配置路由器。指定 TFTP 服务器的 IP 地址或主机名及要下载的文件的名称。Cisco IOS 命令如下：

#copy tftp:[[[//location]/directory]/filename] system:running-config

或者

#copy tftp:[[[//location]/directory]/filename] nvram:startup-config

如果配置文件下载到 running-config，则命令将在逐行解析该文件时执行。如果配置文件是下载到 startup-config，则必须在路由器重新加载之后更改才会生效。

（3）清除配置文件，参看项目 1。
（4）删除存储的配置文件，参看项目 1。

18.2.2　管理 Cisco IOS 映像

▶ 1. 备份和升级 IOS 映像

在新 Cisco 路由器中，Cisco 在出厂时已经将 IOS 安装在闪存中了。随着网络不断扩大，保留 Cisco IOS 软件映像备份以防路由器的系统映像受损都是明智的。

当路由器分散在较大的区域内时，也需要一个软件映像备份位置。如果使用 TFTP 服务器作为软件映像备份位置，则可通过网络上传和下载配置文件和 IOS 映像。网络 TFTP 服务器可以是一台路由器、工作站或主机系统。如图 18.1 所示说明了如何在路由器和网络服务器之间复制文件。

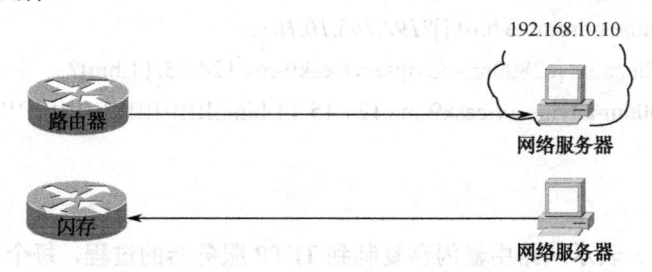

图 18.1　在路由器和网络服务器之间复制 IOS 映像

（1）备份映像文件。
① 确认有权访问 TFTP 服务器，可通过 ping TFTP 服务器来测试连通性。

```
Router#ping 192.168.10.10
Type escape sequence to abort.
Sending 5, 100-byte ICMP Echos to 192.168.10.10, timeout is 2 seconds:
!!!!!
Success rate is 100 percent (5/5), round-trip min/avg/max = 47/59/63 ms
Router#
```

② 检查服务器是否有足够的空间，能够存储 Cisco IOS 软件映像。在路由器上，可使用 show flash 命令来获悉 Cisco IOS 映像文件的大小。

③ 了解 TFTP 服务器对文件名的要求，这可随服务器运行的是 Microsoft Windows、Unix 还是其他操作系统而异。

④ 必要时创建一个目标文件来接纳上传内容。是否需要执行这步取决于网络服务器使用的操作系统。

命令 show flash 是一个可以收集有关路由器闪存和映像文件信息的重要工具。此命令可提供以下信息：路由器上总的闪存大小、可用的闪存大小、闪存中存储的所有文件的名称。

```
Router#show flash
System flash directory:
File    Length        Name/status
3       50938004      c2800nm-advipservicesk9-mz.124-15.T1.bin
2       28282         sigdef-category.xml
1       227537        sigdef-default.xml
[51193823 bytes used, 12822561 available, 64016384 total]
63488K bytes of processor board System flash (Read/Write)
Router#
```

要备份映像文件，可将映像文件从路由器复制到网络 TFTP 服务器中。要将当前的系统映像文件从路由器复制到 TFTP 服务器，可在特权模式下执行如下命令：

```
Router#copy flash tftp:
Source filename []?c2800nm-advipservicesk9-mz.124-15.T1.bin
Address or name of remote host []?192.168.10.10
Destination filename [c2800nm-advipservicesk9-mz.124-15.T1.bin]?
Writing c2800nm-advipservicesk9-mz.124-15.T1.bin...!!!!!!!!!!!!!!!!!!!!!!!!!!!!!! !!!!!!!!
……
Router#
```

惊叹号（!!!）表示从路由器闪存复制到 TFTP 服务器的过程，每个惊叹号表示成功地传输了一个用户数据报（UDP）数据段。

（2）升级 IOS 映像。将系统的软件升级到更高的版本时，要求在路由器上另外加载一个系统映像文件。使用 copy tftp: flash: 命令可从网络 TFTP 服务器下载新的映像。

使用新的 Cisco IOS 映像更新闪存前，应将当前的 Cisco IOS 映像备份到 TFTP 服务器中。通过备份，可在闪存没有足够的空间存储新映像时恢复原来的映像。如果路由器没有足够的磁盘空间，可首先清除闪存，为新的 IOS 映像腾出空间。

要将系统升级到新的 IOS 映像新的软件版本，可使用下面的命令：

Router#**copy** *tftp flash*:
Address or name of remote host []?*192.168.10.10*
Source filename []?*c2800nm-advipservicesk9-mz.124-15.T1.bin*
Destination filename [c2800nm-advipservicesk9-mz.124-15.T1.bin]?
......
[OK - 50938004 bytes]
50938004 bytes copied in 57.906 secs (63782 bytes/sec)
Router#

Router#**show** *flash*
System flash directory:
File   Length   Name/status
  4   50938004   c2800nm-advipservicesk9-mz.124-15.T1.bin
[50938004 bytes used, 13078380 available, 64016384 total]
63488K bytes of processor board System flash (Read/Write)
Router#

18.2.3 恢复 Cisco IOS 软件映像

如果没有 Cisco IOS 软件，路由器将无法运行。如果 IOS 被删除或损坏，则管理员必须复制一个映像到路由器上，使路由器恢复正常工作。

完成这一任务的一种方法是使用先前保存到 TFTP 服务器中的 Cisco IOS 映像。如图 18.2 所示，路由器 R1 上的 IOS 映像已备份到 TFTP 服务器中或者有与路由器 R1 同型号的路由器。

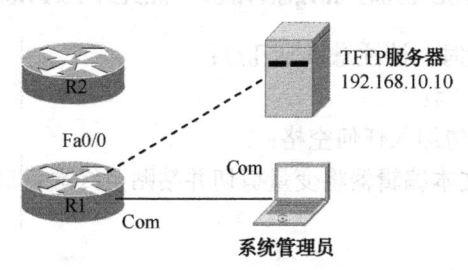

图 18.2 恢复 IOS 映像

1. 恢复 IOS 软件映像

如果路由器 R1 上的 IOS 被意外地从闪存中删除，路由器仍然可以正常运作，因为 IOS 还在 RAM 中运行。但是，此时不能再重启路由器，因为它将无法在闪存中找到有效的 IOS。

在图 18.2 中，路由器 R1 上的 IOS 已被意外地从闪存中删除。不幸的是，路由器已重启，并且无法再加载 IOS。它现在正根据默认设置加载 ROMmon 提示符。此时，路由器 R1 需要检索先前复制到 TFTP 服务器中的 IOS。准备好 TFTP 服务器后，请执行以下过程。

（1）连接设备。

① 将系统管理员的 PC 连接到受影响路由器的控制台端口（配置线）。

② 将 TFTP 服务器连接到该路由器的第一个以太网端口（交叉线）。如图 18.2 所示，路由器 R1 为 Cisco 1841，因此这一端口为 Fa0/0。启用 TFTP 服务器，并使用静态 IP 地址 192.168.10.10/24 配置该服务器。

（2）启动路由器，并设置 ROMmon 变量。

由于该路由器没有有效的 Cisco IOS 映像，因此启动后会自动进入 ROMmon 模式。在 ROMmon 模式中，可用的命令很少。可以在 rommon>命令提示符后键入 "?" 来查看这些命令。表 18.3 列出了 tftpdnld 命令需要的环境变量。

表 18.3　tftpdnld 命令需要的环境变量

环 境 变 量	描　　述
IP_address	路由器第一个 LAN 接口的 IP 地址
IP_subnet_mask	路由器第一个 LAN 接口的子网掩码
Default_gateway	默认网关
TFTP_server	TFTP 服务器的 IP 地址
TFTP_file	需要从 TFTP 服务器上下载的文件名，其中应该包括目录结构

必须输入下面列出的所有变量。

```
rommon 1 > IP_ADDRESS=192.168.10.1
rommon 2 > IP_SUBNET_MASK=255.255.255.0
rommon 3 > DEFAULT_GATEWAY=192.168.10.10
rommon 4 > TFTP_SERVER=192.168.10.10
rommon 5 > TFTP_FILE=c1841-advipservicesk9-mz.124-15.T1.bin
```

输入 ROMmon 变量时，请注意以下几点：

- 变量名称区分大小写；
- 在 "=" 号的前后勿加入任何空格；
- 如有可能，使用文本编辑器将变量剪切并粘贴至终端窗口中，整行内容都必须正确键入；
- 导航键不可用。

现在必须使用适当的值配置路由器 R1，使之能连接到 TFTP 服务器。ROMmon 命令的语法很重要。虽然图 18.2 中的 IP 地址、子网掩码和映像名称都只是示例，但是在配置路由器时必须遵循图中显示的语法。请注意，实际的变量会根据配置不同而有所不同。

变量输入完成后，继续下一步。

（3）在 ROMmon 提示符后输入 tftpdnld 命令。

```
rommon 7 > tftpdnld
```

```
IP_ADDRESS: 192.168.10.1
IP_SUBNET_MASK: 255.255.255.0
DEFAULT_GATEWAY: 192.168.10.10
TFTP_SERVER: 192.168.10.10
TFTP_FILE:c1841-advipservicesk9-mz.124-15.T1.bin
TFTP_VERBOSE: Progress
TFTP_RETRY_COUNT: 18
TFTP_TIMEOUT: 7200
TFTP_CHECKSUM: Yes
TFTP_MACADDR: 00:19:55:66:63:20
GE_PORT: Gigabit Ethernet 0
GE_SPEED_MODE: Auto
Invoke this command for disaster recovery only.
WARNING: all existing data in all partitions on flash will be lost!
Do you wish to continue? y/n: [n]: y
//回答"y"开始从 tftp 服务器上恢复 IOS，根据 IOS 的大小，通常需要十几分钟
Receiving c1841-advipservicesk9-mz.124-15.T1.bin from
172.16.0.100 !!!!!!!!!!!!!!!!!!!!!!!!!!!!!!!!!!!!!!!!!!!!!!!!!!!!!!!!
（此处省略）
!!!!!!!!!!!!!!!!!!!!!!!!!!!!!!!!!!!!!!!!!!!!!!!!!!!!!!
File reception completed.
Validating checksum.
Copying file c1841-advipservicesk9-mz.124-15.T1.bin to flash.
Eeeeeeeeeeeeeeeeeeeeeeeeeeeeeeeeeeeeeeeeeeeeeee
//从 tftp 服务器接收了 IOS 后，会进行校验
rommon 9 > i
//重启路由器
```

此命令将显示所需的环境变量，并警告您闪存中的所有现有数据都将被删除。键入"y"继续，然后按 Enter 键。路由器将尝试连接到 TFTP 服务器，以便启动下载。连接成功后，下载将开始，感叹号"!"会指示这一过程。每个"!"表明路由器收到一个 UDP 数据段。

使用 reset 命令以新的 Cisco IOS 映像重新加载路由器。

2. 使用 Xmodem 恢复 IOS 映像

使用 tftpdnld 命令复制映像文件是一种非常快速的方式。另一种将 Cisco IOS 映像恢复到路由器中的方法是使用 Xmodem。但是在这种方法中，文件传输将使用控制台电缆完成，因此与 tftpdnld 命令相比速度很慢。

如果 Cisco IOS 映像已丢失，则路由器在启动后会进入 ROMmon 模式。ROMmon 支持 Xmodem。因此，路由器能与系统管理员 PC 上的终端仿真应用程序（如

HyperTerminal）通信。如果系统管理员在 PC 上有一份 Cisco IOS 映像副本，则它可以建立 PC 与路由器之间的连接，然后从 HyperTerminal 上运行 Xmodem，从而将映像恢复到路由器中。

管理员要执行的步骤如下所示。

（1）将系统管理员的 PC 连接到受影响路由器的控制台端口。打开路由器 R1 与管理员 PC 之间的一个终端仿真会话。

（2）启动路由器，并在 ROMmon 命令提示符后面发出 xmodem 命令，此命令的语法为 xmodem [-cyr] [filename]。cyr 选项根据配置的不同而各异。例如，-c 表示 CRC-16，y 表示 Ymodem 协议，而 r 表示将映像复制到 RAM 中。filename 是要传输的文件的名称。

接受出现的所有提示消息，如图 18.3 所示。

```
rommon1>xmodem -c c1841-ipbase-mz.123-14.T7.bin
Do not start the sending program yet...
device does not contain a valid magic number
dir: cannot open device "flash:"

WARNING: All existing data in bootflash will be lost!
Invoke this application only for disaster recovery.
Do you wish to continue? y/n  [n]:y <CR>

Ready to receive file c1841-ipbase-mz.123-14.T7.bin
```

图 18.3 运行 xmodem 命令

（3）在控制台上使用 HyperTerminal 发送文件。选择 "Transfer（传送）→Send File（发送文件）" 命令。

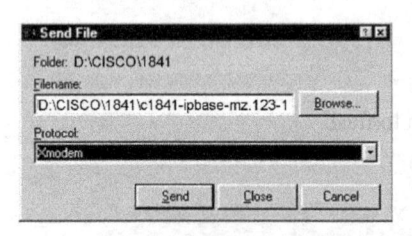

图 18.4 "Send File" 对话框

（4）在如图 18.4 所示的 "Send File" 对话框中浏览至要传输的 Cisco IOS 映像所在的位置，并选择 "Xmodem" 协议。单击 "Send"（发送）按钮。随后将出现一个显示下载状态的对话框。主机和路由器需要经过几秒钟之后才会开始传输信息。

下载开始后，Packet（数据包）和 Elapsed（已用）字段的值将会增加。注意观察预计剩余时间。如果将 HyperTerminal 与路由器之间的连接速度从 9600bps 更改为 115000bps，下载时间会大大缩短。

传输完成后，路由器将使用新的 Cisco IOS 重新加载。

18.2.4 口令恢复

网络管理员有时候会忘记路由器的口令。Cisco 提供了口令恢复机制，让网络管理员能够恢复口令。

出于安全考虑，需要通过物理方式访问路由器，即需要通过控制台电缆将 PC 连接到路由器。

特权口令和特权加密口令可保护对特权执行模式和配置模式的访问。特权口令可以恢复，但特权加密口令经过加密，必须替换为新口令。

在路由器中，配置登记码用一个十六进制值表示，它告诉路由器通电后应采取哪些步骤。配置登记码有很多用途，其中最常用的用途之一是口令恢复。

要恢复路由器口令,请执行以下操作。

1. 准备设备

(1)连接到控制台端口。

(2)即使已丢失特权口令,应该仍可以访问用户执行模式。在命令提示符后键入 show version 命令,记录下配置寄存器设置。

```
R>#show version
<省略 show 命令输出>
Configuration register is 0x2102
R1>
```

配置寄存器一般设置为 0x2102 或 0x102。如果无法再访问路由器(由于丢失登录口令或 TACACS 口令),可以假定配置寄存器设置为 0x2102。

(3)关闭路由器的电源开关,然后重新打开。

(4)在路由器启动过程的 60 秒内按终端键盘上的<Break>键,使路由器进入 ROMmon 模式。

2. 绕过启动配置

此时,启动配置文件仍存在,只是启动路由器时跳过了已忽略不知道的口令。

(1)在 rommon1>提示符后执行命令 confreg 0x2142。这样会使路由器绕过启动配置(所忘记的特权口令便存储在启动配置中)。

(2)在 rommon2>提示符后执行命令 reset。路由器随后将重新启动,但是会忽略保存的配置。

(3)在每个设置问题后面输入 no,或者按<Ctrl+C>组合键跳过初始设置过程。

(4)在 Router>提示符后执行命令 enable。这样便会进入特权模式,然后应该能看到 Router# 提示符。

3. 访问 NVRAM

(1)执行命令 copy startup-config running-config,将 NVRAM 中的配置文件复制到内存中。

> **注意**
> 勿执行命令 copy running-config startup-config,否则会擦除启动配置。

(2)执行命令 show running-config。在本配置中,由于所有接口当前都处于关闭状态,因此所有接口下都出现 shutdown 状态。但最重要的是,现在可以看到加密格式或未加密格式的口令(特权口令、特权加密口令、VTY 口令、控制台口令),可以重新使用未加密的口令,但已加密的口令就必须更改为新口令。

4. 重置口令

(1)执行命令 config terminal。hostname(config)#提示符随即出现。

(2)执行命令 enable secret password 更改特权加密口令。例如:

> R1(config)#**enable secret** *cisco*

（3）对每个想使用的接口执行 no shutdown 命令。可以使用 show ip interface brief 命令来确认接口配置是否正确。每个想使用的接口的状态都应该显示为 Up。

（4）在全局配置模式下，执行命令 config-register configuration_register_setting。

其中 configuration_register_setting 是在准备设备时的（2）中记录的值或者是 0x2102。例如：

> R1(config)#**config-register** *0x2102*

（5）按<Ctrl+Z>组合键或输入 end 退出配置模式。hostname#提示符随即出现。

（6）执行命令 copy running-config startup-config 提交更改。

现在，已经完成口令恢复工作。输入 show version 命令可确认路由器是否会在下次重启时使用所配置的配置寄存器设置。

18.3 方案设计

要恢复客户路由器的 IOS 和配置文件，必须在其他地方保存有路由器的 IOS 和配置文件。客户的单位中有三台同样型号的路由器，这样就可以先从客户的相同型号的路由器中下载 IOS，再上传给被损坏的路由器。在公司的资料室还保存有客户的路由器配置文件，要恢复客户的路由器 IOS 和配置文件必须通过反转电缆连接到路由器上的 Console 端口，通过超级终端才能恢复。

18.4 项目实施

18.4.1 项目目标

通过本项目的完成，可以使学生掌握以下技能：
（1）能够进行 TFTP 服务器的架设；
（2）能够备份网络设备的配置文件；
（3）能够恢复网络设备的配置文件；
（4）能够掌握备份网络设备的 IOS；
（5）能够进行网络设备 IOS 的升级；
（6）能够清除网络设备的口令。

18.4.2 实训任务

为了实现本项目，构建如图 18.5 所示的网络实训环境，完成如下实训任务：
（1）在网络上设置 TFTP 服务器；
（2）将网络设备 Cisco IOS 软件备份到 TFTP 服务器，然后恢复；
（3）将网络设备配置文件备份到 TFTP 服务器；

（4）配置网络设备，使其从 TFTP 服务器加载配置；
（7）从 TFTP 服务器升级 Cisco IOS 软件；
（8）从超级终端捕获配置文件。

18.4.3　设备清单

为了搭建如图 18.5 所示的网络环境，需要如下的网络设备：
（1）Cisco 2811 路由器（1 台）；
（2）Catalyst 2960 交换机（1 台）；
（3）PC 2 台；
（4）双绞线（若干根）；
（5）反转电缆 1 根；
（6）TFTP 服务器软件。

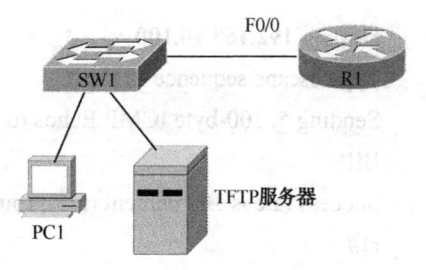

图 18.5　管理网络设备拓扑图

18.4.4　任务 1：设备连通调试

步骤 1：规划设计

（1）规划各路由器名称，各接口 IP 地址及子网掩码如表 18.4 所示。

表 18.4　路由器名称、接口 IP 地址及子网掩码

路由器名称	接　口	IP 地址	子网掩码	对　端
R1	Fa0/0	192.168.10.1	255.255.255.0	SW1-f0/1

（2）规划各计算机的 IP 地址、子网掩码和网关如表 18.5 所示。

表 18.5　计算机 IP 地址、子网掩码和网关

计算机	IP 地址	子网掩码	网　关
PC1	192.168.10.10	255.255.255.0	192.168.10.1
TFTP	192.168.10.100	255.255.255.0	192.168.10.1

步骤 2：硬件连接，然后分别打开设备，给设备加电

（1）在路由器、交换机和计算机断电的状态下，按照图 18.5 所示连接硬件。
（2）给各设备供电。
（3）按照表 18.5 所列设置各计算机的 IP 地址、子网掩码、默认网关。

步骤 3：配置路由器 R1，使得 PC1、TFTP 服务器和路由器之间的网络连通（略）

18.4.5　任务 2：Cisco IOS 映像备份到 TFTP 服务器并从 TFTP 服务器恢复

在 Packet Tracer 模拟环境中完成本项目。

步骤 1：配置 TFTP 服务器

（1）在 TFTP 服务器上配置 IP 地址、子网掩码和默认网关。

(2) 单击 TFTP 服务器的 "config" 选项卡，再单击左边的 "TFTP" 按钮，弹出 "tftp" 管理窗口，其中显示了 TFTP 服务器的根目录下的文件列表。

(3) 保证选中 "Service" 的 "on" 单选按钮。

步骤 2：检验路由器与 TFTP 服务器之间的连通性

检验 TFTP 服务器是否正在运行，以及能否从路由器 ping 通它。

```
r1#ping 192.168.10.100
Type escape sequence to abort.
Sending 5, 100-byte ICMP Echos to 192.168.10.100, timeout is 2 seconds:
!!!!!
Success rate is 100 percent (5/5), round-trip min/avg/max = 34/50/63 ms
r1#
```

步骤 3：确定 Cisco IOS 文件名

确定要保存映像文件的确切名称，在特权模式下执行如下命令：

```
r1#show flash
System flash directory:
File   Length      Name/status
3      50938004    c2800nm-advipservicesk9-mz.124-15.T1.bin
2      28282       sigdef-category.xml
1      227537      sigdef-default.xml
[51193823 bytes used, 12822561 available, 64016384 total]
63488K bytes of processor board System flash (Read/Write)
r1#
```

步骤 4：将 Cisco IOS 映像复制到 TFTP 服务器

在特权执行模式下输入 copy flash tftp 命令。在提示符后，先输入 Cisco IOS 映像文件的文件名，然后输入 TFTP 服务器的 IP 地址。如果文件存储在子目录中，请确保包含完整路径。

(1) 删除路由器闪存中的 Cisco IOS 映像。

```
r1#delete flash:
Delete filename []?c2800nm-advipservicesk9-mz.124-15.T1.bin
Delete flash:/c2800nm-advipservicesk9-mz.124-15.T1.bin? [confirm]
```

(2) 查看闪存中的文件。

```
r1#show flash
System flash directory:
File   Length    Name/status
2      28282     sigdef-category.xml
1      227537    sigdef-default.xml
[255819 bytes used, 63760565 available, 64016384 total]
```

63488K bytes of processor board System flash (Read/Write)
r1#

（3）从 TFTP 服务器复制 IOS 映像到路由器。

r1#**copy tftp flash**
Address or name of remote host []?*192.168.10.100*
Source filename []?*c2800nm-ipbasek9-mz.124-8.bin*
Destination filename [c2800nm-ipbasek9-mz.124-8.bin]?
Accessing tftp://192.168.10.100/c2800nm-ipbasek9-mz.124-8.bin...
Loading c2800nm-ipbasek9-mz.124-8.bin from 192.168.10.100:!!!!!!!!!!!!!!!!!!!!!<......>
[OK - 15522644 bytes]
15522644 bytes copied in 17.266 secs (152770 bytes/sec)
r1#

（4）查看路由器的闪存。

r1#**show flash:**
System flash directory:
File   Length   Name/status
5   15522644 c2800nm-ipbasek9-mz.124-8.bin
2   28282   sigdef-category.xml
1   227537   sigdef-default.xml
[15778463 bytes used, 48237921 available, 64016384 total]
63488K bytes of processor board System flash (Read/Write)
r1#

（5）重启路由器。
重启路由器后，使用 show version 命令查看路由器的 IOS 映像。

18.4.6 任务 3：备份配置文件然后从 TFTP 服务器恢复

步骤 1：将启动配置文件复制到 TFTP 服务器

（1）检验 TFTP 服务器是否运行，以及能否从路由器 ping 通它。
（2）在特权执行模式下输入 copy running-config startup-config 命令，确认运行配置文件已经保存到启动配置文件。

r1#**copy running-config startup-config**
Destination filename [startup-config]?
Building configuration...
[OK]
r1#

（3）用 copy startup-config tftp 命令将保存的配置文件备份到 TFTP 服务器。在提示符后输入 TFTP 服务器的 IP 地址。

```
r1#copy startup-config tftp
Address or name of remote host []? 192.168.10.100
Destination filename [r1-confg]?

Writing startup-config...!!
[OK - 526 bytes]
526 bytes copied in 0.125 secs (4000 bytes/sec)
r1#
```

（4）单击 TFTP 服务器的"config"选项卡，再单击左边的"TFTP"按钮，查看 TFTP 服务器的根目录下的文件列表，可以发现多了"r1-confg"文件。

步骤 2：从 TFTP 服务器恢复启动配置文件

（1）使用 copy tftp startup-config 命令。

```
r1#copy tftp startup-config
Address or name of remote host []?192.168.10.100
Source filename []?r1-confg
Destination filename [startup-config]?
Accessing tftp://192.168.10.100/r1-confg...
Loading r1-confg from 192.168.10.100: !
[OK - 526 bytes]
526 bytes copied in 0.047 secs (11191 bytes/sec)
r1#
```

（2）在特权执行模式下，再次重新加载路由器。当重新加载完成时，路由器应会显示 r1 提示。键入命令 show startup-config 以检查恢复的配置是否完整。

18.4.7　任务 4：捕获备份配置

将配置文件保存/存档到文本文档，可确保获取当前配置文件的一份副本以供以后编辑或重新使用。

将配置文件备份为文本文件，通常有以下三种方法。

（1）在超级终端窗口，首先执行 show running-config 命令，然后"复制"→"粘贴"到记事本中。

（2）在远程登录（Telnet）窗口中，首先执行 show running-config 命令，然后"复制"→"粘贴"到记事本中。

（3）使用超级终端时，选择"传送"菜单中的"捕获文字"命令。

其中，前两种方法可以在 Packet Tracer 模拟环境中完成，第三种方法只能在真实环境中才能完成。

习题

一、选择题

1. 如果路由器启动时在 NVRAM 中找不到有效的配置文件，情况将如何？（　　）
   A．路由器进入设置模式　　　　B．路由器尝试重启
   C．路由器运行 ROM 监视器　　 D．路由器自动关机
   E．它发现网络上所有设备的信息

2. 下列哪个 Cisco IOS 命令显示路由器闪存的可用空间？（　　）
   A．show flash　　　　　　　　B．show nvram
   C．show memeory　　　　　　D．show running-config

3. 下列哪个选项没有出现在 show version 命令的输出中？（　　）
   A．已配置接口的状态　　　　　B．IOS 软件运行的平台
   C．配置寄存器的设定　　　　　D．IOS 软件的版本

4. 下列哪个命令用于从 TFTP 服务器下载 Cisco IOS 映像文件？（　　）
   A．copy IOS tftp　　　　　　　B．copy tftp flash
   C．copy flash tftp　　　　　　 D．backup flash tftp

二、简答题

1. 路由器的配置文件如何流动？使用什么命令？
2. 路由器查找 IOS 的流程是怎样的？

三、实训题

1. 用一台实际的 Cisco 2811 路由器和一台 Catalyst 2960 交换机，完成下列操作：
（1）升级或更换 IOS；
（2）备份配置文件到 TFTP 服务器；
（3）从 TFTP 恢复配置文件到网络设备；
（4）清除网络设备的口令；
（5）恢复 IOS 映像；
（6）恢复网络设备口令。

2. 某用户有一台 Cisco 2821 路由器的闪存 IOS 损害了，路由器无法启动，请为该路由器恢复 IOS。

3. 某用户有一台 Cisco 2821 路由器的特权口令忘了，路由器无法进行配置，请为该路由器恢复口令。

参 考 文 献

[1] 褚建立，邵慧莹. 路由器/交换机项目实训教程. 北京：电子工业出版社，2009

[2] Wanyne Lewis，Ph.D. 思科网络技术学院教程——LAN 交换和无线. 北京：人民邮电出版社，2009

[3] Rick Graziani. 思科网络技术学院教程——路由协议和概念. 北京：人民邮电出版社，2009

[4] 冯昊，黄治虎. 交换机/路由器的配置与管理（第 2 版）. 北京：清华大学出版社，2010

[5] David Hucaby. CCNP Switch 认证考试指南. 北京：人民邮电出版社，2010

[6] David Hucaby. CCNP BCMSN 认证考试指南（第 4 版）. 北京：人民邮电出版社，2007

[7] 王达. 中小型企业网络组建、配置与管理. 北京：中国水利水电出版社，2010

[8] 刘晓辉. 网络设备规划、配置与管理. 北京：电子工业出版社，2009

[9] 郑华. 多层交换技术实训教程. 北京：电子工业出版社，2009